冷凍空調實務
(含乙級學術科解析)

李居芳　編著

全華圖書股份有限公司

國家圖書館出版品預行編目資料

冷凍空調實務(含乙級學術科解析) / 李居芳編著.
-- 十二版. -- 新北市：全華圖書股份有限公司, 2023.08
　面；　公分
ISBN 978-626-328-649-8(平裝)

1.CST: 冷凍　2.CST: 空調工程

446.73　　　　　　　　　　　　112013525

冷凍空調實務(含乙級學術科解析)

作者 / 李居芳

發行人 / 陳本源

執行編輯 / 張峻銘

出版者 / 全華圖書股份有限公司

郵政帳號 / 0100836-1 號

印刷者 / 宏懋打字印刷股份有限公司

圖書編號 / 038120C

十二版一刷 / 2023 年 09 月

定價 / 新台幣 650 元

ISBN / 978-626-328-649-8(平裝)

全華圖書 / www.chwa.com.tw

全華網路書店 Open Tech / www.opentech.com.tw

若您對本書有任何問題，歡迎來信指導 book@chwa.com.tw

臺北總公司(北區營業處)
地址：23671 新北市土城區忠義路 21 號
電話：(02) 2262-5666
傳真：(02) 6637-3695、6637-3696

南區營業處
地址：80769 高雄市三民區應安街 12 號
電話：(07) 381-1377
傳真：(07) 862-5562

中區營業處
地址：40256 臺中市南區樹義一巷 26 號
電話：(04) 2261-8485
傳真：(04) 3600-9806(高中職)
　　　(04) 3601-8600(大專)

作 者 序

　　本書之內容，是對於冷媒特性圖及空氣特性圖作詳細的介紹與應用，因二者在冷凍空調設計上，扮演著重要的角色，但願本書能為有志從事冷凍空調行業的朋友有所幫助，目前市面上雖有許多相關檢定的書籍，但較無系統的整理，導致許多讀者為考試而準備，往往需要死背答案有鑑於此，本人利用空閒之餘，將冷凍空調乙級技術士學科測驗範圍編寫成冊，讓讀完本書的讀者將有意想不到的效果，除了能提升冷凍空調實務上的觀念並協助順利通過檢定，倉促成書，若有遺漏之處，請諸先進惠予指正，則感幸甚！

李居芳　謹識

編 輯 部 序

　　「系統編輯」是我們的方針，我們所提供給您的，絕不只是一本書，而是關於這門學問的所有知識，它們由淺入深，循序漸進。

　　本書詳細介紹冷媒特性圖及空氣特性圖的基本應用，使讀者能進入設計開發的領域；又配合檢定規範，有系統的整理重點，更能協助讀者順利考取執照！適用於專科以上冷凍空調科系、欲考乙級技術士之社會人士或從事冷凍空調行業者使用。本書除了介紹檢定之要領外，較注重實務方面；尤其在配管及冷凍系統附件的應用，更有詳細扼要的敘述！是一本相當經濟實惠的好書！！

　　同時，為了使您能有系統且循序漸進研習相關方面的叢書，我們以流程圖方式，列出各有關圖書的閱讀順序，以減少您研習此門學問的摸索時間，並能對這門學問有完整的知識。若您在這方面有任何的問題，歡迎來函聯繫，我們將竭誠為您服務。

相關叢書介紹

書號：01997
書名：空調設備
編著：蕭明哲.沈志秋

書號：03782
書名：家庭水電安裝修護 DIY
編著：簡詔群.呂文生.楊文明

書號：06489
書名：工業通風
編著：洪銀忠

書號：06081
書名：無塵室技術－設計、測試
　　　及運轉
編譯：王輔仁

書號：10356
書名：消防設備與電氣技術
編著：劉書勝

書號：05388
書名：工業通風設計概要
編著：鍾基強

書號：06210
書名：再生能源發電
編著：洪志明.歐庭嘉

流程圖

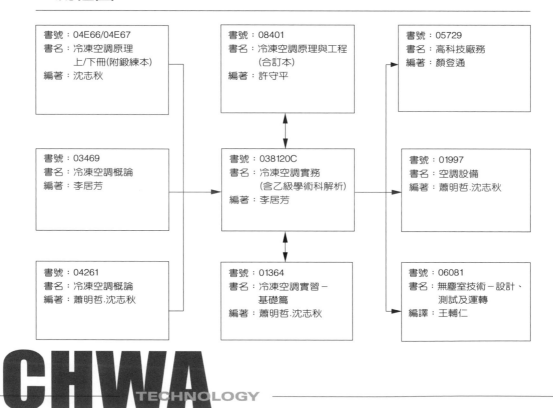

目 錄

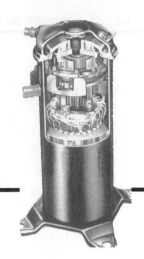

第 **1** 章

冷媒特性圖的應用

　　學習冷凍系統設計，首要對冷媒特性圖要有相當的了解，通常初學者僅會作一些數據的計算，卻不知其意義與應用，本章由淺入深，將冷媒特性圖的認識到應用，作詳細的介紹。

一、名詞說明：

　　過冷液體在一定的壓力下加熱後，變化為過熱氣體其過程為：

　　過冷液體→飽和液體→液氣混合體→飽和氣體→過熱氣體

　例如：在一大氣壓力下，低於 100℃的水為過冷液體，持續加熱後變為 100℃的飽和液體，然後為100℃的液氣混合狀態，直到100℃的飽和氣體，高於100℃的水蒸汽為過熱氣體，其溫度的高低與壓力有關，當壓力越大其各飽和狀態溫度隨之升高。

　1.　過冷液區：

　　當液體溫度低於飽和液體時的溫度時稱為過冷液，系統中的冷媒在此區無論其壓力或溫度多少，都為過冷液狀態，例如 R-22 溫度雖在 50℃，但壓力如在 25kg/cm² 是為過冷液，並不是溫度低就是過冷液，如圖 1-1 所示。

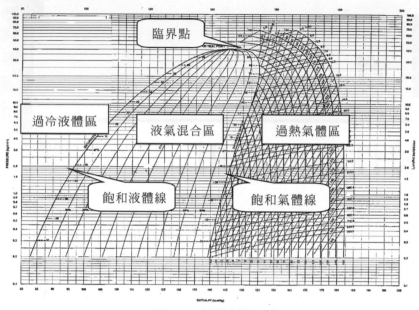

圖 1-1　相態改變區域

2. 飽和液體線：

　　保持完全液體時的最低溫度，該液體只要給予熱量，便會有氣體產生，此液體稱為飽和液體。系統中的冷媒在此線上無論其壓力與溫度多少，都為飽和液體，例如R-22，溫度50℃時錶壓力在18.782kg/cm²，雖溫度很高，卻為飽和液體。

3. 液氣混合區：

　　此區是液態與氣態共存，在壓力不變下給予熱量時溫度還是維持不變，僅是液態漸成氣態呈潛熱變化，通常冷媒的溫度與壓力的飽和對照表，是需要在液氣態共存或飽和狀態條件下來對照的。

4. 飽和氣體線：

　　當溫度不變情況下，所有的飽和液體剛完全變成氣體時，此氣體稱飽和氣體。系統中的冷媒在此線上，無論其壓力或溫度多少，都為飽和氣體。例如R-22溫度50℃時壓力在18.782kg/cm²亦為飽和氣體，與在飽和液體的溫度、壓力相同，僅是相態改變，當溫度不變，相態改變時是為潛熱變化，但必須在同一壓力條件下。

5.　過熱氣體區：

　　在飽和氣體狀態，再給予熱量溫度會上升呈過熱氣體。系統中的冷媒在此區無論其壓力或溫度多少，都為過熱氣體狀態，例如R-22 溫度－ 20℃時壓力在 1kg/cm² 以下，溫度很低卻為過熱氣體，所以不能單以溫度來判別過冷液體或過熱氣體，是要知道冷媒的溫度和壓力，找出其交點在那一區域，才能判別。

6.　臨界點：

　　氣體變為液體，只要加壓或冷卻即可，可是當氣體在某一壓力時，用再低的溫度也無法使其變成液體，此壓力稱為臨界壓力。反之當在某一溫度時，用再高的壓力也無法使其變成液體，此溫度稱為臨界溫度。臨界壓力與臨界溫度交叉點稱為臨界點。理想冷媒之特性是臨界溫度越高越好，如果臨界溫度是低於 40 ℃時，就難以利用常溫的空氣冷卻來使該冷媒凝結為液體，如 CO_2 其散熱過程需在臨界點外。

7.　等壓線：

　　在此等壓線上，壓力皆相同，例如在水 110℃不見得呈水蒸汽狀態，要視當時的壓力情形，增加壓力，飽和溫度會提高，減少壓力，飽和溫度會降低，如圖 1-2 所示。

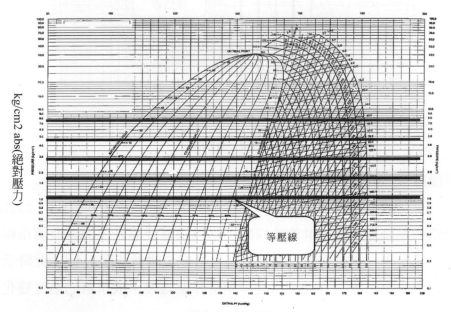

圖 1-2　等壓線

8. 等焓線：

冷媒以 0℃，焓爲 100kcal/kg 作基準(水以 0℃，空氣以 25℃)，所以焓值大小不能以單一點的焓值作比較，是要在某一壓力下焓值的變化差值來作比較，如 R-22 溫度－ 10℃、壓力 3.6173kg/cm²-abs，飽和液體焓值爲 97.264kcal/kg，而 R-502 爲 97.771kcal/kg，看起來 R-502 比 R-22 焓值大，可是當蒸發爲飽和氣體時焓值 R-22 爲 147.999kcal/kg、R-502 爲 134.421kcal/kg，焓值差 R-22 爲 50.734kcal/kg、R-502 爲 36.65kcal/kg，故 R-502 比 R-22 焓差小，冷媒應以焓值的變化差值來作比較。壓力或溫度越低，蒸發潛熱越大，例如：R-22 溫度－ 10℃時，蒸發潛熱爲 50.734kcal/kg，當溫度－ 20℃時，蒸發潛熱爲 52.452kcal/kg，如圖 1-3 所示。

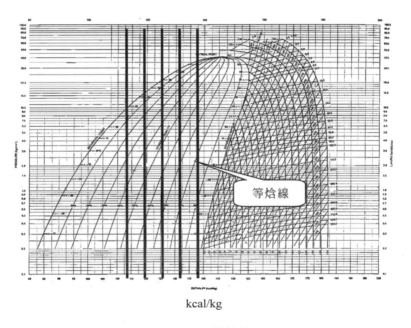

kcal/kg

圖 1-3 等焓線

9. 等溫線：

單一或共沸冷媒在冷凝及蒸發過程其溫度不變如圖 1-4，但實際上因管路的壓降或使用非共沸冷媒時，略爲降溫或溫升，因非共沸冷媒其等溫線非呈水平，也就是冷媒在冷凝過程溫度會降低如圖 1-4.1，此降低溫度差值稱爲滑落溫度，在過冷區及過熱區等溫線幾乎成垂直的溫度變化，焓差很小，與管路的壓降所產生的焓值差，在實務設計上都忽略不計。

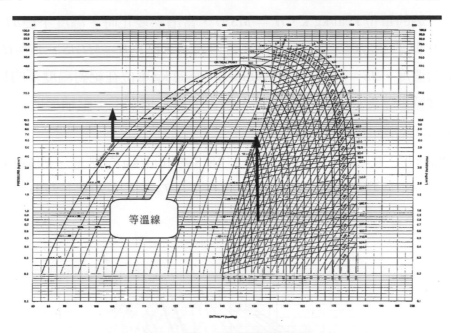

圖 1-4　單一或共沸冷媒等溫線

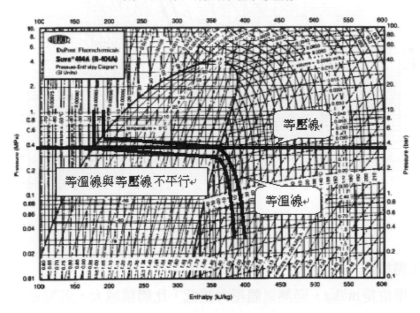

圖 1-4.1　非共沸冷媒等溫線

10. 等熵線：

  熵的單位 kcal/kg k，$H = MS\Delta T$，當潛熱變化時，溫度不變$\Delta T = 0$，H = 0 似乎不合理，要$H = MTS$來合理表示，應為$H = MT\Delta S$，$\Delta S = H/T$，$T =$ 絕對溫度，$\Delta S =$ 熵或比熵$= kcal/kg\ K$，為每kg單位在絕對溫度下的kcal值，溫度絕對零度時，熵值等於零，當等熵線越趨水平，壓縮機所需的功率就越大，如圖 1-5 所示。

例如：0℃ R-22 的飽和液體加上 48.899kcal/kg的熱量，即變為 0℃的飽和氣體，此時熵的增加量為$\Delta S = H/T = 48.899/(0 + 273) = 0.179$kcal/kg K。

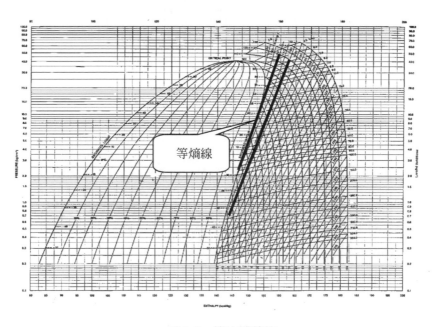

圖 1-5 等比體積線

11. 等比體積線：

  單位是m³/kg，過熱氣體壓力越低，比體積越大，若壓縮機吸入冷媒氣體溫度或壓力越低，比體積就越大(密度越小)，系統的冷媒循環量就越少，冷凍效果就越差，如液體狀態時溫度越低，比體積越小(密度越大)，如圖 1-6 所示。

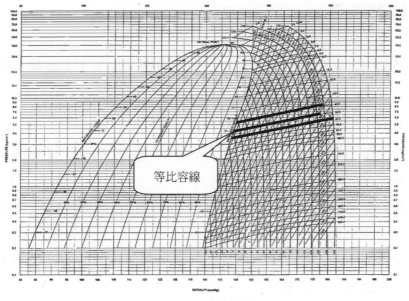

圖 1-6　等比體積線(比容)

12. 等乾度線：

亦稱等質線，表示管內氣體的所佔的比例，如 20 ％或 0.2 時表示氣態為 20 ％，液態為 80 ％，在理想蒸氣壓縮循環，冷媒單位質量吸熱量固定時，當氣化熱越大，乾度就愈人，如圖 1-7 所示。

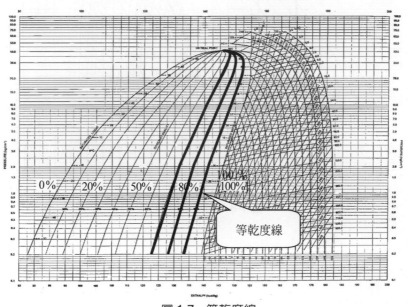

圖 1-7　等乾度線

二、冷凍系統循環說明：

1. 劃出冷凍系統循環圖步驟如下：

   (1) 先量測出系統的高壓壓力值及低壓壓力值，加上 1 大氣壓力換算為絕對壓力。公制加 1.033kg/cm²，英制加 14.7，SI 制加 1.01325ar。

   (2) 再依圖水平劃出高低壓壓力線。

   (3) 找低壓壓力線與飽和氣體線的交叉點(E 點)，延著平行等熵線與高壓壓力線交叉點得到(A 點)。

   (4) 找高壓壓力線與飽和液體線的交叉點(C 點)，延著平行等焓線與低壓壓力線交叉點得到(D 點)。

   (5) 如此得到一個ACDE的四邊形，就是一個理想的冷凍循環圖不考慮管路壓降，如圖 1-8 所示。

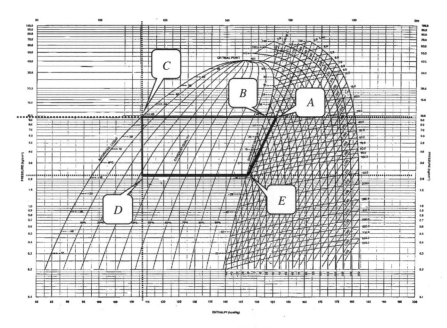

圖 1-8　冷媒循環圖

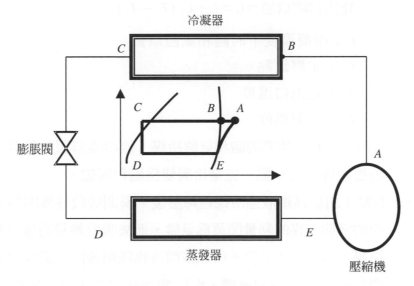

圖 1-8　冷媒循環圖(續)

① E 點：氣態冷媒進入壓縮機被壓縮前的狀態，壓力一定，溫度升高，比體積將增加。

② A點：氣態冷媒進入壓縮機被壓縮後，壓力上升，溫度也上升，其 A點為吐出口溫度，勿與冷凝溫度B點混淆。其吐出口絕對溫度T_A $=T_e (P_h/P_L)^{(k-1)/k}$或$T_A = 2.5 (T_c - T_e)$

　　　T_D ＝蒸發器冷媒的絕對溫度

　　　P_h ＝高壓絕對壓力

　　　P_L ＝低壓絕對壓力

　　　$K = C_p/C_v$＝比熱比(絕熱指數)

　　　C_p ＝定壓比熱

　　　C_v ＝定容比熱

　　　當一氣體受熱時，欲保持一定的壓力，需多加一些熱量來將體積膨脹，故定壓下所需要的熱量比定容下所需要的熱量多，$H_p = M \cdot C_p \cdot \Delta T > H_v = M \cdot C_v \cdot \Delta T$，故$C_p > C_v$，$K = C_p/C_v$就大於 1。如空氣$C_p = 0.2375$，$C_v = 0.1690$，$K = 0.2375/0.1690 = 1.4$，R-22 在 30℃的氣體其 K 值等於 1.18。

$$吐出口的焓值＝i_A＝i_c＋C_p\,(T_D－T_C)$$

i_c：冷凝溫度下的飽和氣體焓值

C_p：定壓比熱

T_D：吐出口溫度

T_C：冷凝溫度

③　C點：當 B 點狀態的飽和氣態冷媒，經冷凝器因散熱而漸漸的轉為液態冷媒，到 C 點，完全冷凝變為飽和液態。

④　D點：由於高壓液態冷媒經降壓後，瞬間吸收外界的熱量及另一部份的液態冷媒的熱量閃蒸為氣態，而被吸收熱量的那一部份的液態冷媒，溫度因此下降。所以液體冷媒降壓後除了溫度會下降外，必會伴隨了閃蒸後的氣體，而影響冷凍效果，這是個正常的物理現像，除非耗費更多的功率來增加很大的過冷度改善外，亦可塔配渦流管來減少閃蒸的現象，提高性能係數。

2.　理想的冷凍系統循環過程：

(1)　等熵壓縮：

熵是表示物質分子本身的亂度(randomness) (物質分子聚結與自由擴散無序排列的趨勢)，如雜草樹木，不去管它，其會自由生長而顯得雜亂，又如置於大氣中的塊鐵會生銹，這雜亂或生銹是因物質分子無序變動的影響。

等熵壓縮，是將熵值變化(分子本身亂度維持不變)忽略不計，當電能提供給壓縮機運轉換為機械能，都假設在理想的情況，壓縮機運轉的機械能也可逆換為相等效率的電能，其過程是無任何的摩擦損耗及周圍環境的熱散發，謂之絕熱壓縮(等熵壓縮)，但實際上壓縮過程速度很快，內部產生許多尚未知的物理變化，對熱功轉換造成不可逆循環，如壓縮熱透過壓縮機(熱庫)外殼散熱等，熵值略有變化，所以壓縮機實際所需要的馬力比理想的大，但為了方便計算壓縮過程而忽略熵的變化，如用在討論冷媒狀態變化過程中功熱的轉換時，都不考慮動能、位能、化學勢能、輻射能及未知等因素，僅討論功熱而忽略熵的變化，則在過程中會有不詳細周全之處。

等熵壓縮，焓差值變化是因壓縮時溫度上升，壓力增大所獲得的；熵值差不變，壓力上升，溫度升高，比容越小。

(2) 等壓冷凝：

高壓高溫的過熱氣態冷媒在冷凝器內壓力不變，溫度不變，漸漸冷凝為飽和液體，在過冷液體區溫度會下降，比容增大，實際上溫度會略低，是因過冷度或管壓力降所致。

(3) 等焓膨脹：

當壓力降低，比容增大，部份的液體冷媒會蒸發為氣體，必需要有足夠熱量來被吸收，但因膨脹過程急為短促，無足夠外界熱量供吸收，所以會吸收部份一起被降壓的液體冷媒的熱量，部份被吸收熱量的液體冷媒其溫度會下降，因此膨脹過程中溫度會下降，有部份液體被蒸發為氣體(謂之閃蒸=瞬間蒸發的意思)，在於本身循環冷媒彼此互相的熱量轉移熱量並無變化，理想狀況是對外無吸收或排放熱量，故為等焓膨脹。但實際上膨脹過程雖短促，多多少少會吸收到外界熱量，故焓值會略為增加，熵值也會有少許的增加，為不可逆過程。再此過程也可應用渦流管或螺旋桿來改善，閃蒸所造成的效率損失。

(4) 等壓蒸發：飽和狀態變化時，壓力不變，溫度也不變，此低溫液體冷媒蒸發為氣體，是呈潛熱變化過程，比容增大。當在過熱氣體區時溫度會上升，焓值增加。

(5) 實際冷凍循環：會因壓縮機內部摩擦與熱傳、管路與閥片的壓降、系統冷媒中含有的冷凍油、周遭溫度的熱損失，因此非呈現等熵壓縮、等焓膨脹、等壓冷凝、等壓蒸發等多變過程，實際上壓縮是稍往右偏比理想壓縮功稍大一些，因管路壓降冷凝過程為左傾斜，膨脹往右下降，蒸發過程為右斜，如圖 1-9 所示。

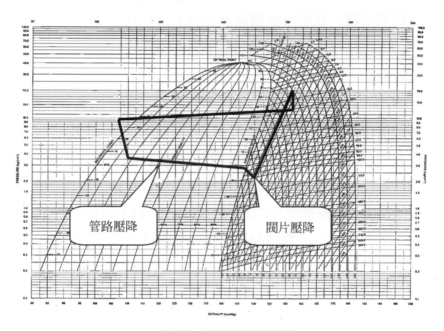

管路壓降   閥片壓降

圖 1-9　實際的冷媒循環

(6) 冷媒特性表說明：

溫度 ℃	絕對壓力 kg/cm²-abs	密度 (kg/m³)		焓 (kcal/kg)		蒸發潛熱 (kcal/kg)	熵 (kcal/kg k)	
		液	氣	液	氣		液	氣
0	5.0774	1281.5	21.276	100	148.899	48.899	1.0	1.17902
10	6.9493	1246.7	28.888	102.807	149.719	46.912	1.00997	1.17565

① 冷媒的焓值是以 0℃定為 100kcal/kg，為避免在零下的溫度，焓值為負值時，而造成計算上的困擾。

② 由表知液態時的密度隨溫度升高而下降，氣態隨溫度升高而增加，水密度為 1000kg/m³，所以液態冷媒密度比水重，故水與冷媒溶解時達到飽和時，會浮在冷媒上方。

③　0℃蒸發潛熱為飽和液態變為飽和氣態，

　　148.899 － 100 ＝ 48.899kcal/kg。

④　10℃液態冷媒的熵值

　　　　1 ＋[(102.807 － 100)/(273.16 ＋ 10)]

　　　　＝ 1.00997kcal/kg k

　　10℃氣態冷媒的熵值

　　　　1.00997 ＋[(149.719 － 102.807)/(273.16 ＋ 10)]

　　　　＝ 1.17565kcal/kg k

⑤　欲精確求出過熱狀態的比容、焓值、熵值，可查冷媒過熱特性表。

⑥　採用之特森法，估算蒸發的潛熱值

$$\frac{\Delta H_2}{\Delta H_1} = \left(\frac{1 - T_{r2}}{1 - T_{r1}}\right)^{0.38}$$

如R-22 在 0℃時，蒸發潛熱為 48.899kcal/kg，試求 10℃時，其蒸發潛熱為多少？

解：R-22 臨界溫度為 96℃ ＝ 369K

　　0℃ ＝ 273，10℃ ＝ 283K

　　$T_{r1} = \dfrac{273}{369} = 0.7398$，$T_{r2} = \dfrac{273}{283} = 0.7669$

　　$\dfrac{\Delta H_2}{48.899} = \left(\dfrac{1 - 0.7669}{1 - 7398}\right)^{0.38}$

　　$\Delta H_2 = 46.897$kcal/kg

(7)　過熱度、過冷度的說明：

①　濕壓縮(液壓縮)如圖 1-10，C 點：會使液態的冷媒進入活塞與氣缸蓋間，造成液壓縮會損壞閥片及氣缸蓋，也會將氣缸壁的油膜沖走，造成曲軸箱失油，尤其螺旋式壓縮機，雖短暫的液壓縮並無影響，但也會因油膜沖走而使壓縮機螺旋桿散熱不良而損壞。

②　飽和壓縮如圖 1-10，B 點：為最理想的壓縮，但因恐冷凍負荷減少時，冷媒膨脹無法及時反應會產生液壓縮現象，通常在系統設計時不予採用。

③ 乾壓縮(過熱壓縮)如圖 1-10，A 點：保持一定的過熱度，讓蒸發器內的冷媒溫度低於壓縮機吸入的冷媒溫度約 4～8℃，可避免液壓縮。

④ 過冷度及過熱度：可利用高溫液體管與回流管內較低溫的氣體冷媒進行熱交換，使液體管再度冷卻，回流管溫度上升，表面上冷凍效果雖增加，但因過熱度使吸入壓縮機的氣體冷媒比容增大，冷媒質量流率減少，性能係數降低，其增加的冷凍效果，可能因此抵消，故過冷度及過熱度有一定限度，適當的過熱度可避免液壓縮及壓縮機過熱，適當的過冷度可使液體冷媒在降壓裝置減少氣體的產生(減少閃蒸)及增加冷凍效果等優點。

⑤ 過冷度大小的決定：先算出液管的壓降，將冷凝溫度相對的飽和壓力減去液管的壓降，得到的壓差值，再查出相對的飽和溫度，此溫度與冷凝溫度之差的溫度值，是為減少閃蒸的氣體量必須維持的過冷度，通常約 2～3℃，若要增加過冷度可增大冷凝器散熱面積及出口再冷卻方式。

⑥ 過熱度大小的決定：當高溫液體管與回流管較低溫的氣體冷媒熱交換時，液體管排放的熱量等於回流管較低溫的氣體冷媒吸收熱量，因液體的比熱比氣體的比熱大，所以氣體溫升大，故過熱度會比過冷度大，通常約 4～8℃。

   過熱度太大時皆會造成曲軸箱冷凍油黏度降低、排氣溫度上升、冷媒比容變大、增加壓縮機所需的功率、性能係數因而降低。嚴重時會使壓縮機線圈散熱不良、過熱燒毀。因此為維持氣態冷媒回壓縮機，防止液壓縮，就要保持飽和氣體，滿液式蒸發器及裝置積液器是很好的選擇。

⑦ 過冷度及過熱度簡易測量方法：用溫度計測量出液管的溫度與高壓錶壓力相對的飽和溫度相減，得到相差溫度值，就是過冷度約 2～3℃。測量蒸發器出口溫度與低壓錶壓力相對的飽和溫度相減，得到過熱度 4～8℃，亦是蒸發器內冷媒溫度與感溫球感測部位的冷媒溫度差值。過冷度及過熱度皆屬於顯熱變化。

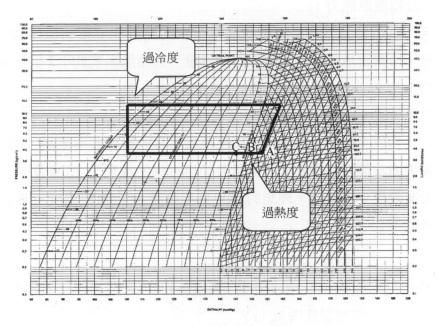

圖 1-10　過冷度與過熱度

三、冷媒特性圖應用：

1. 計算說明：

    (1) 壓縮比(CR)：

    　　　CR ＝高壓絕對壓力÷低壓絕對壓力，壓縮比越大壓縮機的容積效率越差，所以系統的高壓升高或低壓下降，皆會導致壓縮機效率降低，(容積效率＝實際排氣容積÷汽缸移動的容積)。

    (2) 冷凍效果：

    　　　表示冷媒在蒸發器實際所吸收的有效熱量，並不包含回流管及液管的熱損失，通常在設計系統時，都想盡辦法如何讓冷凍效果增加，但也要考慮壓縮功的增加量。

    (3) 壓縮熱：

    　　　被壓縮的氣態冷媒的熱量，是由壓縮機械功轉換熱能而來的，故可由冷媒壓縮所獲得的熱量計算出驅動壓縮機所需電動機功率的大小，1HP ＝ 642kcal/h(1HP ＝ 746W，1kW ＝ 860kcal/h)。

(4) 冷凝器散熱能力：

其散熱量包含冷媒在蒸發器吸收的熱量加上壓縮機械功轉換的熱量，冷凝器散熱量為蒸發器吸收熱量，在冷氣系統約 1.2 倍、冷凍系統約 1.3 倍。

(5) 性能係數(COP：Coefficient of Performance)：

冷媒系統的效率不能僅以壓縮機本身的機械效率來講，因其效率必需考慮整個系統的壓力的高低及使用冷媒的種類、冷凍效果，COP ＝ 冷凍效果÷壓縮熱，理想的COP為蒸發溫度÷(冷凝溫度－蒸發溫度)。

2. 舉例說明：

例 1

一冰水機組，將 80 l/min 之出水由 11°C 降溫至 6°C，如其冷媒冷凍效果為 45kcal/kg，則理論上冷媒循環量為 kg/hr？

說明

$H=MS\varDelta T$

$H=(80\times60)\times1\times5 = 24000$ kcal/hr

24000kcal/hr/45kcal/kg ＝ 533.33kg/hr

坊間有些廠牌，冰水主機，標示的噸數不足，可使用超音波流量計，測出冰水流量再依上例之方法，計算出實際的噸數，注意其冷卻水溫，冰水溫要在穩定下測得，進出水溫差約 5 °C。

例 2

R-22 冷媒系統在錶壓力 16.605kg/cm² 溫度 45 °C 時的 1 kg 飽和液態冷媒經降壓裝置降到－ 20°C 的液態冷媒需要移去多少熱量？多少液體冷媒閃蒸？(假設降壓前後總熱量不變，無過冷度及過熱度)

步驟

(45°C的飽和液體焓)－(－ 20°C的飽和液體焓)＝系統的閃蒸氣體所吸收的熱量

113.415 － 94.581 ＝ 18.834kcal/kg

也就是壓力 16.605kg/cm²，溫度 45℃ 的液態

冷媒除去 18.834kcal/kg 可使冷媒降溫到－ 20℃

液體冷媒閃蒸量＝閃蒸氣所吸收熱量÷(－ 20℃ 的飽和焓差)

$$= 18.834 \div (147.033 - 94.581) \times 100\% = 36\%$$

例 3

一個 R-134a 冷凍系統 高壓溫度 40℃，低壓溫度－ 20℃，過熱度 5℃，過冷度 2℃，試求壓縮比、冷凍效果、壓縮熱、性能係數。

步驟

爲方便計算，作以下理想的假設：

等熵壓縮、等壓冷凝、等焓膨脹、等壓蒸發。

先劃出冷凍系統循環圖：

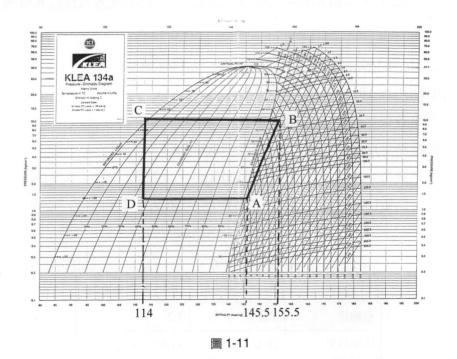

圖 1-11

由曲線大約查出焓值$i_D =$ 114kcal/kg，$i_A =$ 145.5kcal/kg，$i_B =$ 155.5kcal/kg，$i_C = i_D$，Ph ＝ 10.1kg/cm²-abs，PL ＝ 1.4kg/cm²-abs。

1. 壓縮比＝高壓絕對壓力÷低壓絕對壓力＝ 10.1/1.4 ＝ 7.2(壓縮比與容積效率成反比，高壓縮比所產生的壓縮熱會比較大，吐出口溫度 也會升高。)

2. 冷凍效果＝$i_A - i_D$＝ 145.5 － 114 ＝ 31.5kcal/kg (表示一公斤冷媒效果31.5kcal/kg熱量，蒸發器欲吸收 3000kcal/hr，需要每一小時流經過多少的低壓液體冷媒，此為冷媒循環量。)

3. 冷媒循環量＝ 3000÷31.5 ＝ 95.23kg/hr。

4. 壓縮熱＝$i_B - i_A$＝ 155.5 － 145.5 ＝ 10kcal/kg。

5. 散熱效果＝$i_B - i_D$＝ 155.5 － 114 ＝ 41.5kcal/kg。

6. 性能係數(cop)＝冷凍效果／壓縮熱＝ 31.5÷10 ＝ 3.15。

例 4

一個R-12冷凍系統，同上例相同條件，高壓溫度 40℃，低壓溫度-20℃過熱度5℃，過冷度2℃，試與R-134a冷凍系統比較？(可利用此方式比較R32與R410A)

步驟

由曲線查出i_D＝ 109kcal/kg，h_A＝ 135kcal/kg，h_B144kcal/kg

1. 壓縮比＝ 101/1.4 ＝ 7.2kcal/kg。

2. 冷凍效果＝$i_A - i_D$＝ 26kcal/kg。

3. 壓縮熱＝$i_B - i_A$＝ 144 － 135 ＝ 9kcal/kg。

4. 散熱效果＝ 144 － 109 ＝ 35kcal/kg。

5. 性能係數(cop)＝冷凍效果／壓縮熱＝ 26/9 ＝ 2.8。

由此可知 R-12 與 R-134a 在同一條件時，之比較如下：

表 1-2

	R-12 冷凍系統	R-134a 冷凍系統
壓縮比	6.25	7.2
冷凍效果	26 kcal/kg	31.5 kcal/kg
壓縮熱	9 kcal/kg	10 kcal/kg
散熱能力	35 kcal/kg	41.5 kcal/kg
性能係數(cop)	2.8	3.15

所以 R-134a 冷凍系統需要更大的散熱面積，雖壓縮功大，但其冷凍效果與性能係數也較大。可依此方法比較原冷媒與替代冷媒之間的差異，作爲系統設計的參考。

例 5

以下是一台的窗型冷氣機計算其銘牌所標示的，與計算之間差異。

步驟

以冷氣機性能驗證的測試環境：

室內側乾球溫度 27±1℃、濕球溫度 19.5±0.5℃。

室外側乾球溫度 35±1℃、濕球溫度 24±1℃。

量測出高壓壓力 250psig、低壓壓力 65psig、過冷度 3℃、過熱度 5℃

該冷氣機銘牌的標示值：

表 1-3

電源	220V/60Hz
能力(kcal/hr)	2240 kcal/hr
EER(kcal/h・W)	2.27
消耗功率(kW)	0.985
運轉電流(A)	4.6
使用冷媒(kg)	R-22　　0.570

冷凍能力＝ 2240 kcal/hr

壓縮比 CR ＝ 18.606/5.602 ＝ 3.32(將 psig 換算爲 kg/cm^2-abs)

冷媒循環量 M=2240/149.8 － 114.3 ＝ 2240/35.5 ＝ 63.1kg/hr

散熱能力＝(158 － 114.13)×63.1 ＝ 2768 kcal/hr

壓縮功＝(158 － 149.97)×63.1/860×0.6 ＝ 0.982 kW (0.6 爲效率)

壓縮機的吸氣量(體積流率)：63.1×0.04m^3/kg ＝ 2.524m^3/hr

由吸氣量可選擇適當的壓縮機，0.04 爲吸入氣體的比體積。

性能係數(COP)：COP ＝蒸發器實際吸收的有效熱量／壓縮功 ＝ 35.5/8.03 ＝ 4.42

能源效率比(EER)=2240/985 = 2.27 kcal/hw

冷媒充填量＝(蒸發器管路內容積的 20 ％)＋(冷凝器管路內容積的 20 ％)＋(液體管路內容積的 100 ％)，無法以冷媒特性圖求出，因充填量與管徑、長度有關。

以上數據是在理想狀況下求出的，與銘牌標示略有差異。

例6

有一 100USRT R-22 冷媒的水冷式冷凍機，冷媒在壓縮過程獲得熱量，以下是循環時所測得的溫度及壓力值：高壓：220 psig，低壓：60 psig，試求

①吐出口溫度？

②蒸發器入口的冷媒狀態：溫度、壓力、液氣的比例、焓值？

③冷媒循環量？

④壓縮機實際所需的功率？

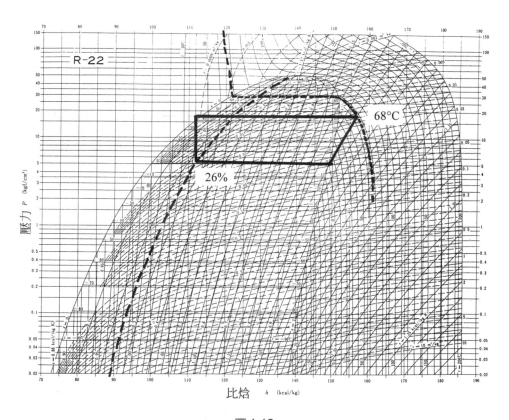

圖 1-12

步驟

①吐出口溫度約T_D＝ 68℃。(可由過熱表準確查出)

②蒸發潛熱＝ 149.6 － 100.35 ＝ 49.25 kcal/kg。

　乾度線x＝(113.12 － 100.35)/(149.6 － 100.35)

　　　　　＝ 12.77/49.25 ＝ 0.26=26 %

　有 26 %高壓的液態冷媒經降壓後閃蒸為氣態，只有 74 %仍為液體

③冷媒循環量m＝ 302400/(149 － 113.12)＝ 8428.1 kcal/kg

④壓縮機實際所需的功率＝(157 － 149.6)×8428.1/(860×0.75)

　　　　　　　　　　　＝ 96.69kW ＝ 130HP　　1RT≒1.3HP

　　有些廠商常使用 30HP 的電動機來驅動 30RT 的冰水主機，由以上可證實該匹配的馬力是不足的。

例 7

有一 R-22 冷媒的冷凍系統，裝置一個熱交換器，進入熱交換器的飽和液體溫度 30℃，出口是 28℃，進入熱交換器的飽和氣體溫度 2℃，出口為 7℃試求未加熱交換器前後的性能係數的比較？

步驟

i_A＝ 151，i_B＝ 155，i_C＝ 108.75

i_A'＝ 149.63，i_B'＝ 153.5，i_C'＝i_D'＝ 109.44

T_A'＝ 273 ＋ 7 ＝ 280K

T_A＝ 273 ＋ 2 ＝ 275K

R-22，K 值＝ 1.18

$$T_B＝T_A\left(\frac{P_B}{P_A}\right)^{\frac{K-1}{K}}$$

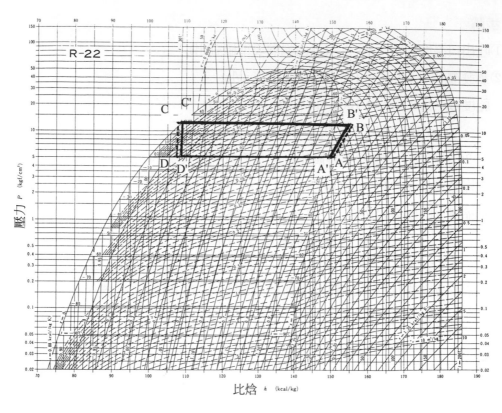

圖 1-13

P_B：高壓絕對壓力　　　　　　　　　　P_A：低壓絕對壓力

$$T_B' = 275\left(\frac{11.23}{4.41}\right)^{\frac{1.18-1}{1.18}} = 317.144\text{K} = 44.14℃ \quad T_B = 280\left(\frac{11.23}{4.41}\right)^{\frac{1.18-1}{1.18}} = 322.90\text{K} = 50℃$$

未加裝熱交換器

冷凍效果$q_e = i_A' - i_D' = 149.63 - 109.44 = 40.19$ kcal/kg

壓縮熱$q_w = i_B' - i_A' = 153.5 - 149.63 = 3.87$ kcal/kg

散熱效果$q_c = i_B' - i_C' = 153.5 - 109.44 = 44.06$ kcal/kg

冷媒循環量$M = q_w/q_e = 3320/40.19 = 82.61$ kg/hr

性能係數 C.O.P. $= q_e/q_w = 40.19/3.87 = 10.39$ kg/hr

壓縮功$Q_w = q_w \times M = 3.87 \times 82.61 = 319.7$ kcal/hr $= 0.372$kW

加裝熱交換器後，雖由i_A'增加到i_A而Δi非冷凍效果

故冷凍效果$q_e = i_A' - i_D = 149.63 - 108.75 = 40.88$ kcal/kg

壓縮熱$q_w = i_B - i_A = 155 - 151 = 4$ kcal/kg

冷媒循環量$M = Q_e/q_e = 3320/40.88 = 81.21$ kg/hr

性能係數 C.O.P.$= q_e/q_w = 40.88/4 = 10.22$

壓縮功$P = M \times q_w = 81.21 \times 4 = 324.84$ kcal/hr $= 0.38$ kW

當 R-22 冰水主機系統利用回流管與液體管熱交換後雖增加的冷凍效果，但冷媒體積流率增加，壓縮功也增加了。其結果比較如下：並非所有冷媒系統加裝熱交換器後皆有效果。

	未加裝之前	加裝之後
吐出溫度	44.14℃	50℃
冷凍效果	40.19 kcal/kg	40.88 kcal/kg
冷媒循環量	82.61 kg/hr	81.21 kg/hr
C.O.P	10.39	10.22
壓縮功	0.372 kW	0.38 kW

例 8

有一蒸發溫度-30℃的 R-22 冷媒系統高壓 15kg/cm²，過冷度 5℃，壓縮機的容積效率 0.7，機械效率 0.75，壓縮效率 0.8，冷凍能力 1500kcal/hr，試求壓縮機實際需要的動力？

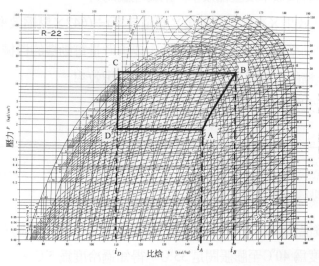

圖 1-14

步驟

$15\text{kg/cm}^2\text{-G} = 16.03 \text{ kg/cm}^2\text{-abs}$

冷凍效果 $= q_e = i_A - i_D = 146.25 - 111.43 = 34.82 \text{ kcal/kg}$

冷媒循環量 $M = \dfrac{Q}{q_e} = \dfrac{1500}{34.82} = 43.079 \text{ kg/hr}$

壓縮總熱 $= Q_c = M \times q_c = 43.079 \times (162.5 - 146.25) = 700 \text{ kcal/hr}$

如僅考量機械效率及壓縮效率，壓縮機所需要之動力為

$P = \dfrac{700}{0.8 \times 0.75 \times 860} = 1.36 \text{ kW}$

如併入容積效率考量，

$\eta_v(容積效率) = \dfrac{壓縮機實際吸入的冷媒量}{壓縮機理論吸入的冷媒量} = 0.7$

故實際冷媒循環量 $M = 43.079 \times 0.7 = 30.155 \text{ kg/hr}$

如欲維持冷凍能力 1500kcal/hr，其壓縮機所需要動力為

$P = 1.36 \times (43.079/30.155) = 1.94\text{kW}$

理論的冷凍能力 $= \left(\dfrac{活塞的排氣量}{吸入冷媒的比體積}\right) \times 冷凍效果$

壓縮機構需用多大馬力的電動機來驅動？(1HP = 642kcal/hr)

在冷媒特性圖上繪製理想狀況下的冷凍循環直接求出，理想的驅動馬力

理想的驅動馬力＝(冷凍效果×冷媒循環質量)÷642

如考量壓縮機的體積效率及壓縮效率，則為理論馬力

理論馬力＝(冷凍效果×冷媒循環質量×體積效率)÷(642×壓縮效率)

而實際所需要驅動壓縮機構的電動機馬力，要再考量電動機的機械效率故

實際驅動壓縮機構的電動機馬力＝理論馬力÷機械效率

而　總效率＝理想馬力÷實際馬力

例9

有一冷凍負荷是 150,000kcal/hr 採用 R-22 冷媒冷凍機，試求冷凍系統的排氣管、液體管、吸氣管之管徑？

設定冷媒的蒸發溫度設定－ 15℃進入壓縮機溫度是－ 9℃的過熱氣體，得知過熱度 6℃冷媒冷凝溫度為 40℃至膨脹閥是 35℃，得知過冷度為 5℃。

步驟　先確定冷媒流速(1m/s≒200 fpm)

表 1-4

管　　段		流速(m/s)
回流管	水平管	3.5～15
	直立管	7.0～15
排氣管	水平管	12～25
	直立管	7.0～15
液　　管		0.3～1.5

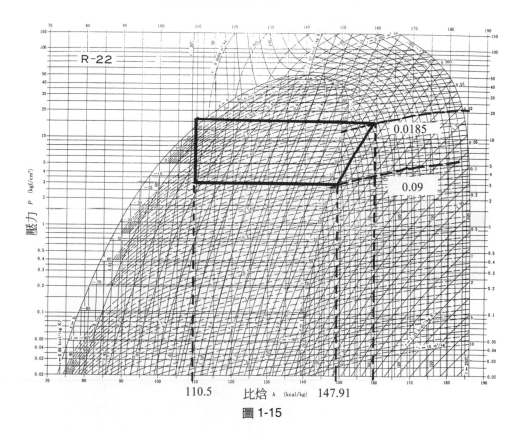

圖 1-15

(1)　回流管的管徑

$Q = V \times A$

Q(冷媒循環量×比體積)=流速×管子截面積

$q_e = 147.91 - 110.5 = 37.41 \text{kcal/kg}$

$M = Q/q_e = 150000/37.41 = 4009.6 \text{kg/hr}$

回流管冷媒比體積＝ 0.09m³/kg

體積流率＝ 0.09×4009.6 ＝ 360.9m³/hr

$Q = V \times A$，設回流管流速 10m/s

故 $A = \dfrac{Q}{V} = \dfrac{360.9}{10 \times 60 \times 60} = 0.01m^2$

$\dfrac{D}{2} \times \dfrac{D}{2} \times \pi = A$，$D = \sqrt{\dfrac{4A}{\pi}}$

$D = \sqrt{\dfrac{4 \times 0.01}{3.14}} = 0.113m = 113mm \doteqdot 4\frac{1}{2}''$

⑵ 液體管管徑

液體管冷媒比重＝ 1150.1kg/m³

體積流率＝ 4009.6/1150.1 ＝ 3.486m³/hr

$Q = V \times A$，設液管流速 1m/s

故 $A = \dfrac{3.486}{1 \times 60 \times 60} = 0.000968m^2$

$\dfrac{D}{2} \times \dfrac{D}{2} \times \pi = A$，$D = \sqrt{\dfrac{4A}{\pi}}$

$D = \sqrt{\dfrac{4 \times 0.000968}{3.14}} = 0.0351m = 35mm \doteqdot 1\frac{1}{2}''$

⑶ 排氣管管徑

排氣管冷媒比體積＝ 0.0185m³/kg

體積流率＝ 47.18m³/hr，設排氣管流速為 15m/s

故 $A = \dfrac{47.18}{10 \times 60 \times 60} = 0.002m^2$

$D = \sqrt{\dfrac{4 \times 0.002}{3.14}} = 0.050m = 50mm \cong 2''$

例 10

若選用壓縮機排氣量 261 m³/hr 的螺旋式壓縮機安裝在一套三相 220 V，R-22 冷媒系統的冰水主機，若在冷凝溫度 40℃、蒸發溫度 5℃、過熱度 5℃、過冷度 2℃，條件下運轉，試算此冰水主機的冷卻能力及額定電流為多少？

先將已知溫度繪製在冷媒特性圖上，找出各點焓值 可求出

系統壓縮比＝ 15.6/5.9 ＝ 2.64，壓縮機內容積比＝V_i^t＝ 2.64，R-22 比熱比(k ＝ 1.62)

得壓縮機內容積比 V_i＝ 2.27

冷媒循環量＝ 261/0.04 ＝ 6525 kg/hr　(吸氣比體積 0.04 m³/kg)

冷卻能力＝ 6525×(149 － 111)＝ 247950 kcal/hr ＝ 82 USRT

(149 － 111 ＝蒸發潛熱)

壓縮機輸理論輸出功率＝【6525×(157 － 150)】÷860 ＝ 53.1 kW

(157 － 150 ＝壓縮熱)

壓縮機驅動輸出功率＝ 53.1 kW÷0.8 ＝ 66.37 kW ＝ 49.5 HP

(機械效率＝ 0.8)

P ＝$\sqrt{3}VI\cos\theta$

66.37 kW ＝$\sqrt{3}\times$ 220×I× $\cos\theta$　($\cos\theta$＝ 0.88)

額定電流 I＝ 197 A

冰水主機性能表示

COP ＝冷凍效果/輸入功率；3024÷(0.8×860)＝ 4.39　(1 kW ＝ 860 kcal)

EER ＝(kcal/hr)/W；3024 kcal/hr÷800 W ＝ 3.78 kcal/hr.W

每噸的功率＝ kW/ RT；66.37÷82 ＝ 0.8 kW/RT

3.　故障判斷：以下圖示實線部份為理想的情形，虛線為異常的情形

(1)　閃蒸(flashing)：蒸發溫度低或冷凝溫度低，閃蒸的氣體就越多，使蒸發器液態冷媒量不足，而影響冷凍效果，可依蒸發的溫度來計算閃蒸的氣體量，同理，如何控制閃蒸的氣體量即可調整冷媒進入蒸發的溫度，如圖 1-16 所示。

使蒸發壓力降低，冷媒在液管中發生閃蒸，大部份因管內壓降過大所致，冷凍能力減少。

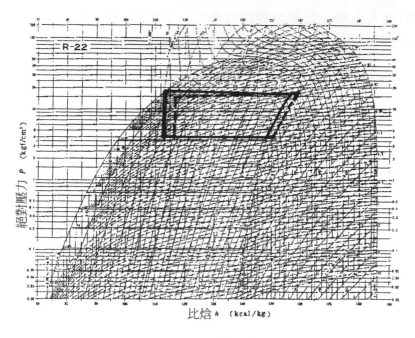

圖 1-16　閃蒸現象

(2) 冷媒太少：

因高壓壓力過低，導致氣體冷媒無法在冷凝器完全液化，使冷凍效果減少，蒸發器出口溫度大於入口溫度，過熱度增加，高壓吐出口溫度會上升，再則膨脹閥內部的閥針與閥座的磨擦頻繁，使其容易損壞，因此系統在冷媒不足下，不宜運轉。如圖 1-17 所示。

(3) 冷媒太多：

在毛細管系統高壓升高、低壓也會升高，但壓差會較正常狀況大，毛細管質量流率增加造成蒸發器流入的冷媒過多，產生液壓縮現象。如在膨脹閥系統，因膨脹閥的控制，低壓壓力較不會明顯的上升，而導致高低壓力差大，冷媒流量隨之增加，會造成液壓縮現象，如圖 1-18 所示。

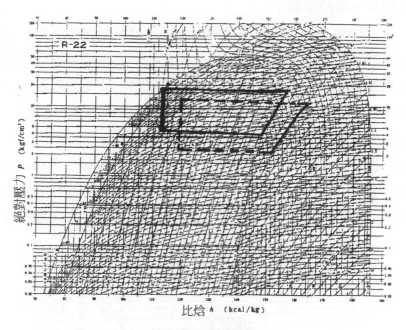

圖 1-17　冷媒太少

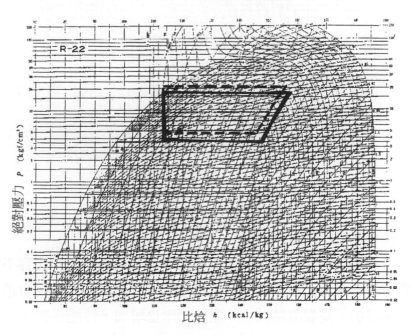

圖 1-18　冷媒太多

(4) 系統有不凝結氣體：

高壓壓力升高，壓縮機效率降低，壓縮功增加吐出口溫度會上升而冷凍油易碳化，系統中有空氣或氮氣會聚集在冷凝器而不能凝結，依據道爾頓定律，容器內各氣體分壓等於總壓，故使高壓壓力必大於冷媒飽和壓力。$P_T = P_1 + P_2 + \cdots$，例如：R-22冷媒的系統當冷凝壓力為175psig，此時測出溫度為29.5℃，但由 R-22 的冷媒特性圖查出29.5℃相對應的飽和壓力只有157.2psig，得知此時冷凝器壓力高出17.8psig(175 － 157.5) 得知系統有不凝結氣體，除依道爾頓定律知壓力上升，也會因不凝結氣體，佔據冷凝管，使散熱面積減少，高壓壓力上升，如圖 1-19 所示。

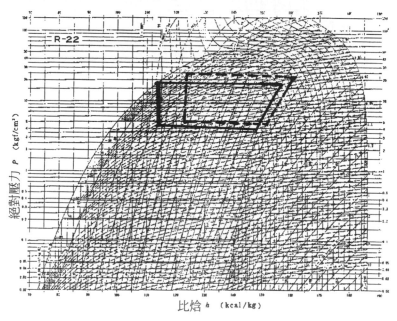

圖 1-19　系統有不凝結氣體

(5) 散熱不良，冷凝壓力過高：

在相同的蒸發溫度，冷凝壓力越高，是因吸入的比容不變時，只有體積效率，會影響冷媒流量，壓縮機所能提供的冷凍能力越小，又因閃蒸量增加，蒸發潛熱減少，壓縮功率也增加，性能係數因此下降，如圖 1-20 所示。

冷媒在蒸發器吸收過多的熱量，冷凝壓力升高壓縮機吐出口溫度上升，冷凍油易劣化。

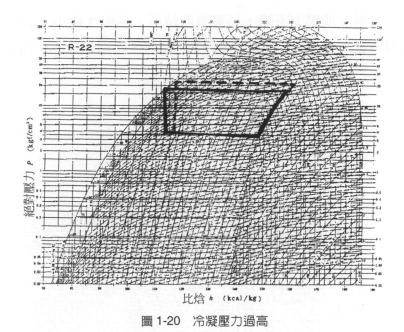

圖 1-20　冷凝壓力過高

(6)　冷媒控制器(毛細管)半阻塞：

　　　　運轉中半阻塞，剛開始高壓壓力升高，低壓壓力下降，電流上升。
隨後因冷凍效果降低，使冷凝溫度下降，高低壓壓力因此降低，此時較
易誤判冷媒不足。如圖 1-21 所示。已阻塞再起動運轉時，會因高低壓
力未能平衡，導致無法起動。

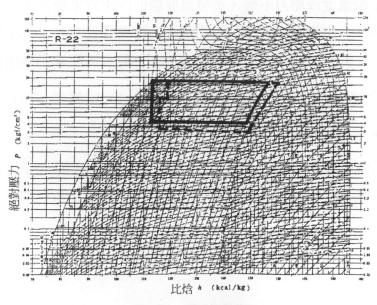

圖 1-21　毛細管阻塞

(7) 當冷凝溫度或壓力不變,蒸發溫度越高,壓縮比變小,容積效率增大,冷媒質量流率增加,性能係數(COP)越佳,壓縮熱愈小,冷凍效果增加,如圖 1-22 所示。

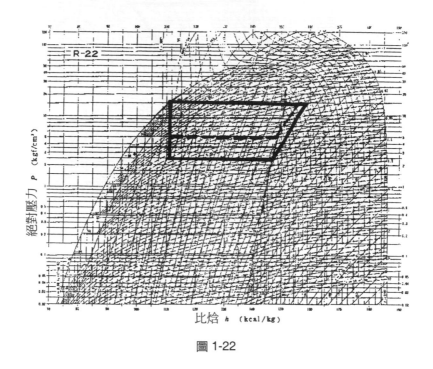

圖 1-22

(8) 當冷凝溫度或壓力不變,蒸發溫度越低冷凍效果越差,蒸發壓力降低比容越大,則壓縮機在單位時間之吸入冷媒質量會減少,壓縮熱會增加,如圖 1-23 所示。在(7)、(8)所敘述的,一般會將壓縮熱與所需馬力混淆。

壓縮機所需馬力(P)＝冷媒循環量(m)×壓縮熱(Δh)

$$m = \frac{P}{\Delta h}$$

冷媒循環量會隨蒸發溫度降低而減少,因比容增大了,故壓縮機所需馬力會下降,而壓縮熱反而增加。

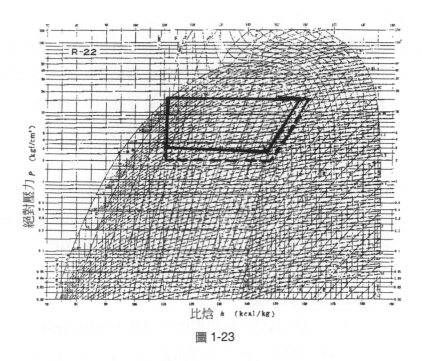

圖 1-23

(9)　當蒸發溫度一定時，冷凝溫度越低壓縮功越小，冷凍效果增加，如圖
　　　1-24 所示。

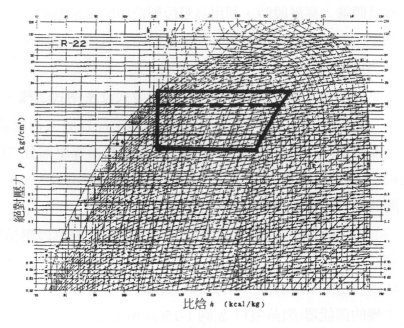

圖 1-24

四、低溫冷凍：

　　低溫冷凍應用廣泛如食品工業的急速冷凍、半導體製程、生物科技、環境衝擊設備、醫學工程精液的保存、機械工程的金屬加工，如深冷處理、冷卻崁合，石化業的油氣分離回收設備，打火機的製造等應用，在冷凍設備雖不如冷氣設備的需求量，但其高的利潤是值得去開發經營的。

1. 二段壓縮系統

    (1) 為何要使用二段壓縮：

        ① 因蒸發溫度越低，低壓壓力就越低，壓縮比也越大，壓縮機容積效率就越差，故壓縮比在 8 以上，就需考慮二段壓縮系統。

        ② 若運轉時低壓壓力低於一大氣壓力時，如系統管路洩漏，會使空氣進入系統造成維修的困擾。

        ③ 因高壓不變，低壓越低，吐出溫度會升高，往復式壓縮機排氣溫度過高時，冷凍油易積碳，此時冷凍油必須在低溫易於流動，又要兼顧高溫下不易碳化，實難於選擇適用的冷凍油，所以單一循環系統，會有以上的問題使壓縮機易故障及耗電。

        ④ 當氣體進入高壓段時，利用高壓段製造中間冷卻器的冷卻能力，來使低壓段的吐出的高溫高壓的過熱氣體冷卻為飽和氣體，藉以降低吐出口溫度。

    (2) 依冷凍設備的大小，中間冷卻器分為開放式及密閉式二種。

        　　二台壓縮機串聯，低段壓縮機先將氣態冷媒吸入再壓縮，經中間冷卻器冷卻再給予高壓段壓縮機吸入，就是將冷媒壓縮分二段 故稱二段壓縮，如此可降低吐出口溫度比一段壓縮可節省電力。

        ① 開放式中間冷卻器的系統循環

        　　可分離因膨脹過程閃蒸所產生的氣體，使高壓段壓縮機吸入為飽和狀態，避免液壓縮及閃蒸氣體的再利用，並降低吸入冷媒的比體體 $(V_B > V_C)$ 使壓縮功減少，以提高系統的安全及效率，就如離心式冰水主機的節能器(閃蒸室)，如圖 1-25(a)(b)所示。

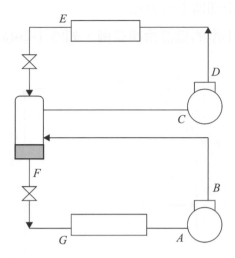

(a)二段冷媒系統開放式中間冷卻器

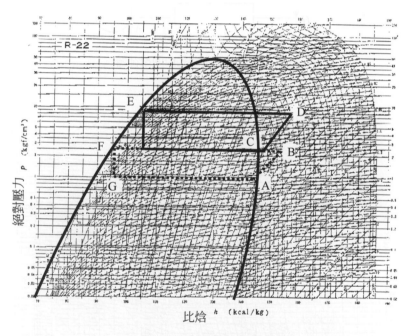

(b)開放中間冷卻器冷媒循環圖

圖 1-25

② 密閉式中間冷卻器系統循環

　　適用在小型的低溫冷凍設備，如圖 1-26(a)(b)所示。

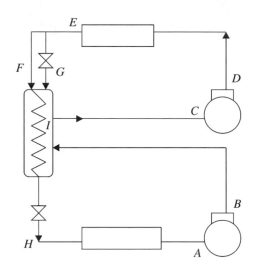

(a)二段冷媒系統密閉式中間冷卻器

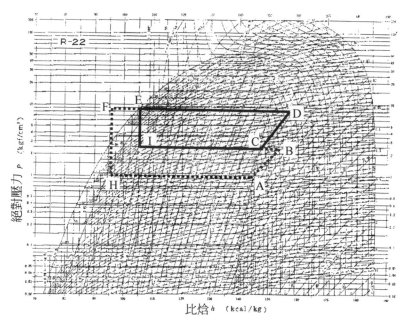

(b)密閉式中間冷卻器冷媒循環圖

圖 1-26

例 11

有一－35℃的冷凍庫，負荷 20000kcal/hr，擬採用冷媒R-22 二段壓縮系統，高壓段冷凝溫度為 35℃，請計算高低壓段壓縮機的馬力、排氣量，性能係數(C.O.P)？設壓縮機的容積效率 80 ％、機械效率 82 ％。

步驟

由飽和表可查出更準確的數據，i_F由焓線與中間壓力的飽和液交叉點，如圖 1-27 所示。

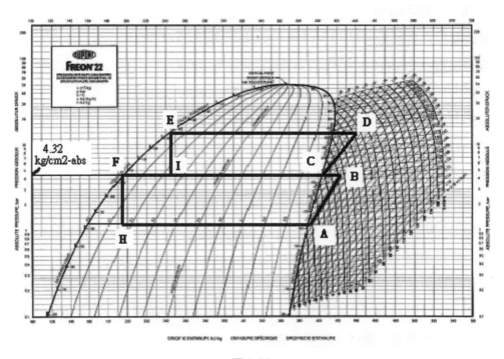

圖 1-27

$i_A = 145$，$i_B = 153$，$i_C = 148$，$i_D = 155$，$i_E = i_I = 99$

$i_F = i_H = 97$，$v_A = 0.165$，$v_C = 0.055$

$P_H = 13.82$，$P_L = 1.35$，$P_m = \sqrt{P_H \times P_L} = \sqrt{13.82 \times 1.35} = 4.32$ kg/cm²/abs

低壓段冷凍效果＝$i_A - i_F = 145 - 97 = 48$kcal/kg

低壓段冷凍循環量＝ 20000/48 ＝ 416.7 kg/hr

體積流率＝ 416.7×0.165 ＝ 68.75 m³/hr

低壓段壓機實際排氣量＝ 68.75/0.8(容積效率)＝ 85 m³/hr

理論馬力＝ 416.7×(153 － 145)＝ 3333.6 kcal/hr ＝ 5.18 HP

實際馬力＝ 5.193/0.82 ＝ 6.33 HP

COP ＝(145 － 97)/(153 － 145)＝ 6

求高壓段冷媒循環量M_C 利用中間冷卻器質能平衡式；流進＝流出

$(M_B×I_B)+(M_i×I_i)=(M_F×I_F)+(M_C×I_C)$

知 $M_B=M_F$；$M_C=M_i$

$(416.7×153)+(M_i×99)=(416.7×97)+(M_i×148)$

$M_i=M_C=$ 459.2 kg/hr

高壓段壓縮機排氣量＝$M×V=$ 459.2×0.055 ＝ 25.26 m³/hr

實際排氣量＝ 25.26/0.8 ＝ 31.57 m³/hr(容積效率＝ 0.8)

理論馬力＝ 459.2×7 ＝ 3214.4kcal/hr ＝ 5 HP

實際馬力＝ 5/0.82 ＝ 6.1 HP(機械效率＝ 0.82)

COP ＝(148-99)/(155-148)＝ 7

步驟

先計算冷凍負荷→設計管路圖→決定系統冷凝溫度與蒸發溫度。

由冷凝溫度與蒸發溫度對照之飽合壓力由$P_M × P_L=P_H/P_M$ 求P_M(中間壓力)。

繪製冷媒循環圖 找出各點的焓值。

由已知冷凍負荷求低壓段冷媒循環量。

找出吸入之比體積乘於冷媒循環量，就可得到高壓段理論壓縮機排氣量。

用中間冷卻器質能平衡式；流進＝流出。

低壓段冷媒循環量。

找出吸入之比體積乘於冷媒循環量，就可得到低壓段理論壓縮機排氣量。

考慮容積效率及機械效率計算出實際所需軀動壓縮機馬力。

2. 二元壓縮系統

　　欲製造更低的溫度如－ 50℃以下，如使用冷媒 R404A 或 R134A，低壓端的壓力會低於一大氣壓力，如系統洩漏時，外界空氣或水份會滲入系統，造成損壞，因此要選擇使用的冷媒在－ 60℃以下，低壓端的壓力尚高於一大氣壓力。此冷媒如：R-23、R-508B、R-1150(乙稀：C_2H_4)、R-290(丙烷：

C_3H_8)、R-170(乙烷：C_2H_6)，但這些冷媒的冷凝溫度很低，所以要用另一系統來使其冷卻爲高壓的液態冷媒，通常使用 R-507/R23、R404A/R-23、NH_3/CO_2、R404A/R-508B、NH_3/CO_2 等組合的二元冷凍系統，就可各選擇不同的冷凍油來搭配不同的冷媒系統，因出口溫度會過高，而破壞冷凍油的特性。

(1) 二元冷凍系統循環：

利用高溫段的蒸發器低溫冷媒，來冷凝低溫段的冷凝器的高溫氣體冷媒，藉以達到低溫段所需要的蒸發溫度，如圖 1-28 所示。

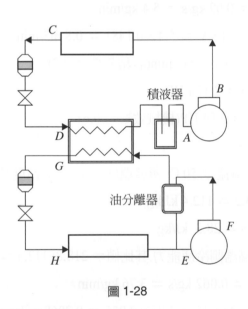

圖 1-28

例 12

R-404A 與 R-23 組合的二元冷凍系統 製造一台 120 分鐘降溫到－ 70℃ 的冷凍溫度，冷凍負荷 7kW；試求高溫側壓縮機及低溫側壓縮機的排氣量及所需馬力？(容積效率高低溫壓縮機 0.7；機械效率 0.6 (周圍溫度 35℃)

步驟

若外氣溫度 30℃ 冷凝溫度 35 ＋ 15 ＝ 50℃ (15℃空氣散熱溫差經驗值)

蒸發溫度－ 75℃ (庫溫－ 70℃ 冷媒於蒸發器溫度設爲－ 75℃)

理想性能係數(coefficient of performance；COP)

$COP = T_e/T_c - T_e$

設高低溫側 COP 相等則

$\chi + 273/50 - \chi = -75 + 273/\chi + 75$

得$\chi = -20°C$ 高、低溫系統於中間熱交換溫度設在$-20°C$

其理想 COP = 3.6

中間冷卻器溫度設-15°C

*如圖 1-29 低溫系統 冷凝溫度-15°C 蒸發溫度-75°C 過冷度及過熱度 = 0°C

冷凝熱量 395.6 - 176.= 218.8 kJ/kg 蒸發潛熱 176.9 - 99.1 = 77.8kJ/kg

壓縮熱 200.4 - 176.9 = 23.6 kJ/kg

冷媒循環量 = 7/77.8 = 0.09 kg/s = 5.4 kg/min

高溫側壓縮機排氣量 = M×V = 5.4×0.1481 = 0.8 m3/min

實際排氣量 = 0.8/0.7 = 1.142 m3/min(容積效率 = 0.7)

理論馬力 = 0.09×23.6 = 2.124 HP

實際馬力 = 2.124 /0.6 = 3.54 HP(機械效率 = 0.6)

COP = 77.8/23.6 = 3.3

如圖 1-29 高溫系統 冷凝溫度 50°C 蒸發溫度 -15°C 過冷度及過熱度 = 0°C

蒸發潛熱 359.6 - 283.2 = 112.4 kJ/kg

壓縮熱 387.9 - 359.6 = 28.3 kJ/kg

低溫側冷凝熱量等於高溫側冷凍能力 其比值 = 218.8/ 112.4.= 1.95

冷媒循環量 = 7/112.4 = 0.062 kg/s = 3.76 kg/min

高溫側壓縮機排氣量 = M×V = 3.76×0.055 = 0.2068 m^3/min

實際排氣量 = 0.2068/0.7 = 0.295 m^3/min(容積效率 = 0.7)

理論馬力 = 0.062×28.3 = 1.75 HP

實際馬力 =(1.75/0.6)×1.95 = 5.6 HP(機械效率 = 0.6)

COP = 112.4/28.3 = 3.96

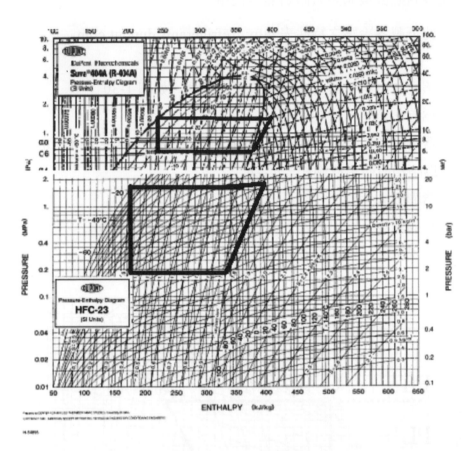

圖 1-29　二元冷媒循環

中間熱交換器冷媒溫度比較表

熱交換器溫度	高溫側冷凝熱量(kj/kg)	低溫側冷凝熱量(kj/kg)	中間熱交換器熱量比	高溫側COP	低溫側COPL	高溫側壓縮機吸氣 V_L(m³/kg)	低溫側壓縮機吸氣 V_L(m³/kg)
－ 10℃	79.4	216.2	2.72	4.38	3.05	0.0463	0.1481
－ 15℃	112.4	218.8	1.95	3.97	3.3	0.055	0.1481
－ 20℃	73.3	204.8	2.7	3.6	3.6	0.0656	0.1481
－ 25℃	70.2	223.3	3.18	3.3	3.96	0.0788	0.1481
－ 30℃	67.1	225.1	3.35	3.0	4.4	0.0953	0.1481

註：冷凝溫度 50℃、蒸發溫度 － 75℃；中間熱交換器效率 100% 中間熱交換器冷媒溫度設 － 15℃為最適合。

飽和溫度對照表與過熱氣體對照表使用

可以上此下載各冷媒之特性表 http://refrigerants.dupont.com

例如

(1) 依照已知冷凍循環系統溫度或壓力條件，如圖 1-30

(2) A 為飽和氣體，找飽和表 h_g

(3) B 為過熱氣體，找過熱氣體表 Ph 值，與S_B以內插法可得到準確h_B T_B

(4) C 為飽和液體，找飽和表$h_f = h_c$

(5) 等焓膨脹 $h_c = h_D$

(6) 若有過熱度，則可由T_A 與 PL 以內插法可得到準確h_A

(7) 若有過冷度，則可由T_C 找h_f

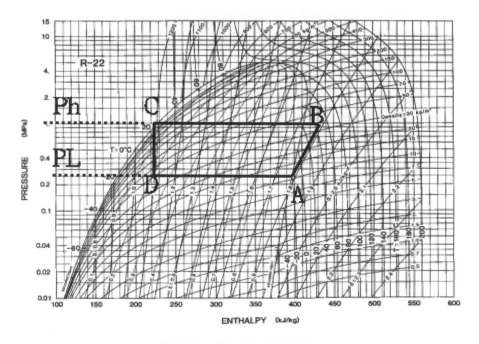

圖 1-30　飽和表及過熱表使用

⑵　系統保養維護：

① R508B 或 R-23 在常溫下壓力很高，故在充填時可將冷媒冷卻至－30℃，使其變爲飽和液體再以液態充填，若欲在常溫充填，注意瓶壓很高，充填用的橡皮軟管是否能耐壓；利用複合壓力錶，控制充填壓力，不宜太高。

② 高溫段系統採用 R404-4，低溫段系統 R-23 時，在低溫段系統可先充填 R-290(丙烷)至 7 Psig，如低溫段系統是用 R-508B，先充填 R-507 (AZ-50)至 7 Psig，有利於回油，此爲利用分壓定律，避免因低溫下冷凍油黏滯性變大，造成回油困難，故充填適當的另一冷媒，以維持一定的壓力。

③ 充填冷凍油或冷媒應接上乾燥過濾器，以確保其乾燥，避免水份在此低溫的冷凍系統造成阻塞。

④ 低溫段系統應於高溫段充填冷媒完成溫度下降後開機，再緩慢的填充低溫段的冷媒。

⑤ 有時會因毛細管過長或高溫段系統的散熱能力不足，使低壓偏低，溫度無法下降。

⑥ 低溫系統壓縮機，依其降到的溫度，去更換冷凍油而在非 CFC 冷媒系統，冷凍油選定更爲重要，如市面上 ROC Oil 68 較適用於非 CFC 超低溫系統。

3. 高磁場改變冷凍效果：

利用高磁場改變冷媒的物理現象，提升冷凍效果達到節能目的，接在低壓側使內部的冷媒產生紊流增加熱交換，並使冷凍油不易附黏在管壁而改善回油及熱交換的問題。

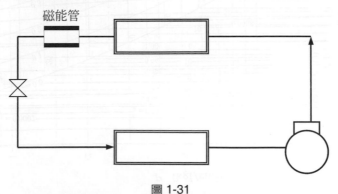

圖 1-31

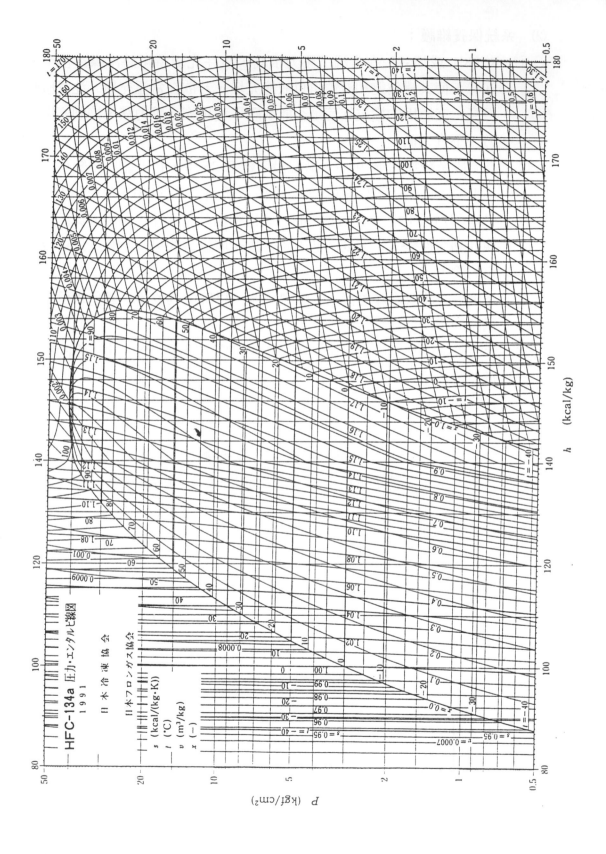

R-134a 飽和表

溫度 ℃ t	溫度 K T	蒸氣壓 kgf/cm² P	比容積 m³/kg 液體 r'	比容積 m³/kg 蒸氣 r''	密度 kg/m³ 液體 ρ'	密度 kg/m³ 蒸氣 ρ''	焓 kcal/kg 液體 h'	焓 kcal/kg 蒸氣 h''	焓 kcal/kg 散熱 $h''-h'$	熵 kcal/(kg·K) 液體 s'	熵 kcal/(kg·K) 蒸氣 s''	溫度 ℃ t
−35	238.15	0.67954	0.00071472	0.28193	1399.1	3.5470	89.24	142.24	53.00	0.9580	1.1806	−35
−34	239.15	0.71389	0.00071615	0.26919	1396.3	3.7148	89.53	142.39	52.86	0.9593	1.1803	−34
−33	240.15	0.74963	0.00071759	0.25715	1393.5	3.8889	89.82	142.54	52.72	0.9605	1.1800	−33
−32	241.15	0.78678	0.00071905	0.24574	1390.7	4.0694	90.12	142.69	52.57	0.9617	1.1797	−32
−31	242.15	0.82540	0.00072052	0.23494	1387.9	4.2565	90.41	142.84	52.43	0.9629	1.1795	−31
−30	243.15	0.86552	0.00072200	0.22470	1385.0	4.4504	90.71	142.99	52.28	0.9641	1.1792	−30
−29	244.15	0.90719	0.00072549	0.21500	1382.2	4.6512	91.00	143.14	52.14	0.9653	1.1789	−29
−28	245.15	0.95043	0.00072500	0.20580	1379.3	4.8592	91.30	143.29	51.99	0.9666	1.1787	−28
−27	246.15	0.99531	0.00072652	0.19706	1376.4	5.0745	91.60	143.44	51.84	0.9678	1.1784	−27
−26.18	246.15	1.03323	0.00072777	0.19026	1374.1	5.2561	91.85	143.57	51.72	0.9688	1.1782	−26.18
−26	247.15	1.0419	0.00072805	0.18878	1373.5	5.2973	91.90	143.59	51.69	0.9690	1.1782	−26
−25	248.15	1.0901	0.00072960	0.18090	1370.6	5.5278	92.20	413.74	51.54	0.9702	1.1779	−25
−24	249.15	1.1401	0.00073116	0.17342	1367.7	5.7662	92.51	143.89	51.39	0.9714	1.1777	−24
−23	250.15	1.1920	0.00073274	0.16632	1.64.7	6.0127	92.81	144.04	51.24	0.9726	1.1775	−23
−22	251.15	1.2456	0.00073432	0.15956	1361.8	6.2674	93.11	144.19	51.08	0.9738	1.1773	−22
−21	252.15	1.3012	0.00073592	0.15312	1358.8	6.5306	93.42	144.34	50.93	0.9750	1.1770	−21
−20	253.15	1.3587	0.00073754	0.14700	1355.9	6.8026	93.72	144.49	50.77	0.9763	1.1768	−20
−19	254.15	1.4182	0.00073917	0.14118	1352.9	7.0834	94.03	144.64	50.61	0.9775	1.1766	−19
−18	255.15	1.4797	0.00074081	0.13562	1349.9	7.3733	94.34	144.79	50.45	0.9787	1.1764	−18
−17	256.15	1.5433	0.00074247	0.13034	1346.9	7.6725	94.65	144.94	50.29	0.9799	1.1762	−17
−16	257.15	1.6090	0.00074414	0.12529	1343.8	7.9813	94.96	145.09	50.13	0.9811	1.1761	−16
−15	258.15	1.6769	0.00074583	0.12048	1340.8	8.2998	95.27	145.24	49.97	0.9823	1.1759	−15
−14	259.15	1.7470	0.00074754	0.11590	1337.7	8.6284	95.58	145.39	49.81	0.9835	1.1757	−14
−13	260.15	1.8194	0.00074925	0.11152	1334.7	8.9671	95.89	145.53	49.65	0.9847	1.1755	−13
−12	261.15	1.8942	0.00075099	0.10734	1331.6	9.3163	96.20	145.68	49.48	0.9858	1.1754	−12
−11	262.15	0.9713	0.00075274	0.10335	1328.5	9.6762	96.51	145.83	49.32	0.9870	1.1752	−11
−10	263.15	2.0508	0.00075450	0.099531	1325.4	10.047	96.83	145.98	49.15	0.9882	1.1750	−10
−9	264.15	2.1328	0.00075628	0.095885	1322.3	10.429	97.14	146.12	48.98	0.9894	1.1749	−9
−8	265.15	2.2173	0.00075808	0.092399	1319.1	10.823	97.46	146.27	48.81	0.9906	1.1747	−8
−7	266.15	2.3045	0.00075990	0.089065	1316.0	11.228	97.77	146.42	48.64	0.9918	1.1746	−7
−6	267.15	2.3942	0.00076173	0.085874	1312.8	11.645	98.09	146.56	48.47	0.9930	1.1744	−6

(續前表)

溫度 ℃ (t)	溫度 K (T)	蒸氣壓 kgf/cm² (P)	比容積 m³/kg 液體 r'	比容積 m³/kg 蒸氣 r''	密度 kg/m³ 液體 ρ'	密度 kg/m³ 蒸氣 ρ''	焓 kcal/kg 液體 h'	焓 kcal/kg 蒸氣 h''	焓 kcal/kg 散熱 h''−h'	熵 kcal/(kg·K) 液體 s'	熵 kcal/(kg·K) 蒸氣 s''	溫度 ℃ (t)
−5	268.15	2.4867	0.00076358	0.082821	1309.6	12.074	98.40	146.71	48.30	0.9941	1.1743	−5
−4	269.15	2.5818	0.00076545	0.079897	1306.4	12.516	98.72	146.85	48.13	0.9953	1.1742	−4
−3	270.15	2.6798	0.00076733	0.077096	1303.2	12.971	99.04	147.00	47.96	0.9965	1.1740	−3
−2	271.15	2.7806	0.00076924	0.074413	1300.0	13.439	99.36	147.14	47.78	0.9977	1.1739	−2
−1	272.15	2.8844	0.00077116	0.071841	1296.7	13.920	99.68	147.28	47.60	0.9988	1.1738	−1
0	273.15	2.9911	0.00077310	0.069375	1293.5	14.414	100.00	147.43	47.43	1.0000	1.1737	0
1	274.15	3.1007	0.00077506	0.067010	1290.2	14.923	100.32	147.57	47.25	1.0012	1.1735	1
2	275.15	3.2135	0.00077704	0.064741	1286.9	15.446	100.64	147.71	47.07	1.0023	1.1734	2
3	276.15	3.3294	0.00077905	0.062564	1283.6	15.984	100.97	147.85	46.89	1.0035	1.1733	3
4	277.15	3.4485	0.00078107	0.060473	1280.3	16.536	101.29	148.00	46.71	1.0047	1.1732	4
5	278.15	3.5708	0.00078311	0.058466	1277.0	17.104	101.61	148.14	46.52	1.0058	1.1731	5
6	279.15	3.6964	0.00078518	0.056538	1273.6	17.687	101.94	148.28	46.34	1.0070	1.1730	6
7	280.15	3.8254	0.00078726	0.054685	1270.2	18.287	102.26	148.42	46.15	1.0081	1.1729	7
8	281.15	3.9578	0.00078937	0.052904	1266.8	18.902	102.59	148.56	45.96	1.0093	1.1728	8
9	282.15	4.0936	0.00079151	0.051192	1263.4	19.534	102.92	148.69	45.78	1.0104	1.1727	9
10	283.15	4.2330	0.00079366	0.049546	1260.0	20.183	103.25	148.83	45.59	1.0116	1.1726	10
11	284.15	4.3760	0.00079584	0.047962	1256.5	20.850	103.57	148.97	45.39	1.0127	1.1725	11
12	285.15	4.5226	0.00079805	0.046437	1253.1	21.534	103.90	149.11	45.20	1.0139	1.1724	12
13	286.15	4.6729	0.00080028	0.044970	1249.6	22.237	104.23	149.24	45.01	1.0150	1.1723	13
14	287.15	4.8270	0.00080253	0.043557	1246.1	22.958	104.57	149.38	44.81	1.0162	1.1722	14
15	288.15	4.9849	0.00080481	0.042197	1242.5	23.698	104.90	149.51	44.61	1.0173	1.1722	15
16	289.15	5.1468	0.00080712	0.040886	1239.0	24.458	105.23	149.64	44.41	1.0185	1.1721	16
17	290.15	5.3125	0.00080946	0.039623	1235.4	25.238	105.56	149.78	44.21	1.0196	1.1720	17
18	291.15	5.4823	0.00081182	0.038406	1231.8	26.038	105.90	150.04	44.01	1.0207	1.1719	18
19	292.15	5.6562	0.00081421	0.037232	1228.2	26.858	106.24	146.56	43.80	1.0219	1.1718	19
20	293.15	5.8342	0.00081664	0.036100	1224.5	27.700	106.57	150.17	43.60	1.0230	1.1717	20
21	294.15	6.0164	0.00081909	0.035009	1220.9	28.564	106.91	150.30	43.39	1.0242	1.1717	21
22	295.15	6.2029	0.00082157	0.033955	1217.2	29.451	107.25	150.43	43.18	1.0253	1.1716	22
23	296.15	6.3937	0.00082409	0.032938	1213.5	30.360	107.59	150.56	42.97	1.0264	1.1715	23
24	297.15	6.5890	0.00082664	0.031957	1209.7	31.292	107.93	150.68	42.76	1.0276	1.1715	24

(續前表)

溫度 ℃ t	溫度 K T	蒸氣壓 kgf/cm² P	比容積 m³/kg 液體 r'	比容積 m³/kg 蒸氣 r''	密度 kg/m³ 液體 ρ'	密度 kg/m³ 蒸氣 ρ''	焓 kcal/kg 液體 h'	焓 kcal/kg 蒸氣 h''	焓 kcal/kg 散熱 h''−h'	熵 kcal/(kg·K) 液體 s'	熵 kcal/(kg·K) 蒸氣 s''	溫度 ℃ t
25	298.15	6.7887	0.00082922	0.031009	1206.0	32.249	108.27	150.81	42.54	1.0287	1.1714	25
26	299.15	6.9929	0.00083183	0.030093	1202.2	33.230	108.61	150.93	42.32	1.0298	1.1713	26
27	300.15	7.2017	0.00083448	0.029209	1198.3	34.236	108.95	151.06	42.10	1.0310	1.1712	27
28	301.15	7.4151	0.00083717	0.028354	1194.5	35.268	109.30	151.18	41.88	1.0321	1.1712	28
29	302.15	7.6333	0.00083989	0.027528	1190.6	36.327	109.64	151.30	41.66	1.0332	1.1711	29
30	303.15	7.8563	0.00084265	0.026729	1186.7	37.412	109.99	151.42	41.43	1.0344	1.1710	30
31	304.15	8.0842	0.00084545	0.025957	1182.8	38.525	110.34	151.54	41.20	1.0355	1.1710	31
32	305.15	8.3170	0.00084829	0.025210	1178.8	39.667	110.68	151.66	40.97	1.0366	1.1709	32
33	306.15	8.5548	0.00085118	0.024487	1174.8	40.838	111.03	151.78	40.74	1.0377	1.1708	33
34	307.15	8.7976	0.00085410	0.023788	1170.8	42.039	111.38	151.89	40.51	1.0389	1.1707	34
35	308.15	9.0456	0.00085707	0.023110	1166.8	43.270	111.74	152.00	40.27	1.0400	1.1707	35
36	309.15	9.2989	0.00086008	0.022455	1162.7	44.534	112.09	152.12	40.03	1.0411	1.1706	36
37	310.15	9.5574	0.00086314	0.021820	1158.6	45.829	112.44	152.23	39.79	1.0423	1.1705	37
38	311.15	9.8212	0.00086625	0.021205	1154.4	47.158	112.80	152.34	39.54	1.0434	1.1704	38
39	312.15	10.091	0.00086940	0.020610	1150.2	48.521	113.16	152.45	39.29	1.0445	1.1704	39
40	313.15	10.365	0.00087261	0.020032	1146.0	49.919	113.51	152.55	39.04	1.0456	1.1703	40
41	314.15	10.646	0.00087587	0.019473	1141.7	51.353	113.87	152.66	38.79	1.0468	1.1702	41
42	315.15	10.932	0.00087918	0.018930	1137.4	52.825	114.23	152.76	38.53	1.0479	1.1701	42
43	316.15	11.233	0.00088254	0.018404	1133.1	54.335	114.60	152.87	38.27	1.0490	1.1701	43
44	317.15	11.521	0.00088597	0.017894	1128.7	55.884	114.96	152.97	38.01	1.0501	1.1700	44
45	318.15	11.824	0.00088945	0.017399	1124.3	57.473	115.32	153.07	37.74	1.0513	1.1699	45
46	319.15	12.134	0.00089300	0.016919	1119.8	59.104	115.69	153.16	37.47	1.0524	1.1698	46
47	320.15	12.449	0.00089661	0.016453	1115.3	60.779	116.06	153.26	37.20	1.0535	1.1697	47
48	321.15	12.771	0.00090028	0.016001	1110.8	62.497	116.43	153.35	36.93	1.0547	1.1696	48
49	322.15	13.099	0.00090402	0.015561	1106.2	64.262	116.80	153.44	36.65	1.0558	1.1695	49
50	323.15	13.433	0.00090784	0.015135	1101.5	66.073	117.17	153.53	36.37	1.0569	1.1694	50
51	324.15	13.773	0.00091172	0.014720	1096.8	67.934	117.54	153.62	36.08	1.0580	1.1693	51
52	325.15	14.120	0.00091568	0.014317	1092.1	69.845	117.92	153.71	35.79	1.0592	1.1692	52
53	326.15	14.473	0.00091972	0.013926	1087.3	71.807	118.29	153.79	35.50	1.0603	1.1691	53
54	327.15	14.833	0.00092385	0.013546	1082.4	73.824	118.67	153.87	35.20	1.0615	1.1690	54

(續前表)

溫度 °C t	溫度 K T	蒸氣壓 kgf/cm² P	比容積 m³/kg 液體 r'	比容積 m³/kg 蒸氣 r''	密度 kg/m³ 液體 ρ'	密度 kg/m³ 蒸氣 ρ''	焓 kcal/kg 液體 h'	焓 kcal/kg 蒸氣 h''	焓 kcal/kg 散熱 h''−h'	熵 kcal/(kg·K) 液體 s'	熵 kcal/(kg·K) 蒸氣 s''	溫度 °C t
55	328.15	15.200	0.00092805	0.013176	1077.5	75.897	119.05	153.95	34.90	1.0626	1.1689	55
56	329.15	15.573	0.00093235	0.012816	1072.6	78.027	119.44	154.03	34.59	1.0637	1.1688	56
57	330.15	15.954	0.00093674	0.012466	1067.5	80.217	119.82	154.10	34.28	1.0649	1.1687	57
58	331.15	16.341	0.00094122	0.012126	1062.4	82.469	120.21	154.17	33.96	1.0660	1.1686	58
59	332.15	16.736	0.00094581	0.011794	1057.3	84.785	120.59	154.24	33.64	1.0672	1.1684	59
60	333.15	17.137	0.00095050	0.011472	1052.1	87.169	120.98	154.30	33.32	1.0683	1.1683	60
61	334.15	17.546	0.00095530	0.011158	1046.8	89.622	121.38	154.37	33.99	1.0694	1.1682	61
62	335.15	17.962	0.00096021	0.010852	1041.4	92.147	121.77	154.43	32.66	1.0706	1.1680	62
63	336.15	18.386	0.00096525	0.010554	1036.0	94.748	122.17	154.48	32.32	1.0717	1.1679	63
64	337.15	18.817	0.00097041	0.010264	1030.5	97.428	122.57	154.54	31.97	1.0729	1.1677	64
65	338.15	19.256	0.00097570	0.0099811	1024.9	100.19	122.97	154.59	31.62	1.0741	1.1676	65
66	339.15	19.703	0.00098114	0.0097052	1019.2	103.04	123.37	154.63	31.26	1.0752	1.1674	66
67	340.15	20.157	0.00098672	0.0094362	1013.5	105.97	123.78	154.68	30.90	1.0764	1.1672	67
68	341.15	20.620	0.00099246	0.0091738	1007.6	109.01	124.18	154.72	30.53	1.0776	1.1670	68
69	342.15	21.090	0.00099836	0.0089177	1001.6	112.14	124.60	154.75	30.15	1.0787	1.1669	69
70	343.15	21.569	0.0010044	0.0086677	995.58	115.37	125.01	154.78	29.77	1.0799	1.1667	70
71	344.15	22.056	0.0010107	0.0084236	989.42	118.71	125.43	154.81	29.38	1.0811	1.1665	71
72	345.15	22.551	0.0010172	0.0081851	983.13	122.17	125.85	154.83	28.98	1.0823	1.1662	72
73	346.15	23.056	0.0010238	0.0079521	976.73	125.75	126.27	154.85	28.57	1.0835	1.1660	73
74	347.15	23.568	0.0010307	0.0077243	970.20	129.46	126.70	154.86	28.16	1.0847	1.1658	74
75	348.15	24.090	0.0010378	0.0075014	963.54	133.31	127.13	154.86	27.73	1.0859	1.1655	75
76	349.15	24.620	0.0010452	0.0072834	956.72	137.30	127.57	154.87	27.30	1.0871	1.1653	76
77	350.15	25.160	0.0010529	0.0070700	949.76	141.44	128.00	154.86	26.86	1.0883	1.1650	77
78	351.15	25.709	0.0010609	0.0068609	942.63	145.75	128.45	154.85	26.40	1.0895	1.1647	78
79	352.15	26.267	0.0010691	0.0066560	935.33	150.24	128.90	154.83	25.93	1.0908	1.1644	79
80	353.15	26.835	0.0010778	0.0064550	927.83	154.92	129.35	154.80	25.45	1.0920	1.1641	80
81	354.15	27.412	0.0010868	0.0062577	920.13	159.80	129.81	154.77	24.96	1.0932	1.1637	81
82	355.15	27.999	0.0010962	0.0060640	912.21	164.91	130.27	154.73	24.46	1.0945	1.1634	82
83	356.15	28.596	0.0011061	0.0058735	904.05	170.26	130.74	154.67	23.93	1.0958	1.1630	83
84	357.15	29.204	0.0011165	0.0056861	895.62	175.87	131.22	154.61	23.39	1.0971	1.1626	84

(續前表)

溫度 ℃ t	K T	蒸氣壓 kgf/cm² P	比容積 m³/kg 液體 r'	蒸氣 r"	密度 kg/m³ 液體 ρ'	蒸氣 ρ"	焓 kcal/kg 液體 h'	蒸氣 h"	散熱 h"−h'	熵 kcal/(kg·K) 液體 s'	蒸氣 s"	溫度 ℃ t
85	358.15	29.821	0.0011275	0.0055014	886.90	181.77	131.70	154.54	22.84	1.0984	1.1622	85
86	359.15	30.450	0.0011391	0.0053193	877.86	187.99	132.19	154.45	22.26	1.0997	1.1617	86
87	360.15	31.088	0.0011515	0.0051394	868.45	194.58	132.69	154.35	21.66	1.1011	1.1612	87
88	361.15	31.738	0.0011646	0.0049613	858.65	201.56	133.21	154.24	21.03	1.1024	1.1607	88
89	362.15	31.399	0.0011787	0.0047848	848.39	209.00	133.73	154.11	20.38	1.1038	1.1601	89
90	363.15	33.072	0.0011939	0.0046093	837.61	216.95	134.26	153.96	19.69	1.1053	1.1595	90
91	364.15	33.756	0.0012103	0.0044345	826.22	225.51	134.81	153.78	18.97	1.1067	1.1588	91
92	365.15	34.452	0.0012283	0.0042595	814.13	234.77	135.38	153.58	18.20	1.1082	1.1581	92
93	366.15	35.160	0.0012482	0.0040837	801.19	244.87	135.97	153.35	17.38	1.1098	1.1572	93
94	367.15	35.881	0.0012703	0.0039061	787.21	256.01	136.58	153.09	16.50	1.1114	1.1563	94
95	368.15	36.615	0.0012954	0.0037253	771.95	268.44	137.23	152.77	15.54	1.1131	1.1553	95
96	369.15	37.362	0.0013245	0.0035392	755.01	282.55	137.91	152.40	14.48	1.1149	1.1541	96
97	370.15	38.124	0.0013591	0.0033449	735.80	298.96	138.66	151.94	13.29	1.1168	1.1527	97
98	371.15	38.899	0.0014020	0.0031372	713.28	318.76	139.48	151.37	11.89	1.1190	1.1510	98
99	372.15	39.690	0.0014589	0.0029057	685.43	344.16	140.43	150.61	10.18	1.1215	1.1488	99
100	373.15	40.498	0.0015453	0.0026231	647.11	381.22	141.65	149.47	7.81	1.1247	1.1456	100
101.15	374.15	41.441	0.0019685	0.0019685	508.00	508.00	145.65	145.65	0.00	1.1353	1.1353	101.15

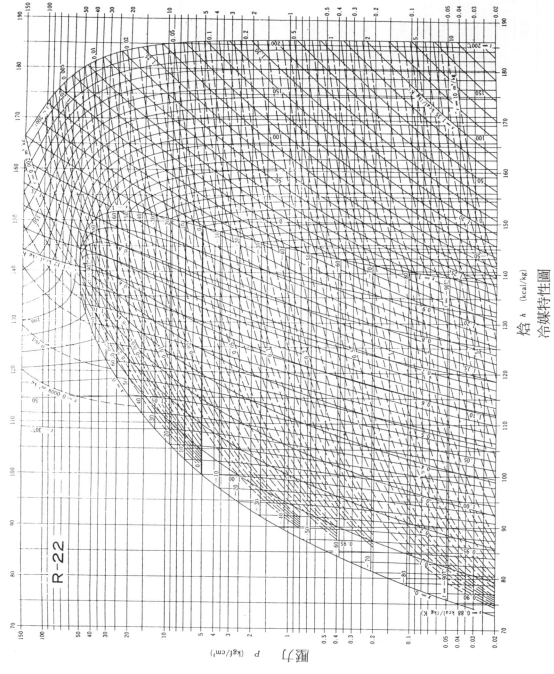

冷媒特性圖

R-22 之飽和表

溫度 (℃)	壓力 (kgf/cm²)·(表真空 cmHg) 絕對	壓力 表	密度 (kg/m³) 液	密度 (kg/m³) 氣	焓 (kcal/kg) 液	焓 (kcal/kg) 氣	蒸發熱 (kcal/kg)	熵 (kcal/kg·K) 液	熵 (kcal/kg·K) 氣
-100	0.01996	74.53(cmHg)	1568.3	0.11780	72.831	138.090	65.259	0.87608	1.25298
-90	0.04841	72.44	1542.8	0.27072	75.759	139.245	63.487	0.89252	1.23916
-80	0.10512	68.27	1516.8	0.55920	78.589	140.407	61.818	0.90757	1.22762
-75	0.14951	65.00	1503.6	0.77699	79.973	140.987	61.015	0.91464	1.22256
-70	0.20826	60.68	1490.3	1.0585	81.339	141.566	60.227	0.92144	1.21791
-65	0.28464	55.06	1476.7	1.4162	82.691	142.143	59.452	0.92801	1.21363
-60	0.38230	47.88	1463.1	1.8642	84.030	142.715	58.686	0.93436	1.20968
-58	0.42823	44.50	1457.6	2.0721	84.562	142.943	58.381	0.93684	1.20819
-56	0.47849	40.80	1452.0	2.2978	85.093	143.170	58.077	0.93929	1.20674
-54	0.53337	36.77	1446.4	2.5425	85.623	143.396	57.773	0.94172	1.20534
-52	0.59318	32.37	1440.8	2.8072	86.151	143.621	57.469	0.94412	1.20398
-50	0.65821	27.58	1435.2	3.0931	86.679	143.845	57.166	0.94649	1.20266
-48	0.72880	22.39	1429.5	3.4014	87.206	144.068	56.862	0.94883	1.20138
-46	0.80528	16.77	1423.8	3.7333	87.732	144.289	56.557	0.95115	1.20014
-44	0.88797	10.68	1418.1	4.0899	88.258	144.510	56.252	0.95345	1.19893
-42	0.97723	4.12(cmHg)	1412.3	4.4727	88.783	144.729	55.946	0.95572	1.19776
-40.818	1.03323	0.000(kgf/cm²)	1408.9	4.7118	89.093	144.858	55.765	0.95706	1.19708
-40	1.0734	0.040	1406.5	4.8829	89.308	144.947	55.639	0.95798	1.19662
-38	1.1769	0.144	1400.7	5.3219	89.833	145.163	55.330	0.96021	1.19551
-36	1.2881	0.255	1394.8	5.7910	90.358	145.378	55.020	0.96243	1.19444
-34	1.4073	0.374	1388.9	6.2917	90.883	145.591	54.708	0.96463	1.19339
-32	1.5350	0.502	1382.9	6.8256	91.409	145.803	54.394	0.96681	1.19237
-30	1.6715	0.638	1376.9	7.3940	91.936	146.013	54.077	0.96897	1.19137
-28	1.8172	0.784	1370.9	7.9987	92.463	146.221	53.758	0.97112	1.19041
-26	1.9727	0.939	1364.8	8.6411	92.991	146.427	53.436	0.97326	1.18947
-24	2.1383	1.105	1358.7	9.3231	93.520	146.631	53.112	0.97538	1.18855
-22	2.3144	1.281	1352.6	10.046	94.050	146.833	52.784	0.97748	1.18765
-20	2.5014	1.468	1346.4	10.812	94.581	147.033	52.452	0.97958	1.18678

（續前表）

溫度(°C)	壓力 (kgf/cm²)·(表真空 cmHg)		密度 (kg/m³)		焓 (kcal/kg)		蒸發熱 (kcal/kg)	熵 (kcal/kg·K)	
	絕對	表	液	氣	液	氣		液	氣
−18	2.6999	1.667	1340.1	11.623	95.114	147.231	52.117	0.98166	1.18592
−16	2.9103	1.877	1333.8	12.481	95.649	147.427	51.778	0.98373	1.18509
−14	3.1330	2.100	1327.5	13.387	96.185	147.620	51.435	0.98580	1.18427
−12	3.3685	2.335	1321.1	14.344	96.723	147.811	51.088	0.98785	1.18347
−10	3.6173	2.584	1314.6	15.354	97.264	147.999	50.736	0.98989	1.18269
−8	3.8799	2.847	1308.1	16.419	97.806	148.185	50.379	0.99193	1.18193
−6	4.1567	3.123	1301.5	17.541	98.351	148.368	50.017	0.99396	1.18118
−4	4.4482	3.415	1294.9	18.723	98.989	148.548	49.650	0.99598	1.18045
−2	4.7549	3.722	1288.2	19.967	99.448	148.725	49.277	0.99799	1.17973
0	5.0774	4.044	1281.5	21.276	100.000	148.899	48.899	1.00000	1.17902
2	5.4161	4.383	1274.7	22.652	100.555	149.070	48.515	1.00200	1.17832
4	5.7715	4.738	1267.8	24.098	101.113	149.237	48.124	1.00400	1.17764
6	6.1442	5.111	1260.8	25.617	101.675	149.402	47.727	1.00599	1.17697
8	6.5346	5.501	1253.8	27.213	102.239	149.562	47.323	1.00798	1.17630
10	6.9434	5.910	1246.7	28.888	102.807	149.719	46.912	1.00997	1.17565
12	7.3710	6.338	1239.5	30.645	103.378	149.872	46.494	1.01195	1.17500
14	7.8179	6.785	1232.3	32.489	103.953	150.022	46.069	1.01393	1.17436
16	8.2848	7.252	1224.9	34.423	104.531	150.167	45.635	1.01590	1.17373
18	8.7721	7.739	1217.5	36.451	105.114	150.307	45.194	1.01788	1.17310
20	9.2804	8.247	1210.0	38.577	105.700	150.444	44.744	1.01985	1.17248
25	10.647	9.613	1190.7	44.353	107.183	150.764	43.580	1.02478	1.17095
30	12.156	11.123	1170.8	50.162	108.694	151.051	42.357	1.02971	1.16943
35	13.819	12.785	1150.1	58.162	110.235	151.301	41.067	1.03464	1.16790
40	15.643	14.609	1128.6	66.401	111.807	151.510	39.703	1.03958	1.16636
45	17.638	16.605	1106.0	75.706	113.415	151.672	38.257	1.04454	1.16479
50	19.815	18.782	1082.3	86.249	115.063	151.779	36.716	1.04953	1.16315
55	22.185	21.152	1057.1	98.253	116.756	151.823	35.067	1.05457	1.16143
60	24.758	23.725	1030.3	112.02	118.501	151.790	33.288	1.05967	1.15959
70	30.566	29.533	969.68	146.64	122.199	151.419	29.220	1.07021	1.15536
80	37.356	36.322	873.89	196.63	126.338	150.403	24.065	1.08160	1.14974
90	45.289	44.256	780.60	284.37	131.536	147.868	16.332	1.09548	1.14046
96.15	50.863	49.830	513.0	513.0	140.186	140.186	0.0	1.11852	1.11852

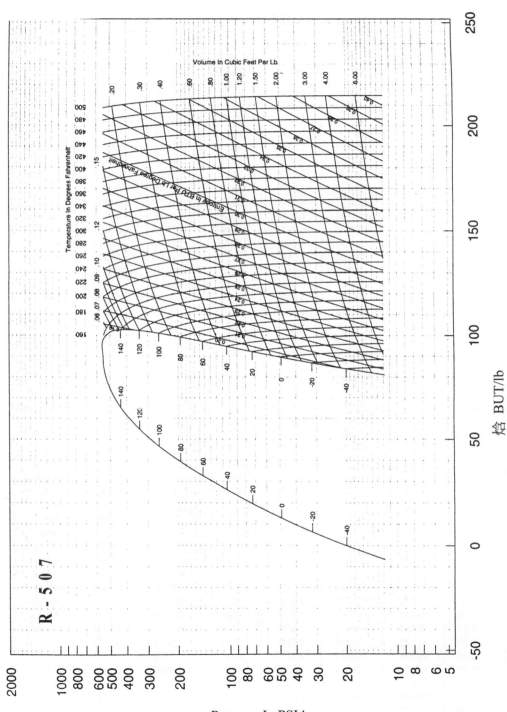

R-507 之飽和表(R-125 和 R-143a 混合冷媒)

溫度 (℃)	壓力 (絕對壓力) (kPa)	液體 密度 (kg/m³)	氣體 比容 (m³/kg)	焓 H液 (kJ/kg)	焓 H氣 (kJ/kg)	熵 S液 (kJ/kg)	熵 S氣 (kJ/kg)
− 30.00	210.59	1247.66	0.0912	12.92	210.82	0.0541	0.8310
− 29.00	219.33	1244.35	0.0877	14.23	202.39	0.0594	0.8301
− 28.00	228.34	1241.02	0.0844	15.53	202.97	0.0647	0.8293
− 27.00	237.64	1237.69	0.0812	16.84	203.54	0.0700	0.8285
− 26.00	247.22	1234.33	0.0782	18.15	204.11	0.0753	0.8277
− 25.00	257.09	1230.97	0.0753	19.46	204.68	0.0806	0.8270
− 24.00	267.27	1227.58	0.0726	20.78	205.24	0.0858	0.8262
− 23.00	277.75	1224.19	0.0699	22.09	205.81	0.0911	0.8255
− 22.00	288.53	1220.77	0.0674	23.41	206.37	0.0963	0.8248
− 21.00	299.64	1217.34	0.0650	24073	206.93	0.1015	0.8241
− 20.00	311.06	1213.89	0.0627	26.06	207.49	0.1067	0.8234
− 19.00	322.82	1210.43	0.0605	27.38	208.05	0.1119	0.8228
− 18.00	334.91	1206.95	0.0584	28.71	208.60	0.1171	0.8221
− 17.00	347.34	1203.45	0.0564	30.03	209.16	0.1222	0.8215
− 16.00	360.11	1199.94	0.0544	31.37	209.71	0.1274	0.8209
− 15.00	373.24	1196.40	0.0526	32.70	210.25	0.1325	0.8203
− 14.00	386.73	1192.85	0.0508	34.03	210.80	0.1376	0.8197
− 13.00	400.58	1189.28	0.0491	35.37	211.35	0.1427	0.8192
− 12.00	414.81	1185.69	0.0474	36.71	211.89	0.1478	0.8186
− 11.00	429.41	1182.08	0.0458	38.05	212.43	0.1529	0.8181
− 10.00	444.40	1178.45	0.0443	39.39	212.96	0.1580	0.8175
− 9.00	459.78	1174.80	0.0429	40.74	213.50	0.1630	0.8170
− 8.00	475.55	1171.13	0.0415	42.09	214.03	0.1681	0.8165
− 7.00	491.73	1167.43	0.0401	43.44	214.56	0.1731	0.8160
− 6.00	508.32	1163.72	0 0388	44.79	215.09	0.1781	0.8156
− 5.00	525.33	1159.98	0.0376	46.18	215.61	0.1831	0.8151
− 4.00	542.77	1156.22	0.0364	47.51	216.13	0.1881	0.8146
− 3.00	560.63	1152.44	0.0352	48.87	216.65	0.1931	0.8142
− 2.00	578.93	1148.63	0.0341	50.24	217.17	0.1981	0.8138
− 1.00	597.68	1144.80	0.0331	51.60	217.68	0.2031	0.8133
− 0.00	616.88	1140.94	0.0320	52.97	218.19	0.2080	0.8129
1.00	636.54	1137.06	0.0310	54.35	218.70	0.2130	0.8125
2.00	656.67	1133.15	0.0301	55.72	219.21	0.2179	0.8121
3.00	677.27	1129.22	0.0292	57.10	219.71	0.0009	0.8117
4.00	698.35	1125.25	0.0283	58.49	220.20	0.0078	0.8113
5.00	719.92	1121.26	0.0274	59.87	220.70	0.2327	0.8110
6.00	741.98	1117.24	0.0266	61.26	221.19	0.2377	0.8106
7.00	764.55	1113.19	0.0258	62.66	221.68	0.2426	0.8102
8.00	787.63	1109.11	0.0250	64.06	222.16	0.2475	0.8098
9.00	811.22	1104.99	0.0243	65.46	222.64	0.2524	0.8095
10.00	835.35	1100.85	0.0236	66.87	223.12	0.2573	0.8091
11.00	860.00	1096.67	0.0229	68.28	223.59	0.2622	0.8088
12.00	885.20	1092.46	0.0222	69.69	224.06	0.2671	0.8084
13.00	910.95	1088.21	0.0215	71.11	224.53	0.2720	0.8081
14.00	937.25	1083.93	0.0209	72.54	224.99	0.2769	0.8078
15.00	964.12	1079.61	0.0203	73.97	225.44	0.2817	0.8074
16.00	991.57	1075.25	0.0197	75.40	225.90	0.2866	0.8071
17.00	1019.59	1070.85	0.0191	76.85	226.34	0.2915	0.8068
18.00	1048.21	1066.41	0.0186	78.29	226.79	0.2964	0.8064
19.00	1077.43	1061.93	0.0181	79.75	227.22	0.3013	0.8061
20.00	1107.25	1057.40	0.0175	81.21	227.66	0.3062	0.8058

(續前表)

溫度 (℃)	壓力 (絕對壓力) (kPa)	液體 密度 (kg/m³)	氣體 比容 (m³/kg)	焓 H液 (kJ/kg)	焓 H氣 (kJ/kg)	熵 S液 (kJ/kg)	熵 S氣 (kJ/kg)
21.00	1137.69	1052.83	0.0170	82.67	228.09	0.3111	0.8054
22.00	1168.76	1048.21	0.0166	84.15	228.51	0.3160	0.8051
23.00	1200.46	1043.55	0.0161	85.63	228.93	0.3209	0.8048
24.00	1232.80	1038.83	0.0156	87.12	229.34	0.3258	0.8044
25.00	1265.80	1034.07	0.0152	88.61	229.74	0.3307	0.8041
26.00	1299.46	1029.25	0.0148	90.12	230.14	0.3357	0.8037
27.00	1333.79	1024.37	0.0143	91.63	230.54	0.3406	0.8034
28.00	1368.80	1019.44	0.0139	93.16	230.93	0.3456	0.8030
29.00	1404.50	1014.45	0.0135	94.69	231.31	0.3505	0.8027
30.00	1440.90	1009.40	0.0132	96.23	231.68	0.3555	0.8023
31.00	1478.01	1004.28	0.0128	97.79	232.05	0.3605	0.8019
32.00	1515.84	999.09	0.0124	99.35	232.41	0.3655	0.8016
33.00	1554.40	993.84	0.0121	100.93	232.76	0.3705	0.8012
34.00	1593.70	988.51	0.0117	102.52	233.11	0.3756	0.8008
35.00	1633.75	983.10	0.0114	104.12	233.44	0.3807	0.8004
36.00	1674.57	977.62	0.0111	105.74	233.77	0.3858	0.7999
37.00	1716.16	972.05	0.0108	107.37	234.09	0.3909	0.7995
38.00	1758.53	966.39	0.0105	109.02	234.40	0.3961	0.7991
39.00	1801.69	960.64	0.0102	110.68	234.70	0.4013	0.7986
40.00	1845.66	954.79	0.0099	112.36	235.00	0.4065	0.7981
41.00	1890.45	948.84	0.0096	114.06	235.28	0.4118	0.7976
42.00	1936.07	942.79	0.0093	115.78	235.55	0.4171	0.7971
43.00	1982.53	936.62	0.0091	117.52	235.81	0.4224	0.7966
44.00	2029.84	930.32	0.0088	119.28	236.05	0.4278	0.7960
45.00	2078.02	923.90	0.0085	121.06	236.29	0.4333	0.7955
46.00	2127.08	917.35	0.0083	122.87	236.51	0.4388	0.7949
47.00	2177.02	910.64	0.0080	124.71	236.72	0.4444	0.7942
48.00	2227.87	903.79	0.0078	126.57	236.91	0.4500	0.7936
49.00	2279.64	896.76	0.0076	128.47	237.09	0.4557	0.7929
50.00	2332.33	889.56	0.0073	130.40	237.25	0.4615	0.7922
51.00	2385.97	882.16	0.0071	132.36	237.39	0.4674	0.7914
52.00	2440.56	874.56	0.0069	134.37	237.52	0.4734	0.7906
53.00	2496.13	866.72	0.0067	136.42	237.63	0.4795	0.7898
54.00	2552.68	858.64	0.0065	138.51	237.71	0.4857	0.7889
55.00	2610.23	850.29	0.0063	140.66	237.77	0.4920	0.7880
56.00	2668.79	841.64	0.0061	142.86	237.81	0.4985	0.7870
57.00	2728.39	832.66	0.0059	145.12	237.82	0.5052	0.7860
58.00	2789.02	823.30	0.0057	147.46	237.80	0.5120	0.7848
59.00	0850.72	813.53	0.0055	149.87	237.75	0.5191	0.4836
60.00	2913.49	803.28	0.0053	152.38	237.66	0.5264	0.7824
61.00	2977.36	792.49	0.0051	154.99	237.52	0.5339	0.7810
62.00	3042.33	781.06	0.0049	157.72	237.35	0.5419	0.7795
63.00	3108.42	768.88	0.0047	160.59	237.11	0.5502	0.7778
64.00	3175.66	755.79	0.0045	163.63	236.81	0.5589	0.7760
65.00	3244.05	741.58	0.0043	166.89	236.43	0.5683	0.7740
66.00	3313.63	725.95	0.0041	170.42	235.95	0.5785	0.7717
67.00	3384.39	708.41	0.0039	174.31	235.33	0.5896	0.7690
68.00	3456.37	688.19	0.0037	178.73	234.54	0.6023	0.7659
69.00	3529.58	633.76	0.0035	183.96	233.47	0.6173	0.7620
70.00	3604.04	631.43	0.0032	190.77	231.89	0.6368	0.7567

R-23 之飽和表

溫度 (°F)	壓力 (psia)	壓力 (psig)	液體密度 (lb/ft³)	氣體密度 (ft³/lb)	液體焓 (BTU/lb)	氣體焓 (BTU/lb)	液體熵 (BTU/lb·°R)	氣體熵 (BTU/lb·°R)
-140.00	6.28	17.1*	92.46	7.6020	-29.58	77.39	-0.0796	0.2550
-135.00	7.57	14.5*	91.95	6.3858	-28.20	77.91	-0.0753	0.2515
-130.00	9.06	11.5*	91.42	5.3957	-26.82	78.43	-0.0711	0.2481
-125.00	10.78	8.0*	90.88	4.5844	-25.44	78.93	-0.0670	0.2449
-120.00	12.75	4.0*	90.32	3.9155	-24.05	79.42	-0.0629	0.2417
-115.00	15.00	0.3	89.76	3.3608	-22.66	79.90	-0.0588	0.2387
-110.00	17.56	2.9	89.18	2.8981	-21.25	80.37	-0.0548	0.2358
-105.00	20.45	5.8	88.59	2.5102	-19.84	80.82	-0.0508	0.2330
-100.00	23.71	9.0	87.98	2.1834	-18.41	81.26	-0.0468	0.2303
-95.00	27.36	12.7	87.36	1.9067	-16.96	81.68	-0.0428	0.2277
-90.00	31.43	16.7	86.73	1.6713	-15.50	82.09	-0.0389	0.2251
-85.00	35.96	21.3	86.08	1.4702	-14.03	82.48	-0.0349	0.2226
-80.00	40.99	26.3	85.42	1.2977	-12.53	82.86	-0.0310	0.2202
-75.00	46.53	31.8	84.74	1.1491	-11.02	83.23	-0.0271	0.2179
-70.00	52.64	37.9	84.04	1.0207	-9.50	83.57	-0.0232	0.2157
-65.00	59.34	44.6	83.33	0.9092	-7.95	83.90	-0.0193	0.2135
-60.00	66.67	52.0	82.60	0.8121	-6.40	84.22	-0.0154	0.2113
-55.00	74.67	60.0	81.84	0.7272	-4.82	84.51	-0.0115	0.2092
-50.00	83.37	68.7	81.07	0.6529	-3.23	84.79	-0.0077	0.2072
-45.00	92.81	78.1	80.28	0.5874	-1.62	85.05	-0.0038	0.2052
-40.00	103.02	88.3	79.47	0.5297	-0.00	85.29	0.0000	0.2032
-35.00	114.06	99.4	78.64	0.4785	1.64	85.51	0.0038	0.2013
-30.00	125.95	111.3	77.78	0.4332	3.28	85.71	0.0076	0.1994
-25.00	138.74	124.0	76.89	0.3928	4.95	85.89	0.0114	0.1976
-20.00	152.46	137.8	75.98	0.3567	6.62	86.04	0.0151	0.1958
-15.00	167.17	152.5	75.04	0.3244	8.31	86.17	0.0189	0.1940
-10.00	182.90	168.2	74.07	0.2954	10.01	86.27	0.0226	0.1922

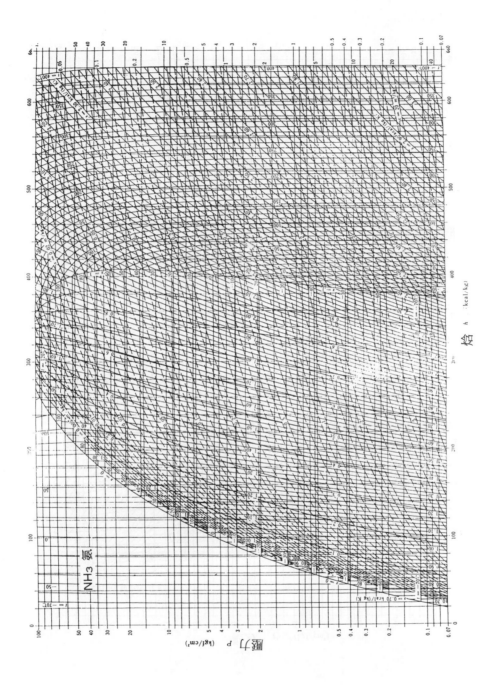

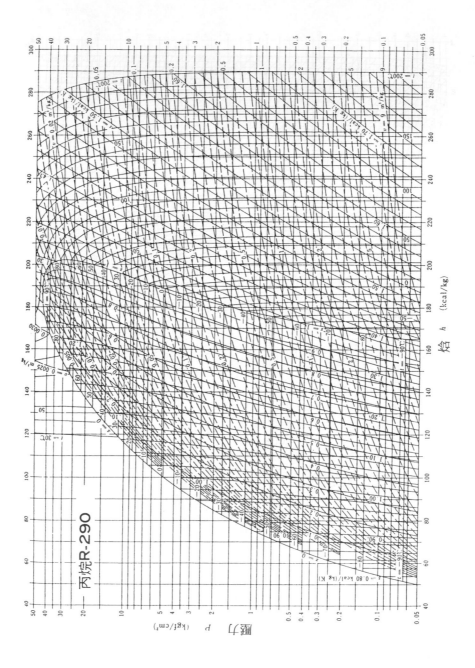

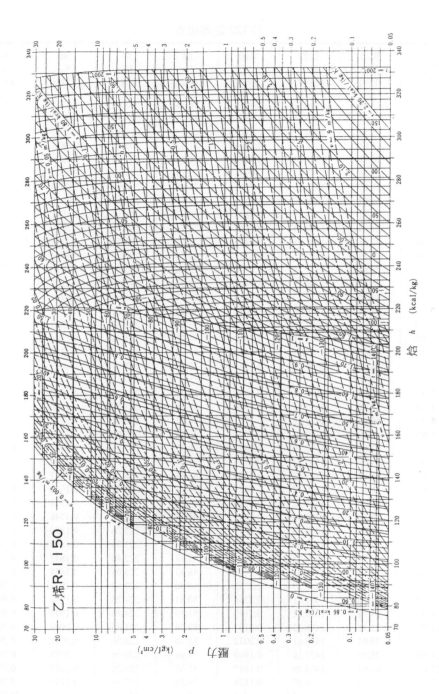

R-123 之飽和表

溫度 (℃)	壓力 (絕對壓力) (kPa)	液體 密度 (kg/m³)	氣體 比容 (m³/kg)	焓 H液 (kJ/kg)	焓 H氣 (kJ/kg)	熵 S液 (kJ/kg)	熵 S氣 (kJ/kg)
−18.00	13.64	1565.62	1.0059	18.78	203.38	0.0769	0.8004
−17.00	14.38	1563.26	0.9578	19.65	203.97	0.0803	0.7999
−16.00	15.15	1560.91	0.9123	20.54	204.56	0.0838	0.7994
−15.00	15.95	1558.55	0.8694	21.42	205.15	0.0872	0.7989
−14.00	16.79	1556.19	0.8288	22.30	205.75	0.0906	0.7985
−13.00	17.66	1553.83	0.7905	23.19	206.34	0.0940	0.7980
−12.00	18.57	1551.46	0.7543	24.08	206.93	0.0974	0.7976
−11.00	19.52	1549.09	0.7200	24.97	207.52	0.1008	0.7972
−10.00	20.51	1546.71	0.6875	25.87	208.12	0.1042	0.7968
−9.00	21.54	1544.34	0.6568	26.76	208.71	0.1076	0.7965
−8.00	22.61	1541.95	0.6277	27.66	209.30	0.1110	0.7961
−7.00	23.73	1539.57	0.6001	28.56	209.90	0.1144	0.7958
−6.00	24.89	1537.18	0.5740	29.46	210.49	0.1178	0.7954
−5.00	26.09	1534.79	0.5492	30.37	211.09	0.1212	0.7951
−4.00	27.34	1532.39	0.5256	31.27	211.69	0.1245	0.7949
−3.00	28.65	1529.99	0.5033	32.18	212.28	0.1279	0.7946
−2.00	30.00	1527.59	0.4821	33.10	212.88	0.1313	0.7943
−1.00	31.40	1525.18	0.4619	34.01	213.48	0.1346	0.7941
0.00	32.86	1522.77	0.4428	34.92	214.07	0.1380	0.7939
1.00	34.37	1520.35	0.4246	35.84	214.67	0.1413	0.7937
2.00	35.94	1517.93	0.4073	36.76	215.27	0.1447	0.7935
3.00	37.57	1515.51	0.3908	37.69	215.87	0.1480	0.7933
4.00	39.25	1513.08	0.3751	38.61	216.47	0.1514	0.7931
5.00	41.00	1510.65	0.3602	39.54	217.06	0.1547	0.7930
6.00	42.81	1508.20	0.3459	40.47	217.66	0.1580	0.7928
7.00	44.68	1505.77	0.3324	41.40	218.26	0.1614	0.7927
8.00	46.62	1503.32	0.3194	42.33	218.86	0.1647	0.7926
9.00	48.62	1500.87	0.3071	43.27	219.46	0.1680	0.7925
10.00	50.69	1498.42	0.2954	44.20	220.06	0.1713	0.7924
11.00	52.84	1495.96	0.2841	45.14	220.66	0.1746	0.7923
12.00	55.06	1493.50	0.2734	46.09	221.26	0.1779	0.7923
13.00	57.35	1491.03	0.2634	47.03	221.86	0.1812	0.7922
14.00	59.71	1488.55	0.2534	47.98	222.46	0.1845	0.7922
15.00	62.16	1486.08	0.2441	48.93	223.06	0.1878	0.7921
16.00	64.68	1483.89	0.2352	49.88	223.66	0.1911	1.7921
17.00	67.29	1481.11	0.2266	50.83	224.26	0.1944	0.7921
18.00	69.98	1478.61	0.2185	51.79	224.86	0.1977	0.7921
19.00	72.75	1476.12	0.2107	52.74	225.46	0.2009	0.7922
20.00	75.61	1473.61	0.2032	53.70	226.06	0.2042	0.7922
21.00	78.56	1471.10	0.1960	54.66	226.66	0.2075	0.7922
22.00	81.61	1468.59	0.1892	55.63	227.26	0.2107	0.7923
23.00	84.74	1466.07	0.1826	56.59	227.86	0.2140	0.7923
24.00	87.97	1463.55	0.1763	57.56	228.46	0.2173	0.7924
25.00	91.29	1461.02	0.1703	58.53	229.06	0.2205	0.7925
26.00	94.72	1458.48	0.1645	59.50	229.66	0.2238	0.7926
27.00	98.25	1455.94	0.1589	60.48	230.26	0.2270	0.7927
28.00	101.87	1453.39	0.1536	61.45	230.86	0.2302	0.7928
29.00	105.61	1450.84	0.1485	62.43	231.46	0.2335	0.7929
30.00	109.45	1448.28	0.1436	63.41	232.05	0.2367	0.7930

(續前表)

溫度 (℃)	壓力 (絕對壓力) (kPa)	液體 密度 (kg/m³)	氣體 比容 (m³/kg)	焓 $H_{液}$ (kJ/kg)	焓 $H_{氣}$ (kJ/kg)	熵 $S_{液}$ (kJ/kg)	熵 $S_{氣}$ (kJ/kg)
31.00	113.40	1445.72	0.1389	64.40	232.65	0.2399	0.7932
32.00	117.46	1443.15	0.1344	65.38	233.25	0.2432	0.7933
33.00	121.64	1440.57	0.1300	66.37	233.85	0.2464	0.7935
34.00	125.93	1437.99	0.1258	67.36	234.45	0.2496	0.7936
35.00	130.34	1435.40	0.1218	68.35	235.04	0.2528	0.7938
36.00	134.87	1432.80	0.1180	69.34	235.64	0.2560	0.7940
37.00	139.52	1430.20	0.1142	70.34	236.24	0.2592	0.7941
38.00	144.30	1427.59	0.1107	71.34	236.83	0.2624	0.7943
39.00	149.20	1424.97	0.1072	72.34	237.43	0.2656	0.7945
40.00	154.23	1422.35	0.1039	73.34	238.03	0.2688	0.7947
41.00	159.40	1419.72	0.1007	74.34	238.62	0.2720	0.7950
42.00	164.70	1417.09	0.0977	75.35	239.22	0.2752	0.7952
43.00	170.13	1414.44	0.0947	76.36	239.81	0.2784	0.7954
44.00	175.70	1411.79	0.0919	77.37	240.40	0.2816	0.7956
45.00	181.42	1409.13	0.0891	78.38	241.00	0.2847	0.7959
46.00	187.28	1406.47	0.0865	79.39	241.59	0.2879	0.7961
47.00	193.28	1403.79	0.0839	80.41	242.18	0.2911	0.7964
48.00	199.43	1401.11	0.0815	81.43	242.78	0.2942	0.7966
49.00	205.73	1398.42	0.0791	82.45	243.37	0.2974	0.7969
50.00	212.19	1395.73	0.0768	83.47	243.96	0.3005	0.7972
51.00	218.80	1393.02	0.0746	84.50	244.55	0.3037	0.7975
52.00	225.57	1390.31	0.0725	85.52	245.14	0.3068	0.7978
55.00	246.85	1382.12	0.0665	88.62	246.91	0.3063	0.7986
56.00	254.27	1379.37	0.0646	89.65	247.49	0.3194	0.7990
57.00	261.87	1376.61	0.0628	90.69	248.08	0.3225	0.7993
58.00	269.64	1373.85	0.0611	91.73	248.67	0.3257	0.7996
59.00	277.58	1371.08	0.0594	92.77	249.25	0.3288	0.7999
60.00	285.71	1368.29	0.0578	93.81	249.84	0.3319	0.8002
61.00	294.01	1365.50	0.0562	94.86	250.42	0.3350	0.8006
62.00	302.50	1362.70	0.0547	95.91	251.01	0.3381	0.8009
63.00	311.17	1359.88	0.0532	96.95	251.59	0.3412	0.8013
64.00	320.03	1357.06	0.0518	98.01	252.17	0.3443	0.8016
65.00	329.09	1354.23	0.0504	99.06	252.75	0.3474	0.8020
66.00	338.34	1351.39	0.0491	100.12	253.33	0.3505	0.8023
67.00	347.78	1348.53	0.0478	101.18	253.91	0.3536	0.8027
68.00	357.43	1345.67	0.0466	102.24	254.49	0.3567	0.8030
69.00	367.27	1342.80	0.0454	103.30	255.07	0.3598	0.8034
70.00	377.33	1339.91	0.0442	104.36	255.64	0.3629	0.8038

冷媒飽和溫度及壓力對照表

°C	°F	R-12 kPa	R-12 psig	R-134a kPa	R-134a psig	R-409A kPa	R-409A psig	R-22 kPa	R-22 psig	R-407B kPa	R-407B psig	R-502 kPa	R-502 psig	R-407C kPa	R-407C psig	R-408A kPa	R-408A psig	R-404A kPa	R-404A psig
-70	-94	-89	26.3					-81	23.9			-74	21.9						
-66	-86.8	-85	25.1					-75	22.2			-67	19.8						
-62	-79.6	-81	23.9					-68	20.1			-57	16.8						
-58	-72.4	-76	22.4					-60	17.7			-46	13.6						
-54	-65.2	-69	20.4					-48	14.2			-34	10						
-50	-58	-62	18.3			-71	20.8	-37	10.9			-19	5.6			-23	6.8	-23	6.8
-46	-50.8	-54	16	-64	19	-63	18.6	-22	6.5			-2	0.6			-8	2.3	-6	1.7
-42	-43.6	-43	12.7	-55	16.3	-54	15.9	-6	1.8	17	2.4	16	2.3			11	1.6	15	2.1
-38	-36.4	-32	9.5	-45	13.2	-43	12.7	10	1.5	41	5.9	41	6	9	1.3	34	4.9	39	2.1
-34	-29.2	-18	5.3	-32	9	-31	9	32	4.6	68	9.9	70	10	31	4.6	60	8.7	66	5.6
-30	-22	-1	0.3	-17	5	-16	4.6	63	9.1	100	15	98	14	57	8.33	89	13	97	9.5
-26	-14.8	11	1.6	0.3	0.1	2	0.3	91	13	118	17	132	19	72	10	123	18	133	14
-22	-7.8	32	4.6	20	2.9	21	3	126	18	136	20	171	25	87	13	141	20	152	19
-20	-4	44	6.4	31	4.5	33	4.8	145	21	156	23	191	28	104	15	181	26	195	22
-18	-0.4	56	8.1	43	6.3	44	6.4	165	24	177	26	214	31	121	18	203	29	219	28
-16	3.2	70	10	56	8.1	57	8.3	185	27	200	29	235	34	140	20	227	33	243	32
-14	6.8	85	12	69	10	71	10	207	30	224	32	260	38	160	23	351	36	270	35
-12	10.4	103	15	84	12	85	12	231	33	249	36	284	41	181	26	277	40	297	39
-10	14	116	17	99	14	100	15	254	37	276	40	313	45	203	30	305	44	326	43
-8	17.6	131	19	115	17	117	17	284	41	304	44	340	49	227	33	334	48	357	47
-6	21.2	150	22	133	19	134	19	310	45	334	48	369	54	252	37	364	53	390	52
-4	24.8	165	24	151	22	152	22	334	48	365	53	400	58	279	40	396	57	424	57
-2	28.4	184	27	171	25	172	25	361	52	398	58	435	63	307	45	430	62	460	61
0	32	207	30	191	28	192	28	398	58	433	63	470	68	337	49	465	67	498	67
1	33.8	216	31	202	29	203	29	411	60	470	68	488	71	368	53	484	70	517	72
2	35.6	224	32	213	31	214	31	430	62	509	74	508	74	401	58	502	73	537	75
3	37.4	236	34	224	32	226	33	446	65	529	77	526	76	418	61	522	76	558	78
4	39.2	248	36	236	34	237	34	465	67	550	80	547	79	436	63	541	78	579	81
5	41	257	37	248	36	250	36	483	70	571	83	567	82	454	66	562	81	601	84
6	42.8	270	39	260	38	262	38	504	73	592	86	586	85	473	69	582	84	923	87
7	44.6	281	41	273	40	275	40	510	74	614	89	597	87	492	71	604	88	646	90
8	46.4	292	42	286	41	287	42	542	79	637	92	620	90	511	74	625	91	669	94
9	48.2	306	44	299	43	301	44	560	81	660	96	643	93	531	77	648	94	692	100
10	50	323	47	313	45	314	46	584	85	684	99	668	97	552	80	670	97	716	104
11	51.8	332	48	327	47	328	48	601	87	708	103	695	101	573	83	693	101	741	107
12	53.6	344	50	341	49	342	50	622	90	733	106	718	104	594	86	716	104	766	111

(續前表)

Temp °C	Temp °F	R-12 kPa	R-12 psig	R-134a kPa	R-134a psig	R-409A kPa	R-409A psig	R-22 kPa	R-22 psig	R-407B kPa	R-407B psig	R-502 kPa	R-502 psig	R-407C kPa	R-407C psig	R-408A kPa	R-408A psig	R-404A kPa	R-404A psig
13	55.4	357	52	356	52	357	52	643	93	758	110	745	108	616	89	741	107	792	115
14	57.2	372	54	371	54	372	54	668	97	784	114	757	111	638	93	765	111	819	119
15	59	385	56	386	56	388	56	695	101	811	118	789	114	662	96	791	115	846	123
16	60.8	402	58	402	58	404	59	716	104	838	122	810	117	685	99	816	118	873	127
17	62.6	416	60	418	61	421	61	743	108	866	126	835	121	709	103	843	122	901	131
18	64.4	432	63	437	63	437	63	769	112	894	130	860	125	734	106	859	126	929	135
19	66.2	448	65	452	65	454	66	790	115	923	134	885	128	759	110	895	130	959	139
20	68	465	67	469	68	471	68	814	118	953	138	910	132	785	114	920	133	989	143
21	69.8	479	69	489	71	489	71	835	121	983	143	936	136	811	118	950	138	1019	148
22	71.6	497	72	505	73	507	74	866	126	1010	147	367	140	838	122	980	142	1049	152
23	73.4	513	74	524	76	526	76	890	129	1050	152	994	144	866	126	1010	147	1084	157
24	75.2	531	77	543	79	545	79	917	133	1080	156	1020	148	894	130	1040	151	1119	162
25	77	550	80	562	82	565	82	945	137	1110	161	1050	152	923	134	1070	155	1149	167
26	78.8	571	83	582	84	585	85	975	141	1140	166	1080	157	983	138	1100	160	1179	171
27	80.6	589	85	602	87	606	88	1005	146	1180	171	1110	161	983	143	1135	165	1214	176
28	82.4	605	88	623	90	626	91	1040	151	1210	176	1145	166	1010	147	1170	170	1249	181
29	84.2	625	91	644	93	648	94	1070	155	1250	181	1173	170	1040	152	1205	175	1289	187
30	86	644	93	666	97	670	97	1107	161	1290	187	1207	175	1080	156	1240	180	1329	193
32	89.6	683	99	711	103	715	104	1165	169	1320	192	1270	184	1110	161	1310	190	1399	203
34	93.2	724	105	758	110	762	111	1230	178	1360	198	1340	194	1140	166	1380	200	1479	241
36	96.8	765	111	807	117	811	118	1300	189	1440	209	1410	204	1210	176	1460	212	1559	226
38	100.4	824	120	858	124	863	125	1375	200	1520	221	1482	215	1280	186	1530	222	1639	238
40	104	860	125	900	132	920	133	1448	210	1610	233	1558	226	1360	197	1610	234	1729	251
42	107.6	912	132	966	140	970	141	1525	221	1700	246	1644	238	1440	208	1700	247	1819	264
44	111.2	962	140	1024	148	1030	149	1610	233	1790	259	1725	250	1520	220	1790	260	1909	277
46	114.8	1010	146	1083	157	1090	158	1688	245	1800	273	1807	262	1600	232	1880	273	2009	291
48	118.4	1060	154	1145	166	1150	167	1770	257	2190	318	1887	274	1880	272	1970	286	2109	306
50	122	1118	162	1210	175	1220	177	1855	269	2300	333	1977	287	1970	286	2060	299	2209	320
52	125.6	1172	170	1277	185	1290	187	1950	283	2410	350	2070	300	2080	301	2160	313	2319	336
54	129.2	1236	179	1347	195	1360	197	2050	297	2530	367	2465	314	2180	316	2270	329	2429	352
56	132.8	1300	189	1419	206	1430	207	2140	310	2654	385	2265	328	2290	332	2370	344	2549	370
58	136.4	1362	198	1494	217	1500	218	2245	326	2780	403	2378	345	2400	349	2480	360	3659	389
60	140	1428	207	1571	228	1580	229	2345	340			2475	359	2520	366	2590	376	2789	404
70	158			2004	291														
80	176			2520	365														
90	194			3133	545														

流量換算表

l/min	m³/hr	CFM	GPM(英)	GPM(美)
1	0.06	0.03532	0.220	0.2642
16.667	1	0.5887	3.667	4.404
28.3153	1.699	1	6.229	7.481
4.5455	0.2727	0.1605	1	1.2011
3.785	0.2271	0.1337	0.8325	1

功與能換算表

Joule	kg-m	ft-lb	kW-hr	ps-hr	HP-hr	kcal	BTU
1	0.10197	0.7376	$0.0_6 2778$	$0.0_6 3777$	$0.0_6 3724$	0.0002389	0.0009480
9.807	1	7.233	$0.0_5 2724$	$0.0_5 3704$	$0.0_5 3652$	0.002343	0.009297
1.356	0.1383	1	$0.0_6 3766$	$0.0_6 5121$	$0.0_6 5049$	0.0003239	0.001285
3.6×10^6	3.671×10^5	2.655×10^6	1	1.3596	1.3405	860.0	3413
2.684×10^6	2.700×10^5	1.953×10^6	0.7355	1	0.9859	632.5	2510
2.686×10^6	2.739×10^5	1.981×10^6	0.746	1.0143	1	641.6	2546
4186	426.9	3087	0.001163	0.001581	0.001559	1	3.966
1055	107.6	778.0	0.0002930	0.0003984	0.0003928	0.2520	1

流量換算表

PS	kW	kg-m/sec	ft-lb/sec	kcal/sec	BTU/sec	HP
1	0.7355	75	542.5	0.1757	0.6973	0.98635
1.0143	0.746	76.07	550.2	0.1782	0.7072	1.00045
1.3596	1	101.97	737.6	0.2389	0.9480	1.34104
0.01333	0.009807	1	7.233	0.002343	0.009297	0.01314
0.001843	0.001356	0.1383	1	0.033239	0.001285	0.001818
5.691	4.186	426.9	3087	1	3.968	5.61331
1.434	1.055	107.6	778.0	0.2520	1	1.41442

壓力換算對照表

psi	atms	Ft Hd H²O at 20℃	in H₂O	kg/cm	Hetres H²O	in Hg at 20℃	mm. Hg.	cm. Hg.	bar	Milibar (mb)	kpa
1	0.0680	2.310	27.720	0.0700	0.7040	20.43	51.884	5.1880	0.0690	68.947	6.895
14.696	1	33.659	407.513	1.0330	10.3510	30.019	762.480	76.2810	1.0130	1013.000	101.325
0.433	0.0290	1	12.000	0.0300	0.3050	0.884	22.452	2.2450	0.0300	29.837	2.984
0.036	0.0025	0.833	1	0.0025	0.0250	0.740	1.871	0.1870	0.0025	2.486	0.249
14.233	0.9680	32.867	394.408	1	10.0180	29.054	737.959	73.7960	0.9810	980.662	98.066
1.422	0.0970	3.287	39.370	0.0990	1	2.905	73.796	7.3790	0.0980	98.066	9.807
0.489	0.0330	1.131	13.575	0.0340	0.3450	1	25.400	2.5400	0.0340	33.752	3.375
0.019	0.0013	0.045	0.534	0.0014	0.0136	0.039	1	0.1000	0.0010	1.329	0.133
0.193	0.0131	0.445	5.340	0.0140	0.1360	0.393	10.000	1	0.0133	13.290	1.328
14.503	0.9870	33.514	402.164	1.0200	10.2110	29.625	752.470	75.2470	1	1000.000	100.000
0.014	0.0009	0.033	0.402	0.0010	0.0102	0.029	0.752	0.0750	0.0010	1	0.100
0.145	0.0098	0.335	4.021	0.0100	0.1020	0.296	7.525	0.0752	0.1000	10.000	1

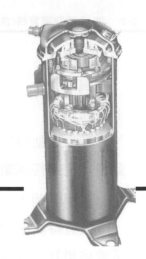

第2章

冷凍系統管路配件

　　為使系統正常運轉並能達到設計者的要求，必需裝置適當的配件，以下針對常使用的管路配件，依其用途、使用說明依冷凍循環系統按裝的順序逐一作個介紹。

一、消音器：

1. 作用：

　　增加容積緩和管路壓力的脈衝，以消除高速氣態冷媒流動產生噪音及震動。

2. 使用說明：

　　(1) 通常裝在吸氣管或吐出管的水平或稍傾斜管路，不宜裝在太長的垂直管上。

　　(2) 裝在吐出管要儘量靠近壓縮機，不正確的安裝可能會造成更嚴重的震動。

　　(3) 安裝消音器時，應高於管底以避免積油。

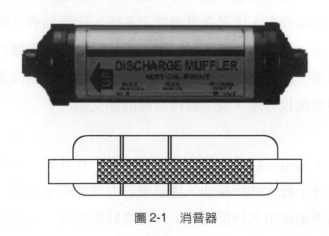

圖 2-1　消音器

二、避震軟管：

　1. 作用：

　　　減少震動的傳遞，極小的振動可能與周遭的振動頻率產生共振，而放大振動量，使連接處斷裂或損壞管路上的配件。

　2. 使用說明：

　　　裝置時與振動方向垂直，最好垂直裝置，若能裝置兩個，一個水平、一個垂直會更好，避免推拉產生應力，當有共振問題時，可裝置消音器或在管路夾上消震配重墊塊解決。

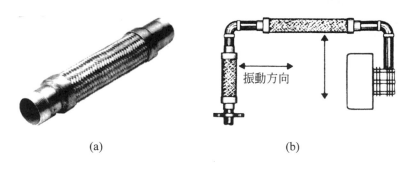

(a)　　　　　　　　　　　　　　(b)

圖 2-2　避震器

三、油分離器：

　1. 作用：

　　　壓縮機排出的高壓的氣態冷媒，會伴隨的冷凍油進入系統造成許多困擾，如降低蒸發器的熱傳效率，尤其在低溫冷凍系統，冷凍油會在膨脹裝置析臘阻塞或滯留在蒸發器，而減少冷媒流量，因低溫使黏滯性變大難以流回壓縮機，故需裝置油分離器，將壓縮機排出的高壓的氣態冷媒，利用降速或濾網欄截，將所伴隨的冷凍油加以分離，減少管內冷媒的熱交換。

　2. 動作說明：

　　　裝於排氣管，利用冷媒與冷凍油分子的差異，及其流速使其在油分離器內速度變小，而將分子較大的冷凍油，透過離心力或障板來分離油粒，當達到一定的油位時，以手動或用其內部浮球上升促使針閥開啓，使油自動流回壓縮機低壓側。

3.　使用說明：

(1)　當冷媒與冷凍油不相溶時，需裝置油分離器，如氨冷凍系統。

(2)　有些冷媒在低溫時，不易與冷凍油相溶，也因冷凍油在低溫蒸發器時黏滯性變大而回油困難此情形必需裝置，一般在－ 15℃ 以上的冷凍系統可考量不需裝置。

(3)　回流管路長，蒸發器與壓縮機落差大，如分離式冷氣機室內外機高低落差大或管路過長的場所，可裝置油分離器改善失油的問題。

(4)　油分離器的選擇依冷凍能力大小及管徑，並考慮卸載時冷媒流速降低時的分離效率。

(5)　加裝或更換油分離器時要增填冷凍油。

(6)　油分離器不可能 100% 將油與冷媒分離，所以在管路的配置時應考慮回油的問題。

(7)　注意停機或運轉時，油分離器內的氣態冷媒凝結為液體回壓縮機，使再次啟動損壞壓縮機，要解決此問題，曲軸箱得加裝加熱器，將液體冷媒蒸發。

(8)　當停機一段時間後，冷凍油會溶入大量冷媒，使壓縮機剛起動時，大量冷凍油會隨附著冷媒往系統流造成失油現象，此時可加裝油分離器或泵集停機設計、曲軸箱加熱器來改善。

(9)　吸氣管冷媒流速在 6m/s 以上可不需裝置，多利用 U 型彎或雙升管來達到回油即可。

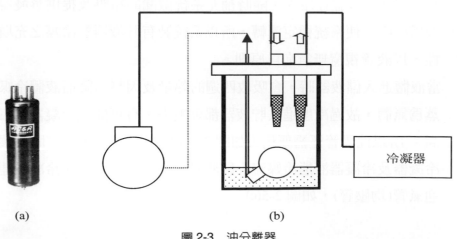

(a)　　　　　　　　　　　　(b)

圖 2-3　油分離器

四、儲液器：

1. 作用：

　　用在長期停機、維修系統、冷媒泵集，也用在負荷變化大、多夏季全年運轉、一對多個蒸發器等系統，以儲放餘裕的冷媒，並可維持液態管飽管，減少氣態冷媒經過降壓裝置，而阻礙足夠的冷媒流量流入蒸發器。

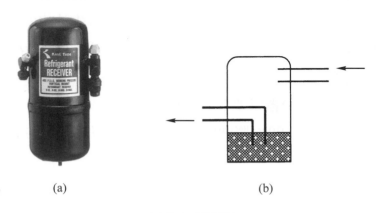

(a)　　　　　　　　　　　　　(b)

圖 2-4　儲液器

2. 使用說明：

(1) 儲液器的大小需足夠收容系統餘裕冷媒量，依系統噸數，冷媒種類、管路的長度來選用，並要有20%膨脹量，可讓液態膨脹成氣態而不會發生危險。所以容積應大於儲存冷媒量的 1.2 倍，筒徑約入口管的 4 倍大，以筒徑小、長度長為佳，在大容量應裝設安全閥及洩壓閥。

(2) 裝置在液管以儲存冷媒，隨時補充系統微漏的冷媒及提供蒸發器充裕的液體冷媒，使系統穩定運轉，所以系統裝有貯液器對冷媒之充填量較彈性，以液管視窗無氣泡為原則。

(3) 當液體進入儲液器時，會吸收四週的熱量及因壓力降而液體冷媒局部閃蒸為氣體，故過冷度進入貯液器都會喪失，有可能比冷凝器出口溫度還高，所以此段管徑需要粗大如圖 2-5(a)所示，使有足夠空間，讓蒸氣回冷凝器及冷凝器液態冷媒流入儲液器，通常在儲液器與冷凝器連接一支通氣管(均壓管)，如圖 2-5(c)。

(4)　如圖 2-5(b)為不良的設計，會使冷凝器，冷凝的液體冷媒無法順暢的流入貯液器或流出產生氣封，迫使液體冷媒聚集於冷凝器，減少冷凝器面積而影響系統。

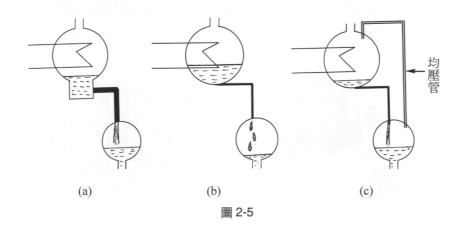

(a)　　　　　　　　(b)　　　　　　　　(c)

圖 2-5

(5)　貯液器位置儘量低於冷凝器，如過高時注意儲液器壓力要低於冷凝器壓力。

(6)　避免發生閃蒸影響冷凍效果，故儘量將儲液器與蒸發器裝置同一高度並應依廠商建議水平安裝。

(7)　如系統降壓元件是毛細管，若裝置貯液器，會在停機時，貯液器冷媒流入蒸發器造成下次起動發生液壓縮，可裝液管電磁閥改善或不要裝置。

五、電磁閥：

1. 作用：

　　用來控制系統的冷媒的流動，通常裝在液管並與壓縮機動作同步，以防止運轉剛停止時，高壓液體冷媒繼續流入蒸發器，造成壓縮機再次運轉時，蒸發器的液體冷媒，來不及蒸發而返回壓縮機造成液壓縮。

2. 動作說明：

　　利用電磁力，當線圈失去磁力，鐵心因重量下降而閥門關閉，反之線圈通電後獲得磁力鐵心被向上吸，閥口因此打開。

3. 使用說明:

(1) 方向不能顛倒,最好裝在乾燥過濾器之後,以免雜質損壞電磁閥,長時間開關動作頻繁,會因針頭與閥座磨損而漏氣。

(2) 通電後,可將鐵片靠近線圈,有磁感應即表示線圈有通電。

(3) 安裝時注意其具有方向性及角度,不然會影響冷媒流量。

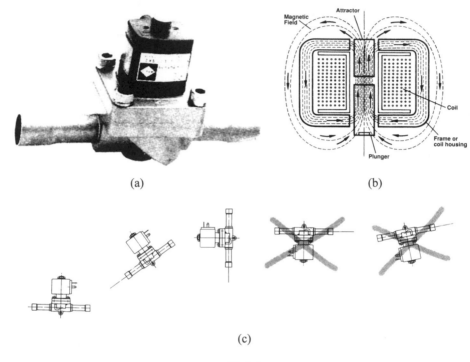

(c)

圖 2-6

(4) 選擇電磁閥也要考慮其抗水性絕緣等級及動作次數,一般的電磁閥,如用在低溫的液體控制時,往往會因線圈凝結水滴而燒燬。不能僅依管徑大小選擇,要注意其使用壓力範圍,選擇太小,閥口易磨損而無法緊密。

(5) 不宜在通電時,將線圈拆離閥座過久,否則會使線圈燒燬,不然就要用與鐵心直徑相同的鐵柱,暫時替代。

(6) 應用介紹

① 一般蒸發器溫度之自動控制系統

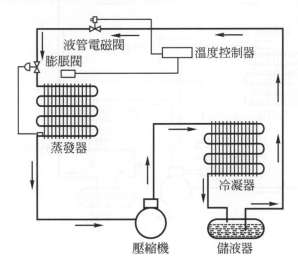

② 並聯蒸發器溫度之自動控制系統

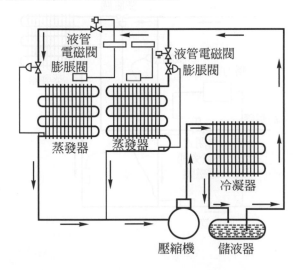

③ 泵集除霜控制系統

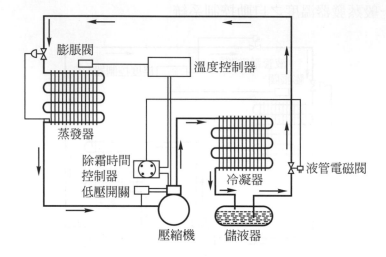

④ 能量控制系統

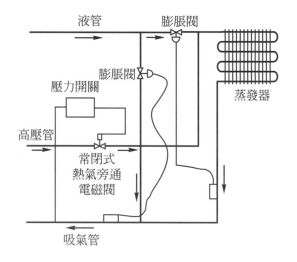

六、乾燥過濾器:

1. 作用:

吸附系統的水份與過濾雜質。

2. 動作說明:

通常裝置在高壓液體管,視冷媒不同而決定吸濕能力,R-134a 使用於低溫冷凍系統時其吸濕量比 R-22 大,在大型冰水主機通常使用定型的芯筒,乾燥劑也有中和鹽酸與氫氟酸的功用,因此不能僅通乾燥氮氣或加熱烘乾,除水後回收再生使用，因雜質及酸性物質尚存在。

3.　使用說明：

(1)　吸濕飽和時須更新，儘量靠近降壓裝置的上游，避免降壓裝置阻塞，使用時要注意安裝的方向性，也應考慮更換方便性。

(2)　選用時需考慮冷媒、壓降、冷凍油種類及系統冷凍能力的大小。

(3)　封口拆除後，立即裝入系統，在系統中位置應避免高溫，以免降低吸濕能力。

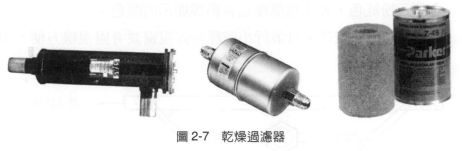

圖 2-7　乾燥過濾器

圖 2-7.1　熱泵用向乾燥過濾器

七、視窗：

1.　作用：

檢查系統冷媒量，也應用在壓縮機檢視油量等用途。

圖 2-8　視窗

2. 使用說明：

(1) 檢查冷媒量，需要在系統全載運轉穩定後來判斷。

(2) 通常裝在高壓液體管，儘量裝置靠近冷凝器出液口，不要緊接於會產生阻流的配件，以免因管件產生壓降引起汽泡，而對冷媒充填量產生誤判；通常液管視窗的安裝於乾燥過濾器之前，避免乾燥過濾器或液管壓降產生閃蒸，如有氣泡產生可減少液管的壓降來改善。

(3) 視窗內也有裝水份顯示紙，需在充滿液體冷媒下判斷，系統中如有水份會顯示粉紅色，要注意溫度也會影響顯示的顏色。

(4) 對於大管徑的液管，可並行小管徑裝置視窗並考慮視線方便，如圖 2-9 所示。

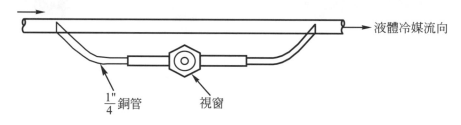

液體冷媒流向

$\frac{1}{4}$" 銅管　　視窗

圖 2-9　視窗的安裝

八、積液器(Accumulator)：

1. 作用：

防止負荷變化時，液態冷媒返回壓縮機，造成液壓縮而損壞壓縮機，最常看到如迴轉式的壓縮機皆裝置此配件；如圖 2-10 管底部小孔口是回油用，以免冷凍油累積在積液器。

2. 使用說明：

當系統採用熱氣除霜或負荷急劇下降時，恐有液態冷媒回壓縮機造成損壞，故在回流管加裝此裝置，以越靠近壓縮機吸入口為理想，其選用要依照系統的噸數及連接的管徑。

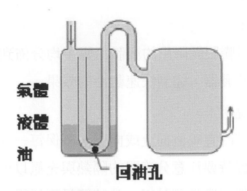

氣體
液體
油

回油孔

圖 2-10　積液器

九、逆止閥：

1. 作用：

    防止停機或運轉時冷媒流向錯誤的方向。

2. 動作說明：

    一般有圓盤式或球式，靠本身重量或彈簧力將閥口頂住。

3. 使用說明：

    (1) 在不同的蒸發溫度連接時，低溫蒸發器的吸氣管應裝置逆止閥，防止停機時高溫蒸發器的氣體冷媒流至低溫的蒸發器內，而使溫度升高。

    (2) 冷凝器位置比壓縮機高，裝逆止閥可防止停機時，冷凝器內的液體冷媒流回壓縮機，以免再次起動時液壓縮而損壞壓縮機。

    (3) 在螺旋式壓縮機吐出口也應裝此逆止閥，避免停機時，高壓側氣體冷媒倒流。

    (4) 逆止閥是不可能 100 ％密閉，使用時應考量。

圖 2-11　逆止閥

十、分流器:

1. 作用:

    將經過膨脹閥降壓的液體冷媒平均分佈到每一迴路,可快速提供低壓的液體冷媒至蒸發器,達到快速製冷的效果。

2. 使用說明:

    (1) 安裝時宜垂直向上或向下,確保每一支分流管冷媒流量相同。

    (2) 銲接時要注意分流器的隔熱與充氮以免損壞及產生氧化膜阻塞。

    (3) 安製前應先測試每一分歧管是否通暢,以免影響冷凍能力。

    (4) 選用時要配合蒸發器的製冷能力。

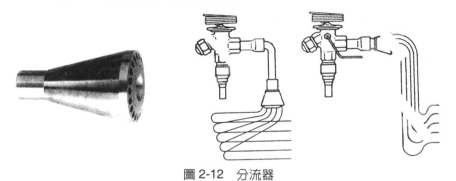

圖 2-12　分流器

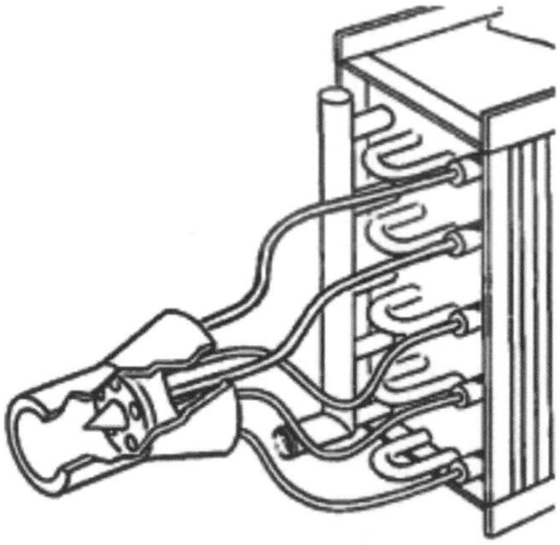

圖 2-12.1　分流器構造

十一、感溫式膨脹閥：

1. 作用：

　　維持一定的吸入過熱度，防止液壓縮或過大的過熱壓縮，通常維持 4～8℃，調整流入蒸發器的冷媒流量，非用來調整蒸發器的壓力。(過熱度＝壓縮機吸入口溫度－蒸發器冷媒溫度)

圖 2-13　感溫式膨脹閥

2. 動作說明：

　　P_s＝彈簧的彈力

　　P_b＝感溫筒因溫度升高產生對膜片的壓力

　　P_e＝蒸發器的壓力(內均壓取入口壓力，外均壓取出口壓力)

　　P_b(向下力)－[P_e＋P_s(向上力)]，當感溫筒溫度升高會使膜片因壓力升高 P_b 增加，閥心向下，膨脹閥開口就增大，流入蒸發器的冷媒流量就增多。

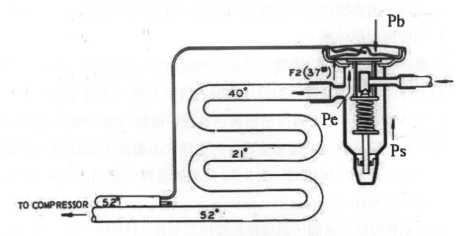

圖 2-14　內均壓膨脹閥的動作

(1) 是依蒸發器冷媒的蒸發量來調節冷媒的流量，非以蒸發器的溫度來調節，所以利用感溫筒感測蒸發器的出口飽和氣體的冷媒溫度，與其感測處溫度來比較，當蒸發器內的低壓液態冷媒匱乏時，出口冷媒溫度會升高，而使貼在管壁的感溫筒內部壓力增加，驅動膨脹閥使其開口變大，增加流量，在試車時通常調整過熱度是指調整彈簧的彈力，彈簧彈力增加，膨脹閥開口減少，過熱度增加，當彈簧彈力減少，膨脹閥開口變大，過熱度減少。

(2) 蒸發器內冷媒的溫度，會隨負荷大小而變化，因此適用於負荷變化大的場合，不致於負荷變大時，造成液態冷媒進入壓縮機而損壞，但在壓縮機有卸載設計時，過熱度宜設定，以便在輕載時，維持一定的效果。

(3) 當壓縮機剛起動時，感溫筒溫度尚高，故其內部壓力相當高，使閥口開口變大，而部份液態冷媒回流造成液壓縮，使用時宜考量。

(4) 內均壓與外均壓不同，當蒸發器有壓降時，蒸發器壓力降過大，如裝置內均壓式開口會較小，就是該用外均壓式而用內均壓式時，會導致蒸發器冷媒過少，過熱度增加。如該用內均壓式而採用外均壓式對系統無影響，外均壓膨脹閥用於蒸發器管壓力降 0.14kg/cm² 以上使用，如要採用內均壓式配合分流器使用時，千萬不能阻塞外均壓管來當作內均壓式使用。

(5) 液體充填的感溫筒膨脹閥，當壓縮機剛起動時，蒸發器壓力短時間會迅速降低，因膨脹閥開口未能及時開大，低壓迅速降低，使壓縮機會因低壓開關跳脫而停機。

(6) 氣體充填的感溫筒膨脹閥，感溫筒內充填物是飽和氣體，當感溫筒溫度再上升時呈過熱氣體，對膜片的壓力幾乎不變，閥開度無變化，也就是超過 MOP，因此可獲得壓縮機過載或停機時冷媒回流的保護，但不能使用於低溫系統，會使感溫筒內的充填物冷凝而失去作用，感溫筒內充填物與系統的冷媒相同，如 R-22 系統感溫棒是充填部份 R-22 的氣體，使用充填飽和氣體的感溫式膨脹閥要注意閥體周溫不能太低，否則氣體會在摺箱凝結為液體，造成膨脹閥控制不良。(MOP：最大的操作壓力，指低壓壓力超過此值，膨脹閥不開，低於此值才開)。

(7)　混合液充填的感溫式膨脹閥，冷凍系統在高低溫度變化時，與相對的壓力變化不同，所以要在高溫和低溫的情況下，欲維持一定的過熱度是不可能，也就是過熱度會隨不同的蒸發溫度而改變，在低溫度時，冷媒流率減少使過熱度增加，為解決此問題需採用混合液充填，可在蒸發溫度高低變化時，其感溫筒溫度較平穩，以保持一定的過熱度。如需快速降溫的冷凍設備，可採用無 MOP 的膨脹閥。

3.　使用說明：

(1)　在低溫的系統，因溫度的變化其相對的壓力差很小，所以低溫系統的降壓裝置儘可能使用毛細管或定壓膨脹閥配合電磁閥來控制。

(2)　外均壓管的安裝， 安裝於感溫筒下游 1 吋距離如圖 2-15 所示，避免回流管的液體冷媒順著均壓管流入膨脹閥及外均壓管插入主流管，會因紊流而影響感溫筒的訊號。

(3)　當剛開機時，蒸發器壓力急速下降， 此時感溫筒溫度尚未下降，其壓力尚高，會造成冷媒流量過多的不良現象。

(4)　感溫式膨脹閥之感溫筒漏氣時，膜片向下力減小，閥口關小，導致壓縮機吸入壓力會降低。

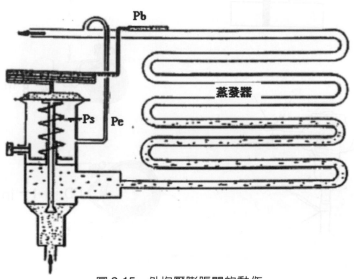

圖 2-15　外均壓膨脹閥的動作

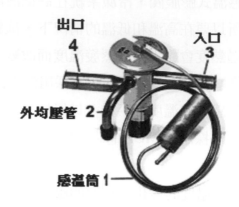

圖 2.15.1　外均壓膨脹閥

(5)　安裝時儘量靠近蒸發器的入口處，感溫筒與管子的接觸要保持乾淨和緊密，以便有好的熱傳導，裝置時為防止周圍溫度的影響，感溫筒連接管必須纏繞保溫材料，使感溫筒無法完全感測到回流管溫度，膨脹閥會有不正確動作，感溫筒固定不良時，將使冷媒流量增加。

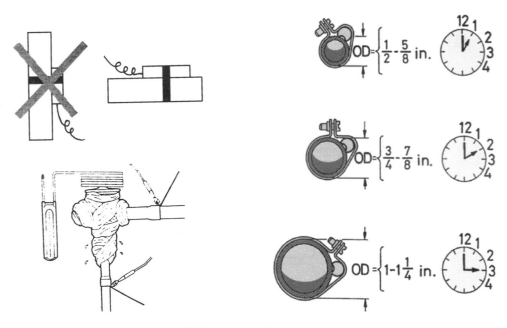

圖 2-16　感溫筒安裝位置

(6) 吸氣管安裝膨脹閥感溫筒如圖 2-16，1/2～5/8"在 1 點鐘位置，3/4～7/8"在 2 點鐘位置，1～$1\frac{1}{4}$"在 3 點鐘位置 ，以防止安裝在大管徑時感測到冷凍油，上升管裝在上游有熱交換器時，應按裝於蒸發器與熱交換器間，總之要裝在回流管路溫度穩定處，其連接管也應朝上固定，否則感溫筒內的液態冷媒會掉落到閥體，而造成誤動作。

(7) 要避免停機時，冷凍油積聚在膨脹閥，不然會使壓縮機初次起動時，因冷凍油在閥口造成瞬間的阻塞，使低壓急速下降低壓開關跳脫而停機。

(8) 膨脹宜垂直裝置，當橫向裝置時易磨損閥座而損壞。

(9) 膨脹閥的選擇

　　依系統全載，出入口的壓降、冷凍噸(孔徑)、蒸發器溫度、冷媒種類並由廠商提供的資料找出相近的數值，其額定冷凍能力為膨脹閥口全開狀態下而定的，如 1RT，R-22 系統冷凍溫度為－20℃，以表 2-1 應選用編號 N，TE2，NO.02，68-2015 的膨脹閥。

圖 2-16.1　膨脹閥心

表 2-1　參照 Dafoss 膨脹閥法選擇表

Range
N ＝－ 40 →＋ 10℃(－ 40 →＋ 50℉)
N ＝－ 40 →＋ 10℃(－ 40 →＋ 50℉)MOP ～＋ 15℃(＋ 60℉)
B ＝－ 60 →－ 25℃(－ 70 →－ 15℉)
B ＝－ 60 →－ 25℃(－ 70 →－ 15℉)MOP ～－ 20℃(－ 4℉)
T2：內均壓式　　　TE2：外均壓式

			⬙	No.	kW	TR (tons)
N NM NL	T2 TE2	R12	No.00	68-2003	0.7	0.2
			No.01	68-2010	1.0	0.3
			No.02	68-2015	1.7	0.5
			No.03	68-2006	3.5	1.0
			No.04	68-2007	5.2	1.5
			No.05	68-2008	7.0	2.0
			No.06	68-2009	10.5	3.0
		R22	No.00	68-2003	1.0	0.3
			No.01	68-2010	2.4	0.7
			No.02	68-2015	3.5	1.0
			No.03	68-2006	5.2	1.5
			No.04	68-2007	8.0	2.3
			No.05	68-2008	10.5	3.0
			No.06	68-2009	15.5	4.5
		R134a	No.00	68-2003	0.9	0.3
			No.01	68-2010	1.8	0.5
			No.02	68-2015	2.6	0.8
			No.03	68-2006	4.6	1.3
			No.04	68-2007	6.7	1.9
			No.05	68-2008	8.6	2.5
			No.06	68-2009	10.5	3.0
		R502	No.01	68-2010	1.0	0.3
			No.02	68-2015	2.0	0.6
			No.03	68-2006	3.5	1.0
			No.04	68-2007	5.2	1.5
			No.05	68-2008	7.0	2.0
			No.06	68-2009	10.5	3.0
$t_o(t_e)$ ＝＋ 5℃(＋ 40℉)　　$t_k(t_c)$ ＝＋ 32℃(＋ 90℉)						

N：範圍是根據下列條件所定的能力
　　蒸發溫度(t_e)＝＋ 5℃，冷凝溫度(t_c)＝ 32℃
　　液體冷媒進入膨脹閥前的溫度＝＋ 28℃

			□	No.	kW	TR (tons)
B	T2 TE2	R22	No.00	68-2003	0.7	0.2
			No.01	68-2010	1.0	0.3
			No.02	68-2015	2.1	0.6
			No.03	68-2006	2.8	0.8
			No.04	68-2007	4.2	1.2
			No.05	68-2008	5.2	1.5
			No.06	68-2009	7.0	2.0
		R502	No.01	68-2010	1.0	0.3
			No.02	68-2015	2.0	0.6
			No.03	68-2006	2.8	0.8
			No.04	68-2007	4.2	1.2
			No.05	68-2008	5.2	1.5
			No.06	68-2009	7.0	2.0
$t_o\,(t_e) = +30℃(-20℉)$			$t_k\,(t_c) = +32℃(+90℉)$			

B：範圍是根據下列條件所定的能力
　　蒸發溫度$(t_e)=-30℃$，冷凝溫度$(t_c)=+32℃$
　　液體冷媒進入膨脹閥前的溫度$=+28℃$

⑽　膨脹閥前後的ΔP，是指進出口的壓力差，並非冷凝壓力與蒸發壓力差。

⑾　當冬季冷凝壓力降低時，要求膨脹閥容量，應比額定負荷增加20％～30％，因膨脹閥ΔP降低，會使流量減少使過熱度增大，壓縮機可能會因散熱不良而損壞。

⑿　當選擇膨脹閥的規格，其使用條件與依據的條件不相同時，應作適當的修正。

⒀　膨脹閥的孔口面積$f(cm^2)$

$$f=\frac{G}{K\mu\sqrt{\Delta P}}$$

$$G=\frac{3600Q}{\Delta i}$$

$$\mu=0.02\sqrt{\rho}+0.634v$$

G：理論流量，kg/h

Q：蒸發器負荷，kW

Δi：蒸發壓力下的冷媒液態焓與氣態焓之差，kJ/kg

k：常數 R12 = 57.4，R22 = 54.7

ΔP：進出膨脹閥前後之壓力降，kPa

ρ：膨脹閥入口處冷媒密度，kg/m³

υ：膨脹閥入口處冷媒比容，m³/kg

μ：流量係數

　　由此可見，冷媒流量決定於膨脹閥的孔口面積。進出口的壓差及冷媒的比容，如果過冷度不足或液體管壓降過大，會造成許多閃蒸氣體進入閥口，使膨脹閥能力降低。

十二、定壓式膨脹閥：

1. 作用：

　　因冷媒的溫度與壓力有一定的關係，控制蒸發器的入口壓力於一定值，就可保持一定蒸發溫度，但無法保持過熱度，定壓膨脹閥是保持一定的蒸發壓力來維持一定的蒸發溫度。

2. 動作說明：

　　與感溫式膨脹閥類似，但沒有感溫筒，蒸發器壓力降低，針閥會輕微打開，使蒸發器壓力上升以保持一定，當壓縮機剛停止時，針閥是開著，過數分鐘 會因蒸發器壓力上升而關閉，當熱負荷增加(蒸發器壓力上升)或高壓升高皆會使針閥關小，因與外界大氣壓力大小有關，故在不同的大氣壓力下需作適當的調整，順時針旋轉增加蒸發器的壓力，反時針旋轉降低蒸發器的壓力。

3. 使用說明：

　　當高壓壓力或熱負荷改變時，無法控制流入蒸發器的冷媒流量，僅適用負荷較穩定的狀況或全載持續運轉的系統，限於 10RT 以下的冷凍系統。如半導體製程的冷卻水，需維持穩定的水溫；製冰機、碎冰機等全年候運轉等設備，在系統就會裝置定壓膨脹閥，以保持蒸發溫度，不會隨外氣溫度改變而影響到製程時間的控制。

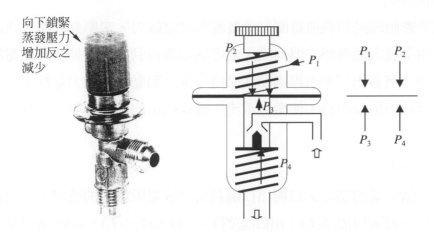

向下鎖緊
蒸發壓力
增加反之
減少

圖 2-17　壓力式膨脹閥

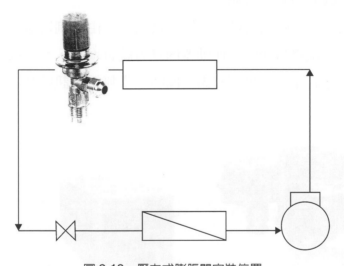

圖 2-18　壓力式膨脹閥安裝位置

十三、電子式膨脹閥：

1. 作用：

    可隨著外氣之改變或室內負載側的大小，而能準確的控制，如在分離式多
    聯變頻的系統，最重要是流量分配均勻，因多聯變頻的系統之入口壓力會改
    變，使用電子膨脹閥，可以維持蒸發器之入口與出口之溫度差，在一定的範圍
    下依飽和液體之壓力做細微的調整，來平衡整體的系統，達到流量均勻分配，
    故有些設計會串接一段毛細管作為粗調。

2. 動作說明：

電子膨脹閥是以激磁線圈，通電流形成電磁力，來驅動閥體，再經微電腦控制，由蒸發器溫度感知器與吸入溫度感知器得到的溫度值，經微電腦回路之演算，使蒸發器出口的冷媒過熱度保持一定，驅動線圈動力是採用步進馬達，需要設計輸出驅動電路，使激磁電流，流經輸出的驅動線圈，然後迅速的驅動閥體。

3. 使用說明：

(1) 設置在蒸發器之入口與出口處利用熱敏電阻靈敏的感測，反應出類比信號，當入口溫度(T_i)、出口溫度(T_o)、$\Delta T = (T_o - T_i)$，以ΔT(過熱度5～10℃)進入控制系統之微電腦作演算，作為反應調整範圍，對於熱負載突然或大量的改變可快速反應。

(2) 許多電子膨脹閥利用可調變的電壓訊號，由控制器送至控制閥動作的作動器，當電壓增加時，作動器內壓力就會增加，允許較多的冷媒經過，如此可達到精確的控制結果，同時，當無電壓訊號時，閥可以完全的關閉。

電子膨脹閥

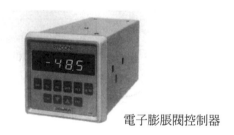
電子膨脹閥控制器

圖 2-19

圖 2-19.1　電子式膨脹閥

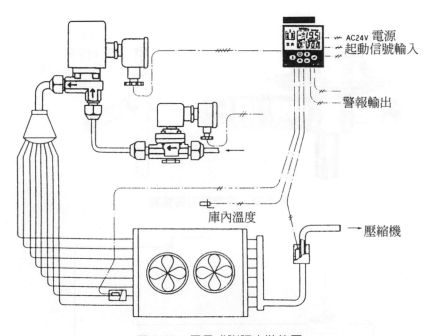

圖 2-20　電子式膨脹安裝位置

十四、冷凝壓力調節閥：

1. 作用：

當負荷變小或外氣溫度降低，裝置此調整閥以保持一定冷凝壓力，防止過低的冷凝壓力，影響輸送蒸發器冷媒的流量，也可避免過高的冷凝壓力在降壓過程中產生過多的閃蒸氣體。

2. 動作說明：

當冷凝壓力比調整閥的設定低時，閥口開度關小，使冷凝器液體冷媒增加提高冷凝壓力，當冷凝壓力比調整閥的設定高時，閥口開度增大降低冷凝壓力。

3. 使用說明：

僅適用負荷較穩定的狀況或全載持續運轉的系統，限於 10RT 以下的冷凍系統，亦可控制散熱風量或冷卻水量來達到相同的控制效果。

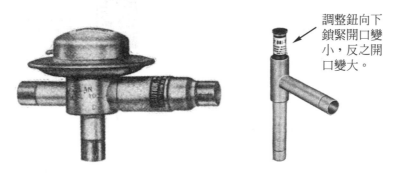

調整鈕向下鎖緊開口變小，反之開口變大。

圖 2-21　冷凝壓力調整閥

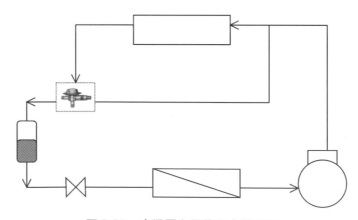

圖 2-22　冷凝壓力調整閥安裝位置

十五、蒸發壓力調節閥：

1. 作用：

在多數蒸發器以控制不同的溫度系統及保持一定的蒸發壓力，也可應用於蒸發器接近結冰溫度時，防止其結冰。

2. 動作說明：

當負荷減小蒸發壓力太低時，會調整開口變小而提高蒸發壓力，反之，當負荷增加時開口全開，其動作與壓縮機吸入壓力無關。

3. 使用說明：

(1) 將閥體的接頭接上複合壓力錶，以量測調整所需要的設定值，順時針蒸發器壓力會高，每調整一次，需等待系統穩定下來後，約 20～30 分鐘，再作下一次調整。

(2) 在多數蒸發器不同的溫度系統，在較高的溫度的蒸發器出口，需裝置蒸發壓力調整閥，能使該蒸發器維持較高的蒸發壓力，如圖 2-24，為防止壓力降低到設定值，另一低溫蒸發器出口要裝置逆止閥，以防止停機時，低壓的氣體會滯留於最低溫度的蒸發器。當負荷減小，蒸發壓力太低時，就需要裝此閥，如汽車冷氣因汽車的轉度會使壓縮機噸數隨之增減，為防止過低的蒸發壓力，可裝此閥改善。

往下鎖緊蒸
發壓力升高

圖 2-23　蒸發壓力調整閥

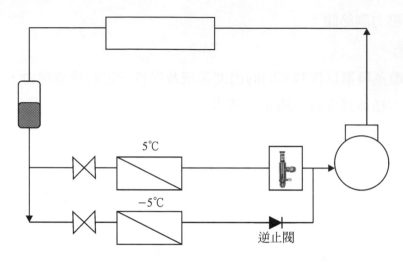

圖 2-24　蒸發壓力調整閥的應用

十六、曲軸箱壓力調節閥：

　1.　作用：

　　　　防止因短暫過高的吸入壓力，導致壓縮機過載，因低壓高，活塞壓縮力量相對的要增加，電流會上升，如高負荷剛起動時、湧浪、熱氣除霜、剛轉換熱泵時等情況皆會造成蒸發壓力過高，此閥是用以限制其最高值，感溫式膨脹閥雖可抑制過高的吸氣壓力，但無法防止如上的各項狀況所造成的影響。

　2.　動作說明：

　　　　當吸氣壓力降低到設定值以下，閥會打開，如需要調整時，將調整鈕順時針旋轉，吸氣壓力就會升高，調整到系統正常運轉時的低壓壓力值。

　3.　使用說明：

　　　　吸氣壓力調整閥分標準式及響導式的，都直接裝在吸氣管以限制壓縮機的吸氣壓力，如圖 2-26 按裝儘量靠近壓縮機吸入端。

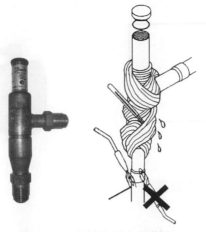

圖 2-25　曲軸箱壓力調整閥

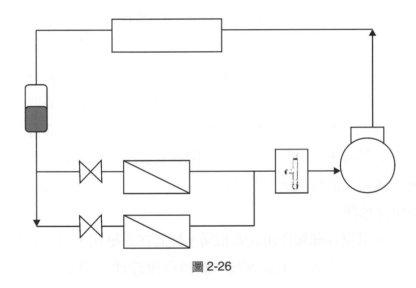

圖 2-26

十七、浮球閥：

1. 作用：

調整進入蒸發器冷媒流量的大小，有低壓浮球閥及高壓浮球閥。

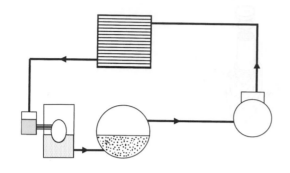

圖 2-27 低壓浮球閥安裝位置

圖 2-27.1 浮球閥

2. 動作說明：

(1) 低壓浮球閥

　　裝置在蒸發器內，依據蒸發器的冷媒液面，來調整進入蒸發器冷媒流量的大小，確保蒸發器維持一定的冷媒液面，以控制冷媒的蒸發速度，與蒸發器的溫度、壓力無直接關係，一般裝在蒸發器上，當液位降低時浮球下降而打開閥門，使高溫的液體冷媒流入蒸發器，此時冷媒壓力會降低，部份液體冷媒蒸發爲氣體，用來冷卻另一部份的液體冷媒，其優點是冷媒充塡量較具彈性，因其對於冷媒流量的控制是隨負載而改變，通常裝置於滿液式蒸發器。

(2) 高壓浮球閥

　　與低壓浮球閥作用大致相同，裝置在高壓側，即儲液器與蒸發器之間，以控制冷媒的凝結速度，維持高壓浮球室的液位，當閥室液位升高，浮球上升而打開閥門，使液體冷媒進入蒸發器，此種型式的控制閥，充塡冷媒應注意，只要少許過量，便會造成液體冷媒回壓縮機。

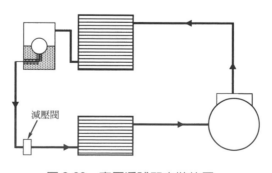

減壓閥

圖 2-28 高壓浮球閥安裝位置

第**3**章

冷媒管路

　　目前許多從事冷凍空調施工者，在系統設備的組裝往往忽略配管的重要性，造成許多維修的困擾，正確的配管可延長機器的壽命，維持一定的冷卻能力，減少不必要的故障，所以施工者應注意系統配管的一些原則。

一、配管應注意的原則：

1. 管路的壓力降會減少冷凍能力，增加動力(耗電)，如選擇大管徑雖可減少壓力降，但會增加成本與影響冷媒的流速，速度減緩而使回油困難，所以管徑大小選擇要小到能回油爲原則，系統應以回油問題列爲優先考量，不然再好的冷凍能力因失油也不能讓系統持續正常運轉。

2. 考慮管路的壓降及系統的回油，要防止管內的冷媒產生不必要的相態變化，並考量運轉及剛停機時壓縮機的保護，油與冷媒溶解的難易度，也會影響到回油。

3. 需維持蒸發器一定的冷媒流量，不能有匱乏的現象，而降低冷凍能力，亦是排氣量要等於蒸發量。

4. 儘量避免吸氣管有液態冷媒，液體管有氣態冷媒產生。

5. 考慮日後維修的空間，並避免因管路的振動摩擦或熱漲冷縮而使銅管破裂。

二、系統管路為什麼會有油

　　因為壓縮機正常運轉時，曲軸將曲軸箱內的冷凍油攪動並輸送到須要潤滑的摩擦部位而成霧粒時，油霧或油氣隨著高速的氣體冷媒排出到系統的管路或冷媒與冷凍油互溶，冷媒夾帶油氣到管路，有時設備在卸載或降頻運轉，使冷媒流速降低，而使油滯留於管路內。

三、系統各段管路的配置：如圖 3-1

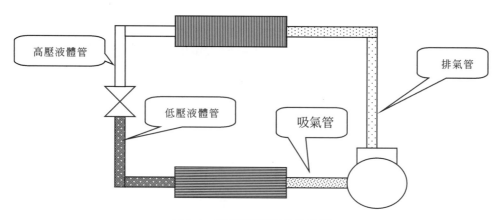

圖 3-1　冷媒循環系統各管路

1.　排氣管：
　(1)　須容納排出高溫高壓的氣體冷媒。
　(2)　減少壓力降並幫助被排出的冷凍油前進。
　(3)　長距離先將排氣管下彎至與壓縮機底部同水平，防止停機時冷媒或冷凍油回氣缸蓋內。
　(4)　配置U型管，當停機時冷凍油會掉入汽缸，以免再次起動運轉而造成大量回油產生液壓縮，故最好於立管之上游有 U 型管之設計如圖 3-2 所示，垂直管長度大於 7.5m 必需裝置，每超過 7.5m 再加裝一個，壓縮機低於冷凝器時，排氣管如未裝置 U 型管，要考慮裝油分離器。

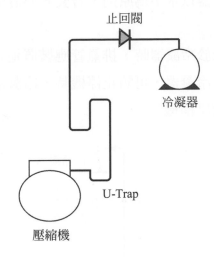

圖 3-2　排氣的配置

(5)　油分離器僅分離大部份的冷凍油，非達到 100 ％分離，所以排氣管內流體並非只有氣體冷媒，也夾帶著少量的冷凍油，因此管路的設計配置，也要考量在任何負載變化下，皆能使冷凍油隨著冷媒流動。

(6)　冷媒高壓排氣管通常向冷凝器傾斜如圖 3-3 所示，每三公尺約一點三公分(10 呎 1/2 吋＝ 1/240)，使冷凍油易於流動，避免停機產生逆流現象。

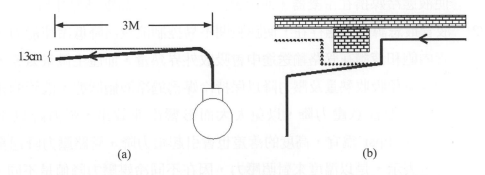

圖 3-3　配管傾斜方向

(7)　排氣管管徑太小或太長，會造成系統回油困難並使高壓壓力升高，當排氣管延長時應將管徑加大一級，然而高壓壓力升高，除了正確的管徑選擇因素外，也會受到冷媒種類、負荷、凝結器設計、冷凝介質的溫度而影響。

(8) 排氣管裝置消音器以水平為原則，若裝置避震軟管與振動方向一致為最好。

(9) 當壓縮機周溫低於冷凝器時，排氣管應裝置逆止閥如圖 3-4 所示，裝置位置要儘量靠近冷凝器，可防止停機時，冷凝器的液體冷媒及殘留管路底部的冷凍油回壓縮機。

冷凝器

壓縮機

圖 3-4　排氣管裝置逆止閥

2.　液體管：

(1) 負責輸送冷凝器凝結的液體冷媒到膨脹裝置，如無法充裕的輸送時，會使液態冷媒擠在冷凝器，而影響熱交換面積使高壓壓力升高。

(2) 液管最忌諱有氣態存在，使膨脹閥不易控制流量而降低冷凍能力，但液管內飽和液體在管路輸送途中會吸收外界熱量，而產生微量氣態，故液管要避免吸收熱量及壓力降以保持冷媒為過冷液體狀態，液管的組件大小選擇要注意壓力降，以免太大而影響冷凍效果，壓力降以不超過 1.8～3.8Ppsi 為宜，高度的落差也會引起壓力降，管路壓力降通常以溫度差表示，是以溫度來對照壓力，因在不同冷媒壓力降值是不同。

P1→P2 對照飽和溫度 T1→T2

T2 － T1 為壓力降後的飽和溫度差

例如溫度在 40℃的液管壓力降 2℃其相對壓力差為多少？R-22 為 10.3psig、R-134a 為 7.7Psig，當冷凝溫度一定，管內壓力下降時，飽和溫度亦下降，過冷度也會減少，故壓力降會減少過冷度，如圖 3-5 所示。

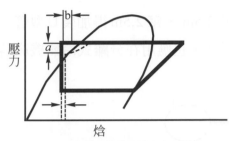

a：為冷凝器至膨脹閥之壓力降
b：為壓力降後過冷度之減少

圖 3-5

(3) 液管內的液態冷媒與冷凍油容易混合，會隨著冷媒流動，所以冷凍油流動在液管中絕少有問題，故不需 U 型管、傾斜、雙升管。

(4) 液管管徑比排蒸氣管小，因液體密度大於氣體密度，流速維持在 0.3～1.5m/s，流速不宜太高會產生噪音。

(5) 液管與吸氣管之熱交換，會增加液管過冷度，如 R-134a 能增進冷凍效果，但對 R-22 無效，因 R-22 熱交換過後，其過熱度增加，排氣溫度上升，比體積也增大，使冷媒質量流率減少，冷凍效果反而降低。

(6) 保溫得視周溫而定，液管溫度低於周溫時要保溫，如暴露於陽光或高溫區旁，高於液管溫度也需考量保溫。

(7) 液管要注意須有足夠管路空間容納液態冷媒，避免溫度升高液體冷媒漲滿管子產生高壓，造成管路破裂。

3. 吸氣管：

(1) 冷媒之流速不可太低，不然會影響冷凍油流回壓縮機，管徑大小需能在全載或輕載時，仍能讓油流回壓縮機，冷媒流速一般水平管為 3.8m/s (500～700fpm)，直立管 7.6m/s(750～1500fpm) 最大容許 20m/s 以下以避免噪音，冷媒流速是會依氣體密度和管徑而定。

(2) 在吸氣管於蒸發器出口裝置U型管或提升到與蒸發器同高度之目的，是為了防止運轉中、剛停機、剛啟動時，液態冷媒流入壓縮機，並具有如雙升管回油的作用， 吸氣管在蒸發器下 U 型管不能太大，以免冷凍油聚集在此。

(3) 直立管長度大於 2.5m，每 2.5m 得加裝U型管，使油以爬樓梯方式往上走，如圖 3-6 所示，也應用在分離式冷氣機高落差的配管。

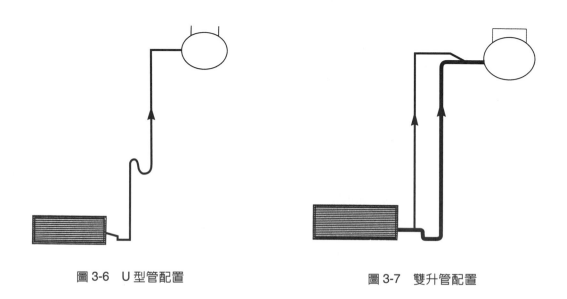

圖 3-6　U 型管配置　　　　　　　　圖 3-7　雙升管配置

(4) 當壓縮機有卸載設計時，當卸載時為維持一定的流速時其管徑應減小，但在全載時會因管徑減小壓降增加，所以利用雙升管設計來避免卸載時無法回油的問題，如圖 3-7 所示， 此 U 型管彎度(二管間的距離)與高度越短越好，使系統在最低負載時，防止冷凍油太多積留在此，以免引起壓縮機缺油；雙升管之原理，是當輕載時，由於流速不足使冷凍油積留在 U 型管，使主管管徑阻塞，冷媒流向小管徑。當全載時，流速增加了，會將U型管內冷凍油沖走，而恢復原先之運轉狀態，氣態冷媒同時通過二管，流回壓縮機。

(5) 無泵集設計之多台蒸發器，且壓縮機位置低於蒸發器時，其吸入管匯集主管需做倒 U 型管，如圖 3-8 所示，防止停機或輕載時液體冷媒逆流。

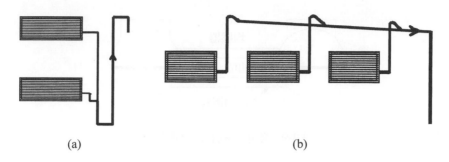

(a)　　　　　　　　　　　　　　　(b)

圖 3-8　吸入管匯集主管配置

(6) 若有卸負載系統、多壓縮機並聯使用、壓縮機位置高於蒸發器等情況時，要注意吸氣管冷媒流速，以便於回油，在低溫系統液管和吸氣管溫差大，熱交換效果較好，在空調冰水機較少用此方式熱交換。

(7) 熱泵、貨車冷凍、熱氣除霜系統，吸氣管裝置積液器是需要的。

(8) 吸氣管安裝膨脹閥感溫筒，管徑 1/2～5/8" 在 1 點鐘位置，3/4～7/8" 在 2 點鐘位置，1～11/4" 在 3 點鐘位置，均壓管安裝在吸氣管的平管的下游，如升管裝在上游有熱交換器時，應按裝於蒸發器與熱交換器間。

(9) 壓力降當吸氣管徑不足或受配件阻力，會使吸氣壓力低於設計值，使容量減少，當吸氣壓力下降 1Psig 就會損失 2～5 ％的冷凍效果。

(10) 吸氣管必須保溫，保溫的厚度與周圍空氣狀況及吸氣管而定，以防止空氣中的水蒸氣在管表面凝結滴水。

四、多壓縮機系統：

優點：

　　時段負載差距大的場所能有效的經濟控制，有一壓縮機故障，仍可使整個系統維持最低運轉。

(1) 油均衡：

　　　　多壓縮機系統無論壓縮機的大小油位要同一高度，避免冷凍油由一壓縮機的曲軸箱被抽到另一壓縮機的曲軸箱，均壓管要接在油位平面之上,當A運轉、B停車,在B吸氣管,會聚集大量冷凍油,而使A缺油,注意每一台壓縮機要同高,如圖 3-9 所示。

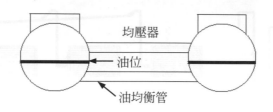

圖 3-9 雙壓系統油均壓管配置

(2) 排氣管部份共同接到匯流管,要考慮冷媒流動時不能相衝互相干擾,其高度要低於任一壓縮機的排氣管,然後垂直上升倒U接到冷凝器,如圖 3-10 所示,為維持一定的流速可加裝配置雙升管。

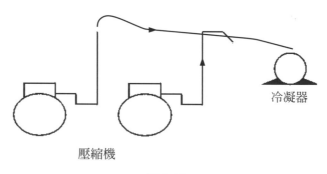

圖 3-10

(3) 吸氣管部份必須考慮回油要平均的分配到各壓縮機如圖 3-11 所示,各壓縮機的吸入壓力要相等,共同接到吸氣匯流管,其高度要高於任一壓縮機的吸氣管,不能作成水平管路,否則冷凍油將流到未運轉的壓縮機。

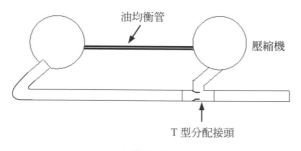

圖 3-11

(4) 主管銜接歧管時，液管由底部銜接，氣管由上部或兩側銜接，銜接插入的管子末端削成 45 度角如圖 3-12 所示，埋入深度不宜超過主管橫截面的 1/2，以免影響主管冷媒的流動。

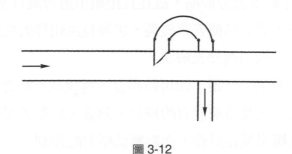

圖 3-12

五、管路造成毛病分析

1. 管路有雜質：

如油脂、銅屑、氧化膜皆可能在製造或保存、施工時所滲入，在施工時管內清除或無氧銲，(加入惰性氣體(氮氣)，流量以皮膚感受到有微量為原則，尾端可塞布)，主要目的為防止銲接管內產生氧化膜，如銲接在壓縮機的管子或配件，內部有冷凍油時最好充填二氧化碳或氮氣流通，防止冷凍油燃燒影響銲接及避免引起災害。

2. 管路支撐：

應注意管路的下墜、載送冷凍油、防震、液鎚等作用。支撐施工時注意保溫層，避免被壓扁或割破等，管路支撐點應在管路配件上，以防止共振，保溫層要避免空氣進入層內所以尾端要封緊。

表 3-1　管路支撐間距

管徑(mm)	10(3 分)	16(5 分)	25(1")	32(1.2)	40(1.5")	50(2")
支撐最大間隔(M)	1.3	1.6	2.1	2.5	2.7	3.0

3. 應以穩定的速度，在橫管配置避免凹窪或鬆垂，冷凍油會截留於此而堵塞在該處，使系統壓力升高，造成冷凍油液鎚管路。

4. 考慮管路的熱脹冷縮，銅的膨脹係數為 $16.5\times10^{-6}(20\sim300℃)$ 約 100 公尺，在 50℃ 有 8.25 公分伸縮，故在長距離用迴管或ㄇ字型處理。

5. 管路防震保護，震動易使管路破裂，影響控制組件的性能。
   (1) 可用避震軟管或防震墊來解決。
   (2) 在排氣管裝熱氣消音器，除可防噪音，還能制止噪音引起震動。

6. 為維持低壓力一定及冷凍能力的控制，熱氣旁路配管需有控制閥安裝，應以防止液態冷媒聚集在該管，而影響低壓力的控制。

7. 分歧管的配管，如圖 3-14 所示。

8. 在低溫的冷凍庫，蒸發器管路的銲接，宜採用含銀量高的銀銲條，避免因熱脹冷縮而產生龜裂，銲完之工作物表面用熱水洗淨，因助銲劑會腐蝕銅管，最好噴上抗氧化劑，以免氧化，造成蝕孔而洩漏。

9. 銅管處理不乾淨會使銲接處銲接不確實，銲接溫度過熱會有起沙孔現象，所以不能重覆修補，最好一次銲接完成。

10. 施工製作喇叭口，用擴管器，旋入約九成即可，再用由令的錐角在裝配時旋到緊，將喇叭口旋入可增加與由令的密合，要旋緊前將銅管搖動確實將喇叭口與由令接合，才不致於旋緊後有偏移不密合的現象，注意不宜旋入太緊，否則喇叭口會裂開，最好使用扭力板手。

11. 擴管時不宜太大，焊接時易使熔化的焊料，順著縫隙進入系統內阻塞或突出造成壓力降，也不宜太緊否則焊料無法進入銜接面間隙要適當，用手能接入為原則，接處不宜左右擺動(太鬆)或用鐵鎚敲入(太緊)。可加熱退火後以利擴管，避免裙邊破裂。

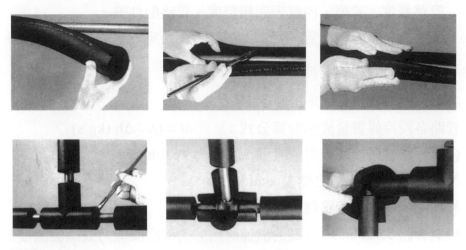

保溫帶：
對於接頭和包套複雜地方只要撕去離紙再加壓牢固即可防止管滴水。

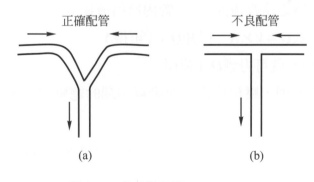

圖 3-13　保溫施工步驟

正確配管　　　　　　　　不良配管

　　(a)　　　　　　　　　　　　(b)

圖 3-14　分歧管配置

12. 彎管半徑為管徑的四倍以上，最好彎度要大，不得彎扁，否則會使冷媒流過產生紊流而造成壓力降，降低冷凍能力。

13. 產生壓力降因素有：

(1) 冷媒的黏度及比體積。(黏度、比體積與溫度壓力有關)

(2) 冷媒流速。

(3) 冷媒溫度。

(4) 管路長度、管徑、內壁表面粗糙度、管路配件等。

(5) 配管施工不正確如管子彎扁、角度過小固定不良或振動摩擦等。

五、冷媒系統管路管徑的選擇

1. 各段管路冷媒質量流率計算；

   管路各段冷媒質量流率計算公式： $M = Q_T / \Delta h$ (kg/s)

   Q_T＝管路各段冷凍能力或設備冷凍能力 kcal/hr；

   Δh＝蒸發器進出口之焓差 kcal/kg。

2. 冷凍系統中各段管路建議流速：

   吸氣管路 15-20 m/s； (高的流速應用於大型冷凍能力或蒸發溫度較低之設備，一般蒸發溫度低於 − 25 ℃。

   積液器與壓縮機之間的垂直管路 0.5-1 m/s； 壓縮機吸入端管路 0.2 m/s；

   排氣管路 12-25 m/s； 熱氣除霜管路 20 m/s； 液體管路 1 m/s 以下。

3. 冷媒體積流率計算公式：

   $V = M \times v$ (m³/s)

   各段管路之截面積：$A = V/v$ (m²)

   各段管路之冷媒流速：v＝管內冷媒流速 m/s。

4. 代入公式 $Q = V \times A$　已知 Q；V 可得 A

5. $A = \pi \times D$　就可得到 D（管徑）

※管徑選擇原則，壓縮機排氣與吸氣兩端的總壓力降不超過相當於 1℃壓力降的管徑大小。

　　例：有一體積流率 3.48m³/hr，流速 1m/s 求管徑？

$$Q = VA$$

$$Q = 3.48\text{m}^3/\text{hr}，V = 1\text{m/s}$$

$$A = \frac{3.48}{1 \times 60 \times 60} = 0.000968\text{m}^2$$

$$D = \sqrt{\frac{4A}{\pi}} = \sqrt{\frac{4 \times 0.000968}{3.14}} = 0.0351$$

$$= 35\text{mm} \doteqdot 1\tfrac{1}{2}''$$

第4章

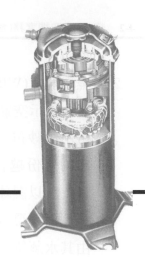

空氣特性圖應用

空氣特性圖(Psychrometric chart)的瞭解，可協助從事空調工程人員，對於設備的選擇及設定值的調整，以達到設計上的需求。現代的人對於空調的要求，已不像以往只注重溫度的調節，對於空氣流速、風向、噪音、清淨度、新鮮度、外觀、價格、省電、多功能、操作的便利性也逐漸的重視，尤其目前室外的空氣品質日漸惡化，對於室內空氣的調節也日益重要。

本章無法將上述所有的問題，一一的作介紹，僅以空氣特性圖對溫度、濕度的調節作個的說明。

一、名詞說明：

1. 乾球溫度(DBT)：如圖 4-1 所示

   空氣的溫度，是經由一般熱敏溫度計或數位式溫度計所量測出，若空氣乾球溫度愈高代表其顯熱能量比例愈高。

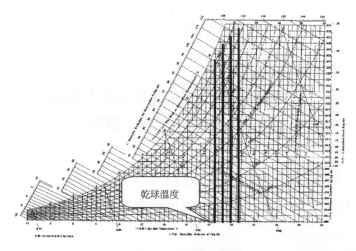

圖 4-1 乾球溫度線

2. 濕球溫度(WBT)：如圖 4-2 所示

表示空氣中水蒸氣的飽和程度，是以玻璃球式的溫度計，將底部球部份用濕紗布包紮，以 2.5m/s 的風速流過所測量的溫度，如空氣越乾燥，紗布的水份越容易蒸發吸收熱量，就如我們皮膚上擦水會覺得涼快溫度下降，所以濕球溫度比乾球溫度低，除非空氣已達到飽和狀態，水份無法再蒸發而讓溫度下降，此時濕球溫度等於乾球溫度，空氣的濕球溫度高低是由其水蒸氣的含量所決定，而水蒸氣的移去(除濕)或增加(加濕)會改變其潛熱量。

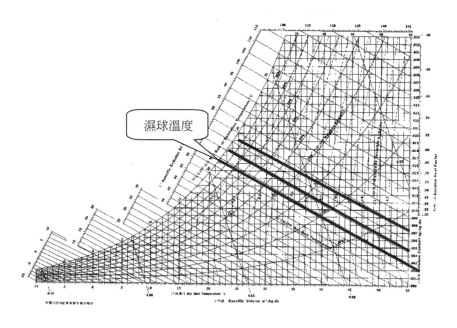

圖 4-2　濕球溫度線

3. 露點溫度(DPT)：如圖 4-3 所示

空氣中水蒸氣開始凝結的溫度，此時空氣水蒸氣壓力等於水蒸氣的飽和壓力，一般空氣之乾球溫度≧濕球溫度≧露點溫度，當空氣飽和狀態(相對濕度 100 ％時)，以上三種溫度是相等的，冷凍除濕常以露點溫度為基準，來表示除濕的程度由空氣性質圖可以查到水蒸氣的含量；當大氣壓力越高，露點溫度就越高，如空氣壓縮機儲氣桶會有水凝結的現象。

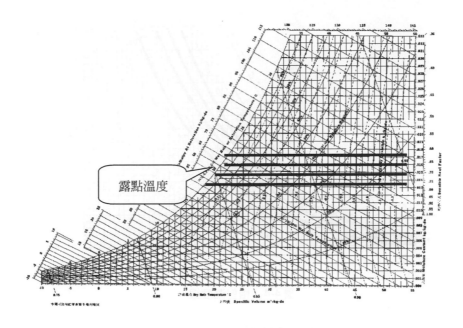

圖 4-3　露點溫度

4.　相對濕度(RH)：如圖 4-4 所示

　　　空氣中實際的含水蒸氣量與該空氣達到飽和時的含水蒸氣量比，如溫度 25℃、100 ％含水蒸氣量爲 0.020kg"/kg，現有一空氣在 25℃含水蒸氣量爲 0.010kg"/kg，其相對濕度 RH ＝(0.010/0.020)×100 ％＝ 50 ％，所以該空氣的相對濕度爲 50 ％。相對濕度爲 100 ％時，乾濕球溫度及露點溫度均相等，此時空氣爲飽和狀態，當乾濕球溫差越大，相對濕度越低。

　　　密閉空間的空氣中其含水蒸氣量不變，如溫度升高時，空氣會感覺乾燥，此時因相對濕度降低，人體皮膚表面水份較易散發帶走人體的蒸發潛熱而感覺清爽，在多天睡覺使用電熱器，早上起床喉嚨會覺得很乾燥，是因相對濕度很低，所以空氣中其含水量的多寡，不能直接表示空氣乾燥程度，要以相對濕度表示，當相對濕度 100 ％時，爲飽和狀態，表示空氣在該溫度與壓力下所含水蒸氣已達到飽和，只要溫度稍微下降時，就會凝結爲水滴其飽和程度，亦是空氣中水蒸氣含量會隨溫度升高，壓力升高而增加。

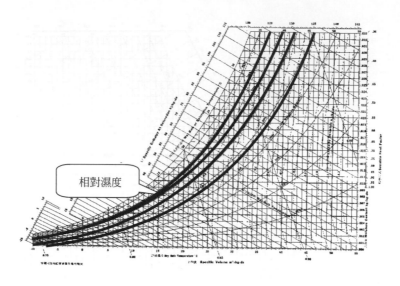

圖 4-4　相對濕度線

5. 絕對濕度(濕度比)：如圖 4-5 所示

測量空氣中的含水蒸氣量，單位為 kg"/kg 表示空氣 1kg 乾空氣時伴隨多少公斤水蒸氣的含量，非 1kg 空氣中水蒸氣的含量，如絕對濕度 1.021kg"/kg，表示的 1kg 乾空氣時，伴隨 0.021kg 的水蒸氣，不是 1kg 的空氣含有 0.021kg 的水蒸氣。空氣中水份實際含量，隨溫度及水蒸氣分壓升高而增加。

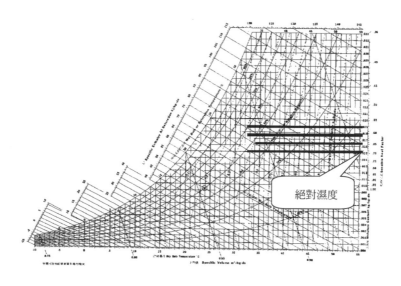

圖 4-5　絕對濕度線

$$X = 0.622 \times \frac{P_w}{P - P_w}$$

$X=$ 一大氣壓力，潮濕空氣中水蒸氣重量與乾燥空氣

　　重量之比(飽和的絕對濕度)

$P_w=$ 水蒸氣分壓

$P=$ 大氣壓力(1013mbar)

如在 25℃ 一大氣壓力下(760mmHg = 1013mbar)，其飽和空氣水蒸氣含量？

(亦可查圖 4-6) 25℃ 1 大氣壓力空氣飽和水蒸氣分壓為 31.671mbar(查表 4-1)

$$X = 0.622 \times \frac{P_w}{P - P_w} = 0.622 \times \frac{31.671}{981.33} = 0.202 \text{ kg"/kg}$$

$$V = 0.004555(0.622 + x)T$$

$$= 0.004555(0.622 + 0.020) \times (273 + 25) = 0.87 \text{m}^3/\text{kg}$$

故單位體積所含的水蒸氣量 = 0.020/0.87 = 0.0229 kg/m³

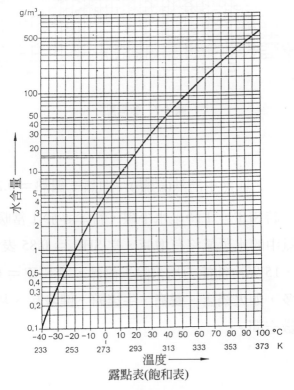

圖 4-6

6. 參考點：如圖 4-7 所示

　　顯熱因數線以參考點連接線的斜率，欲找出一狀態點的顯熱因數只要與其斜率平行即可，因為平行線的斜率是相同的，亦是顯熱因數比是相同的，每張空氣特性圖之參考點有差異，視顯熱因數刻畫標示而定，如Carrier的空氣特性圖參考點為 25℃、50 %。

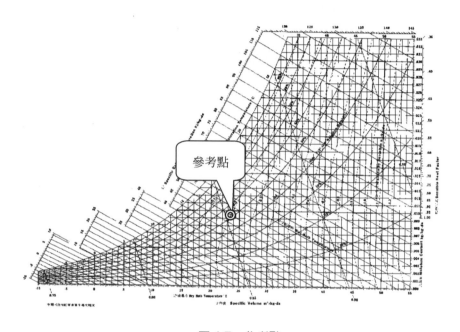

圖 4-7　參考點

7. 顯熱因數：

　　$SHF = 顯熱／顯熱＋潛熱(總熱)＝顯熱÷總熱＝0.24\dfrac{T_1 - T_2}{h_1 - h_2}$，如圖 4-8 所示，當冷房時 SHF ＝ 1 時呈水平線，斜率等於 1 當暖房時 SHF 為負的，潛熱＝0 空氣中的水蒸氣沒有增減，當 SHF ＝ 0.85 表示 85 %冷卻能力用來除去顯熱，15 %冷卻能力用來除去潛熱，當 SHF ＝ 0.6 表示潛熱大，室內水份蒸發多，如火鍋店、餐廳、牛排館、健身房、舞廳……等，高顯熱的低顯熱因數空間。

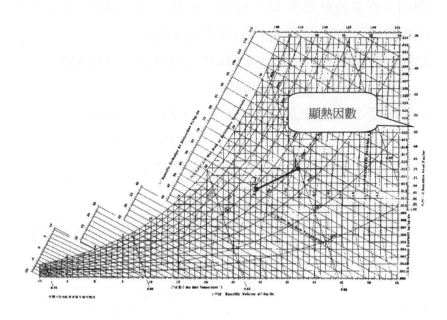

圖 4-8　顯熱圖數線

8.　焓值：如圖 4-9 所示

(1)　焓(kcal/kg)表示 1kg 潮濕空氣中乾空氣的熱量，在特性曲線圖上的焓值是表示空氣在飽和時的熱量 kcal/kg-da，所以是依濕球溫度變化而變，空氣性質圖上，等焓線和濕球溫度線可視為同一條直線。0℃乾空氣的焓＝ 0kcal/kg。

(2)　焓值的精確值求法：

①　測出空氣中的乾球溫度與相對濕度，可查表得到此狀態的飽和絕對濕度。

②　由飽和絕對濕度與相對濕度，求出空氣的含濕量$X = X_s \times RH\%$。

③　求出X代入下列公式，就可得到精確的焓值？

$$i = 0.24t + (597.3 + 0.441t) \times X$$

④ 例如：空氣乾球溫度 25℃ 相對濕度 50 ％，請求精確的焓值？

可查表得到 27℃ 飽和壓力 0.03635mmHg。

飽和絕對濕度 $X = 0.662×0.03635/(1.03323 - 0.03635)$

$= 0.02414kg''/kg$。

相對濕度 50 ％空氣的含濕量 $X = X_s×RH ％ = 0.5×0.2007$

$= 0.01207kg''/kg$。

求出 X 代入下列公式，就可得到精確的焓值。

$i = 0.24t + (597.3 + 0.441t)×X$

$= 0.24×27 + (597.3 + 0.441×27)×0.01207 = 13.83kcal/kg$。

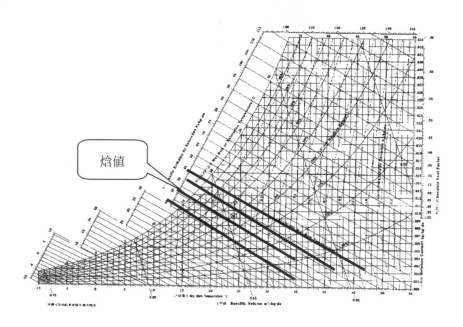

圖 4-9　焓線

9. 比體積(比容)：如圖 4-10 所示

　　含 1kg 乾空氣的潮濕空氣所佔的體積 m³/kg-da，由於水份量很少，可忽略不計，其倒數就是 1m³為？kg。例如 20℃、75 ％，1Atm 的濕空氣，其比體積為 0.82m³/kg，比重 1.2kg/m³。注意壓力改變時，比體積會隨之改變，溫度上升，比體積越大，密度越小，當壓力上升，比體積越小，密度就越大。

$$pv = MRT$$

$$v = \frac{R \cdot T \cdot M}{P}$$

v：比容　　　　　　　　M：空氣的質量

R：氣體常數(0.287)　　T：溫度(K)　　　　P：壓力

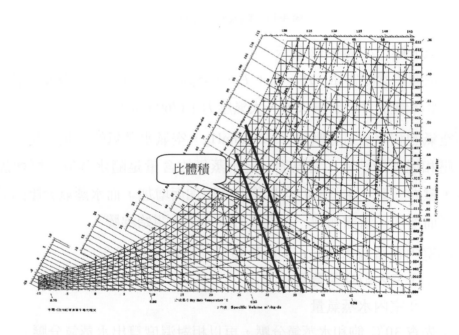

圖 4-10　比體積線

10. 焓偏差修正線：如圖 4-11 所示

　　曲線上的焓值是表示空氣在飽和時的熱量，當未飽和時其焓值是以曲線上的焓值減焓偏差值kcal/kg-da，在應用上焓偏差值很小，可忽略不計。

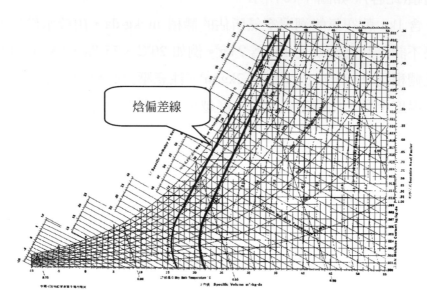

圖 4-11　焓偏差修正線

11. 水蒸氣分壓：如圖 4-12 所示

依據道爾頓定律，$P = P_a + P_v$，P＝濕空氣全壓、P_a＝乾燥空氣壓力、P_v＝水蒸氣壓力，如在 25℃ 一大氣壓力下(760mmHg)

，空氣飽和水蒸氣分壓爲 23.768mmHg，空氣水蒸氣的含量，是由水蒸氣分壓和溫度所決定，當溫度一定水蒸氣的含量是隨水蒸氣分壓增加而減少，壓力一定，水蒸氣的含量隨溫度增加而增加，而水蒸氣分壓隨著溫度升高而增加，當增加到一大氣壓力時，便會開始沸騰。

例如室內容積爲 450m³，室溫爲 30℃、相對濕度 80 ％

試求：①室內乾空氣質量

　　　②室內水蒸氣量

答：先查 30℃ 飽和水蒸氣分壓，再以相對濕度算出水蒸氣分壓。

　　及 30℃ 乾空氣分壓

　　代入 $PV = MRT$，求出室內水蒸氣量及乾空氣的 M 值

　　查表 4-1，30℃ 的飽和水蒸氣分壓爲 42.430mbar

　　相對 80 ％時其分壓爲 42.430×0.8 ＝ 33.944mbar

　　　　　　　　　　　　　　　＝ 0.0346kg/cm²

已知大氣壓力(1.0333)＝乾空氣分壓＋水蒸氣分壓

所以 30℃乾空氣分壓＝ $1.0333 - 0.0346 = 0.9986\text{kg/cm}^2$

$\qquad\qquad\qquad = 9986\text{kg/m}^2$

代入 $PV = MRT$，求出

①室內乾空氣質量

$\quad PV = MRT$

$\quad R = 29.27 \text{ kg-m/kg-K}$ （乾空氣氣體常數）

$\quad 9986 \times 450 = M \times 29.27 \times (273 + 30)$

$\quad M = 506.6 \text{ kg}$

②室內水蒸氣質量

$\quad PV = MRT$

$\quad R = 47.06 \text{ kg-m/kg-K}$ （水蒸氣氣體常數）

$\quad 346 \times 450 = M \times 47.06 \times (273 + 30)$

$\quad M = 10.92 \text{ kg}$

③另一求法，先求絕對濕度

$\quad X = 0.622 \times \dfrac{0.0346}{0.9986} = 0.0215 \text{ kg"/kg}$

$\quad 0.0215 \times 506.6 = 10.92 \text{ kg}$

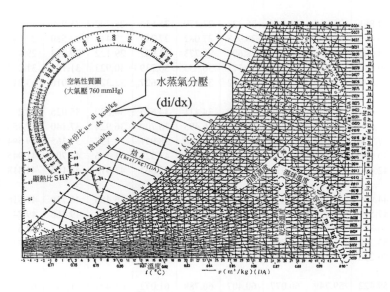

圖 4-12　水蒸氣分壓線

表 4-1 水之飽和水蒸氣壓

單位 mbar(1mbar = 0.75mmHg)

溫度 (℃)	.0	.1	.2	.3	.4	.5	.6	.7	.8	.9
0	6.1078	6.1523	6.1971	6.2422	6.2876	6.3333	6.3793	6.4256	6.4721	6.5490
1	6.5662	6.6137	6.6614	6.7095	6.7570	6.8066	6.8556	6.9019	6.9545	7.0044
2	7.0547	7.1053	7.1562	7.2074	7.2590	7.3109	7.3631	7.4157	7.4685	7.5218
3	7.5753	7.6291	7.6333	707379	7.7928	7.8480	7.9036	7.9595	8.0158	8.0724
4	8.1294	8.1863	8.2445	8.3026	8.3610	8.4198	8.4789	8.5384	8.5983	8.6586
5	8.7192	8.7802	8.8416	8.9033	8.9655	9.0280	9.0909	9.1542	9.2179	9.2820
6	9.3465	9.4114	9.4766	9.5423	9.6083	9.6748	9.7416	9.8089	9.8765	9.9446
7	10.013	10.082	10.151	10.221	10.291	10.362	10.433	10.505	10.577	10.640
8	10.722	10.795	10.869	10.943	11.017	11.092	11.168	11.243	11.320	11.397
9	11.474	11.552	11.630	11.708	11.787	11.867	11.947	12.027	12.108	12.190
10	12.272	12.355	12.433	12.521	12.606	12.690	12.775	12.860	12.946	13.032
11	13.119	13.207	13.295	13.333	13.472	13.562	13.652	13.742	13.833	13.925
12	14.017	14.110	14.203	14.297	14.391	14.486	14.581	14.678	14.774	14.871
13	14.969	15.067	15.166	15.266	15.365	15.466	15.567	15.669	15.771	15.874
14	15.977	16.081	16.186	16.291	16.397	16.503	16.610	16.718	16.826	16.935
15	17.044	17.154	17.264	17.376	17.437	17.600	17.713	17.827	17.942	18.057
16	18.173	18.290	18.407	18.524	18.643	18.762	18.882	19.002	19.123	19.245
17	19.367	19.490	19.614	19.739	19.864	19.900	20.117	20.244	20.372	20.501
18	20.630	20.760	20.891	21.023	21.155	21.288	21.422	21.556	21.691	21.827
19	21.964	22.101	22.240	22.379	22.518	22.659	22.800	22.942	23.085	23.229
20	23.373	23.513	23.664	23.811	23.959	24.107	24.256	24.406	24.557	24.709
21	24.861	25.014	25.168	25.323	23.479	25.635	25.792	25.950	26.109	26.269
22	26.430	26.592	26.754	26.918	27.082	27.247	27.413	27.580	27.743	27.916
23	28.086	28.256	28.423	28.600	28.773	23.947	29.122	29.293	29.475	29.652
24	29.831	30.011	30.191	30.373	30.555	30.739	30.923	31.109	31.295	31.483
25	31.671	31.860	32.050	32.242	32.434	32.627	32.321	33.016	33.212	33.410
26	33.608	33.807	34.008	34.029	34.411	34.615	34.820	35.025	35.232	35.440
27	35.649	35.859	36.070	36.282	36.495	36.709	36.924	37.140	37.353	37.576
28	37.796	38.017	38.239	33.462	38.686	38.911	39.137	39.365	39.594	39.824
29	40.055	40.237	40.521	40.755	40.991	41.228	41.466	41.705	41.945	42.187
30	42.430	42.674	42.919	43.166	43.414	43.663	43.913	44.165	44.418	44.672
31	44.927	45.184	45.442	45.701	45.961	46.223	46.486	46.750	47.016	47.283
32	47.551	47.820	43.091	48.364	48.637	43.912	49.188	49.466	49.745	50.025
33	50.307	50.590	50.374	51.160	51.447	51.736	52.026	52.317	52.610	52.904
34	53.200	53.497	53.796	54.096	54.397	54.700	55.004	55.310	58.773	55.926
35	56.236	56.548	56.861	57.176	57.492	57.810	58.129	58.450	55.617	59.097
36	59.422	59.749	60.077	60.407	60.789	61.072	61.407	61.743	62.081	62.421
37	62.762	63.105	63.450	63.796	64.144	64.493	64.844	65.196	65.550	65.906
38	66.264	66.623	66.985	67.347	67.712	63.078	68.446	68.815	69.186	69.559
39	69.934	70.310	70.688	71.068	71.450	71.833	72.218	72.605	72.994	73.335
40	73.777	74.171	74.568	74.966	75.365	75.767	76.170	76.575	76.982	77.391

表 4-1　(續)

溫度 (°C)	.0	.1	.2	.3	.4	.5	.6	.7	.8	.9
41	77.802	78.215	78.630	79.016	79.465	79.885	80.807	80.731	81.157	81.585
42	82.015	82.447	82.881	83.316	83.754	84.194	84.636	85.079	85.525	85.973
43	86.423	86.875	87.329	87.785	88.243	88.703	89.165	89.629	90.095	90.564
44	91.034	91.507	91.981	92.458	92.937	93.418	93.901	94.386	94.374	95.363
45	95.855	96.349	96.845	97.343	97.844	98.347	98.852	99.359	99.869	100.38
46	100.89	101.41	101.93	102.45	102.97	103.50	104.03	104.56	105.09	105.62
47	106.16	106.70	107.24	107.78	103.33	103.83	109.43	109.98	110.54	111.10
48	111.66	112.22	112.79	113.36	113.93	114.50	115.07	115.65	116.23	116.81
49	117.40	117.99	118.58	119.17	119.77	120.37	120.97	121.57	122.18	122.79
50	123.40	124.01	124.63	125.25	125.87	126.49	127.12	127.75	123.33	129.01

12.　熱水份比($u = dh/dx =$ kcal/kg)如圖 4-13 所示

　　$u = dh/dx = (h_1 - h_2)/(x_1 - x_2)$表示空氣經過空氣洗滌器，前後的焓差與增濕量的比值，因水滴與空氣接觸其溫度會隨絕對濕度改變。

　　1-SHF ＝潛熱／總熱＝ $597.3/u$

　　所以，總熱＝潛熱×u/597.3

　　597.3kcal/kg：0°C 水蒸氣蒸發的潛熱

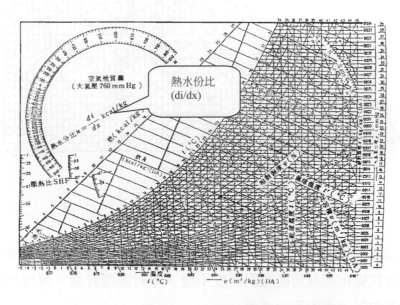

圖 4-13　熱水份比線

二、空氣線圖解析：

1.　純加熱過程時，對空氣只供給顯熱如圖箭頭方向所示，就可得知，乾球溫度升高、絕對濕度不變、焓增加、相對濕度降低。藉著加熱設備，如電熱器、蒸氣管或熱水管，提供顯熱給空調室。

　　有一四坪的房間，在冬天 15℃、45％裝置一個 100W 的電熱器試問，使用 1 小時後室內溫濕度變為多少？(假設房間為絕熱的結構)如圖 4-14 所示。

解：室內容積 = 4 坪×$3.3m^2$×2.5m = $33m^3$

查空氣特性圖 15℃、45％的比體積 = $0.823m^3/kg$

$Q = MS(T_1 - T_2) = 100×(33/V)×0.24× (T_1 - 15)$

　　$= 6.52T_1 - 97.78$

$T_1 = 34.18℃$，查特性圖 RH = 15％

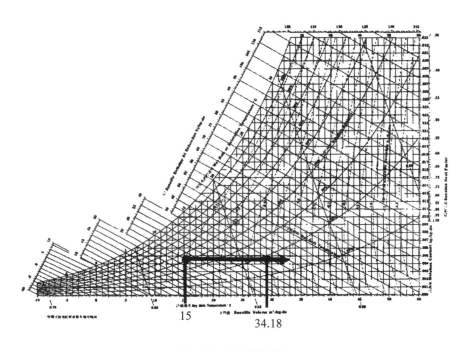

15　　　34.18

圖 4-14　純加熱過程

2.　純冷卻過程時，冰水盤管的溫度比通過空氣的露點溫度高，水蒸氣不會凝結，故其變化過程前後絕對濕度不變、相對濕度升高。可應用如下公式求出通過空氣冰水盤管的溫度。

$$Q = MS(T_1 - T_2)$$

T_1：進出冰水盤管空氣的溫度相加除以 2 的平均溫度

T_2：冰水溫度

30℃、50 ％空氣經過冷卻盤管，乾球溫度爲 20℃，試問相對濕度爲多少？
冷卻到 DB 20℃時，因未到露點溫度，故絕對濕度不會下降保持水平往左
移，如圖 4-15 所示，RH ＝ 88 ％。

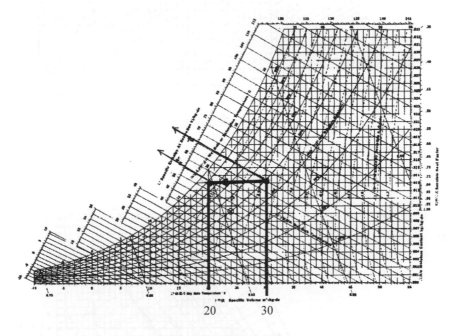

20　　30

圖 4-15　純冷卻過程

3.　純加濕過程時，提供空氣的潛熱，因此絕對濕度增加，焓也增加，其變化
　　過程前後乾球溫度相同，在實際情況，當空氣經過水蒸氣，乾球溫度是會
　　下降，欲維持不變，必需再加熱如圖 4-16 所示。

4.　純除濕過程時，其變化過程前後之乾球溫度爲相同，絕對濕度減少過程前
　　之相對濕度較變化後爲低。焓也減少，相對濕度減少，如圖 4-17 所示。

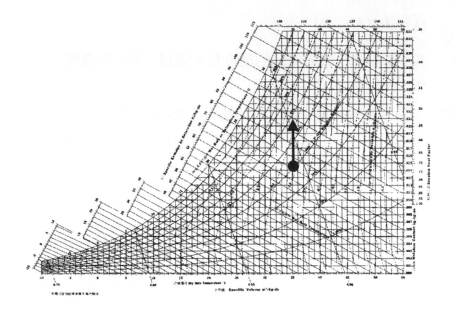

圖 4-16 純加濕過程

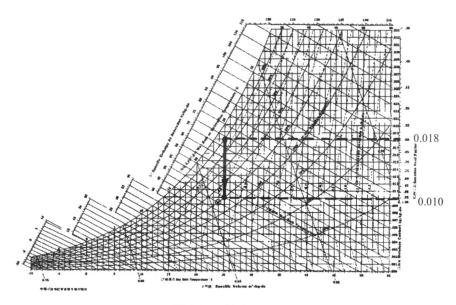

圖 4-17 純除濕過程

有一四坪的房間，當室內溫濕度 25℃，90 ％，裝置一台除濕機將相對濕度降低爲 50 ％，乾球溫度保持不變，試問第 1 小時約凝結多少水蒸氣？

解：首先需要知道該除濕機每小時通過多少空氣流量，先假設爲　$1m^3/min$ (CMM)

　　查特性圖 25℃，90 ％的絕對濕度：0.018kg"/kg

　　　　　　25℃，50 ％的絕對濕度：0.010kg"/kg

　　　　　　25℃，90 ％的比體積：0.87m³/kg

　　1CMM ＝ 60CMH，M＝ 60÷0.87 ＝ 69kg/hr(每小時處理的空氣量)

　　W＝ 69×(0.018 － 0.010)＝ 0.552kg/hr ＝ 552cc/hr

5. 冷卻除濕過程時，冰水盤管的溫度低於通過空氣的露點溫度，空氣中水蒸氣會凝結而減少，故空氣的的顯熱、潛熱會降低。

有一窗型冷氣機用乾濕球溫度計測出風口乾球溫度20℃、濕球溫度 16.5℃，回風口乾球溫度 35℃、濕球溫度 24.3℃，其出風口面積 0.3m²，用風速計測出風速爲 5.22m/s，求冷凍能力(kcal/hr)？如圖 4-18 所示。

　　　i_1 ＝ 17.2kcal/kg，i_2 ＝ 11.0kcal/kg

　　　回風的比體積＝ 0.893m³/kg

　　　出風口風量：$Q = VA$

　　　　　　　V：風速，A：面積

　　Q＝ 5.22×3600×0.3 ＝ 568.03m³/hr

　　M＝ 586.03÷0.893 ＝ 656.2kg/hr　　0.893 爲回風狀態的比容

　　H＝ 656.2×(17.2 － 11.0)＝ 4068.7kcal/hr

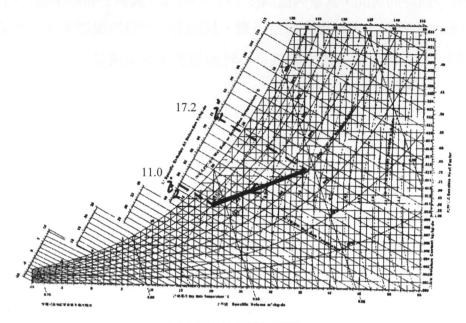

17.2

11.0

圖 4-18　冷卻除濕過程

6. 加熱除濕過程時，提供顯熱 除去空氣的潛熱，其變化過程改變顯熱也改變
潛熱，如化學除濕，利用矽膠或液態溴化鋰來吸收空氣中水蒸氣。

如：室內溫度爲 26℃、相對濕度 80％，請設置一台除濕機壓縮機爲 3kW，
調節空氣量 0.47m³/sec。如圖 4-19 所示

試求：該除濕機放置在密閉空間運轉 1 小時後，室溫升高爲多少？除濕多
少水？(冷凍除濕，是將空氣先冷卻使其水蒸氣凝結達到除濕，爲使
除濕前後溫度不變故需加熱，除濕機若置於絕熱空間運轉，因壓縮
熱會使室溫上升。)

查特性圖 DB26℃，RH80％，比體積爲 0.87m³/kg

通過除濕空氣質量流率爲

　　　$0.47 \div 0.87 = 0.54$ kg/sec

除濕機出風口焓值

　　　$3kW \times 860 = 0.54 \times 3600(16.58 - h_2)$

　　　$h_2 = 15.25$ kcal/lg

設散熱量爲蒸發吸熱量的 1.2 倍

故散熱為 $3 \times 1.2 = 3.6$ kW

$\qquad 3.6 \times 860 = 0.54 \times 3600 \times (15.25 - h_3)$

$\qquad h_3 = 13.66$

由特性圖約求出除濕機運轉後第 1 小時溫升為 27℃

$\qquad \Delta \omega = 0.54 \times 3600 \times (0.0165 - 0.015) = 2.916$ kg/hr

第 1 小時除濕水份為 2.916 kg

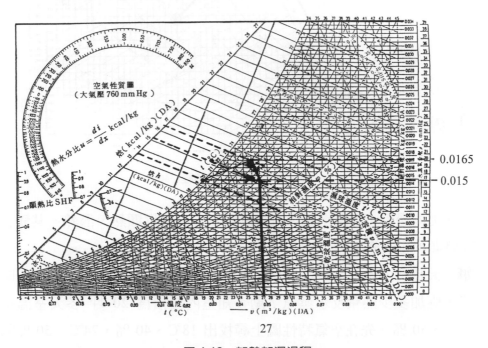

0.0165
0.015

27

圖 4-19　加熱加濕過程

7. 冷卻加濕過程，用冰水噴於空氣中，除去顯熱，也增加了空氣的潛熱，其
　變化過程前後之焓值為相同，亦是平行濕球溫度線，焓值無變化，所以過
　程要假設絕熱的狀況，如圖 4-20 所示。

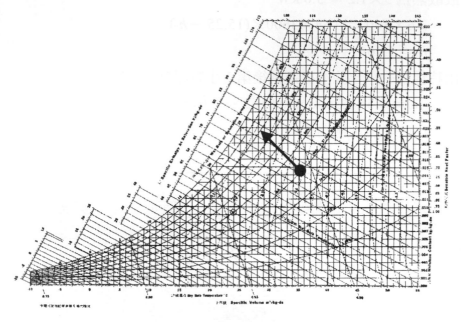

圖 4-20 冷卻加濕過程

8. 加熱加濕過程，用熱水或蒸汽噴於空氣中，提供顯熱、潛熱，其變化過程改變顯熱也改變潛熱。

如冬天時室內溫度 18℃、40 ％欲調整到舒適度，試用加熱加濕的暖氣系統，應加多少熱量及水蒸氣？勘查知室內面積為 20 坪 冬天室溫維持在 24℃，50 ％。先在空氣特性圖上尋找出 18℃、40 ％，24℃、50 ％的狀態點。在由狀態點得到焓值。再劃平行線與二點狀態點連接線平行，就可得知熱水份比，如圖 4-21 所示。

室內面積 20 坪，容積＝$(20 \times 33) \times 2.5 = 165 \text{m}^3$

18℃，40 ％比體積為 $0.831 \text{m}^3/\text{kg}$

故室內容氣質量為 $165 \div 0.831 = 198.8 \text{kg}$

故每小時至少

加熱加濕能力＝$198.8 \times (12 - 7.7) = 854.84 \text{kcal/hr}$

加濕量＝$198.8(0.0095 - 0.0055) = 0.795 \text{kg/hr}$

熱水份比＝$854 \div 0.795 = 1075 \text{kcal/kg}$

也可利用，特性圖尋找得知。

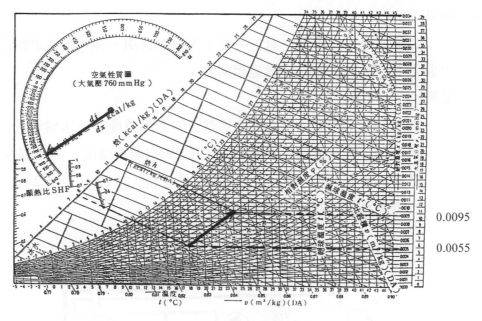

圖 4-21　加熱加濕過程

三、空調狀態點說明：

　　空調箱冰水盤管的冰水溫度，其設定值決定室內溫濕度的控制，故操作者要知道此點的設定值。

1.　各狀態點名詞認識：如圖 4-22 所示

（1）　外氣：

　　外氣溫濕度條件的決定，應取整年最高狀態的溫濕度的平均值，因其決定值會影響冰水盤管的冷卻能力，要能在每一時刻達到空調負荷的需求，外氣資料可上氣象局網址查詢，網址：http://www.cwb.gov.tw/。

（2）　混合風：

　　為引進空調室的新鮮空氣與回風空氣混合的狀態，如室內狀態為 DB 26℃、RH 50 ％，外氣(新鮮空氣)DB 33℃、RH 63 ％，外氣引入是佔送風量的 30 ％，其混合風乾球溫度＝(30 ％×33)＋(70 ％×26)＝9.9 + 18.2 = 28.1℃，由此可知引入新鮮空氣溫度越高或量越多，混合風溫度會隨之升高，冰水盤管冷卻能力會增加，可裝置全熱交換器，以節約能源(參考第 7 章)。

(3) 進風：

　　　指進入冰水盤管之空氣，可能不等於混合風，在一般空調的設計，可假設混合風與進風的狀態是相同的。

(4) 離風：

　　　剛離開冰水盤管的空氣，決定盤管的表面溫度與冰水盤管的冷卻能力，送風量＝室內顯熱負荷(kcal/h)÷(0.29×(離風溫度－回風溫度)。再由送風量×進出水溫，就可得到盤管的冷卻能力，(0.29 ＝ 0.24÷0.83，0.24 為空氣比熱，0.83 為比體積)。

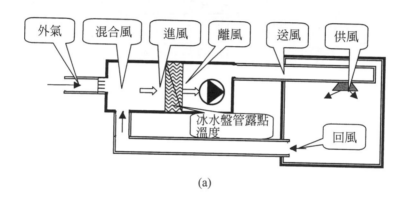

(a)

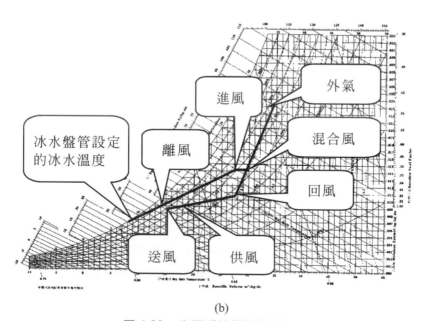

(b)

圖 4-22　空調系統各狀態點的標示

(5) 送風：

　　　　離風必須經送風機及風管傳送，才能送到空調室的出風口，此在風管中稱爲送風。此值因風管的保溫及送風機的壓力而有差別，所以與離風的絕對濕度相同，與供風溫度差約 1～1.5℃。

(6) 供風：

　　　　空調室出風口的空氣狀態，在一般空調計算，常不考慮送風在風管的狀況變化，故可假設送風、供風二者狀況爲相同，與離風溫度差約 10～12℃。

(7) 回風：

　　　　就是室內設計的溫濕度條件，保健空調是針對人的舒適度，若室內外溫差太大，會造成冷衝擊或熱衝擊，一般夏天以 DB 26℃、RH 50 ％，冬天以 DB 24℃、RH 50 ％。

2. 恆溫恆濕的控制調整(單一風管)，如圖 4-23 所示

　　　　參考點 A 與顯熱比 B，作一 AB 連線。點出室內的狀況點 C，作一 CD 連線與 AB 線平行。點出 CD 線與 RH 90 ％交點爲 D 點。D 點爲離開送風機的溫度條件。

　　　送風量＝$Q/17.4\,(T_c - T_d)$

E 點水平向左延長得到該點露點溫度。(亦是離開冷卻盤管的空氣露點溫度)，D 點直線延長與 RH 100 ％交點，得到 E 點的溫度。(亦是露點開關的設定溫度)

已知室內需求條件 24℃、RH 50 ％

　　室內熱負荷顯熱因數爲 0.85

　　離開冰水盤管(離風)爲 RH 90 ％

試調整冰水盤管的溫度以達到室內溫濕度的條件

(1) 先將室內狀態點標示在空氣特性圖。

(2) 劃出室內狀態點的顯熱因數線。

(3) 顯熱因數線，與相對濕度 90 ％交叉點爲離開冷卻盤管的狀態點 12.8℃。(爲什麼要取 90 ％爲交叉點，因通常冷卻盤管設備的旁通因數，設計的

離風狀態,大約會在 90 %～95 %的左右的交點上,如旁通因數為 0 就交叉在 100 %。

(4) 與相對濕度 100 %交叉點為冰水盤管的表面溫度,也就是露點溫度控制器的設定值 11.4℃。

(5) 室內溫濕度控制器設定為 24℃、RH 50 %。

(6) 如此設定即可達到室內的需求條件。

在恆溫恆濕的空調系統其回風與供風的溫度差越小,空調間溫度變化量就越小,如欲維持在溫差在±1℃時,回風與供風的溫差取 5℃;±2℃取 7℃;±3℃取 9℃,一般空調其溫差約維持在 10℃左右,如溫差小供風量就要大,當供風量要小,溫差就要大,迫使出風溫度降低,易造成出風口結露,或空調間的溫度分佈不平均。

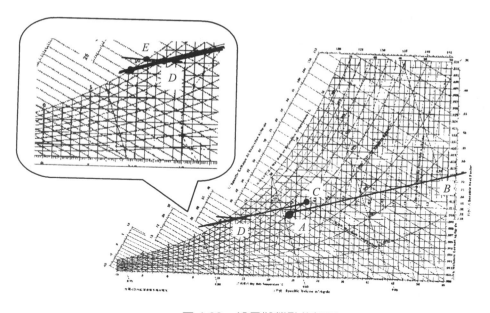

圖 4-23 送風狀態點的標示

3. 尋找供風點的步驟,如圖 4-24 所示

(1) 先將外氣 A、回風 B、混合風 C 狀態點標示在空氣特性圖。

(2) 劃出混合風及回風狀態的顯熱因數線。

(3) 混合風顯熱因數線,與相對濕度 90 %交叉點,就是離開冰水盤管的狀態。

(4) 與相對濕度 100 %交叉點,就是冰水盤管的欲設定的露點溫度。

(5)　從離開冰水盤管的狀態點(T_L)往右劃水平線。與回風狀態的顯熱因數線的交點是為供風點(T_S)。

(6)　由空氣特性圖標示的各狀態點，就可依下列公式計算冰水盤管的冷卻能力、加濕能力的大小。

送風量$Q = q_s/17.4 \times$(回風溫度與供風溫差)

冷卻盤管$q_c = 72 \times Q/$(混合風焓差與供風焓差)

加濕量 RW $= 72 \times Q \times$(進出加濕器濕度差)

Q：m³/hr，q：kcal/hr，W：kg"/kg

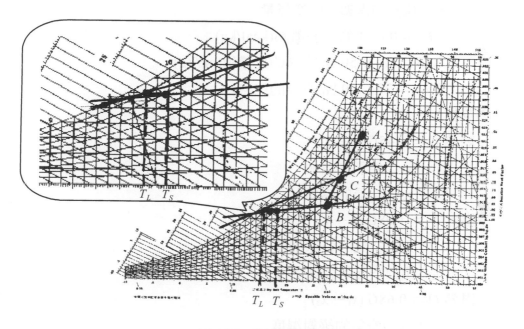

圖 4-24　供風點的求法

四、應用：

1.　空調負荷計算公式解說：

$$H = MS\Delta T$$

(1)公制：

總熱 $Q_t = G(i_1 - i_2)$

i_1：入口空氣的焓值

i_2：出口空氣的焓值

顯熱 $Q_s = 0.24G(t_1 - t_2)$

t_1：入口空氣的乾球溫度

t_2：出口空氣的乾球溫度

潛熱 $Q_l = 597G(x_1 - x_2)$

x_1：入口空氣的絕對濕度

x_2：出口空氣的絕對濕度

$Q_t = Q_s + Q_l$

$G =$ (kg/hr)需調節的空氣量

597 = 0℃ 水的蒸發潛熱(kcal/kg)

0.83 = 20℃ 50％ 空氣的比體積(m³/kg)

0.24 = 20℃ 50％ 空氣的比熱

(2)英制：

總熱 $Q_t = 4.45G(i_1 - i_2)$

i_1：入口空氣的焓值

i_2：出口空氣的焓值。

顯熱 $Q_s = 1.08G(t_1 - t_2)$

t_1：入口空氣的乾球溫度

t_2：出口空氣的乾球溫度。

潛熱 $Q_l = 0.68G(x_1 - x_2)$

x_1：入口空氣的絕對濕度

x_2：出口空氣的絕對濕度。

$Q_t = Q_s + Q_l$

G (CFM = ft³/min) 需調節的空氣量

1CMM = 35.2CFM

4.45 = 60/13.5

1.08 =(60/13.5) 0.244

0.68 =(60/13.5) (1076/7000)

0.244 ＝ 70°F 50 ％ 空氣的比熱

13.5 ＝ 70°F 50 ％空氣的比體積

1076 ＝凝結 1 lb 的水份，所需移出的熱量

7000(格林)＝ 1 lb

60 ＝ 1 小時爲 60 分鐘

2. 因數的說明：

SHF(顯熱因數)：空氣中顯熱所佔的比例，決定送風空氣的狀態，因設備及空調場所的差異而有不同的應用，有以下各顯熱因數。

(1) RSHF(室內顯熱因數)供風的溫濕度必須抵消室內顯熱及潛熱，爲室內顯熱與總熱的比值，此線上的每一點，皆表示空氣離風到供風過程的狀態。

(2) GSHF(總顯熱因數)：空調設備必須能夠調節全負荷之顯熱比，包含新鮮空氣，是混合空氣狀態到供風狀態，進風狀態非回風而是混合風，由混合風到離風，就可計算出冰水盤管需要的冷卻能力，亦爲ASHF(設備顯熱因數)。

(3) BF(旁通因數)：表示部份的空氣通過冷卻盤管未被調節，該因數對於空調設備的選擇 製造及室內溫度皆有極大的影響，其大小依盤管列數，鰭片間距及風速而定，隨著管排的深度與管列數增加而減少。CF(接觸因數)等於 1-BF，如圖 4-25。

$$B_F = T_B - T_C / T_A - T_C$$

T_A：進入冷卻盤管前的空氣溫度

T_B：通過冷卻盤管後的空氣溫度

T_C：冷卻盤管的溫度。

BF 越大，出風口溫度越高，盤管列數少，鰭片間距大，風量就要增加，當 BF 小 出風口溫度低，與室溫差大，風量就要減少，易造成出風口結露，空氣流速降低，溫度分佈不均，會感覺到不舒適，一般空調其溫差約維持在 10℃左右。

(4) ESHF(有效顯熱因數)：考慮冰水盤管的旁路因數，空氣接觸冰水盤管所移除的潛熱及顯熱，也就是有效顯熱與有效總熱的比，故可求出更準確的冰水盤管的露點溫度。

(5) T_{DP}(露點溫度)就是 GSHF 交叉於飽和線的交點，亦是冰水盤管的表面溫度。

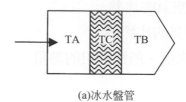

(a)冰水盤管

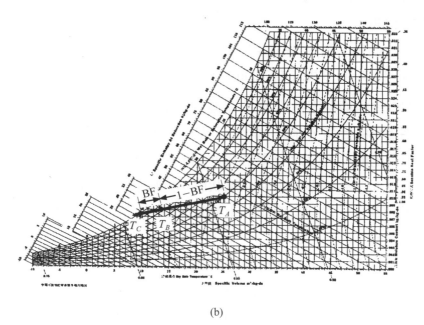

(b)

圖 4-25　旁通因數的標示

表 4-2　各場所冰水盤管 BF 之參考值

使用場所	管排旁路因數
住　　宅	0.3～0.5
工　　廠	0.2～0.3
百貨公司	0.1～0.2
餐　　廳	0.05～0.1
醫院手術室	0～0.1

(6)　室內需求條件 25℃，RH 50 ％，室外條件 DBT 35℃、WBT 27℃、RSH ＝ 35000kcal/hr、RLH ＝ 14000kcal/hr、引入新鮮空氣 60CMM 室內溫

度與供風溫度差為 10℃。求：① RSHF，② GSHF，③送風條件，④ T_{DP}，⑤進風與離風狀態？如圖 4-26 所示。

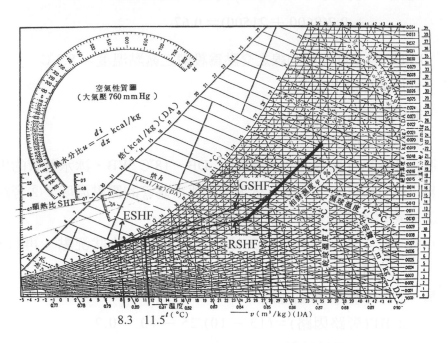

圖 4-26

① 　RSHF ＝ RSH/RSH ＋ RLH ＝ 35000/(35000 ＋ 14000)＝ 0.71

② 　先求引入新鮮空氣的熱負荷

　　DBT 35℃、WBT 27℃的比體積＝ 0.9m³/kg

　　OASH ＝ 0.24×(60×60/0.9)×(35 － 25)＝ 9600kcal/hr

　　OALH ＝ 597×(60×60/0.9)×(0.019 － 0.010)＝ 21500kcal/hr

　　GSHF ＝ 35000 ＋ 9600/(14000 ＋ 35000 ＋ 21500 ＋ 9600)

　　　　 ＝ 0.63

③ 　送風量＝ 35000/0.29×10 ＝ 12069m³/h ＝ 200CMM(m³/min)

　　求混合風狀態＝$(T_M － 25)/(35 － 25)$＝ 60/200

　　　　　　　T_M ＝ 28℃

　　由空氣特性圖混合風 28℃劃出 GSHF ＝ 0.56

　　與 RSHF 之交點為送風條件 DB ＝ 11.5℃，RH ＝ 90 ％

④ T_{DP}：假設旁路因數＝ 0.2

$$ESHF = 35000 + 0.2(9600)/35000 + 14000$$
$$+ 0.2(9600 + 21500) = 0.67$$

ESHF 與 100 ％飽和線之交點爲設備之露點溫度＝ 8.3℃

⑤ 進風與離風狀態？

進風爲混合風＝ 28℃

離風爲送風＝ 11.5℃

(7) 進入冰水冷卻盤管的空氣爲 25℃ DB、18℃ WB，冰水盤管的出口空氣爲 13℃ DB，12℃ WB。試求：①冰水盤管的露點溫度，②旁路因數，③顯熱比④移去多少水份？

步驟：在空氣特性圖找出，冰水盤管進出口的狀況點，再將其相連接即可。

解：①冰水盤管露點溫度＝ 10℃

② BF(旁路因路)＝(13 − 10)/25 − 10 ＝ 0.2

③ SHF(顯熱因數)＝ 0.77

④移去多少水份，每 kg 空氣移出(0.015 − 0.009)＝ 0.006kg

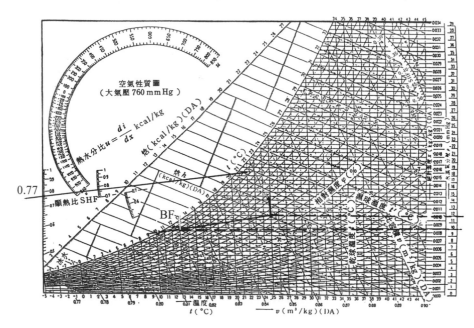

圖 4-27

3.　空調設計計算步驟：

(1)　一般空調環境：

已知條件：室內外溫濕度、室內熱負荷、新鮮空氣通過量。

① 先求 ESHF 並畫出來，由回風狀態點(RA)為基點與 100 ％飽和線的交點，為冰水盤管裝置的露點溫度。

② 求 GSHF 並畫出來。

③ ESHF 與 GSHF 二條線的交叉點，此點表示離風。加上 10℃為供風。

④ 計算空調供風量是以供風計算。

⑤ 如此就可算出空調箱的送風量，露點溫度及盤管的容量。

例

外氣條件：35℃ 80 ％

室內條件：26℃ 55 ％

室內顯熱：60,000 kcal/hr

室內潛熱：15,000 kcal/hr

外氣換氣量：50m³/min(CMM)

盤管的旁路因數：0.1

求① ESHF，②T_{DP}，③送風量？

解

外氣換氣顯熱量

$H = MST = 50 \times 60 \times 1.2 \times 0.24(35 - 26)$

　$= 7776$ kcal/hr

外氣換氣潛熱量

$H = M_h = 50 \times 60 \times 1.2 \times (27.4\text{-}13.4)$

　$= 50692$ kcal/hr

總熱負荷

$G_H = 60000 + 15000 + 50692$

　$= 125692$ kcal/hr

GSHF $= 67776/125692 = 0.54$

BF $= 0.1$

① ESHF $= 60000 + (0.1 \times 7776)/75000 + (0.1 \times 50692) = 0.76$

　故 ESHF $= 0.76$

②由RA為基點劃出ESHF與100％飽和線的交點為冰水盤管的露點溫度(冰水溫度為14℃，送風量先求M_A，由T_{DP}為基點劃 GSHF 與 OA、RA 連接線交點，得 MA 27.4℃

$$(50 \times 35) + (M \times 26) = (50 + M) \times 27.4 = 272$$

③送風量$= 50 + 272 = 322 \ m^3/min$

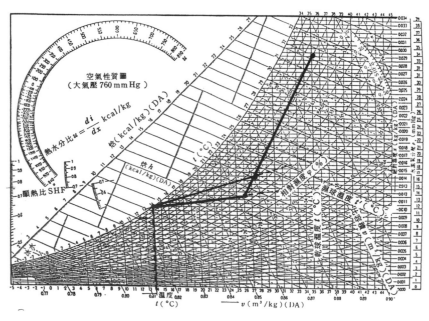

圖 4-28

(2)　高潛熱空調環境：

　① 因潛熱值大，所以 RSHF 小。

　② RSHF 與 GSHF 無法產生交點或交點的露點溫度很低，故須以水平線來修正交叉點所增加的溫度，就是所謂 REHEAT(再熱量)。

　③ GSHF 與 90％交點表示供風，將供風點以水平線交於 RSHF 就是離風，與 100％交為盤管的露點溫度。

　④ 計算空調的供風量需加再熱量以離風計算。

　⑤ 如此就可算出空調箱的送風量、冰水盤管的露點溫度及盤管的容量。

例

某一空調空間負荷 顯熱為 45000kcal/hr，潛熱為 25000kcal/hr，如要使室內保持 25℃、50 %。

試求：①冰水盤管的露點溫度，②離風溫度，

③供風溫度，④加熱量。

解

 RSHF ＝ 45000/(45000 ＋ 25000)＝ 0.64

由空氣特性圖劃出 RSHF 交於飽和線 4℃，這麼低的露點溫度，須將離風再加熱到 RSHF 線上室溫 25℃，50 %，冰水溫度在 7～10℃是最為理想。

①冰水盤管的露點溫度 4℃，此時冰水溫度必須低於 4℃，方可除去空調間的潛熱，達到所需要的相對濕度。

②離開盤管溫度(高潛熱負荷 BF 設 0.05)

 (25 － 4)×0.05 ＝ 1.05

 1.05 ＋ 4 ＝ 5.05℃

③供風溫度為 16℃(離開加熱器後)。

④當 9℃時其 ESHF ＝ 0.7

0.7(ESHF)＝(45000 ＋再加熱量)/45000 ＋ 25000 ＋再加熱量

再加熱量＝ 13333kcal/hr

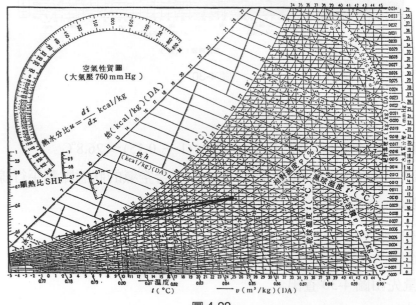

圖 4-29

4. 例題：

例 1

室內條件，乾球溫度 26℃，相對濕度 55 ％，室外乾球溫度 32℃，濕球溫度 28℃，空調箱能力 30000kcal/hr，引入新鮮空氣比例佔 15 ％，冷房負荷RSH ＝ 24000kcal、RLH ＝ 6000kcal。

試求：空調箱①顯熱比，②旁路因數，③送風量，④冰水盤管的露

　　　點溫度是否合適？

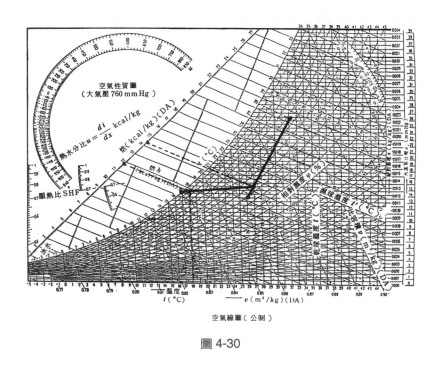

圖 4-30

解

混合空氣的乾球溫度＝ 32×0.15 ＋ 26×(1 － 0.15)＝ 26.8℃

①如前述方法得知室內顯熱因數 0.82，由混合空氣的狀態點劃平行線與飽和線

　交點爲T_{DP}＝ 17℃

② BF 設定爲 0.1

　離風溫度＝(17×0.9)＋(26.8×0.1)＝ 18℃，RH ＝ 95 ％

③送風量先由圖 4-30 查出

　進風焓值＝ 14.4 kcal/kg

離風焓值＝ 11.7 kcal/kg

已知冰水盤管的能力＝ 30000 kcal/hr

供風的比體積＝ 0.84 m³/kg

送風量＝(30000/14.4 － 11.7)×0.84 ＝ 9333m³/hr ＝ 155m³/min(CMM)

④當T_{DP}＝ 17℃，離風的絕對濕度(W＝ 0.0122kg"/kg)比回風的絕對濕度(W＝ 0.0114kg"/kg)高，得知冰水盤管的除濕能力不足，不適用此空調室，不然室內濕度會逐漸上升。

例 2

有一空調間寬：6m、長：12m、高：3m，維持 23℃、50 %的溫濕度，夏天的總負荷＝ 18000kcal/hr，顯熱因數＝ 0.9，冬天的總負荷＝－ 8000kcal/hr，顯熱因數＝ 0.95。

試求：①送風量？
　　　②夏天：冰水盤管能力及露點溫度、再熱量、加濕量？
　　　③冬天：冰水盤管能力及露點溫度、再熱量、加濕量？

解

設外氣夏天 35℃ 、70 %，冬天 12℃、 80 %

先將外氣、回風、混合風標示在特性圖上，設外氣引入為 10 %

混合風溫度(T_M)＝[(35 － 23)/10]＋ 23 ＝ 24.2℃

劃出 RSHF ＝ 0.9，交於飽和線為 11℃，取供風為 16℃，與室溫差 7℃

送風量＝ 16200/17.4(23 － 1)＝ 133m³/min ＝ 7980 m³/hr

引入外氣總熱量＝$M{\cdot}\Delta h$＝(7980×10 %)×1.2×(23.8 － 10.8)

　　　　　　　 ＝ 12449kcal/hr

引入外氣顯熱量＝$M{\cdot}S{\cdot}\Delta T$＝(7980×10 %)×1.2×0.24×(25 － 23)

　　　　　　　 ＝ 2757kcal/hr

　　GSHF ＝(16200=2757)/18000 ＋ 12449 ＝ 0.6225

劃出 GSHF 線,就可求

①冰水盤管能力 = 72×133×(12.2 － 6.5) = 54583kcal/hr

②裝置露點溫度 = 8°C

③再熱量 = 174×133×(16 － 10) = 13885kcal/hr = 16kW

④加濕量 = 72×133×(0.0089 － 0.007) = 18.19kcal/hr

　冬天的時候,可參照上述計算方法求出

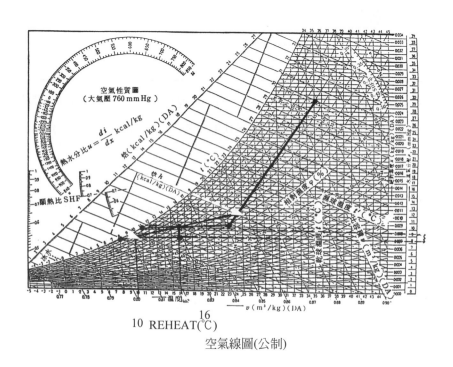

10　REHEAT(°C)

空氣線圖(公制)

圖 4-31

例 3

空調負荷 120000kcal/hr，新鮮空氣負荷佔 20 ％、室內顯熱比＝ 0.85 靜壓損失空調箱 1.5"WG，風管管路 2.0"WG，試求：①空調箱送風量，②送風機的馬力？

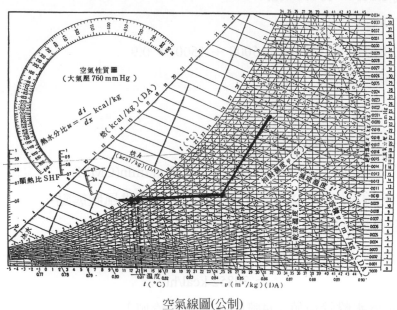

空氣線圖(公制)

圖 4-32

解

①先求送風量：設室內需求條件 25℃ 50 ％，外氣條件 DB 32℃，WB 27℃

　室內顯熱＝ 120000×0.85 ＝ 102000kcal/hr

　由 RSHF 劃出交於飽和線 12.5℃，依經驗離風溫度約於 90～95 ％，取 95 ％之交點為 13.2℃

　送風量＝ 102000/(0.29)×(25 － 12.5)＝ 28137m³/hr

　　　　＝ 469CMM ＝ 16508CFM

②送風機馬力＝送風量×靜壓損失／效率×6350

　　　　　　＝ 16508×(1.5 ＋ 2.0)/6350×0.6 ＝ 15HP

例 4

室內溫度要求條件：24±2℃ 50±5%

室外狀態 35℃ 80% 外氣 20%

室內負荷 RSH ＝ 15000 kcal

　　　　RLH ＝ 1500 kcal

　　　　RSHF ＝ 15000÷(15000 ＋ 1500)＝ 0.9

選用空調箱

計算

①±2℃ 設供風溫度為 17℃ DB

②送風量　15000÷【17.4×(24-17)】＝ 123 m³/min(CMM)

③劃 RSHF 線 與 17℃ DB 線相交一點為；得到供風狀態點

④求出 混合風狀態(24×0.8)+(35×0.2) ＝ 26.2℃ DB

⑤計算出需要的冷卻能力 $Q= 72×Q×(i3-i4)= 72×123×(14.2 - 9.7)$

　　　　　　　＝ 39852 kcal/hr

　　【$i3$ 進入冰水盤管焓值；$i4$ 離開冰水盤管焓值】

　　由送風量 123 m³/min 與需要的冷卻能力 39852

> 參照型錄選擇機種 60000kcal/hr 、135 CMM

計算空調箱內 加熱器與加濕器容量

4 為離風點；5 為供風點

加熱量 ＝ 17.4×135×($t4-t5$)＝ 17.4×135×(17 - 12)＝ 11.7 kw

加濕量 ＝ 72×135×($x4-x5$)＝ 72×135×(0.0086 - 0.0008)＝ 5.8 kg/hr

求空調箱需要的加熱器與加濕器容量？

步驟

①設定供風溫度：(溫度範圍控制在 ±1℃ Δt取 5℃、±2℃ Δt取 7℃、±3℃ Δt取
　9℃ 以 $H=MSΔt$ 公式得知 Δt越大，送風量越小，溫度分布越不平均)。

②決定求送風量：(由 $H=MSΔt$ 計算送風量(M)。Δt＝供風與回風溫度差)。

③計算出需要的冷卻能力：(由$H = MS\Delta t$ 計算冷卻能力。$\Delta t =$進風與離風溫度差)。

④選用廠商機種 由機種的送風量與冷卻盤管冷卻能力。

⑤重新計算出離風狀態點。

⑥選用加濕器、加熱器：(冷卻盤管離風點與供風點越接近越好，但因外氣及室內負載的變化 就需控制加濕器、加熱器以維持恆溫恆濕的條件，由繪製離風至供風點找出焓差與絕對濕度差值乘送風量)。

例 5

空氣特性圖繪製。

1. 如圖 4-33 空調系統

　　室內 75℉、50 ％，RSHF ＝ 0.85 離開冰水盤管空氣狀態 RH ＝ 90 ％

說明：

調整室內溫度控制器在 75℉(23.9℃)濕度控制在 50 ％ RH

繪出 RSHF 與 100 ％交點，劃垂直線得到的乾球溫度 DB 值，此為露點溫度控制器的設定點，若與 RH ＝ 90 ％交點，劃水平線與 RH ＝ 100 ％交點，為離開冰水盤管的空氣露點溫度

2.

Q_{sa}：送風量	Q_{ra}室內回風量	Q_{ea}排氣量	Q_{oa}外氣進風量	Q_{rea}回到 AHU 風量
639　L/s	639　L/s	83　L/s	83　L/s	556　L/s

其它已知條件

室內容積	冰水溫度	
6260(mm)×1800×2100	7±2℃	

範例：

AHU 濾網差壓	0.5×9.8=4.9pa	
送風機靜壓	7×9.8=68.6pa	
室內外差壓	0.8×9.8=7.84pa	
RSH	6KW	
RLH	1.6L/H	
RSHF	0.84　自算	RSH／RLH＋RSH
室內 DB	25℃	
室內 WB	自查	由 DB 及 RH 交點求得
室內 RH%	60%	
室內容積(mm)	6260×1800×2100	
冰水溫度	6℃	
離開盤管狀態	85%	

(1) 查室外？DB℃？WB℃　RH%及室內？DB℃？WB℃？RH%

　　得知：室外：30℃DB　93%　29.5℃WB　室內：25℃DB　60%

　　18.5℃WB

(2) 求室內潛熱量＝1.6×(597/860)＝1.11KW　室內顯熱量＝6KW

(3) 求風量比＝83：639＝1：7.7

(4) 求混合點(1/8.7)35＋(7.7/8.7)25＝26.1℃DB

　　　　　　(1/8.7)29.5＋(7.7/8.7)18.5＝19.7℃WB

　　　　　　(1/8.7)93＋(7.7/8.7)60＝63.8%

　　故混合風狀態為　26.1℃DB 25℃WB 75％RH

(5) 求 RSHF

　　室內顯熱量／總熱量＝6/7.1＝0.84

(6) 求 GSHF ＝ ?

　　從混合風點與(RSHF 和 85%的交點)相連接，其斜線為 GSHF

3. 空氣性質圖繪製說明：

(一)已知：1.室內條件：＿＿＿＿＿℃ DB；＿＿＿＿＿℃ WB 或＿＿＿＿＿% RH

　　　　2.室內負荷：室內顯熱量＿＿＿＿＿kW

　　　　　　　　　　室內加濕量＿＿＿＿＿L/h

　　　　3.冰水盤管旁通因數：＿＿＿＿＿

　　求：　1.室內潛熱量：＿＿＿＿＿kW

　　　　2.風量比(OA：REA)：＿＿＿＿＿：＿＿＿＿＿

　　　　3.室內顯熱因數比(RSHF)：＿＿＿＿＿

4.總顯熱因數比(GSHF)：_____
5.進入冰水盤管混合風乾球溫度：_____ ℃ DB
(二)量測：1.外氣(OA)狀態：_____℃ DB；_____℃ WB 或_____% RH
　　　　2.回風(RA)狀態：_____℃ DB；_____℃ WB 或_____% RH
　　　　3.送風(SA)狀態：_____℃ DB；或_____% RH (擇一)
　　　　4.冰水盤管裝置露點溫度：_____℃
(三)依量測之數值繪製空氣狀態變化過程
(四)判斷：(1)描述進入冰水盤管混合風至供風點之空氣變化過程：_____
　　　　　(2)判斷是否與現階段設備動作相符 □ 是　□ 否

例如

① 外氣(OA)狀態：__17_℃ DB；_____℃ WB 或__51_% RH

② 回風(RA)狀態：__23__℃ DB；_____℃ WB 或__50_% RH

③ 送風(SA)狀態：__17.4_℃ DB；或_____% RH

④ 冰水盤管裝置露點溫度：__6__℃

⑤ 進入冰水盤管混合風乾球溫度：__20.1_℃ DB

⑥ 繪製如圖 4-34 進入冰水盤管混合風至供風點之空氣變化過程：--加熱加濕，判斷是否與現階段設備動作相符。

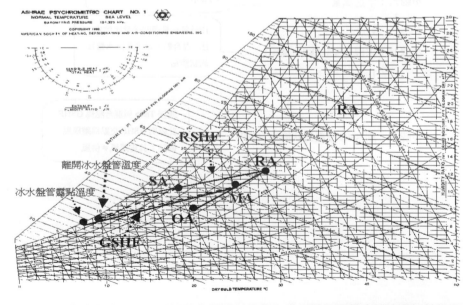

圖 4-34　虛線為進入冰水盤管混合風至供風點之空氣變化過程冷卻除濕加熱加濕

4. 一般空調各狀態點的求法

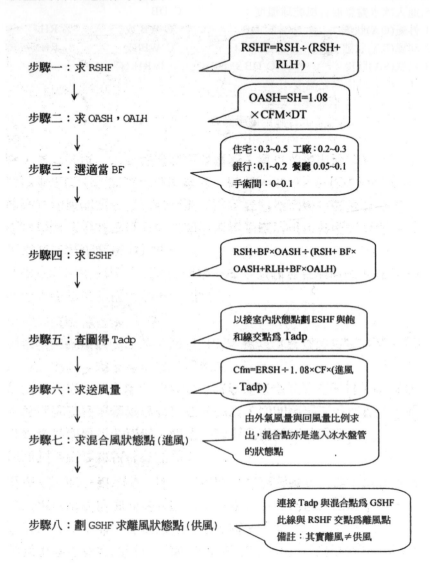

步驟一：求 RSHF

> RSHF=RSH÷(RSH+RLH)

步驟二：求 OASH，OALH

> OASH=SH=1.08 ×CFM×DT

步驟三：選適當 BF

> 住宅：0.3~0.5　工廠：0.2~0.3
> 銀行：0.1~0.2　餐廳0.05~0.1
> 手術間：0~0.1

步驟四：求 ESHF

> RSH+BF×OASH÷(RSH+ BF× OASH+RLH+BF×OALH)

步驟五：查圖得 Tadp

> 以接室內狀態點劃 ESHF 與飽和線交點爲 Tadp

步驟六：求送風量

> Cfm=ERSH÷1.08×CF×(進風 - Tadp)

步驟七：求混合風狀態點 (進風)

> 由外氣風量與回風量比例求出，混合點亦是進入冰水盤管的狀態點

步驟八：劃 GSHF 求離風狀態點 (供風)

> 連接 Tadp 與混合點爲 GSHF
> 此線與 RSHF 交點爲離風點
> 備註：其實離風 ≠ 供風

5. 高潛熱空調各狀態點的求法

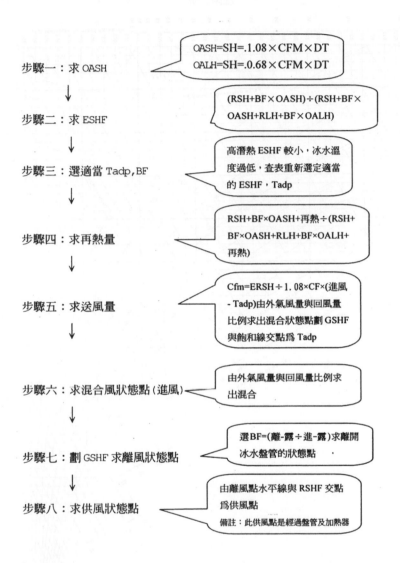

步驟一：求 OASH

> OASH=SH=.1.08×CFM×DT
> OALH=SH=.0.68×CFM×DT

步驟二：求 ESHF

> (RSH+BF×OASH)÷(RSH+BF×
> OASH+RLH+BF×OALH)

步驟三：選適當 Tadp,BF

> 高潛熱 ESHF 較小，冰水溫
> 度過低，查表重新選定適當
> 的 ESHF，Tadp

步驟四：求再熱量

> RSH+BF×OASH+再熱÷(RSH+
> BF×OASH+RLH+BF×OALH+
> 再熱)

步驟五：求送風量

> Cfm=ERSH÷1.08×CF×(進風
> - Tadp)由外氣風量與回風量
> 比例求出混合狀態點劃 GSHF
> 與飽和線交點爲 Tadp

步驟六：求混合風狀態點 (進風)

> 由外氣風量與回風量比例求
> 出混合

步驟七：劃 GSHF 求離風狀態點

> 選BF=(離-露÷進-露)求離開
> 冰水盤管的狀態點

步驟八：求供風狀態點

> 由離風點水平線與 RSHF 交點
> 爲供風點
> 備註：此供風點是經過盤管及加熱器

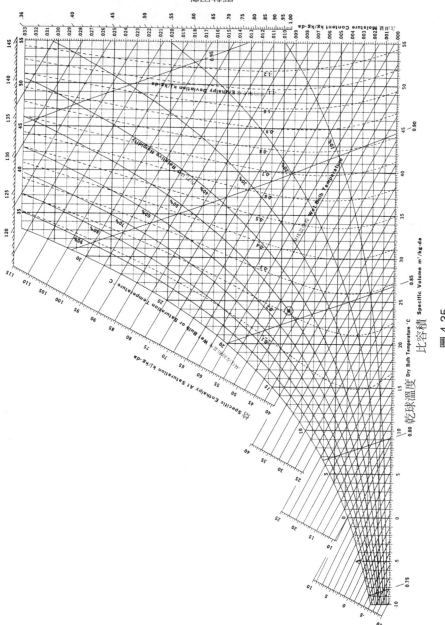

圖 4-35

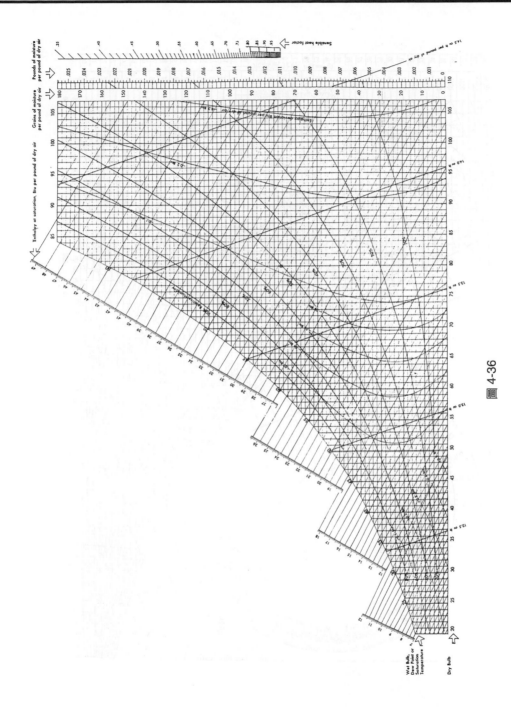

圖 4-36

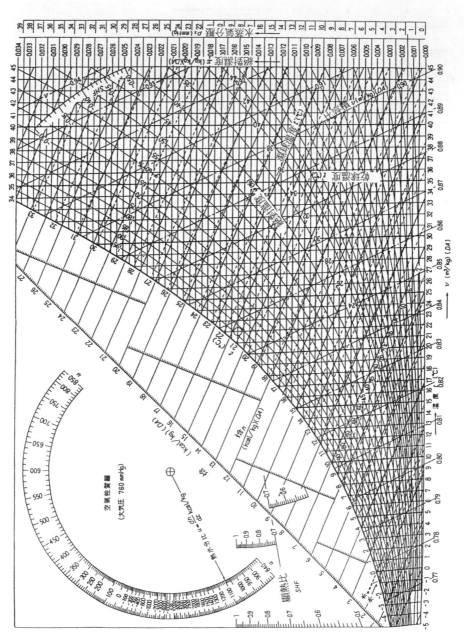

圖 4-37

第**5**章

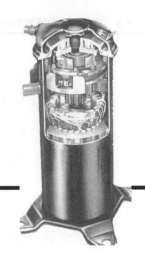

冷凍空調熱負荷估算

　　熱負荷的估算，非常的重要，估算過高或過低，皆會影響到主機運轉的效率與使用壽命，所以估算應詳細調查，與客戶仔細的詢問空調間使用的情形，例如室內有數台馬達，要考慮是否同時使用及使用的時段，不要全照客戶提供室內機器設備來估算，會使負荷估算過大，最好參考類似的工程。

一、熱量的傳送方式：

　　藉著傳導、對流、輻射等方式來進行傳遞：

1. 傳導(conduction)：

(1) 經由物質分子間的熱交換，自高溫傳至低溫，傳導一般發生在固體與固體間，在研究傳導時都會注意傳熱的速率與溫度的分佈，流體在高溫時，物質分子間距離變寬，而使熱傳導率隨之降低，反之，低溫或高壓會使分子更緊密，使熱傳導率隨之升高，所以溫度越高熱傳導率會隨之下降，高熱傳導係數的材料可以用作熱導體，而低熱傳導係數的材料可當作隔熱保溫用途。

(2) 傳導視固體的熱阻來決定傳遞的熱量，而熱阻大小與厚度成正比，與面積及熱傳導率成反比。溫度差越大，傳熱量就越大。

$$\text{熱阻}(R) = \Delta X/kA = 厚度／(熱傳係數 \times 面積)$$
$$U = 1/(1/h_i + \Delta x/k + 1/h_o)$$

h_i＝室內空氣熱對流係數(kcal/m²hr℃)

k＝隔熱材質的熱傳係數(kcal/mhr℃)

h_o＝室外空氣熱對流係數(kcal/m²hr℃)

U＝室內外溫差對隔熱材質熱傳導率(kcal/m²hr℃)

例如：h_i＝20kcal/m²hr℃，h_o＝5kcal/m²hr℃，k＝0.04kcal/
mhr℃，隔熱材質厚度X＝0.2m，Δx＝隔熱材質厚度
(m)；熱傳導率U＝?

$U = 1/(1/20 + 0.2/0.04 + 1/5) = 0.19$kcal/m²hr℃

當絕熱體是由多種不同材質的固體組成時，可由歐姆定律求出熱的傳遞量。穿透熱負荷是外界熱量經由牆壁或隔熱材料傳送到內部，含二側的熱對流及傳導熱，利用電阻串並聯計算方法求出熱傳阻力R，如二個 4Ω 電阻串聯為 8Ω。R_1 與 R_2 並聯為 $1/(1/R_1 + 1/R_2) = R_1 \times R_2 / (R_1 + R_2)$，故二個 4Ω 並聯為 $4 \times 4/(4 + 4) = 2Ω$。

熱傳公式為 $Q = \Delta T/R \rightarrow I = \Delta V/R$

Q：傳遞的熱量，ΔT：溫度差，$R = X/kA$：熱阻

相對於歐姆定律$I = \Delta V/R$ (電流＝電壓差／電阻)，I如同傳送的熱量，ΔV 如同溫度差，R如同熱傳阻力

$I = V/(R_1 + R_2 + R_3 + \cdots)$

相對於$Q = \Delta T/(X_1/k_1 A + X_2/k_2/A + X_3/k_3 A + \cdots)$

$\qquad = A \Delta T/(X_1/k_1 + X_2/k_2 + X_3/k_3)$

$\qquad = U \cdot A \cdot \Delta T$

因為$U = \dfrac{1}{\dfrac{x_1}{k_1} + \dfrac{x_2}{k_2} + \dfrac{x_3}{k_3}}$

例如：有一水冷式的冷凝器散熱能力 24000kcal/hr，平均溫度差 5℃，熱傳導率U＝800kcal/m²hr℃，試求冷凝器需要多少熱傳面積A＝?

$Q = UA\Delta T$，$A = Q/U\Delta T = 24000/800 \times 5 = 6$m²

(3) 室內的熱負荷，周遭較高溫的熱量，透過建築物的牆面利用熱傳導方式將熱量傳到室內，中午 12-2 點鐘外氣溫度最高，直到下午 2-4 點鐘熱集疊在牆內漸漸的傳遞至室內，所以此時室內熱負荷最高。注意k、U代表不同的意義，k＝ kcal/**m** · hr · ℃，U＝ kcal/**m²** · hr · ℃。

2.　對流(convection)：

(1)　一般發生在固體與液體、氣體間或氣體之間，當溫度有差別時發生熱量的傳遞，對流應用上有二種，自然對流與強制對流，前者是靠其本身因溫度不同，而有密度不同所產生熱的交換。因密度較大的流體落下而造成流體的質量和熱量的傳遞，以達到室內或冷凍庫的空氣溫度降低，後者是增加流體的速度或壓力，來提高熱交換，牆的內面及內部的負載，藉由空氣的對流而將熱量傳送到空間。如水冷式冷凝器較氣冷式冷凝器熱對流佳，是因其溫差大及流體密度大。

(2)　牛頓冷卻定律(Newton's cooling law)：

$$Q = h \times A \times (T_s - T_\infty)$$

h＝熱對流係數，此常數包括所有影響對流之因素，有表面幾何形狀，流體流動的特性及一些流體熱力性質

Q＝通過流體所移走的熱量

A＝熱對流表面積

T_s＝流體未的溫度(固體的表面溫度)

T_∞＝流體初的溫度(流體溫度)

(3)　當二種流體對流熱交換時，其溫差爲對數平均溫度差

$T = T_a - T_b / \ln(T_a / T_b)$因兩流體在熱交換時，其溫度差隨之改變，故不能用平均溫度差，要使用對數平均溫差較爲正確。

對數平均溫度差(LMTD)＝(10 － 7)/ln(10/7)＝ 8.4℃

算數平均溫度差＝(10 ＋ 7)/2 ＝ 8.5℃

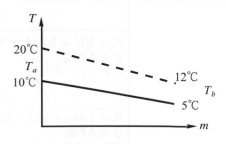

圖 5-1

3. 輻射(radiation)：

(1) 利用光子傳播，是一種波的運動方式類似光的性質，由一物質表面放射
到另一物質表面的能量輸送過程，輻射可使能量透過真空傳遞，而不依
賴任何介質，例如，太陽表面溫度約 6000℃，放射巨量的輻射能量，給
地球而增加約 15℃的平均溫度。這些輻射能量穿越 943 百萬英哩幾近真
空的環境下至地球表面。其放射的能力與絕對溫度四次方成正比，如果
吸收體的顏色較深或較粗糙的表面，則有較高的輻射能量吸收率，將吸
收更多的輻射熱，相反地，如果吸收體的顏色較淡或較光滑的表面部份
輻射波將會偏斜或反射掉，如班馬有黑白相間的紋路，利用其對輻射
熱，造成溫度的差異，來達到表面對流以增加散熱量。

4. 綜合說明：

電　阻	熱　阻
物質對電子流動產生的阻力	物質對熱量傳遞產生的阻力(熱傳導)
$R = \rho L/A$ 其大小與電阻係數ρ　長度 L　面積 A 有關	$R_Q = X/KA$ 其大小與熱阻係數 k　厚度 X　面積 A 有關 K 單位 $=$ kcal/m.hr.℃ R_Q單位 $=$ hr.℃/kcal
$I = \Delta V/R$	$Q = \Delta T/R_Q = UA\Delta T$
串聯$R_T = R_1 + R_2 + R_3 + \cdots$	$UA = 1/R_Q = 1/R_1 + R_2 + R_3 + \cdots$ 當$A = 1\text{m}^2$ $U = 1/R_Q = 1/R_1 + R_2 + R_3 + \cdots$ U單位 $=$ kcal/m².hr.℃
	流體與不同溫度的物質表面產生熱量傳遞 (熱對流) $R_Q = 1/hcA$ 其大小與熱對流係數 hc　面積 A 有關 hc 單位$=$kcal/m².hr.℃
	平面
	$R_Q = 1/U = 1/hoA + X/KA + 1/hiA$ $Q = \Delta T/R_Q$ $\Delta T = T_i - T_o$
	圓管
	$R_Q = 1/hcr_i + ln(r_o/r_i)/2\pi kL + 1/hcr_o$ $Q = \Delta T/R_Q$ $\Delta T = (\Delta T_a - \Delta T_b) \diagup ln(\Delta T_a/\Delta T_b)$
並聯$R_T = R_1 R_2 \diagup R_1 + R_2$	並列$R_Q = R_1 R_2 \diagup R_1 + R_2$

二、冷凍冷藏庫負荷估算：

1. 冷凍負荷說明：

(1) 隔熱層侵入熱負荷：

　　　庫內外的溫度差，保溫材料與面積、厚度決定侵入空氣量熱負荷的
大小。

表 5-1　冷凍建材熱傳導率 $U=$ kcal/hr · m² · ℃

建材	k	建材	k
鋼筋水泥	0.9	隔熱磚	0.09
磚牆	0.73	鋁合金板	175
不銹鋼板	14	發泡聚乙稀	0.05
聚氨酯發泡	0.018	玻璃綿	0.04
普利龍	0.04	泡棉	0.04

例 1

有一個 1 坪的 PU 組合式冷凍庫，置於建築物內，庫溫 − 20℃，試求庫板穿透
的熱負荷？

PU 為聚氨酯發泡而成的熱傳係數是

0.018kcal/mhr℃、密度 = 40kg/m³

庫內燈
補強大樑
天板
壓力調節器
門框
溫度計
庫內登開關
安全把手
快鎖鈎
門
地板
木底座
電熱絲
排水孔
壁板
蝶式轉角鎖板

(a)組合式冷凍庫

圖 5-2

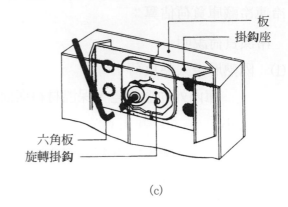

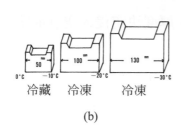

圖 5-2(續)

解 組合式冷凍庫板如圖 **5-2**

－ 5℃以上庫板厚度 44mm

－ 25℃以上庫板厚度 92mm

－ 50℃以上庫板厚度 125mm

現溫度－ 20℃庫板採用 92mm 二側夾鋁金屬板厚度 1.4mm，查資料可得 PU 發泡的熱傳係數是 0.018kcal/mhr℃，密度＝ 40kg/m³，內外壁鋁金屬熱傳係數是 175kcal/mh℃。

> 熱傳係數 kcal/mh℃：是厚 1m 隔熱材料，二面溫度差 1℃時經 1 小時後的熱傳量。

庫板熱傳導率 $U = 1/(1/h_o + x/k + 1/h_i)$

k：熱傳係數、Δx：隔熱材料的厚度、h_0：室外空氣的熱對流率、h_i：室內空氣的熱對流率

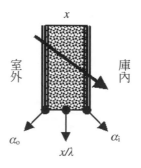

圖 5-3　冷凍庫板熱傳

$U = 1/(1/h_0 + \Delta x_1/k_1 + \Delta x_2/k_2 + 1/h_i)$

$= 1/(1/20 + 0.092/0.018 + 1/10 + (0.0014/175) \times 2)$

$= 0.942$ Kcal $/m^2h℃$

設外氣溫度 30℃

1 坪冷凍庫的庫板面積＝ 1.8m(長)×1.8m(寬)×2.4m(高)

東面板：$Q_1 = UA\,\Delta T = 0.942 \times (1.8 \times 2.4) \times (30 - (-20)) = 203.5$kcal/hr

西面板：$Q_2 = UA\,\Delta T = 0.942 \times (1.8 \times 2.4) \times (30 - (-20)) = 203.5$kcal/hr

南面板：$Q_3 = UA\,\Delta T = 0.942 \times (1.8 \times 2.4) \times (30 - (-20)) = 203.5$kcal/hr

北面板：$Q_4 = UA\,\Delta T = 0.942 \times (1.8 \times 2.4) \times (30 - (-20)) = 203.5$kcal/hr

頂　板：$Q_5 = UA\,\Delta T = 0.942 \times (1.8 \times 1.8) \times (30 - (-20)) = 152.6$kcal/hr

底　板：$Q_6 = UA\,\Delta T = 0.942 \times (1.8 \times 1.8) \times (30 - (-20)) = 152.6$kcal/hr

合　計：$Q_T = 203.5 + 203.5 + 203.5 + 203.5 + 152.6 + 152.6$

　　　　　$= 1119.2$kcal/hr

此估算值為 1 坪組合式冷凍庫為大氣穿透庫板的熱負荷，尚未含內部儲存物品的熱負荷及其它負荷，要依用途冷凍、冷藏、保冷、物品的種類、入庫溫度而有所差異。

表 5-2　當冷凍庫體置於室外時其各面庫壁的溫度差值必須作修正

方位	外壁				屋頂	地面
	東	西	南	北		
修正值(℃)	＋3	＋3	＋2	＋0	＋8	＋0

$Q = U \times A \times \Delta T = U \times A \times$(庫外溫度＋修正值－庫內溫度)

(2)　侵入庫內的換氣熱負荷

表 5-3　室外溫度(30℃)冷卻到庫溫每 1m³所需排除的熱量(Δh)

庫溫℃	－40	－35	－30	－25	－20	－15	－10	－5	0	備註
kcal/m³	19.1	17.8	16.4	15.0	13.7	12.3	10.9	9.6	8.2	室外溫度＞32℃時 ×1.1

表 5-4　換氣次數(n)

庫內容積(m³) V	＜ 50	100	300	600	1000	＞ 2000
n	10	7	4	2.5	2	1.5

侵入庫內的換氣熱因庫門打開侵入的熱量

$H = [M \times S \times (T_1 - T_2) + M(W_1 - W_2) \times h_c]n = M \times (h_0 - h_1)n = M \times \Delta h \times n$

$M = kg = ($庫內容積 m³ $\div$ 空氣的比體積 m³/kg$)$

$\Delta h = $外氣焓值

$n = $換氣次數

(3)　儲藏食品的熱負荷

表 5-5　$H = MS(T_1 - T_f) + Mh_s + MS(T_2 - T_f)$

= 凍結前顯熱 + 凍結潛熱 + 凍結後顯熱

品名	保存溫度℃	保存相對濕	含水量(%)	凍結點℃	凍結前比熱	凍結後比熱	凍結潛熱
鮮花類							
菊花	− 0.6～0	90～95		− 0.8			
康乃馨	− 0.6～0	90～95		− 0.7			
玫瑰	0	90～95		− 0.4			
鬱金香	− 0.6～0	90～95		− 0.8			
牡丹	0～1.7	90～95		− 1.1			
蝴蝶蘭	− 0.6～0	90～95		− 0.8			
蒼蘭	2～5.5	90～95		− 0.8			
水果類							
西瓜	2～4	75～85	92.1	− 1.6	0.97		
蘋果	− 1～1	85～90	85	− 2	0.92		
橘子	0～1.2	85～90	90	− 2.2	0.9		
香蕉	10～20	85～95	75.5	− 1.7	0.8		
葡萄	− 1～3	85～90	82	− 4	0.86		
草莓	− 0.5～0	80～85	90	− 1.5	0.92		
柚子	0～10	85～90	89	− 2	0.92		
櫻桃	0.5～1	80	82	− 4.5	0.87		
肉類							
牛肉冷藏	1.5～0	88～92	70				
牛肉凍結	− 24～− 18	90 − 95		− 5～− 1.5	0.77	0.39	30
豬肉冷藏	1.5～0	85～90	40				
豬肉凍結	− 24～− 18	85 − 95		− 2.5～−	0.51	0.31	30
雞鴨冷藏	0	80	73				
雞鴨凍結	− 30～− 10	90 − 95		− 1.5	0.79		60
海產類							
魚冷藏	0.5～4.5	90 − 95	80				
魚凍結	− 20～− 10	90 − 95			0.82	0.41	58
貝蛤	− 25～− 18	90 − 100					
其它類							
葡萄酒	10	85					
啤酒	0～5						
米	1.5	65	10				
巧克力		75	1.6				

① 比熱

以食品的含水量，可依水的降溫焓值的變化，略可估算出各溫度食品的比熱及焓值。

② 呼吸熱

蔬果冷藏儲存其實還在生長，當空氣中的氧與蔬果組織內的碳水化合物結合，產生二氧化碳及熱這部份熱稱呼吸熱。

表 5-6　蔬果的呼吸熱量(kcal/24hr · 1000kg)

庫溫	0℃	2℃	5℃	10℃
葡萄	100.2～200.2	240.4～350.5	340～501	491～701
橘子	100.2～200.3	129.7～260.5	220～391	431～721
檸檬	120.1～200.2	150.2～272.5	220～401	350～671
梨(早熟)	160.3～300.5	270.3～540.9	451～751	601～1302
梨(晚熟)	160.2～200.3	220～461	361～844	481～1152
蘋果(早熟)	220.3～340.7	338～431	321～651	851～1201
蘋果(晚熟)	110.3～220.2	220～280	280～431	421～641
桃子	280.4～390.7	361～451	521～841	1302～1903
梅子	280～440	371～721	601～1352	1202～2601
櫻桃	320～440	361～641	571～951	791～2003
草莓	701～961	831～1302	961～1903	1803～3606
香蕉(綠)			450～1051	821～2003
香蕉(黃)			818～1201	1352～1452
胡蘿菠		450～701	581～801	651～901
花生	220～540	220～501	250～353	350～401
大蔥	240～400	261～441	321～521	471～701
紅柿子	326～360	331～401	401～551	651～851
芹菜	300～500	401～601	651～951	1102～1703
黃瓜	390～420	401～501	502～701	1052～1250
花菜	501～1302	721～1452	1103～1603	2554～2855
菜	730～1100	1200～2294	2650～3155	5660～5910
菠菜	1252～1703	1603～2454	2654～4107	4307～6461
琬豆	1803～2154	2404～2955	3205～3906	4107～5509

⑷ 庫內電氣熱負荷：

1kW = 860kcal

① 電燈：使用時間。

② 送風機：運轉時間。

③ 除霜產生的熱量及除霜時間。

$Q = (NT)/24$

N：電器之功率 W，T：使用時間 hr

⑸ 作業人員熱負荷：作業時間

表 5-7

庫溫(℃)	5	0	10	− 20	− 30
發熱量	220	240	290	340	380

$Q = 1/24 \, (nqT)$

n：人數，q：發熱量，T：作業時間

⑹ 總負荷＝[①＋②＋③＋④]×1.1

2. 簡易負荷估算：

⑴ 外部入侵熱：$Q = UA \Delta T$，通常$Q = 15 \times A$(kcal/hr)。

⑵ 內部發生熱：

物品：$Q = MS \Delta T$，ΔT＝物品溫度－庫內溫度

人體：每人約 200kcal/hr

電動機：$Q = 860 \times 0.67$

⑶ 雜項熱：(外部入侵熱＋內部發生熱)×0.35。

⑷ 總負荷：外部入侵熱＋內部發生熱＋雜項熱

安全係數通常會加上 10 ％，以防止遺漏估算的熱負荷及設備因使用時間造成效率的降低。

(5)　總計：

冷凍負荷估算：

(隔熱層侵入量熱負荷＋侵入庫內的換氣熱＋儲藏食品的熱負荷及呼吸熱＋電氣的熱負荷)×1.1

選擇壓縮機時，冷凍能力選擇電源是 50Hz 改用在 60Hz 的電源時，冷凍能力要乘

1.2，1watt ＝ 3.41BTU/hr ＝ 0.86kcal/hr。

3.　冷凍庫熱負荷估算參考案例

例 1

(1)外氣進入的熱負荷

長：6.3m，寬：3.6m，高：2.6m

體積：6.3×3.6×2.6 ＝ 58.968m³

全表面積：6.3×3.6 ＋ 6.3×2.6 ＋ 3.6×2.6)×2 ＝ 96.84m³

內外溫差：50℃(外氣 30℃，庫溫－ 20℃)

保溫厚度：0.1m(100mm)

傳導係數：0.03kcal/m².h.℃

$Q_1 = 0.03/0.1 \times 96.84 \times 50 = 1452.6$kcal/hr

(2)開門換氣負荷：

外氣的熱流入：37kcal/m³(外氣的焓值-庫內空氣的焓值)

每日開門次數：15 次

$Q_2 = 58.968 \times 37 \times 15/24 = 1363.635$kcal/h

(3)冷凍食品得熱負荷：

①入庫品凍結以上的熱負荷

入庫品凍結點以上比熱：0.85

每日凍結點以上的物品重量：2500kg

入庫品入庫溫度：30℃

入庫品的凍結點－ 2℃

$Q_3 = 0.85 \times 2500 \times (30 - (- 2))/24 = 2833$kcal/hr

②入庫品凍結的熱負荷

③入庫品凍結點潛熱：85kcal/kg

$Q_4 = 85 \times 2500/24 = 8854$kcal/hr

④入庫品凍結以下的熱負荷

入庫品凍結點以下顯熱：0.45kcal/kg

每日凍結點以上的物品重量：2500 kg

庫內溫度-20℃

$Q_5 = 0.45 \times 2500 \times (-2 - (-20))/24 = 843.750$kcal/hr

(4)除霜電熱負荷：

除霜熱負荷：5kW

除霜時間：1hr

$Q_6 = 860 \times 5 \times 1/24 = 179.166$kcal/hr

(5)操作人員熱負荷：

操作人員人數：2 人

操作人員工作時數：2hr

$Q_7 = 2 \times 2 \times 2/24 = 57$kcal/hr

(6)庫內送風機負荷

送風機入力 1kW

送風機運轉時間：23hr

$Q_8 = 860 \times 1 \times 23/24 = 824.166$kcal/hr

(7)除霜熱負荷：

除霜一次需要的時間：0.1hr

24 小時中除霜次數：6 次

(8)運轉率：0.8

$Q_T = 1453 + 1364 + 2833 + 8854 + 844 + 179 + 57 + 824 + 63$
$= 16408$ kcal/hr

所需的冷凍能力$= 16408 \times 24/(24-0.1 \times 6) \times (1/0.8) = 21566$kcal/hr

冷凍負荷估算是以 24hr 為計算，空調負荷估算是以 1hr 為計算

例 2

一有一冷藏庫 20m×30m×3m，庫溫 10℃容納 1000 箱的香蕉，入庫溫度 27℃，每天 200 箱進出，一箱含箱子重 50kg，箱子淨重 0.5kg，比熱 0.7，試求冷藏品之總負荷？

解

查表 5-6 得知香蕉呼吸熱 10℃時為 0.035kcal/kg・hr

呼吸總熱＝$(10000 - 100)×0.035 = 315$kcal/hr

香蕉冷卻負荷＝$(9000×(27 - 10)×0.8 = 122400$kcal/hr

箱體負荷＝$100×0.7×(27 - 10) = 1190$kcal/hr

冷藏品的總負荷＝$315 + 122400 + 1190 = 123,905$kcal/hr

例 3

凍結能力牛肉 48 噸／日(24 小時)，凍結到－ 40℃，設牛肉凍結前處理溫度 27℃。(牛肉凍結點－ 3℃)，試求 IQF 凍結時間 20 分鐘，需要多少冷凍噸？

(牛肉凍結點－ 3℃)凍結前比熱＝ 0.84、凍結後比熱＝ 0.43、凍結潛熱＝ 61kcal/hr

圖 5-4　急速冷凍設備

解

凍結牛肉 48 噸／日＝ 2 噸／小時＝ 2000 公斤／小時

凍結前 $Q_1 = 2000×0.84×(27 -(- 3)) = 50400$kcal/hr

凍結潛熱 $Q_2 = 2000×61 = 122000$kcal/hr

凍結後 $Q_t = 2000 \times 0.43 \times (-3-(-40)) = 31820\text{kcal/hr}$

總負荷 $Q_T = Q_1 + Q_2 + Q_3 = 50400 + 122000 + 31280$

$\qquad\qquad = 203680\text{kcal/hr} = 61.35\text{JRT}$

IQF 凍結時間 20 分鐘

$Q_t = 61.35 \times 60/20 = 185\text{JRT}$

例 4

50kg 冷凍生麵包(未經烘培的冷凍麵糰)急速凍結設備

調查：

⑴設備為 125mm PU 發泡庫板，庫溫保持 $-45℃$

⑵有效容積 4m×2m×2m

⑶外氣溫度 32℃、60 ％

要求：

1000 個 50g，10 分鐘由 20℃降到 $-35℃$，儲放在 $-35℃$的冷凍庫。

試求壓縮機冷凍能力。

解

庫體負荷

溫度 $-45℃$宜採用庫板厚度 125mm，二側夾鋁金屬板厚度 1.4mm。

查資料可得 PU 發泡的熱傳係數是 0.018，密度 $=40\text{kg/m}^3$，內外壁鋁金屬熱傳係數是 175kcal/m²h℃。

庫板熱傳導率 $U = 1/(1/h_o + \Delta x/k + 1/h_i)$

k：熱傳係數

Δx：隔熱材料的厚度

h_0：室外空氣的熱對流率

h_i：室內空氣的熱對流率

$U = 1/(1/h_0 + \Delta x_1/k_1 + \Delta x_2/k_2 + 1/h_i)$

$\quad = 1/(1/20 + 0.125/0.18 + 1/10 + (0.014/175) \times 2)$

$\quad = 0.78\text{kKcal/m}^2\text{h℃}$

有效容積 4m×2m×2m

冷凍庫的庫板面積＝ 4m ＋ 0.25(長)×2m ＋ 0.25(寬)×2m ＋ 0.25(高)

0.25 ＝(庫板厚度＋ 125mm×2)

東面板：$Q_1 = UA\Delta T = 0.78×(4.25×2.25)×(30 -(- 45)) = 559$kcal/hr

西面板：$Q_2 = UA\Delta T = 0.78×(4.25×2.25)×(30 -(- 45)) = 559$kcal/hr

南面板：$Q_3 = UA\Delta T = 0.78×(2.25×2.25)×(30 -(- 45)) = 296$kcal/hr

北面板：$Q_4 = UA\Delta T = 0.78×(2.25×2.25)×(30 -(- 45)) = 296$kcal/hr

頂　板：$Q_5 = UA\Delta T = 0.78×(4.25×2.25)×(30 -(- 45)) = 559$kcal/hr

底　板：$Q_6 = UA\Delta T = 0.78×(4.25×2.25)×(30 -(- 45)) = 559$kcal/hr

合　計：$Q_t = (559×4)+(296×2) = 2828$kcal/hr

冷凍生麵包負荷

凍結溫度－ 7℃

凍結前比熱 0.7

凍結後比熱 0.34

凍結潛熱 26kcal/kg

設處裡前溫度 20℃

50kg 冷凍生麵包急速凍結設備

冷凍生麵包 50Kg/10 分鐘＝ 300 公斤／小時

凍結前 $Q_1 = 600×0.7×(20 -(- 7)) = 5670$kcal/hr

凍結潛熱 $Q_2 = 300×26 = 7800$kcal/hr

凍結後 $Q_3 = 600×0.43×(- 7 -(- 35)) = 3612$kcal/hr

總負荷 $Q = Q_1 + Q_2 + Q_3 = 5670 + 7800 + 3612 = 17082$kcal/hr

$Q_T = Q_t + Q = 17082 + 2828 = 19910$kcal/hr $= 23.2$kw(1kw $= 860$ kcal/hr)

IQF：凍結時間 10 分鐘

故凍結設備為 23.2×(60/10) = 139.2kw

表 5-8

客戶：						年　月　日

<table>
<tr><td rowspan="5">條件</td><td>用途</td><td colspan="2">品名：　　保存期間：</td><td colspan="4">庫外條件　(　　　)℃(　　　)%</td></tr>
<tr><td>貯藏量</td><td colspan="2">(　　)kg，1 日入庫量(　　)%</td><td colspan="4">庫內條件　(　　　)℃(　　　)%</td></tr>
<tr><td>庫體尺寸</td><td colspan="2">L(　)m×W(　)m×H(　)m</td><td colspan="4">內部尺寸　L'(　)m×W'(　)m×H'(　)m³</td></tr>
<tr><td>庫體容積</td><td colspan="2">L×W×H＝(　　)m³</td><td colspan="4">內部容積　L'×W'×H'＝(　　＝　　)m³</td></tr>
<tr><td>庫體面積</td><td colspan="2">L×W＝(　　)m³＝(　　)</td><td colspan="4">內部面積　L'×W'＝(　　)m³＝(　)坪</td></tr>
<tr><td>隔熱材料</td><td>種類(　)厚度(　)mm</td><td colspan="2">其　　他</td><td colspan="4">入庫時品溫：(　　)℃冷卻時間(　　)hr</td></tr>
</table>

<table>
<tr>
<td rowspan="28">負荷計算</td>
<td rowspan="4">1</td><td rowspan="4">隔熱層侵入熱負荷</td><td rowspan="4">A</td>
<td>區分</td><td>表面積
(計算)</td><td colspan="2">表面積(m³)</td><td>熱傳導率
(kcal/m²hr℃)</td><td>溫度差
℃</td><td>熱量
(kcal/hr)</td>
</tr>
<tr><td>周圍(壁)</td><td colspan="3">(L(　)＋W(　)]×H(　)×2＝①(　)</td><td></td><td></td><td>①'</td></tr>
<tr><td>頂板</td><td colspan="3">L(　)×W(　)＝②(　)</td><td></td><td></td><td>②'</td></tr>
<tr><td>地板</td><td colspan="3">L(　)×W(　)＝③(　)</td><td></td><td></td><td>③'</td></tr>
<tr><td>合計</td><td colspan="6">①'＋②'＋③'＝(　　　)kcal/hr</td></tr>

<tr>
<td rowspan="6">2</td><td rowspan="6">貯藏食品熱負荷</td><td rowspan="6">B</td>
<td>區分</td><td>重量
(kg)</td><td>比熱
(kcal/kg℃)</td><td>溫度差
(℃)</td><td colspan="2">1/冷卻時間
(H)</td><td>熱量
(kcal/H)</td>
</tr>
<tr><td>凍結前</td><td>(　)×</td><td>(　)×</td><td>(　)×</td><td colspan="2">$\frac{1}{(\quad)}$H＝(</td><td>)</td></tr>
<tr><td>呼吸熱</td><td>(　)×呼吸熱×</td><td></td><td></td><td colspan="2">$\frac{1}{(\quad)}$H＝(</td><td>)②</td></tr>
<tr><td>凍結潛熱</td><td>(　)×凍結潛熱(</td><td></td><td>)kcal/kg×</td><td colspan="2">$\frac{1}{(\quad)}$H＝(</td><td>)③</td></tr>
<tr><td>凍結後</td><td>(　)×</td><td>(　)×</td><td>(　)×</td><td colspan="2">$\frac{1}{(\quad)}$H＝(</td><td>)</td></tr>
<tr><td>合計</td><td colspan="6">①＋②＋③＝(　　　　　)</td></tr>

<tr>
<td rowspan="2">3</td><td rowspan="2">浸入庫內換氣熱負荷</td><td rowspan="2">C</td>
<td>區分</td><td>內部容積
(m²)</td><td colspan="2">換氣回數
(N 回/24 日)</td><td>換氣負荷
(kcal/m²)</td><td colspan="2">換氣熱量(kcal/hr)</td>
</tr>
<tr><td>門</td><td colspan="6">(　)×$\frac{(\quad)回}{24H}$×(　　)＝(　　　)</td></tr>

<tr>
<td rowspan="7">4</td><td rowspan="7">庫內電器熱負荷</td><td rowspan="7">D</td>
<td>電燈</td><td colspan="6">(　　)kW×(　　)kcal/KWH×(　)H/24＝(　　)①</td>
</tr>
<tr><td>作業員</td><td colspan="6">(　　)人×(　　)kcal/H 人×(　)H/24＝(　　)③</td></tr>
<tr><td>馬達</td><td colspan="6">(　)kW×(　)個×(　)kcal/KWH×(　)H/24＝(</td></tr>
<tr><td>呼吸熱</td><td colspan="6">(　　)kg×(　　)kcal/kgH＝(　　)④</td></tr>
<tr><td>電器</td><td colspan="6">(　　)kW×(860)kcal/KWH×(　)H/24＝(　)</td></tr>
<tr><td>雜項熱</td><td colspan="6">⑥</td></tr>
<tr><td>合計</td><td colspan="6">①＋②＋③＋④＋⑤＋⑥＝(　　　　)</td></tr>

<tr>
<td rowspan="2">1
1
4</td><td>A＋B＋C
＋D＝Q</td><td>A
l
D</td>
<td>小計</td><td colspan="6">$\frac{A}{(\quad)}+\frac{B}{(\quad)}+\frac{C}{(\quad)}+\frac{D}{(\quad)}=Q$ kcal/hr</td>
</tr>
<tr><td>安全係數
Q×1.2</td><td>合計</td><td>　</td><td colspan="6">$\frac{Q}{(\quad)}×1.2＝(\quad)$kcal/hr</td></tr>
</table>

三、空調負荷估算：

　　當設計空調設備時，首先必須估算熱負荷，在計算時必先知道室內條件要求溫濕度，室內的熱負荷、外氣的溫濕度、引入的外氣量、建築物的外表結構。

1. 空調負荷說明：

(1) 室外傳遞的熱量 $Q_1 = UA\Delta T$：

① 窗戶：窗戶的全部面積。

② 牆壁：隔壁有冷氣的隔牆不計算。

③ 天花板：中間樓層 上下樓層有冷氣不計算。

④ 地板：一樓地板為地面不計算。

⑤ 空調建材熱傳係數 $k =$ kcal/hr · m · ℃

表 5-9

建材	k	建材	k
普通混凝土	1.41	輕量混凝土	0.63
發泡混凝土	0.30	水泥	0.53
瓷磚	1.10	磚塊	0.53
松木	0.15	杉木	0.08
合板	0.11	石膏板	0.18
石棉	0.20	花岡岩	3.0
水	0.52	大理石	2.4

⑥ 各種玻璃熱傳導率 $U =$ kcal/hr · m² · ℃

⑦ 滲入空氣的熱負荷：包括開門時外氣滲入、縫隙滲入、空氣污濁定時的換氣。

❶ $H =$ 顯熱＋潛熱 $= M \times S \times (T_1 - T_2) + M \times (W_1 - W_2) = 0.24 \times M \times (T_1 - T_2) + 579 \times M \times (W_1 - W_2) = (h_0 - h_1)$

$(T_1 - T_2) =$ (室外溫度－室內溫度)

$(W_1 - W_2) =$ (室外溼度－室內溼度)

$M =$ kg/hr

$(h_0 - h_1) =$ (室外空氣焓值－室內空氣焓值)

表 5-10

玻璃之種類		厚度 mm	K	遮物之種類				
				百葉窗簾		窗簾布		
						不透明		半透明
				中間色	明色	暗色	白色	明色
單層玻璃	普通玻璃(薄)	2.4～6.4	0.87～0.80	0.64	0.55	0.59	0.25	0.39
	普通玻璃(厚)	6.4～12.7	0.80～0.71					
	普通磨面玻璃	3.2～7.1	0.87～0.79					
	吸熱磨面玻璃	3.2	—					
	有色玻璃(薄)	4.8，5.5	0.74～0.71					
	吸熱玻璃(薄)	5.5	0.51	0.57	0.53	0.45	0.30	0.36
	吸熱玻璃(厚)	6.4	0.46					
	吸熱磨面玻璃	4.8，6.4	—					
	有色玻璃(薄)	3.2，505	0.59～0.45					
	有色玻璃(厚)	5.4，6.4	0.52～0.45					
	吸熱玻璃(薄)普通、模樣	—	0.44～0.30	0.54	0.52	0.40	0.28	0.32
	吸熱玻璃(厚)	9.5	0.34					
	有色玻璃(厚)	9.5	0.33					
	吸熱玻璃(薄)普通、模樣	—	0.29～0.15	0.51	0.50	0.36	0.28	0.31
	有色玻璃(厚)	12.7	0.24					
多層玻璃	普通玻璃(薄)外側	2.4，3.2	0.87 0.87	0.57	0.51	0.60	0.25	0.37
	普通玻璃(薄)內側							
	普通玻璃(厚)外側	6.4	0.80 0.80					
	普通玻璃(厚)內側							
	吸熱玻璃(厚)外側	6.4	0.46 0.90	0.39	0.36	0.40	0.22	0.30
	普通玻璃(厚)內側							
	有色玻璃(厚)外側	6.4	0.46 0.80					
	普通玻璃(厚)內側							

❷ 定時的換氣 $Q = nH$

　　n：換氣次數。H：換氣量之熱負荷

❸ 建築物通風量應依建築設計施工編第 43 條規定，如採用機械式通風設備時，通風量不得小於表 5-13 規定以保持室內空氣品質，爲了節省冷氣因通風的浪費，可配合市面上全熱交換器予以改善。

表 5-11　透過普通玻璃之輻射量 U_R (kcal/h · m²) (普通玻璃 3mm)

時刻	水平	NW	N	NE	E	SE	S	SW	W
6	47.1	13.5	55.3	2	2	1	13.5	13.5	13.5
7	1	18.1	40.6	01.7	17.3	02.1	18.1	18.1	18.1
8	79.1	20.1	20.1	3	4	2	22.8	20.1	20.1
9	3	28.1	28.1	41.7	18.6	36.1	50.1	28.1	28.1
10	43.2	36.7	36.7	2	4	3	88.7	36.7	36.7
11	4	37.4	37.4	96.6	68.6	41.7	1	37.4	37.4
12	64.3	37.4	37.4	1	3	3	27.4	87.9	37.4
	5			85.6	87.1	19.4	1		
13	45.7	37.4	37.7	83.8	2	2	38.0	1	1
14	6	83.8	36.7	37.4	64.1	68.0		85.7	16.0
15	21.4	1	28.1	37.4	1	1	1	2	2
16	6	85.6	20.1		16.0	85.7	27.4	68.0	64.1
17	35.5	2	40.6	37.4	37.4	87.9	88.7	3	3
18		96.6	55.3	36.7			50.1	19.4	87.1

註：如為雙重玻璃可取表中數值之 0.8 計算。

表 5-12　普通玻璃之對流熱量 U_R (kcal/h · m²)

含室內外溫度差所取得熱量 (普通玻璃 3mm)

時刻	水平	NW	N	NE	E	SE	S	SW	W
6	1.6	0.2	1.8	3.4	3.6	2.3	0.2	0.2	6.2
7	11.4	7.2	8.8	13.2	13.8	12.0	7.2	7.2	7.2
8	23.3	16.4	16.4	22.4	24.6	23.2	16.8	16.4	16.4
9	32.7	24.6	24.6	29.6	31.4	30.9	26.2	24.6	24.6
10	40.4	31.0	31.0	33.5	35.2	36.3	33.7	31.0	31.0
11	44.2	34.5	34.5	34.5	37.8	38.8	3	34.5	34.5
12	46.7	36.7	36.7	36.7	36.7	39.4	7.84	39.4	36.7
							4		
13	47.6	37.9	37.9	37.9	37.9	37.9	0.50	42.2	41.2
14	47.3	40.4	37.8	37.8	37.8	37.8		43.2	43.1
15	45.8	42.6	37.7	37.7	37.7	37.7	41.3	44.0	44.5
16	39.8	39.0	33.0	33.0	33.0	33.0	40.6	39.8	41.2
17	32.6	34.4	29.9	28.3	28.3	28.3	39.3	33.1	35.0
18	23.3	25.0	23.5	22.0	22.0	22.0	33.4	24.0	25.4

註：如為雙重玻璃可取表中數值之 0.5 計算。
　　N：北，S：南，W：西，E：東

表 5-13

房　間　用　途	樓地板面積每平方公尺所需通風量(立方公尺／小時)	
	前條第一款及第二款通風方式	前條第三款通風方式
臥室、起居室、私人辦公室等容納人數不多者。	8	8
辦公室、會客室。	10	10
工友室、警衛室、收發室、詢問室。	12	12
會議室、候車室、候診室等容納人數較多者。	15	15
展覽陳列室、理髮美容院。	12	12
百貨商場、舞蹈、棋室、球戲等康樂活動室、灰塵較少之工作室、印刷工場、打包工場。	15	15
吸煙室、學校及其他指定人數使用之餐廳。	20	20
營業用餐廳、酒吧、咖啡館。	25	25
戲院、電影院、演藝場、集會堂之觀眾席。	75	75
廚　房　營業用	60	60
非營業用	35	35
配膳室　營業用	25	25
非營業用	15	15
衣帽間、更衣室、盥洗室、樓地板面積大於 15 平方公尺之發電或配電室。	—	10
茶水間	—	15
住宅內浴室或廁所、照相暗室、電影放映機室。	—	20
公共浴室或廁所，可能散發毒氣或可燃氣體之作業工場。	—	30
蓄電池間	—	35
汽車庫	—	25

表 5-14　換氣次數的標準

區分	房間種類	次數	區分	房間種類	次數
一般家庭	起居室、浴室 客廳 廁所、廚房	6 10 15	劇場 電影院	觀眾席、走廊 抽煙室、廁所 放映機房	6 12 20
餐飲店	食堂、餐廳 壽司店 黑輪店、宴會場 天婦羅店、廚房	6 6 10 20	工廠	辦公室、一般作業室 電話總機室 紡織工廠、印刷工廠 蓄電池室、機械工廠	6 6 10 15
旅館 飯店	客房、走廊 舞廳、大餐廳 化妝室、廁所 廚房、洗衣間 電動機房、鍋爐間	5 8 10 15 20		發電室、變電室 塗裝場、熔接工廠 化學工廠、食品工廠 木工工廠 鑄造工廠	15 15 20 20 50
醫院	診療室、病房、辦公室 走廊、會客室、浴室、 餐廳廁所、呼吸器 病房 洗衣室、廚房 手術室、消毒室 發動機房、鍋爐間	6 6 10 10 15 15 20	一般 建築物	辦公室 會客室、展示室、廁所 會議室	6 10 12
			公供 廁所		20
			暗房	攝影用暗房	16
學校	教室、圖書館、講堂 化學實驗室、體育館 廁所 廚房	6 6 12 15	船舶 客艙		6
			會產生有毒氣或可燃氣體的房間		20 以上

表 5-15　從容納人數計算必需換氣量

必需換氣量(m³/h) ＝每人所需必需換氣量(m³/h)×人數		
(每人所需的必需換氣量)		
具體實例	建議值	最小值
伸介事務所、會議室	8.5m³/h	5.1m³/h
酒吧、夜總會	51.0m³/h	42.5m³/h
辦公室	25.5m³/h	17.0m³/h
餐廳	25.5m³/h	20.0m³/h
商店・百貨公司	25.5m³/h	17.0m³/h

(2) 室內產生的熱量：

① 人員：人體內的熱量會透過皮膚及鼻口排出以達到人體的熱平衡，排出熱量有顯熱和潛熱(汗)一般人排汗量約 5～10g/hr，視活動的情形、體型、外氣溫濕度、風速而增減，跳舞或工作所產生的熱量比靜坐辦公的大。

表 5-16

活動量	適用場所 室溫℃	顯熱 kcal/h 人					潛熱 kcal/h 人				
		28	27	26	24	21	28	27	26	24	21
靜坐	劇場	35	39	41	46	52	35	31	29	24	18
輕作業	學校	36	39	42	48	58	55	44	41	38	32
事務作業	辦公室	36	40	42	49	57	54	50	47	41	33
輕步行	百貨公司										
時而站著時而坐著	銀行	36	40	43	51	58	64	60	58	49	42
坐著	餐廳	40	46	49	58	66	74	68	62	56	48
坐著作業	工廠	38	44	47	59	73	112	106	104	91	78
普通作業	舞廳	44	49	53	65	80	126	122	118	106	90
步行作業	工廠	54	60	64	76	92	148	140	136	124	108
重勞動	保齡球場	91	94	97	106	122	201	198	196	186	170
重勞動	工廠	99	112	123	129	136	201	188	177	171	164

② 電器(以安培數乘電壓將可得到功率，再乘 0.860 就可轉換為電器產品的發熱量)

❶ 電燈：如婚紗攝影間的投射燈，大部份都是鹵素燈泡發熱量高，其顯熱很高，因此顯熱因數大。

$$1kW(日光燈) = 1000kcal/hr$$

因日光燈有安定器發熱，如是採用電子式安定器其發熱量及發熱量為 860kcal/hr

1kW(電燈泡)＝ 860kcal/hr

電氣機械(如冰箱、電風扇)

0～0.4kW　　　1kW ＝ 1400kcal/hr

0.75～3.7kW　 1kW ＝ 1100kcal/hr

5.5～15kW　　 1kW ＝ 1000kcal/hr

15kW 以上　　 1kW ＝ 860kcal/hr

❷ 電腦：電腦教室、辦公室、電腦機房。(每部電腦功率約 500W 產生的熱量約等於 600kcal/hr)

❸ 電熱器：餐廳、火鍋店、牛排館其水蒸氣很多，潛熱很高 顯熱因數小。

❹ 音響設備：播音室、錄音間、音樂室、顯熱高需要極靜音的場所。

(3) 安全負荷：

為避免因有些負荷未估算到，而產生冷凍能力的不足，故取安全負荷 10 ％，也不宜估算過大，會提高設備費，並使冰水主機低負載，低效率下運轉。

(4) 舒適的溫度、濕度：

舒適的溫度和濕度是依使用場所，室外溫度、年齡、性別而不一，一般來講，室內溫度的要求約較至外溫度低 4～16℃，室內濕度為 60 ％～80 ％較佳，室內溫度和室外溫度差不能太大，因為溫度差過大，人體皮膚的毛細孔收縮沒有那麼快，無法適應，反而感覺不舒服，也容易患得冷氣病，夏天室內溫度在 26℃～27℃，相對濕度 50～60 ％，冬天室內溫度 20～22℃，相對濕度 40 ％～50 ％。夏季室外溫度和室內冷氣溫度與室內濕度之理想比例如下：

表 5-17

室外溫度℃	室內溫度℃	相對濕度%
35	29	60
32	27	60
30	25	60
28	24	70
26	24	80

例 1

工程名稱:工廠空調恆溫恆濕工程計算,如圖 5-6 系統流程圖。

一、設計條件

1. 外氣:35℃(95℉)DB,70 % RH。

2. 室內:25℃±2℃(77℉±3.6℉)DB,50 %±5 % RH。

3. 廠區面積:2850cm(L)×2500cm(W)×500cm(H)。

   (1) 外牆面積 $A_1 = [(25m \times 5m \times 2) + (28.5m \times 5m \times 2) + (17.75m \times 5.47m) + (18.25m \times 5.47m)] = 732m^2 \fallingdotseq 7876ft^2$。

   (2) 地板面積:$A_2 = 28.5m \times 25m = 712.5m^2 = 7667ft^2$。

   (3) 屋頂面積:$A_3 = 465m^2 + 475m^2 = 940m^2 = 10114ft^2$。

二、負荷計算

1. 外牆負荷:

$$Q_w = U \times A_1 \times \Delta T$$
$$= 0.48Btu/hr \cdot ft^2 \cdot ℉ \times 7876ft^2 \times (95℉ - 77℉)$$
$$= 68049 \ Btu/hr$$

2. 地板負荷:

$$Q_f = U \times A_2 \times \Delta T$$
$$= 0.26Btu/hr \cdot ft^2 \cdot ℉ \times 7667ft^2 \times (65℉ - 55℉)$$
$$= 19934 \ Btu/hr$$

3. 屋頂負荷：

$$Q_r = U \times A_3 \times \Delta T$$

$$= 0.125 \text{Btu/hr} \cdot \text{ft}^2 \cdot {}^\circ\text{F} \times 10114 \text{ft}^2 \times 39{}^\circ\text{F}$$

$$= 49306 \text{ Btu/hr}$$

4. 人員負荷：工作人員 20 人

(1)　潛熱負荷＝ 20 人×965Btu/hr ＝ 19300Btu/hr。

(2)　顯熱負荷＝ 20 人×485Btu/hr ＝ 9700Btu/hr。

5. 照明負荷：水銀燈 400W×25 盞

$$Q = 400\text{W} \times 3.143 \times 25 = 34130 \text{Btu/hr}$$

6. 雜項負荷；5W/ft²

$$Q = 7667\text{ft} \times 5\text{W/ft} \times 3.413 = 130837 \text{Btu/hr}$$

7. RTH ＝ RSH ＋ RLH

= 68049 + 19934 + 49306 + 9700 + 34130 + 130837 + 19300

= 331256Btu/hr = 97kw

8. $\text{CFMsa} = \dfrac{\text{RSH}}{1.08 \times \Delta T}$

$$= \dfrac{311956}{1.08 \times (77 - 57.5)} \doteqdot 14810 \text{CFM} (57.5{}^\circ\text{F由圖 5-5 求出})$$

9. 外氣換氣次數取 4 次／hr：

外氣量＝ 28.5m×25m×5m×4 次／hr

$$= 14250\text{CMH} \doteqdot 8410\text{CFM}$$

OASH ＝ 1.08×8410×(95 － 77)＝ 163490Btu/hr

OASH ＝ 0.68×8410×(168 － 69)＝ 566161Btu/hr

OATH ＝ OASH ＋ OALH

$$= 163490 + 566161 = 729651 \text{Btu/hr} = 213.8\text{kw}$$

10. REHEAT LOAD(再熱負荷)：

$$Q = 4.45 \times \text{CFMsa} \times \Delta h$$
$$= 4.45 \times 14810 \times (29.5 - 24.4)$$
$$= 336113 \text{Btu/hr} = 98.5 \text{kw}$$

11. GTH = RTH + OATH + RHEAT LOAD
$$= 331256 + 729651 + 336113$$
$$= 1397020 \text{Btu/hr} \fallingdotseq 409.4 \text{kw}(1 \text{kw} = 3412 \text{Btu/hr})$$

12. 電熱加熱量計算：

$$Q_e = 1.08 \times \text{CFMsa} \times \Delta T$$
$$= 1.08 \times 14810 \times (77 - 57.5)$$
$$= 311899 \text{Btu/hr} \fallingdotseq 91.4 \text{kW}$$

13. 外氣負荷量較大，建議加裝全熱交換器以節約能源

    (1) 全熱交換器規格：風量：14250CMH

    $$14250 \text{CMH} = \frac{\pi D^2}{4} \times 3600 \times 3.0 \times 0.45$$

    $$D = 1.93 M \phi$$

    流速 = 3.20m/s，靜壓：25mmAq，效率：70 ％

    (2) 可節省外氣負荷約 70 ％：

    $$Q_{oa} = 213.8 \times 30 ％ = 64.1 \text{kw}$$

    則可節省外氣 149.7kw

14. 冰水盤管負荷：

    $$Q_c = 97 \text{kw} + 64.1 \text{kw} + 98.5 \text{kw} = 259.6 \text{kw}$$

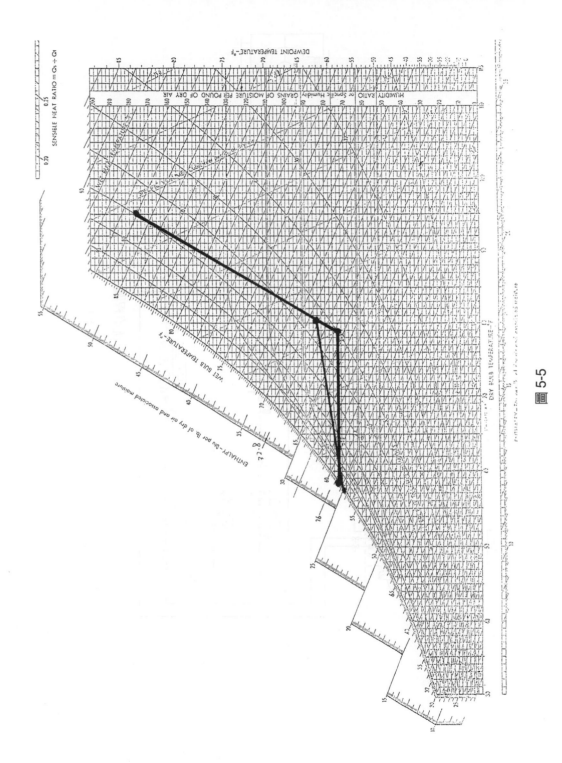

圖 5-5

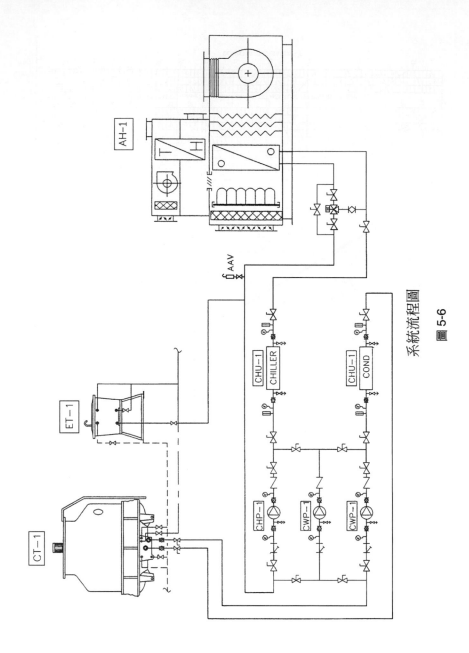

系統流程圖

圖5-6

例2

桃園有一幼稚園活動教室，約 60 坪，最大容納學生 60 名、老師 10 名，作為平常活動用，有時舉辦家長座談會，最大可容納 60 人，使用時間不定，試求空調負荷？

現場勘查：

①房屋平面圖

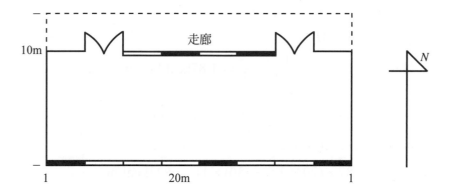

②房屋結構：外壁磚牆約 8 吋

　　　　　　屋頂：鋼筋混凝土 15cm 厚

　　　　　　地面：15cm 厚混凝土

　　　　　　東西面：無窗戶

　　　　　　南面：窗戶面積 30m²

　　　　　　北面：窗戶面積 10m²，門面積為 12m²，4.5cm 厚的

　　　　　　　　　木門

③人員熱負荷，取最大狀況

　　學生 60 名，老師 10 名，帶動唱

④照明負荷

　　有家長座談會，故燈光要明亮，裝置日光燈 20W×80 支

因使用時間不定，故取下午 2：00 最大負荷時刻約 34℃，70 ％，室內要求條件 25℃，50 ％。

①房屋結構熱負荷

外壁正後的溫度差：

東面＝(34 − 25)＋ 3 ＝ 12°C

西面＝(34 − 25)＋ 3 ＝ 12°C

南面＝(34 − 25)＋ 2 ＝ 11°C

北面＝(34 − 25)＋ 0 ＝ 9°C

屋頂＝(34 − 25)＋ 8 ＝ 17°C

地板＝不計

$$Q = U \cdot A \cdot \Delta T$$

外壁的 $U = \dfrac{1}{\dfrac{1}{25} + \dfrac{0.2}{0.54} + \dfrac{1}{8}} = 1.87 \text{kcal/hr} \cdot \text{m}^2 \cdot °\text{C}$

東面＝Q_1＝ 1.87×(10×3.5)×12 ＝ 785kcal/hr

西面＝Q_2＝ 1.87×(10×3.5)×12 ＝ 785kcal/hr

南面＝Q_3＝ 1.87×(20×3.5 − 30)×11 ＝ 823kcal/hr

北面＝Q_4＝ 1.87×(20×3.5 − 22)×9 ＝ 807kcal/hr

屋頂＝Q_5＝ 3.69×(20×10)×17 ＝ 12546kcal/hr

單層普通玻璃　$U = 0.85 \text{kcal/hr} \cdot \text{m}^2 \cdot °\text{C}$

南面窗戶輻射量，查表 5-11，表 5-12 下午 2：00 輻射量爲 88.7 及對流熱量 40.6，故南面窗戶的滲透熱爲

Q_6＝(88.7×30×0.85)＋(40.6×40)＝ 3886kcal/hr

北面窗戶輻射量下午 2：00 爲 36.7 及對流熱量 37.8，故北面窗戶的滲透熱爲

Q_7＝(36.7×10×0.85)＋(37.8×40)＝ 1824kcal/hr

Q_{t1}＝ 785 ＋ 785 ＋ 823 ＋ 807 ＋ 12546 ＋ 3886 ＋ 1824

　　＝ 21456kcal/hr

②人員活動熱量(小朋友爲老師的 0.6 倍)

顯熱＝(106×60)×0.6 ＋ 10×106 ＝ 4876kcal/hr

潛熱＝(186×60)×0.6 ＋ 10×186 ＝ 8556kcal/hr

$Q_{t2} = 4876 + 8556 = 13432\text{kcal/hr}$

③照明負荷

　　$80 \times 20 = 1.6\text{kW}$

　　$Q_{t3} = 1.6 \times 1000 = 16000\text{kcal/hr}$

④換氣量(門開關的熱損失)，取 $200\text{m}^3/\text{hr}$

　　顯熱 $= \dfrac{0.24}{0.906} \times 200 \times (34 - 25) = 477\text{kcal/hr}$

　　潛熱 $= \dfrac{578}{0.906} \times 200 \times (0.024 - 0.010) = 1786\text{kcal/hr}$

　　$Q_{t4} = 4.77 + 1786 = 2263\text{kcal/hr}$

⑤$Q_T = (Q_{t1} + Q_{t2} + Q_{t3} + Q_{t4}) \times 1.1$

　　$= (21456 + 13432 + 16000 + 22637) \times 1.1 = 58466$

　每坪之熱量為 $= 58466 \div 60 = 973\text{kcal/hr}$

⑥簡易估算參考表 5-18

　一坪 $= 3.3\text{m}^2$，$1\text{m}^2 = 0.303$ 坪

表 5-18

使用場所	每坪需要的冷凍能力 kcal/hr
住宅、公寓	400～500
商店、辦公室	500～600
教室、百貨公司	600～700
歌廳、戲院	700～800
飯店、餐廳	800～900
工廠	900～1000

表 5-19　空調負荷估算表

客戶：								編號		
								日期		年　月　日
層次：		室名或用途：					夏季		多季	
寬：　　m×長　　m×高　　m					室內	℃DB　　%RH			℃DB　　%RH	
面積：m²(m²×0.303＝坪)		容積：　　m³			室外	℃DB　　%RH			℃DB　　%RH	
室內人員：　　照明：(白、日)　kW　動力　kW						換氣次數：　次／h	新鮮空氣：　　m³/h			

A.室外侵入的熱量

項目	方向	牆壁	寬×高 m×m	面積 m²	熱傳導率	夏季		多季		
						溫度差 ℃	熱量 kcal/h	溫度差 ℃	方向係數	熱量 kcal/h
1										
2										
3										
4										
5										
6										
7										
8										
9										
10										
11										
12										
13										
14										
15										
16						計		計		

B.玻璃窗的侵入熱量

項目	方向	玻璃	寬×高 m×m	面積 m²	熱傳導率	溫度差 ℃	熱量 kcal/h
1							
2							
3						計	

C.機器負荷

			熱量	使用率	發生熱	
1	電燈(白熾日光)		kW　×1000			
2	馬達		kW　×860			
3						
4						
5					計	

D.人體負荷

1	靜・動	名×	kcal/b.人	顯熱	
2	靜・動	名×	kcal/b.人	潛熱	

E.換氣負荷(　　人×　　m²/h＝　　m²/h＝　　÷比體積＝　　m³/kg)

1	(0.24kcal/kg.℃/　　m³/kg)×　　m³/h×	顯熱	
2	(597kcal/kg/　　m³/h×　　kg/kg)	潛熱	

F.負荷總計＝(A＋B＋C＋D＋E)×1.1＝(　　　　)kcal/h

顯熱負荷：	潛熱負荷：	顯熱比＝	

備註：

第6章

箱型冷氣機

　　3RT—30RT 大部份採用箱型機，在空調市場是個主要的冷氣設備，往往也應用到恆溫恆濕的控制及中央空調系統。臺灣中小型餐飲店、休閒娛樂場所相當多，結束營業及開店的非常頻繁，所以回收舊冷氣機再加以整理，賣給這些短期投資的場所，市場空間還很大，除了有助於環保外，也讓客戶節省不少的裝置冷氣機的經費，可是要有精良的技術，不然舊冷氣機耗電又帶來很多維修的麻煩。

一、箱型冷氣機系統介紹：

1. 水冷式：

(1) 冷氣能力是依據 CNS 規定，其冷氣能力是在回風的乾球溫度 27±1℃、濕球溫度 19.5±0.5℃，冷卻水進水溫度 30±0.5℃、出水溫度 35±0.5℃的條件所測定的，所以未在此條件下其冷氣能力略有增減，冷氣機在使用一段時間後冷氣能力也會降低，在設計時應考慮。冷卻水循環水量 3000 = $M×1×(35-30)$，M = 600kg/hr = 10kg/min = 2.65gal/min(GPM)，而冷卻水塔每一噸的冷卻水循環量 2.93GPM(約 3 加侖)。水冷式冷凝器大部份採用雙套管，高溫高壓的氣體冷媒從兩管之間由上而下，冷媒在管內循環，可以與冷卻水及外部空氣散熱，冷卻水從內側管內由下而上，與冷媒呈相反方向流動。

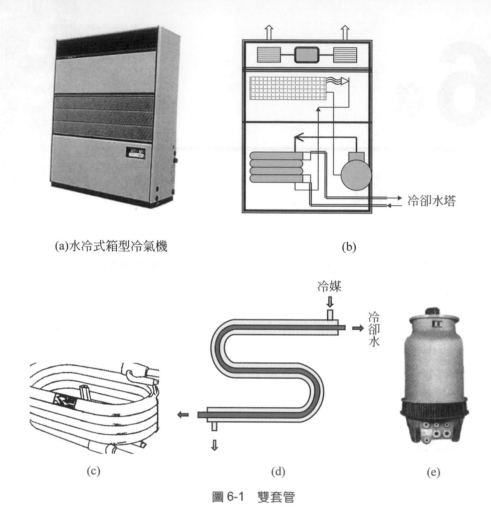

(a)水冷式箱型冷氣機　　　　　　　　　　　　(b)

(c)　　　　　　　　　(d)　　　　　　　　(e)

圖 6-1　雙套管

(2)　實際冷氣能力的計算法：

　　　冷凝器散熱量＝冷卻水溫差 ×冷卻水流量

　　　冷氣能力＝冷凝器散熱量－(電功率×860)

　　　冷凍噸＝冷氣能力/3024

　　　每一冷凍噸耗電量＝電功率／冷凍噸

　　　例如：冷卻水入口溫度 27.9℃、出口水溫 31℃、溫差 3.1℃、水流
　　　　　　量 34038(L/hr)、電功率為 39.5kW

　　　解：冷凝器散熱量＝ 34038×3.1 ＝ 105517 kcal/hr

　　　　　冷氣能力＝ 105517 －(39.5×860)＝ 71548 ＝ 23.66 RT

　　　　　冷凍噸＝ 71548/3024 ＝ 23.66 RT

　　　　　每一冷凍噸耗電量＝ 39.5/23.66 ＝ 1.66 kW/RT

⑶　規格特性表：

由表 6-1 中可知道，①冷氣能力與運轉電流及輸出功率之間關係。

②水頭損失爲冷凝器的壓力降 1 k/gm²，壓力降水頭損約 10 m

③機外靜壓爲克服外接風管阻力，1mmAq約爲 133pa

表 6-1　水冷式箱型冷氣規格表

冷氣能力	電源	外型尺寸				電氣特性			能源效率比（EER）值		壓縮機		送風機				冷卻水（30℃）		曲軸箱電熱器	保護裝置	配管尺寸		
		高度	寬度	深度	可分離高度	全輸入	全電流	啓動電流			型式×個數	電動機輸出	型式×個數	風量	機外靜壓	電動機輸出	水量	水頭損失			冷卻水出入口	冷卻器室排水	機械室排水
kcal/h		mm	mm	mm	mm	kW	A	A	kcal/h.W			kW		m³/min	mmAq	kW	m³/h	mAq	W		B	B	B
2速/1速																							
4500	1φ 220V 60Hz	650	1360	239	—	1.5	7.5	38	3.0	全密閉式×1	1.1	多翼扇	×2	急：155 強：14 弱：12.5	8	.06	1.2	3.0	—	內置式溫度開關 過電流電驛 壓力開關	¾	¾	—
9000		1750	760	390	—	2.5	12	80	3.6		2.0		×1	23	8	.11/.2	2.0	4.2	—		1	1	¾
11200		1750	760	390	—	3.7	17.5	95	3.0		2.2		×1	25	10	.11/.2	2.84	6	—		1	1	¾
14000		1900	980	485	—	4.86	24.5	130	2.88		3.0		×2	45	10	.2/.38	3.8	3.2	—		1¼	1	¾
λ/△																							
9000	3φ 220V 60Hz	1750	760	390	—	2.81	8.5	55	3.2	全密閉式×1	2.2	多翼扇	×1	23	8	.06/.2	2.0	4.2	—	熱動電驛（PW 15 20 30 40 送風機） 內置式溫度開關 壓力開關 過電流電驛	1	1	¾
14000		1900	980	485	—	4.86	14.5	80	2.88		3.0		×2	45	10	.13/.38	3.8	3.2	—		1¼	1	¾
22400		1900	1200	485	—	7.77	24.5	140	2.88		5.0		×2	70	10	.3/.75	6	3.5	6 2×1		1½	1	¾
30000		1850	1200	635	1850 +	9.6	29.7	185	3.12		6.5		×2	80	10	.3/.75	8	4.2	7 2×1		1½	1	1
45000		1850	1640	635	1850 +	15.6	51	160	2.88	全密閉式×2	5.		×2	140	10	2.2	12	4.5	6 2×2		2	1	1
60000		1850	1860	635	1850 +	20.8	65	203	2.88		6.		×2	180	15	3.7	16	4.5	7 2×2		2	1	1
90000		1880	1910	1088	—	31.3	101	235	2.88	全密閉式×3	6.		×2	270	20	5.5	22.5	2.5	7 2×3		2½	1	¾
120000		1890	1920	1250	—	41.7	136	320	2.88		8.		×2	360	20	7.5	30	2.5	7 2×3		2½	1¼	1¼

表 6-1 水冷式箱型冷氣規格表(續)

電源	冷氣能力	高度 mm	寬度 mm	深度 mm	可分離高度 mm	全輸入 kW	全電流 A	啟動電流 A	能源效率比值(EER) kcal/	壓縮機 型式×個數	壓縮機 電動機輸出 kW	送風機 型式×個數	風量 m³/min	機外靜壓 m	送風機 電動機輸出 kW	冷卻水(30℃) 水量	冷卻水 水頭損失	曲軸箱電熱器 W	保護裝置	冷卻水出入口 B	冷卻器室排水 B	機械室排水 B
3φ 380V 60Hz	9000	1750	760	390	–	2.9	5.0	27	3.1	全密閉式×1	2.05	多翼扇 ×1	23	0/8	.06/.2	2.0	4.2	–	壓力開關、內置電動機溫度開關(PW 15/20/30/40)、過電流電驛、送風機	1	1	¼
	14000	1900	980	485	–	4.86	8.2	45	2	全密閉式×1	3.0	×2	45	0/10	.13/.	3.8	3.2	–		1¼	1	¾
	22400	1900	1200	485	1850+	7.77	14.5	80	2	全密閉式×1	5.0	×2	70	0/10	.3/.75	6	3.5	6		1½	1	¾
	30000	1850	1200	635	1850+	9.6	17.3	95	3.12	全開式×1	6.5	×2	80	0/10	.3/.75	8	4.2	7 2×1		1½	1	1
	45000	1850	1640	635	1850+	15.6	28.5	80	2.88	全開式×1	5	×2	140	10	2.2	12	4.5	6 2×1		2	1	1
	60000	1850	1860	635	1850+	20	36.6	105	3.0	全開式×1	6	×2	180	15	3.7	16	4.5	7 2×2		2	1	1
	90000	1880	1910	1088	–	31.3	59	140	2	全密閉×開式3	6	×2	270	20	5.5	22.5	2.5	7		2½	1	¾
	1	1890	1920	1250	–	41.7	78	200	2	全密閉×開式3	8	×2	360	20	7.5	2.5	2.5	7		2½	1¼	1¼

2速/1選

電源	冷氣能力	高度 mm	寬度 mm	深度 mm	可分離高度 mm	全輸入 kW	全電流 A	啟動電流 A	能源效率比值(EER) kcal/	壓縮機 型式×個數	壓縮機 電動機輸出 kW	送風機 型式×個數	風量 m³/min	機外靜壓 m	送風機 電動機輸出 kW	冷卻水(30℃) 水量	冷卻水 水頭損失	曲軸箱電熱器 W	保護裝置	冷卻水出入口 B	冷卻器室排水 B	機械室排水 B
3φ 380V 60Hz	9000	1750	760	390	–	2.9	4.3	24	3.1	全密閉式×1	2.05	多翼扇 ×1	27	0/8	.06/.2	2.0	4.2	–	壓力開關、內置電動機溫度開關(PW 15/20/30/40)、過電流電驛、送風機	1	1	¾
	14000	1900	980	485	–	4.86	7.1	38	2	全密閉式×1	3.0	×2	45	0/10	.13/.	3.8	3.2	–		1¼	1	¾
	22400	1900	1200	485	1850+	7.77	12.5	70	2	全密閉式×1	5.0	×2	70	0/10	.3/.75	6	3.5	6		1½	1	¾
	30000	1850	1200	635	1850+	9.6	15.0	82	3.12	全開式×1	6.5	×2	80	0/10	.3/.75	8	4.2	7 2×1		1½	1	1
	45000	1850	1640	635	1850+	15.6	24.7	67	2.88	全開式×1	5	×2	140	10	2.2	12	4.5	6 2×2		2	1	1
	60000	1850	1860	635	1850+	20	32	93	3.0	全開式×1	6	×2	180	15	3.7	16	4.5	7 2×2		2	1	1
	90000	1880	1910	1088	–	31.3	51.3	125	2	全密閉×開式3	6	×2	270	20	5.5	22.5	2.5	7		2½	1	¾
	1	1890	1920	1250	–	41.7	68	160	2	全密閉×開式3	8	×2	360	20	7.5	30	2.5	7		2½	1¼	1¼

2. 氣冷式：

　　冷氣能力是依據 CNS 規定，回風的乾球溫度 27±1℃、濕球溫度 19.5
±0.5℃、室外吸入空氣的乾球溫度 35±1℃、濕球溫度 24±0.5℃的條件所測
定的，所以未在此條件下其冷氣能力略有增減，氣冷式冷凝器之表面風速
一般約在 3m/sec 左右，冷凝能力與風量及乾球溫度有關，與濕球溫度無
關，其規格可參考表 6-2。

表 6-2　氣冷式箱型機規格表

機 型／規格	PA-305A RC-305	PA-505A RC-505	PA-1005A RC-1005
冷房能力 kcal/hr	8000	13,000	26,000
運轉電流 A	15.5	18.3	40.5
輸出 kW	2.4	4.15	8.3
啓動電流　A	90.5	114.8	199.8
EER　kcal/hw	2.3	2.24	2.19
適用坪數	15～20	25～40	60～75
電源	1φ 220V 60Hz	3φ 220V 60Hz	
室外機 壓縮機輸出 kW	2.2	3.75	7.5
室外機 風扇 風量 m³/min	66	110	220
室外機 風扇 輸出 kW	0.1	0.2	0.2×2
室外機 外型尺寸 高(H)mm	935	1090	850
室外機 外型尺寸 寬(W)mm	850	990	1390
室外機 外型尺寸 深(D)mm	350	350	700
室外機 重量 kg	97	122	237
室內機 風扇 風量 m³/min	34	42	85
室內機 風扇 輸出 kW	0.1	0.2	0.4
室內機 外型尺寸 高(H)mm	1765	1800	1800
室內機 外型尺寸 寬(W)mm	500	600	1000
室內機 外型尺寸 深(D)mm	340	420	420
室內機 重量 kg	54	80	121
室內機 機外靜壓(mmAq)	14	14	14
冷媒管尺寸 液管 mm	9.53	12.07	15.88
冷媒管尺寸 氣管 mm	15.88	19.05	25.4
冷　媒	R-22		
附　註	冷房能力係於室內吸入空氣27℃ DB/19.5℃ WB，室外環溫度 35℃ DB下測定。		

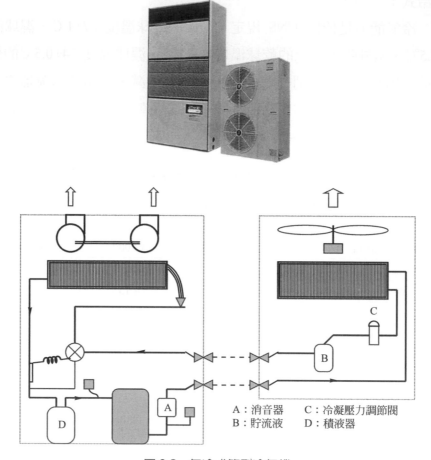

A：消音器　　C：冷凝壓力調節閥
B：貯流液　　D：積液器

圖 6-2　氣冷式箱型冷氣機

3. 箱型機冷氣能力選擇參考：

表 6-3　　　　　　　　　　　　　　　　面積：坪

順數 ＼ 場所	餐廳	百貨店	理髮店	美容院	銀行	辦公室
5	25	25	35	30	35	40
7.5	35	35	50	45	50	60
10	50	50	70	60	70	75

備註：1 公制順 = 3320kcol/hr = 3.86kW

4.　氣冷式與水冷式散熱能力之比較：

　　(1)　比熱：水＝ 1、空氣＝ 0.08，水：空氣＝ 12.5：1，然而水溫度比空氣低 10 ℃以上，所以吸熱量，水：空氣＝ 125：1。

　　(2)　熱傳導係數：水＝ 0.6w/m·k、空氣＝ 0.023w/m·k，水：空氣＝ 25：1，水比空氣熱傳能力高 25 倍，所以在理論數據上水與空氣散熱能力相差懸殊，氣冷式一般被認為較耗電 1.3～1.5kW/RT(水冷式 1kW/RT)，但實際的使用時尚有許多因素，如使用的條件、周圍環境，空間的大小，保養維修、停水、耗水、污染、噪音等問題來考量比較。例如大馬路旁，由於汽車排放的碳，易使裝置在低處的冷卻水塔影響水冷式的冷凝器積碳而難處理，故可考慮採用氣冷式，其維護保養費用約為水冷式的 20 ％～30 ％。

二、箱型冷氣機電路介紹：

1.　電路介紹：

　　(1)　水銀繼電器：(已不再採用，可以瞭解其設計的原理；現已採用過載電驛替代)

　　　　正常時電極是接通的，當壓縮機運轉電流超過額定電流的 1.25 倍時，水銀繼電器不會迅速開路，會延遲 1.3 秒控制壓縮機停止，避免不必要的停機。

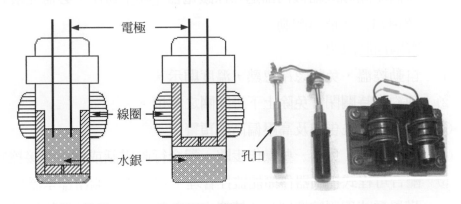

(a) 正常時，導通　　　　(b) 過載時，開路

圖 6-3　水銀保護開關

① 為正常運轉狀態鐵筒柱體因重量往下，水銀充滿筒內，使二電極接通。

② 當電流變大(壓縮機過載)，筒柱體受線圈磁力，往上升使筒內水銀漸漸自底部小孔流出，使二電極離開水銀，而開路。當電流恢復正常時，二電極也不會馬上接通，需等待筒柱往下掉，水銀漸漸充滿在筒內，直到液位升高使二電極接通，故有開路延時及延時接通等功能，在裝置時要確保水平，以免影響延時時間。

(2) 電路圖 6-4 說明：

① 當控制電源接通冷凍油加熱器 [CCH]，在使用期間停止運轉時而保持通電加熱。

② 選擇開關 [RS] 在撥到 [R] (復歸)位置時，繼電器 [RR] 經高低壓開關壓 [HLP] 縮機內部過熱保護電器 [CH] 動作，而自保⑩與⑦間 [RR] 閉合。

③ 當撥到送風位置時 [F] 經 [OLF] 接通，送風機 [MF] 運轉，⑦與⑨間 [F] 接通，送風指示燈 (PL1) 經 [F]、[OLF] 而接通。

④ 當撥在冷氣位置時，壓縮機繼電器(C)經 [CM]、[TH]、(RR)、[F]、[OLF] 而接通使壓縮機(MC) 運轉。指示燈 (PL2) 經 (C) 而接通。

⑤ 當撥在暖氣位置時，電熱繼電器 [H] 經 [OHP]、[TH]、[RR]、[F]、[OLF] 而接加熱器動作，此時壓縮機停止。

⑥ 當高壓開關或縮機內部過熱保護電器 [CH] 動作，必需先撥到 [RR] 位置復歸後才能再起動。

(3) 微電腦控制說明：

① 自動控溫，免除忽冷忽熱，溫度顯示。

② 預約定時關閉，免除上下班開關之麻煩。

③ 過濾網清洗告知及高壓偏高的預警。

④ 遙控功能，免除一些操作步驟，配合行動電話或網路連接控制。

⑤ 配合可程式控制器作節能監控管理，並利用感測冷卻水溫控制冷卻水塔風扇或與壓縮機同步運轉停止，在數十台的箱型機的使用，達到省能的目的。

⑥ 恆溫恆濕的控制、無塵無菌室的使用。

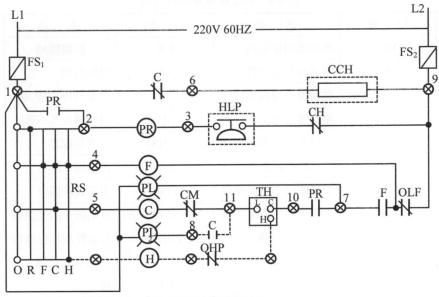

註：⊗表示端子號碼，虛線部份視際情況配線

圖6-4　箱型機控制圖

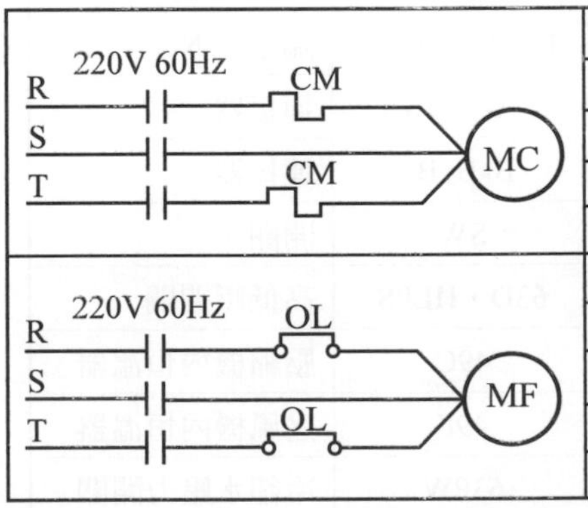

MC	壓縮機	CM	過電流繼電器
C	壓縮機繼電器	TH	溫度開關
MF	風車馬達	OLF	過載保護器
F	風車電磁開關	OL	過載保護器
CCH	機油加熱器	H	電熱器
FS_2^1	保險絲	OHP	過載保護器
PR	回復繼電器	⊢⊢	正接點
HLP	高壓開關	⊬⊬	反接點
CH	熱動溫度開閉器	PL	送風指示燈
RC	選擇開關	PL	運轉指示燈

220V 60Hz — R S T — CM CM — MC

220V 60Hz — R S T — OL OL — MF

圖6-5

表 6-4　箱型配線圖符號說明

符　　號	意　　義	符　　號	意　　義
MC	壓縮機用電動機	R.S.	旋轉開關
MF	送風機用電動機	3R	復原開關
52C,52C1.2M	壓縮機用接觸器(主)	3F	送風機操作開關
42C,D	壓縮機用觸器(△)	3C	壓縮機操作開關
6C；S	壓縮機用接觸器(人)	23HS	濕度調節器
52F	送風機用接觸器	21H	電磁閥(加濕)
51C,51C$_{1.2.3}$	壓縮機用迴電流電驛	21W	電磁閥(暖氣)
51F	送風機用過電流電驛	26W	凍結防止溫度開關
88H,52H	暖氣用接觸器	23C$_{1.2.3}$	容量控制用恒溫器
PL	冷氣運轉指示燈(綠)	63Q	油壓壓力開關
GL	電源綠色指示燈	CT	變流器
RL	異常紅色指示燈	3-52	運轉開關
F,EF$_1$EF$_2$	保險絲	4I	凍水泵連鎖接點
F$_3$	溫度保險絲	4IP	冷卻水泵連鎖接點
H	曲軸箱加熱器	1 2 3……	端子座 No.
H$_1$ H$_2$ H$_3$	暖氣電熱器	1'·2'·3'……	端子座 No.
26H$_{1.2}$	溫度自動開關	A$_1$ A$_2$ A$_3$	連接器
PB	四段按鈕開關	B$_1$ B$_2$ B$_3$	連接器
1X,2X,52CX	補助電驛	SW	開關
30X,3CX	補助電驛	63D，HLPS	高低壓開關
2C, TR	限時電驛	49C	壓縮機內恒溫器
23,23WA,TPS	恒溫器	49F	送風機內恒溫器
43S	冷暖切換開關	63PW	冷卻水壓力開關
R	電阻	21C$_{1.2.3}$	電磁閥(冷氣)
63H	高壓開關		

三、箱型冷氣機安裝：

1. 配電工程：

(1)

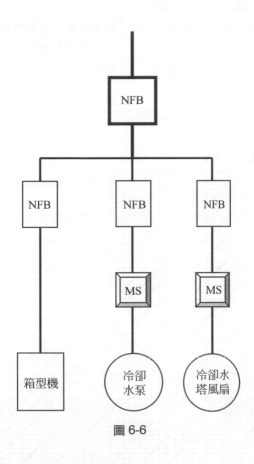

圖 6-6

(2) 無熔絲開關的選擇：

選擇標準：

① 50A 以下則選 NFB，AF 50A，AT 依實際之負載電流而定。

② 50〜100A 則選 NFB，AF 100A，AT 依負載電流而定。

③ 101〜225A 則選 NFB，AF22，AT 依負載電流而定。

④ 225A 以下則選 NFB，AF，AT 可選同一級。

AT<AF，AT 無適當等級可選高一級。

(3) 電磁開關的選擇：

① 其容量的大小取決於主接點使用的電流數，其開關依電流大小分為三級。

表 6-5

級別	滿載額定電流的倍數		用　　　　途
	開	關	
A	10 倍以上	10 倍以上	鼠籠式感應電動機直接起動
B	5 倍以上	5 倍以上	繞線型電動機起動
C	2 倍以上	2 倍以上	電阻性的電熱器

電纜線之容序長度

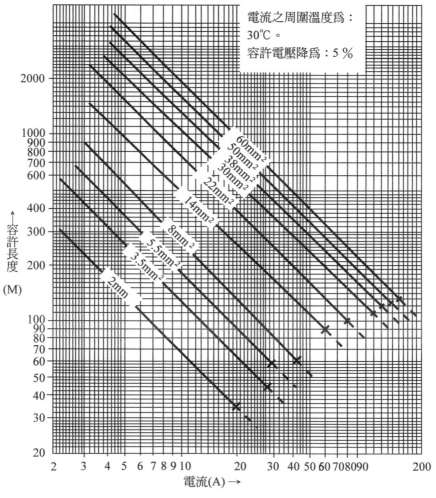

截線下之虛線部份不得使用

圖 6-7

② 電磁開關規格：

❶ 額定通過電流：接點所通過最大耐電流的安培數。

❷ 額定容量：各廠商標示不同，電壓 220V，1HP 約為 3A，1HP ＝ 0.746kW，如 30kW ＝ 40HP ＝ 120A，電磁開關不論何廠牌選擇時依規格適用的馬達容量數。

❸ 額定電壓：電磁開關線圈使用的電壓，如單相 AC 220V　AC 110V 三相 AC220V　AC440 V……等。

❹ 額定電流：控制線圈使其動作的電流值。

(4) 某一餐飲店電力設備為 33kW、220V，裝置窗型冷氣機 15HP，箱型冷氣機共25HP，排煙機 5HP，請設計線徑、無熔絲開關、箱型機電磁開關？

由表 6-6 可查出，如三相 220V 電熱器電流 $I = W/(\sqrt{3} \times 220)$

5HP --- 14.6 A 線徑 2.0 ㎟ NFB 3P 50AF　15AT。

15HP ---40　A 線徑 14 ㎟ NFB 3P 100AF　75AT。

25HP ---64　A 線徑 38 ㎟ NFB 3P 100AF　100AT。

總幹線的最小線徑

$(64 \times 1.25) + 40 + 14.6 = 134.6A$，線徑則選用 80 ㎟。

總無熔絲開關的規格，為回路負載電流 1.5 倍加上其它回路負載電流。

$(64 \times 1.5) + 40 + 14.6 = 150A$，NFB 則選用 3P 225AF、150AT。

箱型機電磁開關 25HP(20RT)三相 220V、Y-△起動，起動電流 203A，運轉滿載電流 65A，約 18.5kW 選用 25HP 電磁開關。

可選用電工相關 APP 程式來參考。

表 6-6　三相 220V 電動機分路負載電流選定表

電動機容量		功率因數 PF φ	效率 η %	全載電流 (A)	分路最小線徑 mm，mm²	分段開關 (A)	過電流保護器之額定(A)	
HP	KW						熔絲	斷路器
1/4	0.19	0.7	60	1.0	1.6mm	20	10	15
1/2	0.37	0.7	64	2.2	1.6mm	20	10	15
3/4	0.55	0.75	69	3.0	1.6mm	20	10	15
1	0.75	0.79	74	3.5	1.6mm	20	10	15
1 1/2	1.1	0.8	76	5.1	1.6mm	20	15	15
2	1.5	0.8	77	6.4	1.6mm	20	15	15
3	2.2	0.8	79	9.0	1.6mm	20	20	20
4	3.0	0.82	85	11.8	1.6mm	30	20	30
5	3.7	0.82	85	14.6	2.0mm	30	30	30
6	4.5	0.82	85	17.5	5.5mm²	30	30	40
7 1/2	5.5	0.83	86	21.8	5.5mm²	50	30	50
10	7.5	0.83	86	27.5	8mm²	60	50	50
12 1/2	9.3	0.83	87	34.5	14mm²	75	50	75
15	11.0	0.83	87	40	14mm²	100	75	75
20	15.0	0.84	89	53	22mm²	150	100	100
25	18.6	0.85	90	64	38mm²	150	100	100
30	22.0	0.85	90	76	38mm²	200	150	100
40	30	0.85	90	102	60mm²	200	150	150
50	37	0.85	91	124	80mm²	300	200	200
60	45	0.85	91	147	100mm²	300	200	200
75	55	0.86	91	189	150mm²	400	300	300
100	75	0.86	92	248	250mm²	500	400	350
125	90	0.87	92	287	325mm²	600	400	400
150	10	0.88	92	350	400mm²	700	500	500
175	130	0.88	92	410	500mm²	800	600	600

2.　風管工程：

(1)　送風機的基本概念(檢定學科測驗範圍)。

①　送風機的風量、靜壓、轉速、馬力的關係。

Q＝風量、P＝靜壓、N＝轉速、HP＝馬力

❶　$N_2/N_1 = Q_2/Q_1$

❷　$(N_2/N_1)^2 = P_2/P_1$

❸　$(N_2/N_1)^3 = HP_2/HP_1$

❹　$(Q_2/Q_1)^2 = P_2/P_1$

❺ $(Q_2/Q_1)^3 = HP_2/HP_1$

❻ 空氣密度不變下，當某一台送風機葉片轉速變爲原來的 2 倍時，該台送風機所需的馬力將變爲原來的 8 倍。

❼ 空氣流經管內所產生之壓降與其轉速之平方成正比。

❽ 如風量 2000CMM，改爲 3000CMM(CMM：m^3/min，CFM：ft^3/min)

$$N_2/N_1 = Q_2/Q_1 = 3000/2000 = 1.5$$

轉速需提高爲 1.5 倍

$$P_2/P_1 = (N_2/N_1)^2 = (1.5)^2 = 2.25$$

風量提高時，靜壓升爲 2.25 倍，則經盤管及風管壓損就會加大
$$HP_2/HP_1 = (N_2/N_1)^3 = (1.5)^3 = 3.375$$

馬達馬力需提高 3.375 倍以防燒燬，送風機轉數增加時，其軸馬力會增加。風扇所需之軸馬力與轉速之立方成正比。若在相同風管之條件下，將輸送之風量提高一倍，則風速需增加，阻力減少。

❾ 如某一送風系統，其送風量 800m^3/min 時，動阻力爲 60mmAq，當風量減爲一半 400m^3/min 時，動阻力減爲多少？

$$(Q_2/Q_1)^2 = P_2/P_1$$
$$P_2 = 60 \times (400/800)^2 = 15mmAq$$

說明了風量越小，機外靜壓越小，也就是抵抗風管的摩擦損失就越小。

❿ 風管系統送風量 6000m/hr，風速 6m/s 時摩擦損失爲 0.08mmAq/m，若風量改變爲 3000m/hr 時其風速爲 3m/s。

⓫ 有一空調箱機外靜壓 20mmWG，機內靜壓 10mmWG 時，風量爲 2000m^3/hr，若要風量提高 3000m^3/hr，風車應修正靜壓爲 67.5mmWG。(機內靜壓爲冰水盤管、過濾網及其它組件所造成的壓力降，機外靜壓爲風管及其組件所造成的摩擦損失。)

② 總壓、靜壓、動壓

❶ 靜壓：指空氣施於風管內壁的壓力，與空氣流動的方向無關。(亦空氣在風管壓縮所產生的壓力)

❷ 動壓：指空氣在風管中流速的大小亦稱速度壓，$H=\dfrac{rV^2}{2g}$ (r：比重 1.2，V：風速(m/s)，g：重力加速及 m/s²)，得知風速越快，動壓越大，20℃，760mmHg 之標準空氣的動壓為 $\dfrac{V^2}{16.33}$(mmAq)。

❸ 總壓＝靜壓＋動壓＋位壓。(位壓很小一般忽略不計)如圖 6-8 所示。

❹ 如已知風量 10000m³/hr，需要靜壓 50mmAq、動壓 15 mmAq，預設機械效率 $\eta=60\%$，試求風車的馬力？

$P_t=P_v+P_s=15+50=65$

HP ＝(10000×65)/(75×0.6×3600)＝ 3.82 HP

改變馬力或轉速來提高送風機的靜壓，但風速不宜太高以免濺水，一般 3.5m/s。

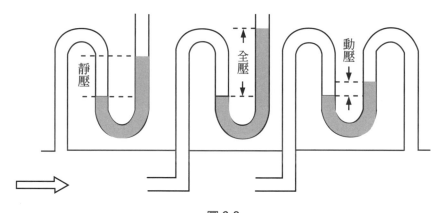

圖 6-8

❺ 送風機馬力公式說明

1HP ＝ 75.7m-kg/s ＝ 746W

　　　＝ 4542m-kg/min

　　　＝ 33000ft-lb/min

1kW ＝ 102m-kg/s ＝ 1.3HP

【英制】

$$BHP = Q \times Pt/6350 \times \eta$$

$$= 62.7 \times Q \times Pt/12 \times 33000 \times \eta$$

$$62.7 = 70°F \text{ 空氣密度 lb/ft}^3$$

$$Pt = \text{ft(呎)}$$

$$\eta = 0.45 \sim 0.8$$

【公制】

$$kW = Q \times Pt/6120 \times \eta$$

$$= Q \times Pt/102 \times 60 \times \eta$$

$$BHP = Q \times Pt/4542 \times \eta$$

$$\eta = 0.45 \sim 0.8$$

$$Pt = \text{m (全壓)}$$

(2) 風量的計算

① 箱型冷氣機的送風量的計算

$$Q = VA \times 3600$$

$Q =$ 風量(m^3/hr)

$V =$ 風速(m/s)

$A =$ 有效面積$(m^2) =$ 出風口的實際面積 $\div 1.25$

② 當負荷估算完成後便知其冷凍噸，亦得知風量，為了冷氣能均勻分佈於空調間各角落須採用風管，要注意靜壓是否能克服風管的摩擦阻力。箱型機風量每一冷凍噸約 $8 \sim 10m^3/min$，其靜壓一般正面吹出為 $4mmAq$，由上吹出接風管為 $5 \sim 11mmAq$，欲再設計提升機外靜壓加大馬力或轉速，應注意冷卻盤管的風阻，以免送風馬達燒毀，改轉速，亦可改變皮帶輪大小、風扇馬達Y或Δ接線切換及皮帶輪之間隙。

(3) 風管尺寸的決定：

① 估算出熱負荷。

② 代入公式：風量＝熱負荷$/17.4 \times$(室內溫度－溫度供風)。

③ 得到總風量,再算出每個出風口的風量。

④ 依據每一出風口需要的風量並決定風速,利用$Q = V \times A$的公式或查表,決定每段風管的尺寸,此為速度法,在計算送風機所需要的靜壓較不便,因此極少使用。

表 6-7 低速風管之風速標準

位置	標準風速 [m/s]			最高風速 [m/s]		
	住宅	公共建築	工廠	住宅	公共建築	工場
風機吸氣口	3.5	4.0	5.0	4.5	5.0	7.0
風機排氣口	5-8	6.5-10	8-12	8.5	7.5-11	8.5-14
主風管	3.5-4.5	5-6.5	6-9	4-6	5.5-8	6.5-11
支風管	3	3-4.5	4-5	3.5-5	4-6.5	5-9
垂直支管(上行)	2.5	3-3.5	4	3.25-4	4-6	5-8
過濾器	1.25	1.5	1.5	1.5	1.75	1.75
加熱器	2.25	2.5	3.0	2.5	3.0	3.5
洗氣室	2.5	2.5	2.5	2.5	2.5	2.5

表 6-7.1 高速風管內之風速標準

風量 [m3/h]	最大風速 [m3/s]
5,000-10,000	12.5
10,000-17,000	17.5
17,000-25,000	20
25,000-40,000	22.5
40,000-70,000	25
70,000-100,000	30

表 6-7.2　風機出風口及吸風口之風速標準

場　　所	出風口風速 [m/s]	地　　點	吸風口風速 [m/s]
播音室	1.5-2.5	房間上方	>4.0
住宅、公寓	2.5-3.5	房間下方	2.0-4.0
戲院、旅館房間	2.5-3.5	室門或氣窗	2.5-5.0
私人辦公室	4.0	室門之地面空隙	3.0
電影院	5.0	工場	>4.0
公共事務室	5.0-6.25	住宅	2.0
商店	7.5		
百貨公司	10.0		

⑤　也可依據每一出風口需要的風量，查風管摩擦阻力線圖，設全風管之摩擦損皆相等，決定每段風管的尺寸，此為定壓法或等摩擦法，此法便於計算送風機所需要的靜壓，但因實際上每一段的風管摩擦損並不相同，越尾端的出風口風量會越小 故在每分歧管處要裝置調節閘，以調整風量。

⑥　如：有一辦公室 330m²，有 50000kcal/hr 的空調負荷顯熱比 0.88，室內溫度維持 26℃，50 ％，試問風管尺寸？

已知室外 35℃、75 ％，由空氣特性圖依現有的條件找出室內供風溫度為 13℃，比體積 0.82m³/kg，空氣比熱 0.24kcal/kg℃

❶　先求出需要的風量＝顯熱負荷/17.4×(室內溫度－室內供風溫度)。

❷　選擇適當的風速。(參考表 6-7)

❸　由風速與風量找出主風管的摩擦阻力(以經驗值通常每 1m 取 0.1～0.2mmH₂O)。

❹　假設每一段風管的摩擦阻力相等，再由圖 6-10 找風管的直徑或長度尺寸。

❺　總壓＝風管直管長度的阻力＋(各彎頭、分歧管、吸入口、出風口的阻力)。

靜壓可由已知動壓及總壓求出

靜壓＝總壓－動壓(V^2/16.33)＝送風機所需要的機外靜壓

Q＝顯熱負荷/17.4×(室內溫度－室內供風溫度)

$\quad$＝(50000×0.88)/17.4×(26-13)

$\quad$＝44000/226＝196≒200 CMM (0.88 為顯熱比)

宜設置 8 個出風口，每個出風口風量為 200÷8＝25CMM，風速取 8m/s，主風管的摩擦阻力 0.105mmH₂O/m，假設每一段風管的摩擦阻力相等，由圖 6-10 找主風管直徑為 75cm，其餘管段以此步驟找出直徑，再由 $Q = VA$，反算出 V 是比較原預設的風速，再作適當修正，全風管的阻力＝風管直管長度×0.105mmH₂O/m，再查各彎頭、分歧管、吸入口、出風口的阻力，總壓＝風管直管部份的阻力(mmH₂O)＋(各彎頭、分歧管、吸入口、出風口的阻力)，靜壓＝總壓－動壓(V^2/16.33)＝送風機所需要的機外靜壓(風管及配件的摩擦阻力)，送風機須要的靜壓＝送風機的機內靜壓(機內阻力)＋機外靜壓(風管及配件的摩擦阻力)。送風機的機內靜壓值，製造廠商都會提供參考。

⑦ 風管的靜壓損失與風管直徑成反比，與風管長度成正比，而與風速的平方成正比。

⑧ 如圖 6-9 在不同送風量的風管，尺寸的選擇要考量風管的長度所造成的阻力。

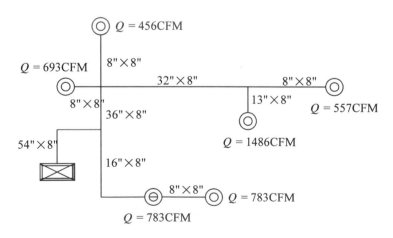

圖 6-9

⑨　鐵皮風管的摩擦阻力由圖6-10可查得，亦可選購市面上的風管尺來參考。

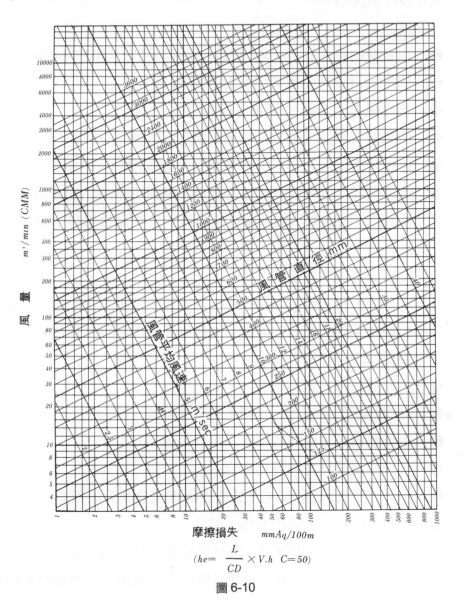

$$(he = \frac{L}{CD} \times V.h \quad C=50)$$

圖 6-10

(4) 風管設計法說明

① 風速法：

❶ 由負荷估算，計算出風口風量。(箱型機 8～10 CMM/RT)

❷ 依出風口設計要求 計算出出風口數量。

❸ 依建議的風速表、 選擇每段風速值。

❹ 由風速與風量從曲線圖查出，風管尺寸或用 $Q = V \times A$ 求得。

❺ 可由圓形管與方形管等面積圖；如此逐段計算求出方形管尺寸。

❻ 計算最長管段的摩擦損失(壓降)，去選擇送風機的需求靜壓、馬力。

＊此法每管段壓損會不同，要逐段計算，來決定送風機所需求靜壓，較麻煩。

② 等靜壓法【靜壓再得法】：

實際上每一管段因摩擦損失會導致風速降低，故應提高風管內靜壓，使每管段有相同的靜壓，一般以長管段計算，此法常用於高速風管系統(2500～3000fpm)。

❶ 由負荷估算計算出風量。

❷ 先依建議的風速表、選擇主風管風速值。

❸ 由風速與風量從曲線圖查出第一段風管尺寸。

❹ 其它段風管尺寸，算出 L/Q。

❺ 由分歧管前風速與 L/Q，從曲線圖查出分歧管後風速。

❻ 利用 $A = Q \div V$。求出面積。

＊在選擇送風機的需求靜壓，因歧管風速降低，風管摩擦損失減少，故送風機馬力會減少，方法設計良好時，系統風量、風速會較穩定。

③　摩擦係數法：

❶　由負荷估算計算出風量(主風管風量)。風量 CMM ＝顯熱負荷÷【 17.4×(室內溫度 - 出風口溫度)】

❷　繪製風管圖，依出風口設計要求 計算出出風口數量。$L <$ 3H，$L <$ 1.5W

❸　先依建議的風速表、選擇主風管風速值(以風扇出口的主風管風速為基準)

❹　由主風管風速值與風量，從曲線圖查出主風管尺寸與摩擦損失。

❺　以此摩擦損失假設每一管段皆相等。

❻　再由此摩擦損失值與風量從曲線圖查出，每一段風管尺寸。

❼　計算最長管段直管與彎管摩擦損失(壓降)，去選擇送風機的需求靜壓、馬力。

＊但風量平衡效果差，需要在各分支風管加裝風量調整器，以平衡調整風量。

當第一出風口與最後出風口距離很長時，若用等摩擦法設計在第一出風口的壓力會過大 會引起噪音及風量的平衡，故選定尺寸時，最長風管摩擦損失要修正,就須用靜壓再得法求之。

④　玻璃纖維風管

圖 6-11

表 6-8   物理特性

平均密度	80kg/m³
使用溫度範圍	0°F～250°F
可耐風壓	風管而耐 2"水柱正壓與負壓(最高測試正壓為 4")
可耐風速	2400FPM(最高測試風速為 6000FPM)
適用範圍	空調送風管,回風管或需保溫的排風管
防火性	符合美國防火標準,列為一級風管材料
水氣滲透率	表面鋁箔被覆材料仗滲率少於 0.02PERMS
保溫性能	1"厚度在 75°F試驗時,熱傳導係數 K 值為 0.23BTUIN/HR‧SF‧DEG
消音性能	極為良好,1"厚為 0.75(NRC)
變形特性	可壓縮性,應力後可回復原狀

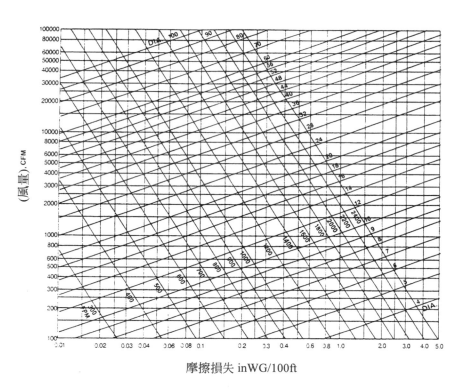

摩擦損失 inWG/100ft

圖 6-12   玻璃纖維風管摩擦阻力

表 6-9　用於住宅送風管與回風管之最小尺寸

CFM	送　風　管			回　風　管		
	圓形	長方形	豎板	圓形	長方形	豎板
50	5"	8×6	10×3¼	6"	8×6	10×3¼
75	6"	8×6	10×3¼	7"	8×6	12×3¼
100	6"	8×6	10×3¼	8"	8×6	14×3¼
125	7"	8×6	12×3¼	8"	8×8	
150	7"	8×6	14×3¼	9"	8×8	
175	8"	8×6		9"	10×8	
200	8"	8×8		10"	8×10	
250	9"	8×8		12"	10×10	
300	10"	8×10		12"	10×10	
350	10"	8×10		12"	12×10	
400	10"	10×10		12"	14×10	
500	12"	10×10		14"	16×10	
600	12"	12×10		16"	18×10	
700	12"	14×10		16"	20×10	
800	14"	16×10		16"	22×10	
900	14"	16×10		18"	24×10	
1000	16"	18×10		18"	26×10	
1200	16"	22×10		20"	30×10	
1400	18"	26×10		20"	36×10	
1600	18"	28×10		22"	40×10	
1800	20"	32×10		22"	28×14	
2000	20"	34×10		24"	32×14	
2500	22"	40×10		26"	38×14	
3000	24"	32×14		26"	44×14	
3500	24"	36×14		28"	50×14	
4000	26"	40×14		30"	56×14	

*矩形風管在相同風量與長度換算爲圓形風管公式(單位：mm)

$$D = 1.3(a \times b)^{0.625} / (a + b)^{0.25}$$

a，b 爲長與寬，其比值越小，表面積就越小，摩擦阻力也會減小。

表 6-10　商用建築送風管與回風管之最小尺寸

CFM	送風管或回風管呎吋		牆頂式節風器		天花板擴	回風口風柵
	圓形		呎吋	ft		
50	5"	8×6	8×4	5.8	6"	10×6
75	5"	8×6	8×4	6.12	6"	10×6
100	6"	8×6	8×4	9.16	6"	10×6
125	6"	8×6	10×6	8.14	6"	10×6
150	7"	8×6	10×6	9.16	6"	10×6
175	7"	8×6	10×6	11.20	8"	10×6
200	7"	8×6	10×6	12.22	8"	10×6
250	8"	6×10 8×8 6×12	14×6	13.23	8"	10×8
300	9"	6×10 8×8 6×12	14×6	15.28	10"	12×8
350	9"	8×10 8×8 6×12	14×6	18.32	10"	18×6
400	9"	8×10 10×8 6×12	20×6	17.30	10"	12×12
500	10"	10×10 12×8 8×12	20×6	21.38	12"	12×12
600	12"	10×10 12×8 8×12	20×8	22.40	12"	18×12
700	12"	12×10 14×8 10×12	20×8	26.45	15"	18×12
800	12"	12×10 16×8 10×12	30×8	24.43	15"	24×12
900	14"	14×10 18×8 12×12	30×8	27.47	15"	24×12
1000	14"	14×10 18×8 12×12	30×8	30.528	15"	24×12
1200	14"	16×10 22×8 14×12				18×18
1400	16"	18×10 24×8 16×12				24×18
1600	16"	20×10 28×8 18×12				24×18
1800	16"	24"×10 30×8 20×12				30×18
2000	18"	26"×10 32×8 20×12				30×18
2500	18"	30"×10 20×14 24×12				30×24
3000	20"	36"×10 24×14 28×12				36×24
3500	22"	40"×10 28×14 32×12				36×30
4000	24"	26"×16 32×14 38×12				36×30

有三個房間欲控制相同的室溫，地面積分別為 $10m^2$、$20m^2$、$30m^2$，總風量為 60CMM，$30m^2$的房間出風量要分配 30CMM，如在要求不同室溫時，就需以前述的方法求出。

⑤　風管施工注意事項：

❶　由於越前段的風管壓力越高，故風量會比理論計算值高，為了取得平衡設計者會在出風口加裝調節風門。

❷　風管之彎曲部份其曲率半徑在長邊之 1.5 倍以內時，需加裝導風片，彎曲儘量大，以減少摩擦損失。

❸　風管截面積變化時，漸小角度為45度以下，漸大角度為30度以下。

❹　風管所用的鍍鋅鐵皮(JIS G3302)號數越大，鐵皮越薄。

❺　高速風管與低速風管的區分是風速250fpm(15m/s)，靜壓 50mmAq。

❻　依建築設計施工編第 85 條規定，貫通防火區劃牆之風管，應在牆之二側風管內裝設防火閘門。

⑥　風管完工後測試：用氣壓計、畢氏管、風速計。

❶　測試時要注意儀器的使用範圍。

❷　勿近彎管及分歧管測試，易生亂流應在下游測試。為風管直徑的 7.5 倍以上的距離。

❸　多點測試求風速平均值。

⑦　噪音介紹

❶　風管噪音來源風車、氣流聲、空調箱配件的摩擦。

❷　頻率在 100Hz 以下時，振動隔離不佳所致。

❸　頻率在 100 － 500Hz 時，由於離心式風車壓力降低及風管設計不佳，所引起的壓降所致。

❹　頻率在 1000Hz 以上時，為空氣流動氣流產生的噪音。

❺　要求靜音場所，儘量遠離噪音源，無法遠離需增設緩衝隔間，風管設計氣流要順暢，可裝導流板或消音箱圖 6-13 來改善噪音，消音箱的選用要適當，才能達到效果。

消音箱

圖 6-13　風管消音箱

❻ 在 VLSI 製造場所應避免振動的傳達，風管的彎管，分歧支管等形狀，要儘量使氣流平滑地流動，儘量不要因氣流之流動而發生振動。施工完畢，管內要維持乾淨，可用抹布，吸塵器、三氯乙烯等清潔劑擦拭。

(4) 送風機簡易的維修：

表 6-11

故障現象	故 障 原 因
電動機本聲異常聲音	1.電壓不符 2.軸承損壞
送風機異常聲音	1.三角皮帶鬆弛或有裂痕 2.有異物吸入 3.軸承損壞
送風機噪音太大	1.皮帶輪匹配不符，轉速太快 2.皮帶輪蓋未打孔或未改裝鐵絲網之皮帶蓋
異常振動	1.皮帶長度不一，張力不等 2.鼓風輪的皮帶輪與電動機的皮帶輪不平行 3.軸承損壞 4.鼓風輪不平衡 5.固定螺絲鬆脫
風量不足	1.轉向相反 2.頻率低，轉速變慢 3.皮帶張力不足 4.入口阻塞 5.風管中的風門未開 6.風管配管不良，過長或尺寸小
電流過載	1.轉速過大 2.設計性能過大，風管阻抗過小 3.皮帶過緊 4.電壓不足 5.電動機故障 6.鼓風輪摩擦到機件

3.　水管工程：

(1)　管徑的選擇：

表 6-12

管段	流速(m/s)	管段	流速(m/s)
水泵出水管	2.4～3.6	立管	0.9～3.0
水泵入水管	1.2～2.1	分歧管	1.5～3.0
一般主管	1.2～3.6	自來水管	0.9～2.1

① 水管的頭損每 100m 取 3～8m。

② 計算出水流量依 $H = MS\Delta T$ 公式計算，每一噸(USRT)冷卻水循環量約等於 13LPM，每一噸冰水循環量約等於 10 LPM。

③ 由管徑選擇表找出管徑。

④ 再由資料表管路各配件(閘閥、彎頭、Y 型過濾器)的相當於直管的長度。

　　　管路總頭損＝(直管的長度＋各配件的相當於直管的長度)×0.03～0.08。

　　　水泵的揚程＝管路總頭損＋冷凝器頭損＋水塔靜水頭。

　　　簡易的估算，管路總頭損＝(直管總長度×0.07)×1.5(彎頭)×1.15(安全係數)

⑤ 由配管系統的揚程就可由如下的公式，計算出馬力的大小。

　　例：當水流量 500LPM，流速 3m/s，管徑為 2½"(交點於 2" 與 2½" 之間，但較偏 2½"，故取 2½" 的管徑)。由圖 6-14 查得。

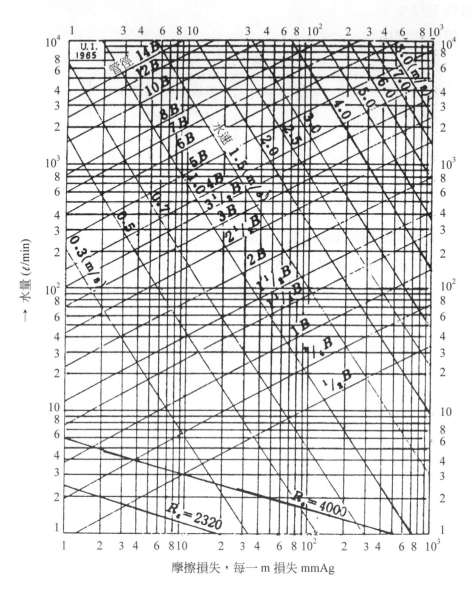

圖 6-14　管徑選擇表

⑥　水泵的基本概念：已知管徑與流量二點連接，延伸交於流速及摩擦損
　　失線上，即可求出流速與摩擦損失。

　　例：圖 6-15 當流量 170ℓ/min 時而採用 65mm 的管時，其損失每
　　　　100m 有 1.35m。

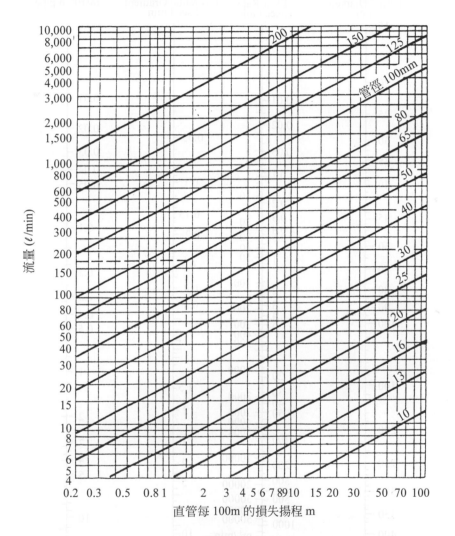

圖 6-15

　　圖6-16由已知管徑與流量二點連接延伸交於流速及摩擦損失線上，即可求出流速與摩擦損失。

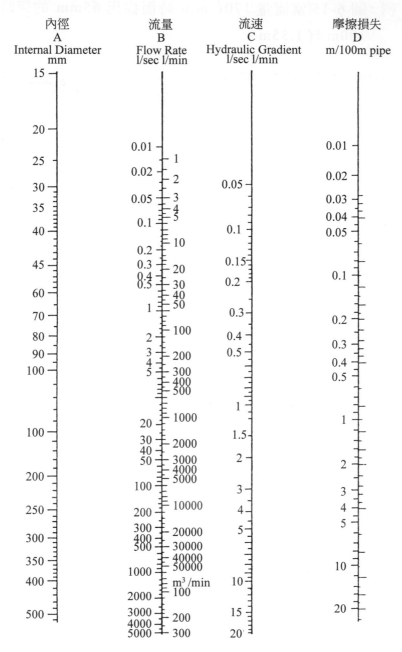

圖 6-16　ABS 塑鋼管的摩擦損失

(2)　水泵的基本概念：

　　當運轉在常溫下，1Atm 的水約吸收其體積 2 ％的空氣，泵內任一點壓力低於流體的飽和蒸氣壓時，會將空氣閃蒸為氣泡，此氣泡隨流體流入壓力較高處時，會迅速破裂而產生噪音及振動，也會使輪葉表面有侵蝕現象，這種現象稱為Cavitation(空蝕)，只要使水泵入口處的有效淨正吸入水頭大於需求淨正吸入水頭，也可減少管路摩擦損失改善。

圖 6-17　離心式水泵

圖 6-18　Y 型過濾器

　　裝置泵浦最主要是在吸入端不要產生急驟蒸發(Flashing)之情況，水泵在裝妥試車時，假如馬達本身正常，卻發生運轉電流高於額定值時，其原因為水管系統水壓降小於泵之額定值揚程太多。水泵電流過小之可能因有 Y 型過濾器半堵、水泵反轉、水關斷閥未全開。

(3)　水泵的選擇：

①　選擇水泵的揚程是以配管、冷凝器的壓力頭損失(摩擦損失)，加上水塔的塔體靜水頭(相關的資料，各家廠商產品的型錄，皆會提供)。

②　壓力頭損失，簡稱頭損是水管內流體二點間的壓力差除該流體的密度×重力加速度。

$$h = fL/D \times (V^2/2g)$$

f：管內壁摩擦係數(需查表得知)

L：管長度

D：管直徑

V：管內流體的平均流速

　　($V = Q/A$，Q：流量，A：管的截面積)`)

g：重力加速度($9.8m/s^2$)

流體在管內高度所造成的壓力差(靜水頭)

$\Delta P = P_1 - P_2$、頭損 $h = \Delta P / rg$、r：流體的密度，g：重力加速度，由上式可知，h 與水管內壓力無關，與流速平方成正比，與管長及管徑成正比。

③ 例如：如圖 6-19，$P_1 = 0.5\text{kg/cm}^2$、$P_2 = 1\text{kg/cm}^2$、$\Delta p = 0.5\text{kg/cm}^2$ 求頭損？

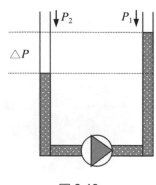

$$h = \frac{5000}{1000 \times 9.8} = 0.5\text{m}$$

圖 6-19

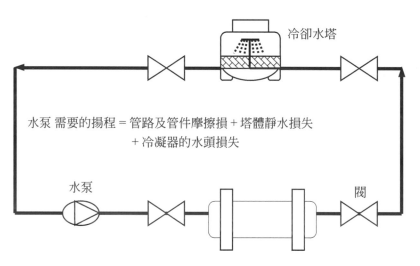

圖 6-20　冷卻水管路

④ 揚程：泵的增壓量(揚程)要克服管路及管件的頭損(H_L)及流體在管內因高度所造成的壓力差(H_S)，才能推動管內的流體 故選擇水泵的揚程 $H = H_L + H_S =$ 總水頭(System Head)。

如良機的冷卻水塔 40RT，塔體靜水頭為 2MAq，某一廠牌 40USRT 冰水機的冷凝器的水頭損失 2.9MAq，管路總損失計算出設為 12MAq

水泵的揚程＝ 2 ＋ 12 ＋ 2.9 ＝ 16.9MAq。

水泵所需的馬力＝$Q \times H \times r / 4542 \times \eta$

$\qquad = (40 \times 13) \times 16.9 \times 1 / 4542 \times 0.6 = 3.2$HP

表 6-13

水泵口徑 (mm)	40	50	75	100	125	150
效率(η)	0.4～0.48	0.45～0.55	0.50～0.62	0.55～0.65	0.64～0.72	0.66～0.75

⑤　水泵的馬力公式說明

英制：

Bhp ＝$Q \times H \times r / 3960 \times \eta$

1hp ＝ 550ft-lb/sec ＝ 33000 ft-lb/min

Q＝ GPM，H＝ ft，r＝ 1

3960 ＝ 33000/8.33，η＝ 0.45～0.8

公制

Bhp ＝$Q \times H \times r / 4542 \times \eta$

1hp ＝ 75-kg/s(公) ＝ 4542 m-kg/min

Q＝ l/min，H＝ m，r＝ 1，η＝ 0.45～0.8

$B = H \cdot Q \cdot r / \eta \cdot 6120$

B＝泵軸馬力(kw)，M＝全揚程(m)

Q＝水量(ℓ/min)，η＝效率＝ 0.45～0.75

1kg ＝ 1 公升，1m³＝ 1000 公升，1gal ＝ 8.33 lb ＝ 3.78 公升

可下載 APP 配管程式來參考

⑥　選用高效率，不要低於 70%，如容量要適當，既有容量過大效率低的水泵，可將葉輪改小，水量及壓力變化大的水泵，用變頻方式改變轉速，改變水量的因素，

$\dfrac{水量\ 1}{水量\ 2} = \dfrac{轉速\ 1}{轉速\ 2} = \dfrac{輪葉\ 1}{輪葉\ 2} = \left(\dfrac{水頭損失\ 1}{水頭損失\ 1}\right)^{\frac{1}{2}} = \left(\dfrac{馬力\ 1}{馬力\ 2}\right)^{\frac{1}{3}}$。

⑦　水泵備用水泵以冷卻水泵或冰水泵容量最大的基準，一般冷卻水泵較大。

(4) 水管施工注意事項：

① 逆向回水配管方式其水之循環管路一樣長，若摩擦阻力相近，則不需特別做水量平衡，如圖 6-21 所示，其條件需每一設備壓力降要相等，水流量才會平均，不然採用直接回水配管方式，再增裝平衡閥。

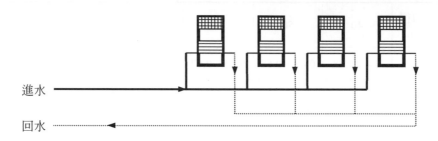

進水

回水

圖 6-21　逆向、回水配管

② 三通閥：

是由溫度控制器感測的訊號，控制步進馬達帶動連桿使閥開閉以比例式動作，以控制水流量。

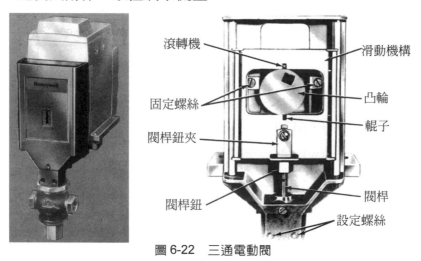

滾轉機　　　　　滑動機構

固定螺絲　　　　　凸輪

　　　　　　　　　輥子

閥桿鈕夾

　　　　　　　　　閥桿

閥桿鈕

　　　　　　　　　設定螺絲

圖 6-22　三通電動閥

❶ 混合閥(二進一出)

冰水流出冷卻盤管由混合閥的開度來控制，以盤管出口控制為佳，可確保盤管管內充滿水，可穩定預測熱交換及溫度控制，負載低時，開度減小，使經冷卻盤管的冰水流量減少。

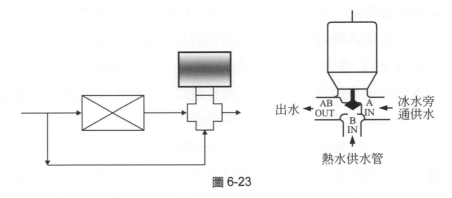

圖 6-23

❷　分流閥(一進二出)

分流閥裝置於負荷入口，以旁通水流量 來控制溫度，此方式會造成盤管管內"滴流"，不易控制溫度。

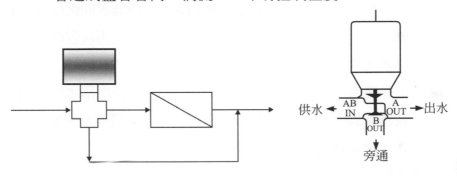

圖 6-24

③　平衡閥：由回水在經過冰水機之前的平衡閥控制冰水流量，於並聯的冰水管路，維持分支管間的適當壓降，避免忽冷忽熱的情況。

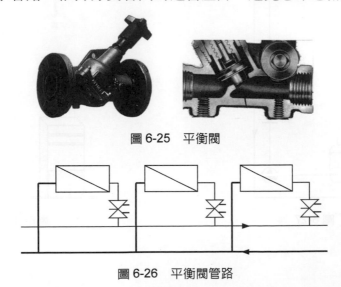

圖 6-25　平衡閥

圖 6-26　平衡閥管路

④ 水配管系統，流速設計一般以 1～3m/s 為設計準則。

⑤ 水管系統裝置避震軟管之目的為防止水泵震動傳至管路上。

⑥ 採用 PVC 配管，流量開關安裝不便，往往忽略安裝，故在停水期間水泵持續空轉造成損壞，廠商製造時可在機內部裝置，冷卻水塔風扇要與水泵同步運轉停止以達到節能。

⑦ 箱型機與冷卻水塔不同高度的水管配法。

❶ 箱型機位置高於冷卻水塔時，冷卻水塔入口處須裝控制閥，用以調整水量為避免水泵停止時，管路的水逆流到冷卻水塔，使水泵再起動循環時，必須重新補水，在水泵出口處加逆止閥，為減少水的消耗可裝置水槽，裝置逆止閥，逆止閥並非100％閉合，往往在長時間停機時，水會洩漏，故在逆止閥上游要裝置關斷閥，在長時間停機時，將其關閉，以防上述之狀況，使水泵再次運轉，不會因水管沒水，而無法正常運作。

❷ 箱型機低於冷卻水塔，水泵吸入口必須低於冷卻水塔入口，此入須裝控制閥，尤其冷卻水塔裝於屋頂時，須貫穿女兒牆不宜ㄇ字型配管，會造成管內空氣不易排出。

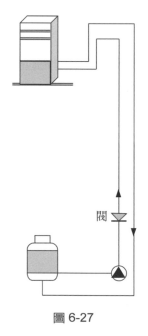

圖 6-27

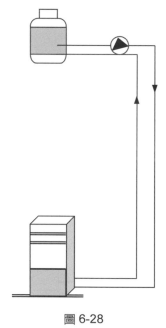

圖 6-28

⑧　一棟 4 層樓建築物，分別裝置一台 10RT 箱型機，層高 2.5M 同時開
　　關，請配管？

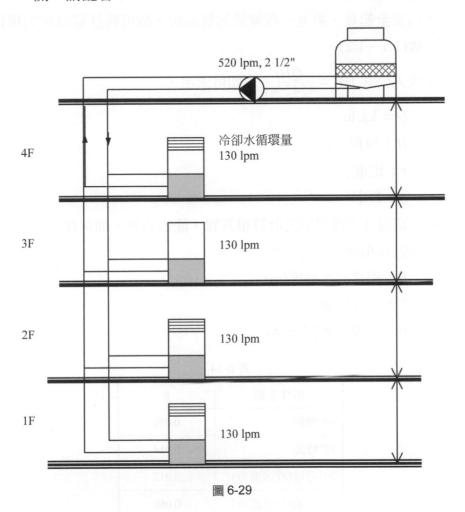

圖 6-29

解：每台箱型機冷卻水循環量為 130LPM，總水量＝ 130×4 ＝ 520LPM，當
　　流速假設為 2.5m/s，由表查出
　　4F 之管段，管徑 2½"，每 1m 損失 120mmAq
　　3F 之管段，管徑 2"，每 1m 損失 270mmAq
　　2F 之管段，管徑 1½"，每 1m 損失 350mmAq
　　1F 之管段，管徑 1¼"，每 1m 損失 400mmAq
　　綜合水泵馬力之選擇步驟：
　　①求出直管部份的長度(來回管段)。
　　②查廠商提供的各管路附件(彎頭、閥…)。

③將管路摩擦損失＋雙套管(冷凝器)的摩擦損失＋水塔的靜水頭＝水泵所需要之揚程。

④為安全起見，避免一些難於估算部份，故可將計算出來的揚程×安全係數(1.1～1.2)。

⑤代入公式 $HP = \dfrac{QHr}{4542 \times \eta}$，即可求出。

   $Q =$ kg/hr

   H：揚程

   r：比重

   η：效率

⑥管路附件之摩擦損失計算很複雜，除查表外，尚可用方程式 $E = F \times D$ 計算附件相當的直管長度

   E：相當直管長度(m)

   F：附件係數

   D：附件之內徑(mm)

表 6-14

附件名稱	F
90°彎頭	0.030
45°彎頭	0.014
90°三通(直通部份)	0.012
90°三通(分歧部份)	0.060
90°大彎頭(4D)	0.008
90°大彎	0.012
45°大彎	0.009
大小頭	0.150
蝶閥	0.128
球閥(兩端為由任)	0.002
膜動閥	0.233
逆止閥	0.049

(5)　水泵簡易維修：

表 6-15

故障現象	故障原因	故障現象	故障原因
泵浦無法抽水	1. 吸水口有氣縫 2. 吸水口濾器阻塞 3. 淨向吸水頭過高 4. 有缺陷的注入閥 5. 有缺陷的墊圈或軸封	運轉電流過大	1. 速度過高 2. 錯誤轉動方向 3. 總揚程過高 4. 總揚程過低 5. 葉輪塞住 6. 葉輪過緊 7. 馬達軸過緊或磨損 8. 驅動器和馬達未校準 9. 力架軸過緊 10. 耐磨環磨損 11. 墊圈安裝不正確
泵浦無出水	1. 泵浦不當注水 2. 總揚程過高 3. 驅動器未依一定比例操作 4. 葉輪或出水口阻塞 5. 誤轉動方向 6. 泵浦有氣泡		
泵浦無法依定比例傳送水量	1. 泵浦不當注給 2. 淨向吸水頭過高 3. 輸送之液體含太多空氣 4. 洩漏空氣通過填料箱 5. 驅動器未依一定比例操作 6. 葉輪阻塞 7. 耐磨環磨損 8. 葉輪損壞 9. 泵浦有氣泡	泵浦有噪音或過震動過度	1. 馬達內產生聲音 2. 馬達軸承磨損 3. 葉輪中有外來物質 4. 葉輪過緊 5. 馬達軸過緊或磨損 6. 驅動器和馬達未校準 7. 力架軸過緊 8. 基礎座不穩 9. 力架軸磨損 10. 力架軸磨損 11. 葉輪損壞 12. 泵浦不當水平 13. 無支撐管路 14. 泵浦產生空蝕現象
壓力不足	1. 液體中含過多空氣 2. 驅動器未依一定比例操作 3. 方向或轉動錯誤 4. 總揚程過高 5. 耐磨環磨損 6. 葉輪損壞 7. 外殼墊片不良使內部洩漏 8. 液體中含氣泡		
起動泵浦而無法作動	1. 吸水管路有漏氣 2. 吸水管路有氣袋 3. 水軸封線路塞住 4. 液體中含過多空氣 5. 淨向吸水頭過高 6. 有缺陷的墊圈或軸封 7. 泵浦有氣泡		

4. 空氣門：

可防止冷暖氣的流失造成能源的浪費，並可防蟲、防塵、及外氣的污染。一般場所儘可能裝在室內側，像冷凍庫、噴漆室、烤漆室等特殊場所要裝在室外側，其風向的調整為空氣門長度要大於或等於出入口的寬度。

夏季微風時請將風向導引為垂直，無風狀況請將風向微向室內吹送(0°～15°)，冬季側風時，請將風向微向室外吹送(0°～15°)。當室內外溫差大的場所，最大調整約 20°。

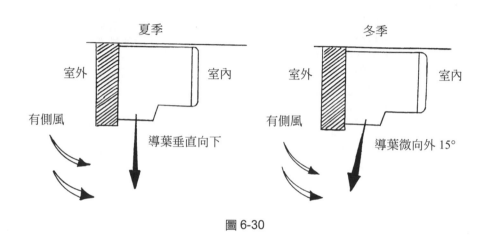

圖 6-30

5. 冷卻水塔詳細說明可參考第 7 章。

四、恆溫恆濕應用：

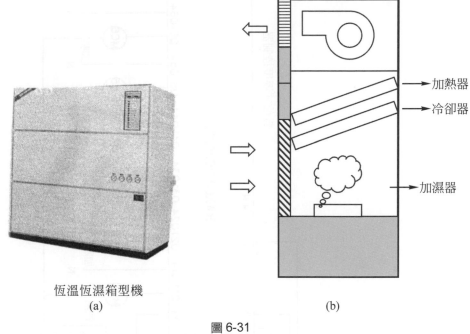

恆溫恆濕箱型機
(a)

(b)

圖 6-31

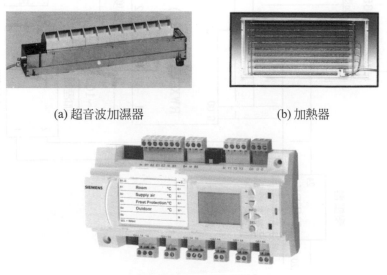

(a) 超音波加濕器　　　　(b) 加熱器

(c) 溫度濕度控制器
圖 6-32

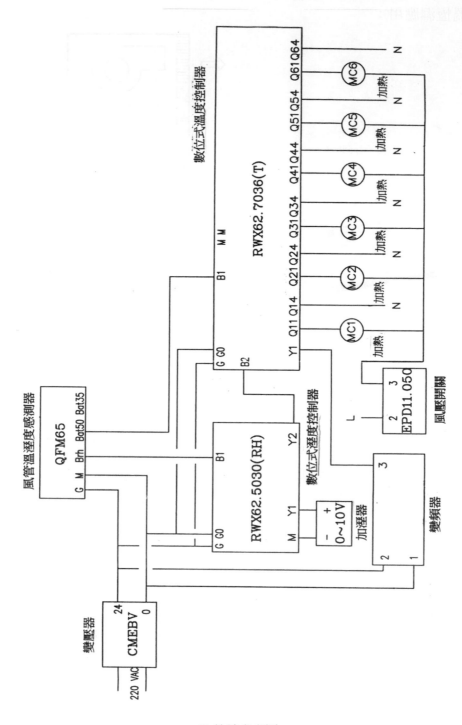

(d) 接線參考圖

圖 6-32(續)

1.　各場所溫濕度：

表 6-16　各種物品所需溫濕度情況

使用場合	Application	標準空氣情況		附　　註
		溫度 DB(°F)	濕度(相對百分比)	
IC 製造工程 IC Marufacturing			D.P.－70℃ 以下	need clean room
超大規模集積回路製造	VLSI Marufacturing		D.P.－70℃	need clean room
避雷器組合		68	20％－40％	
液電機轉輪精光	Cenerator rotor Polishing	70	30％－40％	
精密工業及機械類	Precision Industry and Machinery			
稀板檢驗及精校	Messurement and correction	75	40％－50％	
精密齒輪組合	Precision gear assemble	72	42％－50％	
精密機件精光	Precision mechanism polish	75－80	35％－45％	need clean room
精密公差組合	Precision allowance unit	72	40％－45％	need clean room
電器開關製造	Power switch marufecture	68	20％－40％	need clean room
控制閥製造	Control value manufacture	75	35％－40％	
冷凍機組合	Refrigeration unit	75	30％－50％	
壓縮機組合	Compressor unit	70－76	30％－45％	
鋼板防銹	Steel corrosion prevention	－	20％	
熔高爐空氣除濕	Blast furnace air debumidification	－	20％	
貯器	egg breeder	70－75	30％－60％	
化學工業類 Chemical				
N$_2$O$_2$製造(PAS 法)	N$_2$O$_2$ Production		D.P.－70℃ 以下	
氫氣製造法	Hydrogen production		5PPM	
乙烯	Ethylene	－	D.P.－40℃ 以下	
CO$_2$ 脫濕	CO$_2$ debumidification		5PPM	
酸性氣體脫濕	Acid gas delumnidification		5PPM	
氯氣脫濕	Chlorine gas debumidification		60℃ 以下	
膠合物品	Laminated materials	80	20％RH	
底片底紙貯藏	film paper storage	70－75	40％－60％	clean room
底片乾燥	film drying	20－125	40％－80％	clean room
安全底片	safety film	60－8	40％－50％	clean room
硝酸底片	nitric acid film	40－45	40％－50％	clean room

表 6-16　各種物品所需溫濕度情況(續)

使用場合	Application	標準空氣情況		附註
		溫度 DB(℉)	濕度(相對百分比)	
印刷圖書類　　　Printing aixt Publication				
一般印刷	Printing Processes	75 — 80	45 % — 50 %	
多色印刷	Color Printing	82	45 %	
紙倉庫	Paper storage room	59 — 68	40 % — 50 %	
博物館圖書館	Museums, libraries	70 — 80	40 % — 50 %	clean room
印刷貯存室	Printing storage	73 — 80	45 % — 50 %	clean room
印刷裝訂	Printing bounding	90	30 %	
印刷室	Pringint room	75 — 80	46 % — 48 %	
其他類 Others				
橡膠浸漬製品(裝造)	Rubber dipping products	75	25 % — 45 %	
輪胎線儲藏	tire flber storage	125	7 %	
塗料及噴漆	coating and painting	80	50 %	
夾板	plywood	90	15 % — 25 %	
醫院手術室	Hospital Operating Room	75 — 82	40 % — 60 %	clean room
金屬品貯藏	metal product storage	82	20 % — 30 %	
種子貯藏庫	seed storage	59	30 %	
船舶(海上輪送)	shipping	—	30 % — 40 %	
紙類加工	paper processing	80	20 %	
肥料貯存	fertollzer storage	80 — 86	40 % — 50 %	
飛機庫	air-phone storage	—	20 % — 40 %	
塑膠藥片加工	Dosage Processing	70	20 %	

表 6-17　各種物品所需溫濕度情況

使用場合	Application	標準空氣情況		附註
		溫度DB(℉)	濕度(相對百分比)	
軍火類　　Ammunition				
火藥調配	fire powder mixing	70	40 % RH	
粉狀保險絲	powdered fuse	70	40 % RH	
負荷追蹤彈丸	guided missile	80	40 % RH	
彈藥貯存	Ware house	35 － 75	10 % － 50 % RH	Long term
製藥類　　Drug Production				
生物試驗	biological experiment	80	35 % RH	clean room
針藥試驗	injection materials	80	35 % RH	clean room
腺胚提煉劑	glandular ectract	70 － 80	5 % － 10 % RH	clean room
咳嗽糖漿	Cough syrup	80	40 % RH	clean room
膠囊製造	Capsules production	80	30 % RH	clean room
膠囊貯藏	Capsules storage	75	35 % － 40 % RH	clean room
膠囊乾燥	Capsules drying	80 － 84	5 % － 10 % RH	clean room
粉劑製造貯藏	Production and storange of medicine	70 － 80	15 % － 30 % RH	clean room
皮下片劑	Capsulated tablets	75 － 80	30 % RH	clean room
磨碎室	Crinding room	80	35 % RH	clean room
打片室	Tablet formation	70 － 80	40 % RH	clean room
盤尼西林包裝	Penicillin Packing	80	5 % － 15 % RH	clean room
溶解性粉末藥品	Dissolving powder	75	35 % RH	Powder tablet
興奮劑	Stimulant	90	15 % RH	Powder tablet
鎮咳片	Cough tablets	70	30 % RH	Powder tablet
片劑	Tablet-Medicine	70 － 80	10 % － 30 % RH	Powder tablet
粉末充填室	Powder packing	80 － 85	15 % － 20 % RH	Powder tablet
糖衣	Sugar coating	77 － 85	5 % － 30 % RH	Powder tablet
包裝室	Packing Room	80	40 % － 55 % RH	Powder tablet

表 6-17 各種物品所需溫濕度情況(續)

使用場合	Application	標準空氣情況		附註
		溫度 DB(℉)	濕度(相對百分比)	
食品類　Food industry				
巧克力糖製造	Chocolates marufacturing	90	13 % RH	
酥餅乾燥	biscuits drying	65	20 % RH	
硬糖果製造	Candy Manufacturing	75 — 80	30 % — 40 % RH	
硬糖包裝	Candy Packing	65 — 75	40 % — 45 % RH	
貯存	storage	65 — 75	45 % — 50 % RH	
果汁粉製造	Fruit Powder Packing	65 — 75	10 % — 30 % RH	
咖啡粉包裝	Coffee Powder packing	80	20 % RH	
顆粒口香糖	Chewing Cum tablet	80 — 86	24 % — 30 % RH	
顆粒口香糖貯存	Chewing Cum storage	70	40 % — 45 % RH	
口香糖製膠成型室	Chewing Cum formation	70	40 % — 60 % RH	
香菇脫水包裝	Mushroom Packing	70	35 % — 40 % RH	prevent dampness
魚加工	Squld Processing	75 — 85	30 % — 40 % RH	
殼類貯存室	Gratn sterage	60	40 % RH	
乾式活性酸母菌製造	Dried yeast production	95 — 105	8 % — 12 % RH	
電器類　Electrlcal				
線圈製造	Coll Manufacturing	72	15 % RH	clean room
變壓器	Transformer	80	5 % RH	clean room
整流器的製造	Rectifier Manufacturing	74	30 % — 40 % RH	clean room
電子零件裝配	Electronic element assemble	70	40 % — 45 % RH	
電晶體	Transistor	72 — 75	25 % — 40 % RH	clean room
電線電纜製造	Electric conductor marufacturing	80	5 % — 20 % RH	
光電管	Photoelectric tube	90	15 % — 25 % RH	clean room
矽晶片黃光室	Crystal processing	68 — 70	30 % — 40 % RH	need clean room
半導體製造工程	Marufacturing of semiconductors	—	D.P. — 70℃ 以下	need clean room

(1)　超音波加濕器，振動子是由 2.3-2.5MHz 的電，振動轉變成機械振動的元件，珪、鈦酸鉛材料製成的圓狀體，由於交流電的作用AC110，AC24V 常會因水中溶解的鈣，會在空調空間物品表面上覆蓋一層白粉，所以水要經離子交換樹脂軟化或純水來改善，圖 6-33 為加濕器的主件，可購買自行組裝應用。

圖 6-33　超音波加濕器

(2)　估算熱負荷後決定送風量：

① 夏天的情形

依溫度的恆溫差 預估出風口的溫度

送風量＝ 17.4 ×估算的熱負荷×(室溫－出風口的溫度) m³/min

再熱量＝ 17.4 ×送風量×(室溫－出風口的溫度) kcal/hr

加濕量＝ 72 ×送風量×(室溫－出風口的溫度) kg/hr

② 冬天的情行

送風量與夏天相同，熱負荷以冬天的計算，如上方式計算出，加濕量與再熱量，在選擇加熱器與加濕器以滿足最大的需求。

五、箱型冷氣開機步驟(水冷式)：

1.　檢查是否有電源。

2.　開冷卻水泵，檢查水量是否足夠。

3.　開冷卻風扇，檢查轉向、灑水頭轉向是否與冷卻風扇轉向相同。(未相同可改變水注的噴水角度)灑水頭轉速約 10-17rpm

4.　開冷氣的送風機，檢查出風口風量是否正常及是否有異音。

5.　開冷氣，待 5 分鐘檢查出風口溫度是否降低。

六、平常保養事項：

1. 管路部份：水塔清洗，管路及冷卻風扇的保養、防銹。冷凝器的酸洗(可參考第 7 章)

2. 系統部份：檢視冷媒量，管路的摩擦，如分流管互相的摩擦。

3. 其它：如回風過濾網的清洗，外表的擦拭，箱內的防銹，排水管的暢通，蒸發器的清洗，皮帶的檢視。外接電源開關的檢查

4. 因保養不當引起的故障：酸洗不當使冷凝器破管及蒸發器鋁鰭片的腐蝕，排水管阻塞。(箱型冷氣機常因回風濾網尺寸不足及太緊貼蒸發器，使其很容易因旁風及排水不良，而容易髒。)

七、通常發生之故障原因及修理對策：

正常運轉時

運轉電流：接近額定電流，如：冷氣能力三噸的運轉電流為

$10\sim12$ A

R410A 系統

水冷式：高壓壓力 350psig(冷凝溫度 42℃)

水冷式：低壓壓力 120psig(蒸發溫度 5℃)

氣冷式：高壓壓力 430psig(冷凝溫度 50℃)

氣冷式：低壓壓力 120psig(蒸發溫度 5℃)

運轉電流可參考箱型冷氣機規格表，不同廠牌其規格大致相同。

表 6-18　箱型冷氣機故障分析

故 障 現 象	可 能 原 因	檢 修 對 策
壓縮機馬達不能起動	1.電源不通(保險絲斷) 2.電磁開關損壞 3.過載保護器跳脫 4.各項控制及保護開關損壞或跳脫 5.壓縮機燒燬 6.內置保護器動作 7.水泵電路連鎖	1.檢查電源開關.保險絲並修復 2.檢查電磁開關接觸點及電磁線圈是否損壞並修復 3.過載保護器需在馬達滿載電流1.05 倍動作跳脫(電源是否太低或欠相) 4.檢查高壓、低壓、溫度等各開關並修復或復歸 5.確認燒燬 檢查原因後更換 6.檢查動作原因 7.檢查水泵是否動作
壓縮機起動後，不久就停機	1.電壓不正常 2.高壓開關切出(cut out) 3.低壓開關切出(cut out) 4.電壓過低 5.過載繼電器不良 6.溫度開關故障 7.上項開關調整不正確壓縮機內置溫度開關動作	1.測量三相電壓是否平衡 2.檢視冷卻水溫水量 3.檢查系統閥門是否打開 4.檢查電壓是否過低並修復 5.正常運轉電流跳脫就需更換 6.檢查是否正常動作 7.調整上項開關，壓縮機過載或過熱
高壓過高、低壓偏高、電流偏高	1.管路關閉未全開所或 Y 型濾網阻塞 2.冷媒充填過量 3.冷卻水或空氣溫度過高 4.冷凝器積垢太多 5.冷媒系統混入空氣 6.冷卻水塔風扇反轉 7.冷卻水泵反轉 8.吸入口溫度太高	1.檢查冷卻水水量或清洗檢查 2.減少冷媒 3.檢查冷卻水塔散熱情況及循環水泵浦是否正常 4.清洗冷凝器 5.由冷凝器排出系統中空氣 6.任調二條電源線 7.任調二條電源線 8.檢查室溫太高原因
高壓低、低壓偏低、電流偏低	1.冷媒不足 2.壓縮機閥片損壞 3.冷卻水溫過低 4 冷凝器容量太高 5.冷媒管路堵塞	1.補充冷媒 2.換閥片 3.提高水溫 4.調整冷卻水量或風量 5.清理或更新乾燥過濾器

表 6-18 (續)

故障現象	可能原因	檢修對策
低壓過高	1.冷媒過多 2.膨脹閥開度太大(液壓縮) 3.壓縮機吸入閥片損壞 4.壓縮機容量太小 5.風量過多或溫度過高	1.減少冷媒 2.調整膨脹閥 3.換閥片 4.更換 5.檢查回風是否拆開或漏氣
蒸發器結霜	1.風量不足 2.蒸發器太髒 3.過濾網阻塞 4.冷媒不足(蒸發器入口端分佈頭結霜) 5.冷卻水溫太低或氣溫太低	1.檢查送風馬達轉向及皮帶 2.用洗鋁劑清洗,油污過多用鹼清洗,清理空氣過濾網 3.查漏後並補充冷媒 4.控制散熱風扇及轉速
壓縮機運轉不停	1.冷氣負荷太大 2.主機容量太小 3.溫度開關故障或設定不良	1.減少負荷 2.增加主機 3.更換或重新調整
低壓高、高壓低	1.低壓閥片與高壓閥片破裂 2.活塞環磨損	1.更換並查出原因 2.更換
運轉時產生異聲	1.送風機軸承磨損 2.皮帶太緊 3.壓縮機發出的異聲 4.電磁開關發出的嗡聲響 5.壓縮機不良	1.更換軸承 2.調整皮帶(下推約皮帶寬度) 3.檢查螺絲是否鬆動或更換壓縮機 4.電壓是否正常 太髒要清潔 5.部份磨損,檢修或更換

註:1.氣冷式箱型空調機,其高壓開關壓力設定值,大約是 19 kg/cm²。

2.冷媒量過多,負荷量過少回流管結霜可能原因冷卻盤管結霜時會使風量減少,蒸發溫度降低,會引起液壓縮。低壓過低之現象,其原因空氣過濾網堵塞,進風量過低,冷媒洩漏。

3.箱型冷氣機 如裝在於電玩、餐廳、牛排館等高污染的場所,要注意過濾網的設計與保養,目前在這些場所的箱型冷氣機都忽略保養清洗,或因過濾網選擇不當導致油污及灰塵沾黏在蒸發器鰭片上。

4.風車皮帶輪與馬達皮帶輪不在同一直線上,則易使三角皮帶磨損,故應校正,以維護皮帶之使用壽命。

第7章

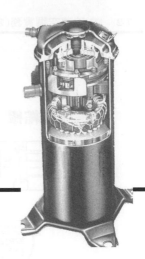

冰水主機介紹

從事冷凍空調行業者，對控制電路會有一種恐懼感，常常望而怯之，因此對於冷凍系統的維修或電路的改善的技能較差，其實學習電路是有要領的，本章會詳細的由淺引深介紹冰水主機的控制電路，進而配合試車調整，故障排除及相關的知識作一系列的說明，讓讀者能更瞭解。

一、系統循環圖：

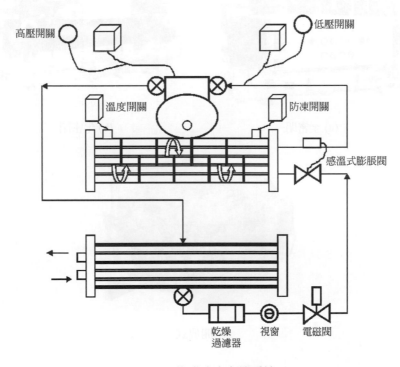

圖 7-1　乾式冰水主機系統

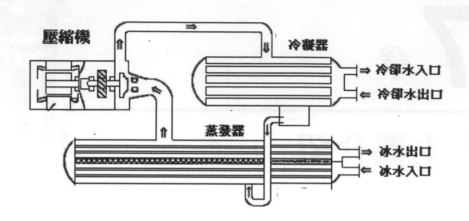

圖 7-1.1　滿液式冰水主機系統

1.　壓縮機：

　(1)　半密閉、全密閉式、開放式：

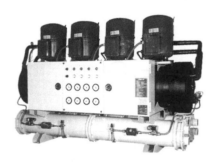

(a) 全密閉

(b) 半密閉

(c)開放式

圖 7-2

(2)　水冷式冰水主機規格：

表 7-1　滿液式冰水主機

額定製冷能力		rated cooling capacity	kcal/h	150,000	180,000	225,000	300,000	360,000	420,000
冰水側 chilled water	水流量	water flow rate	1/min	500	600	700	1000	1200	1300
	接續管徑	connections	in	3	3	3	4	4	5
	壓力損失	pressure drop	maq	7	7	8	7	7	8
	出水溫度	temperature of supply water	℃	7					
冷卻水側 cooling water	水流量	water flow rate	1/min	600	720	840	1200	1440	1560
	接續管徑	connections	in	3	3	3	4	4	5
	壓力損失	pressure drop	maq	6.5	6.5	7.5	6.5	6.5	7.5
	出水溫度	temperature of supply water	℃	30					
電源		power supply		30-220V/380V/440V-60Hz					
啟動電流		starting current	A	200/120/100	260/145/125	315/180/150	380/215/180	490/290/250	620/360/310
運轉電流		running current	A	110/65/56	145/81/70	175/100/83	210/120/100	272/160/141	344/200/172
輸入功率		input power	kW	39	48	59	76	96	120
啟動方式		starting mode		Y-△					
能力調節		capaction modulation (%)		100/50/0					
壓縮機型式		type of compressor		半密雙螺旋 semi-hermetic twin-screw compressor					
蒸發器型式		type of evaporator		殼管滿液式 flooded type shell and tube					
冷凝器型式		type of condenser		殼管式 shell and tube					
冷媒流量控制		metering device of refrigerant		孔口板 orifices					
回油裝置		oil reclaim device		文氏管液噴射系統 liquid injection with Venturi tube					
冷媒		refrigerant		R-22					

表7-2　直膨式冰水主機

額定製冷能力 rated cooling capacity			kcal/h	30,000	45,000	60,000	90,000	120,000	180,000
冰水側 chilled water	水流量	water flow rate	l/min	100	150	200	300	400	600
	接續管徑	connections	in	1-1/2	2	2	2-1/2	3	3
	壓力損失	pressure drop	maq	6	6	7	7	7	8
	出水溫度	temperature of supply water	°C	7					
冷卻水側 cooling water	水流量	water flow rate	l/min	120	170	240	360	480	720
	接續管徑	connections	in	1-1/2	2	2	2-1/2	3	3
	壓力損失	pressure drop	maq	4	4	6	6	5	6
	出水溫度	temperature of supply water	°C	30					
電源	power supply			30-220V/380V/440V-60Hz					
啓動電流	starting current		A	140/80	227/131	165/94	269/156/	215/122	353/206
運轉電流	running current		A	25/14	42/25	50/28	84/50	100/56	168/100
輸入功率	input power		kW	7.6	12.6	15.2	25.2	30.4	50.4
啓動方式	starting mode			直接啓動 direct starting					
能力調節	capacition modulation (%)			100/75/50/25/0					
壓縮機型式	type of compressor			全密往復式 hermetic reciprocating					
蒸發器型式	type of evaporator			殼管式或板式 DX type shell and tube or plate HX					
冷凝器型式	type of condenser			殼管式 shell and tube					
冷媒回路	refrigerant circuit			2					
冷媒流量控制	metering device of refrigerant			孔口板或膨脹閥 orifices or Expansion valve					
冷媒	refrigerant			R-22					

(3)　修護閥：在中央空調往復式冰水主機冷媒系統中，如充填冷媒時，壓縮機上工作閥的位置應置放在中位以便在運轉中充填冷媒，調整前要先將軸封旋鬆就可，運轉時保持在後位，前位為更換或維修壓縮機使用，平常應將軸封旋緊 並將閥蓋鎖緊，避免冷媒洩漏。

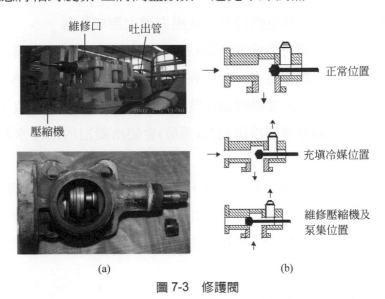

(a)　　　　　　　　　　(b)

圖 7-3　修護閥

2.　冷卻器(冷凝器)：

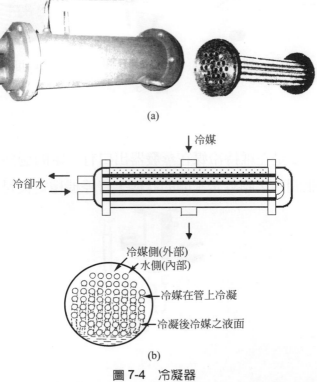

圖 7-4　冷凝器

銅管外散佈著高壓高溫的氣體冷媒，　設計時要考慮面積、冷凝管的熱傳效率、管子排列、冷凝後液體冷媒的排出及冷媒充填量的控制以降低冷凝壓力(溫度)，藉著銅管內流著冷卻水將冷媒冷凝為液體，　因屬高壓壓力容器故頂部會裝置：

(1) 熔塞或洩壓閥，避免機房著火或壓力過大造成損害。

　　　冷凝器選用可熔栓安全閥時，其熔點溫度應按規定高於高壓保護開關跳脫壓力之飽和溫度，以冷媒臨界溫度來設計，R410A 為 70～75℃確保安全。熔塞或洩壓閥動作時，冷凝器的冷媒大量外洩，在水泵不運轉時，當冷凝器液態冷媒洩漏(蒸發)會使冷凝器內冷卻水結冰，導致銅管破裂。

(2) 熔塞或洩壓閥口應連接管至戶外，避免洩漏的冷媒滯留在機房而發生意外。

(3) 洩壓閥不可隨意去調整，鉛封如已被剪斷或被調整過應更換整個洩壓閥。

(4) 排氣閥：裝在冷凝器頂部或排氣管的最高點，以便排除系統的不凝結氣體。

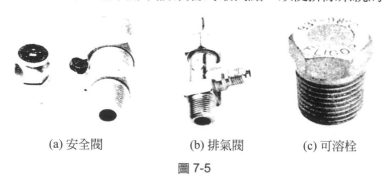

(a) 安全閥　　　　　(b) 排氣閥　　　　　(c) 可溶栓

圖 7-5

3. 膨脹閥：

　　　功能主要是在維持冷媒在蒸發器出口有一定的過熱度，系統剛停機其感溫式膨脹閥內之閥針是呈開的狀態，待停機穩定後是呈閉的狀態。

圖 7-6　膨脹閥

4. 節流板(orifice plate)：

　　　　膨脹閥如有氣態的冷媒通過，控制上會不穩定也易使其故障，故要保持一定的過冷度，會導致冷凝器必須要積存大量的液態冷媒，而佔據冷凝器的熱交換面積，使高壓升高，如採用節流板，只要在液體管維持適當的液柱高，不需積存大量的液態冷媒在冷凝器，可改善以上的問題，節流板是固定不動作的膨脹裝置，可免除膨脹閥、浮球閥等故障的困擾。

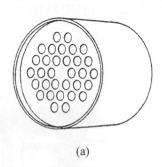

(a)

圖 7-7　節流板

5. 冰水器(蒸發器)：可分為

(1) 直膨式(乾式)：冷媒於管內蒸發，水則是在銅管外藉著折流板曲折流動，降低流過的冰水的溫度以提高熱傳性能，設計時要考慮面積、冷凝管的熱傳效率、管子排列、壓損及過熱度的控制；壓縮機內冷凍油隨著高速的氣體冷媒流於管內而流回壓縮機，較無失油之虞。

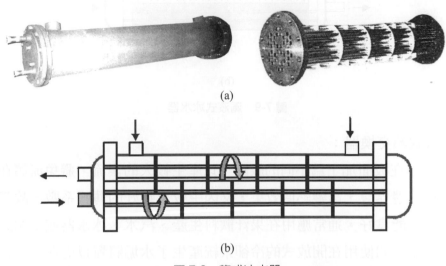

(a)

(b)

圖 7-8　乾式冰水器

(2)　滿液式(濕式)：冰水流於管內浸在低溫液體冷媒，而被吸收熱量的冰水，溫度降低，如此可避免液態冷媒回壓縮機，確保飽和的氣體冷媒進入壓縮機，減少不必要的過熱度，以降低吸入冷媒溫度及比體積，需加裝液氣分離隔板或熱交換器，將蒸氣中夾帶液態冷媒分離或蒸發，較適合應用在負荷變動大的場所，因冷媒流於銅管外，一旦冷媒蒸發後冷凍油會滯留在蒸發器，故需要有一套特殊的回油裝置，將富有冷凍油的液體冷媒隨高速的氣體冷媒誘導噴射到壓縮機；因螺旋式壓縮機，所使用黏度較高的冷凍油，造成回油的困擾。

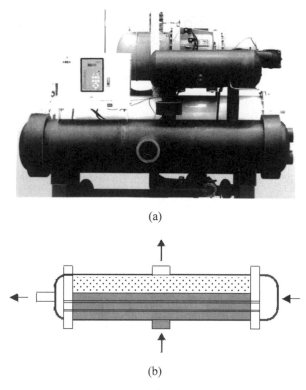

(a)

(b)

圖 7-9　滿液式冰水器

(3)　板式熱交換器：

在板面加工為不同的紋路，以產生較大的紊流，避免流體在板面上形成邊界層，影響熱傳效果，又因平板有較好的薄膜系數，故其熱交換的性能良好，通常應用在果汁飲料生產、汽水、冰水器或密閉式的冷卻系統，如使用在開放式的冷卻系統產生了水垢將難以處理，所以在水質的管理更應重視，或加些水垢防止器來改善，也應注意冰水結冰後體積

膨脹，撐破板面，尤其在停電時，因水流停止，而冷媒系統之低壓冷媒
繼續蒸發降低溫度，所造成的冰水凍結影響。

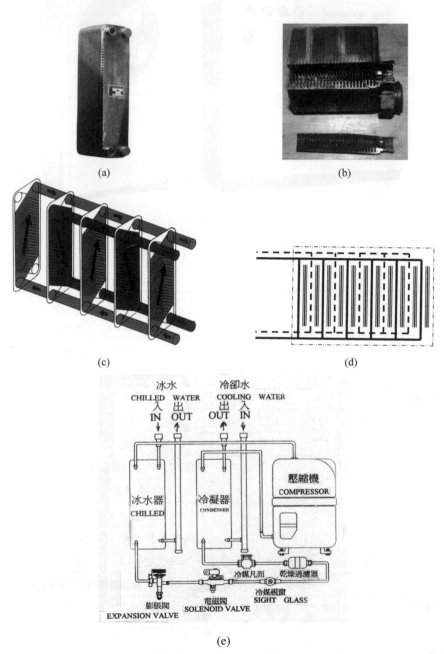

圖 7-10　板式熱交換器

(4) 氣冷式冰水主機

圖 7-11

(5) 氣冷式冰水主機規格表

表 7-3

電源		3φ/220V/60Hz							
冷房能力(kcal/hr)		1	1	1	217000	272000	326000	434000	544000
流量(L/min)		365	455	545	725	910	1090	1450	1820
壓縮機	型式	半密閉螺旋式							
	數量	1	1	1	2	2	2	4	4
	消耗功率(kW)	54	67	79	108	134	158	216	268
	啓動方式	Y-△啓動							
	容量控制範圍(%)	100-75-50-25 (啓動)							
散熱風扇(軸流式)	散熱方向	上吹式出風							
	消耗功率(kW)	1	1	1	1.8×6	1.8×8	1.8×8	1	1
冰水器	型式	高效率殼管式熱交換器							
	水頭損失(M)	3.6	3.6	4.2	4.2	4.8	4.8	5.5	5.5
冷凝器		V 型盤管／抗鋁片／高效率無縫內螺紋管							
冷媒	種類	R-22	R-22	R-22	R-22	R-22	R-22	R-22	R-22
	控制方式	感溫式膨脹閥全自動調節							
冷凍油	型式	SUNISO-5GS							
	充填量(L)	9	11	11	9×2	11×2	11×2	9×2	11×4
保護裝置		高／低壓開關、溫度開關、防凍開關、過負載保護、可熔栓、欠相保護、逆向保護、高低電壓保護							

表 7-4

項目		單位																
冷房能力		kcal/h	8000	11300	12980	13160	16000	22000	22500	26150	32300	43860	52200	60800	86490	122970	149180	184450
		Btu/h	31700	44800	51500	52200	63400	87200	89200	103700	128100	174000	207000	240700	343220	488000	592000	731940
(H)暖房能力		kcal/h	11500	16400	19300	19000	22800	31000	32400	37600	42900	61200	75000	79000	115020	152280	189400	228420
		kW	13.4	19.1	22.4	22.1	26.5	36.0	37.7	43.7	49.9	71.2	87.0	91.8	133.7	177.0	220.2	265.6
電源			1φ 220V 60Hz				3φ 220V 60Hz											
壓縮機	型式		全密閉往復式												螺旋槳式			
	輸入功率	kW	3.8	5.3	6.3	6.3	3.8×2	9.8	5.3×2	6.3×2	7.8×2	9.8×2	12.3×2	15.2×2	10.6×4	14.6×4	16.5×4	14.6×6
	額定電流	A	22.8	30.7	34.3	21.4	14.3×2	33.8	18.6×2	21.4×2	28.6×2	33.8×2	42.5×2	45.6×2	33.8×4	50×4	54×4	50×6
	啟動電流		93	125	142	115	74+14.3	145	89+18.6	115+21.4	127+28.6	145+33.8	225+35	265+45.6	148+95	267+132	290+153	267+220
風扇	型式																	
	輸出功率	kW	0.33							0.21×2			0.33×2		0.33×3		0.55×8	
冰水泵	型式		直結式															
	輸出功率	kW			0.37				0.75			1.5		2.25		3.7		
	揚程	M			20				25				30				25	
	水流量	ℓ/min	27	38	44	44	54	74	75	88	108	147	174	205	288	410	498	615
保護裝置			過載繼電器、高低壓開關、溫度開關、防凍開關、限時繼電器。															
冷媒			R-22															
冷凍油			SUNISO 3GS 或 4GS															
配管口徑	FPT		1-1/4				1-1/2				2		2-1/2		3			
排水管徑			3/4												1			
運轉重量		kg	200	208	220	215	230	340	380	430	500	760	960	1000	1450	2460	2660	2800
電源線徑		mm²	8	14	22	22	8	14	14	22	22	38	50	60	80	200	200	250
電源開關			2P 40AT/50AF	2P 50AT/50AF		3P 40AT/50AF			3P 60AT/100AF		3P							

註：①冷房能力在環境溫度35℃，冰水出水溫度7℃，入水溫度12℃時測得。
　　②暖房能力在環境溫度7℃ DB/6℃ WB，熱水進水溫度40℃，出水溫度45℃時測得。
　　③供電電源請使用⊕字標誌之電線線徑及合格之無熔絲開關，如表列規格。

5. 空調箱：

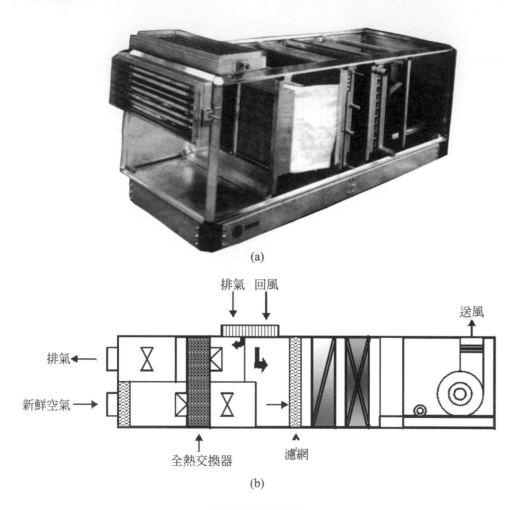

(a)

(b)

圖 7-12　空調箱

(1)　配管：

排水管須由接水盤傾斜向下接到水池或排水溝，並須裝存水彎(Trap)
以防止臭氧、蟲蟻、細菌進入空調箱，其h高度應適合風車靜壓，大於
或等於運轉之負靜壓，其水平管段每 1 公尺，需傾斜 1 公分，以利排
水，如管路過長時，在管路中間，適當的裝置透氣管，方能正常排水。

(2)　進出冰水管徑應大於空調箱之進出水管徑。

(3)　回風口也應大於出風口面積。

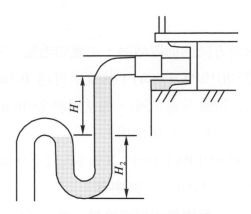

圖 7-13　空調箱排水管配置

表 7-5

冷房能力			kcal/hr	45360	60480	75600	90720	105840	120960
			Btu/hr	180000	240000	300000	360000	420000	480000
風車箱組	風車	型　　式		多翼雙吸口離心式風車					
		風　　量	CMH	10204	12244	17006	18367	23810	23810
		機外靜壓	mmAq	25					
		數　　量		1			2		
	馬達	型　　式		鼠籠感應式馬達					
		電　　源		3ϕ-220V-60Hz　或　3ϕ-380V-60Hz					
		輸入功率	kW	2.2	3.7		5.5		
盤管		型　　式		鋁質鰭片、經機械脹管與紫銅管緊密結合					
		排 片 數	排／片	4/8	4/12	4/8	4/12	4/8	4/12
		水 流 量	ℓ/min	151	201	252	302	352	403
		水 壓 降	M	1	1.3	1.3	1.8	2.2	2.9
		表面風速	M/S	2.5	3.0	2.5	2.7	2.6	2.6
過濾網材質				可清洗式塑膠發泡過濾棉					

註：以上標準冷房能力值係依據下列條件：
　　1.冰水入口溫度 7℃，出水溫度高 5℃。
　　2.入口空氣 27℃ DB，19.5℃ WB。

(2) 過濾網:

① 過濾網依氣流方向爲前置濾網,過濾如毛髮、塵埃等。

② 高效率過濾網(HEPA Filter):其效率可達 0.3um,99.7 %(10000 個 0.3um 的微粒物僅通過 3 個),通常用於 250fpm 的流速爲無塵室、生物清淨室、放射性物質所使用。

③ 超高效率過濾網(ULPA Filter):其效率可達 0.1um,99.999 %~99.99999 %,適用於 class1-10 級的無塵室。

④ 選用時是依廠商所提供的額定風量,要注意過濾網的壓力損失及除塵效率,以免影響風量的輸送。

⑤ 前置濾網通常裝在送風機的上游,使風能均勻通過過濾網,超高效率過濾網宜送風機的下游每片間隙必須緊密,不能有縫隙並注意過濾網裝置的方向性,因出風面較密,方向顛倒較易髒阻塞。

⑥ 更換濾網時機,是依風量減少 10 %或風阻增加 2~3 倍爲依據,通常使用氣壓計監視。

圖 7-14 各式的過濾網

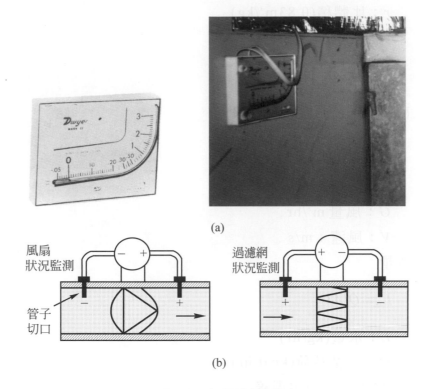

(a)

風扇
狀況監測　　　　　　　　　　過濾網
　　　　　　　　　　　　　　狀況監測

管子
切口

(b)

圖 7-15　氣壓計安裝

(3) 冰水盤管：

圖 7-16

① 冷卻負荷

$$Q = G/r(i_1 - i_2)$$

Q：冷卻負荷(kcal/kg)

r：比體積($0.83\text{m}^3/\text{kg}$)

G：空氣質量流率(kg/hr)

i_1：入口空氣焓(kcal/kg)

i_2：出口空氣焓(kcal/kg)

② 冷卻盤管前面積

$$A = G/3600\text{V}$$

A：面積 m^2

G：風量 m^3/hr

V：風速：m/s

③ 水量

$$L = Q/\varDelta T$$

L：水量(kg/hr)

Q：冷卻負荷(kcal/hr)

$\varDelta T$：出入口水溫差

④ 冰水盤管水溫 5～15℃，進出水溫差 5～10℃，水流速 0.5～2.0m/s(通常是 1m/s)管排數 4-8 排為普遍，通過風速以不吹出冷卻盤管的冷凝水為限，通常為 1.5～3.5m/s。

⑤ 空調箱如果過濾網太髒，將產生送風量減少，製冷能力降低，電動機運轉電流下降，故應定期檢查清洗或更換。

(4) 全熱交換器(顯熱＋潛熱)：

為了空調室的空氣的新鮮度(氧氣的含量)，通常以換氣方式，但因會造成大量的熱空氣引入及冷空氣的排出造成浪費，故裝置全熱交換器，將室內與室外經全熱交換器熱交換以減輕空調負荷，達到節能的效果。

其原理是利用特殊的加工紙，對於熱通過及吸濕性等特性，讓室內欲排出的污濁空氣與室外新鮮的空氣，將顯熱與潛熱進行全熱交換，使進入的新鮮空氣溫度降低。

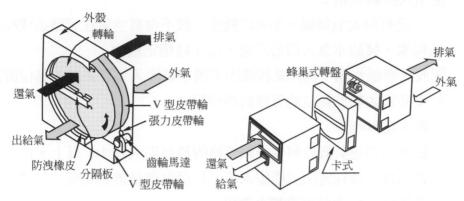

圖 7-17　全熱交換器

(5)　防煙風門：

　　　　提供火災初期阻擋濃煙入侵，以便室內人員有充分時間逃生，保護
人員生命安全之用，防煙阻風門的安裝，應依照公供建築物安全設備檢
查要項規定；多數風管內的煙偵測器取樣管都有最低風速的限制，當風
速低於限值，煙偵測器將失去效用，此將使防煙阻風門無法發揮預期效
能，故安裝時要注意最低風速的限制值。

圖 7-18　電動風門

6.　膨脹水箱：

　　　　當密閉的冰水管路系統，水會因溫度改變而體積變化，藉以補給系
統水的不足及水體積膨脹的空間，裝置在回水管路，最好離系統管路最
高點至少 1m 以上，如無法安裝在系統的最高處，可如圖 7-20(b)按裝。

(1) 密閉式膨脹水箱：

　　　　沒有與大氣接觸，不易成酸性，較不會有空氣在管路造成噪音及空蝕現象，裝於水泵入口最高處，以保持穩定壓力。

(2) 開放式膨脹水箱：與大氣接觸因不讓空氣滲入水管系統，其位置高度的靜壓必須大於此高度的管路的摩擦阻力。

(3) 配管注意事項：

① 膨脹水箱應裝置於整個空調管路的最高點大約 1m 以上，位置應事先規劃好，或採密閉式膨脹水箱，以提供自動排氣功能並具備間接給水及管路系統之熱脹冷縮之作用。

② 為了避免空氣滯留於管內，於循環系統管路之最高點應加裝自動排氣閥將管內空氣排除。而排氣閥口徑須大於或等於管路管徑，並且避免與給水置於同一位置。

③ 機組之進出管路應避免暴露於外，需充分保溫防漏絕緣，以防止能量消耗。

④ 管路與機組連接，應採用法蘭或由任連接，並加裝閘閥以便保養或維修之用。

⑤ 機組之進出水管出入口，應加裝避震軟管，以減少機器運轉時震動噪音由管路傳至室內。

⑥ 系統管路上應加裝溫度計及壓力錶，以便運轉中檢查水溫及壓力狀況。

⑦ 於系統進出管路最低位置加裝閘閥，以便清洗機組用。

⑧ 為避免冰水器缺水造成結冰或低壓壓力過低，而導致機組故障，故管路系統應加裝流量開關。

⑨ 在膨脹管上勿裝任何的閥、過濾器或存水彎。

⑩ 放大管路部份應比正常回水管徑大二號如圖 7-20。

⑪ 配管完成後，請於管路站壓 7kg/cm² 試漏。

⑫ 膨脹水箱容量的選定，要先查出冰水最高溫度的比體積，再查出冰水最低溫度的比體積，兩者比體積差，乘以管路系統水容量，即可求得。

(4)　膨脹水箱容量

有一冰水系統，其全部管路體積＋機器設備體積為 45m³，空調運轉前水溫為 20 ℃，其比體積為 0.0010017 m/ kg，運轉後其水溫度為 5 ℃，比體積為 0.001 m/ kg，其冰水膨脹量為管路全部容積為 45m³，其單位重量為 45m³×1000 kg / m ＝ 45000 kg；膨脹量 ＝ 45000 kg（0.0010017 － 0.001）m/ kg ＝ 76.5L。

(a) 開放式　　　　　　　　　　(b) 密閉式

圖 7-19　膨脹水箱

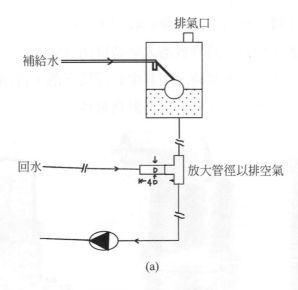

(a)

圖 7-20　膨脹水閥配管

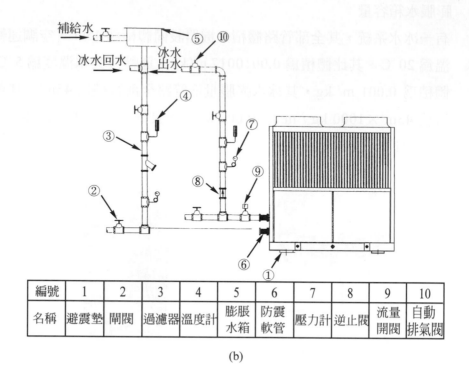

編號	1	2	3	4	5	6	7	8	9	10
名稱	避震墊	閘閥	過濾器	溫度計	膨脹水箱	防震軟管	壓力計	逆止閥	流量開閥	自動排氣閥

(b)

圖 7-20　(續)

7. 自動排氣筒:

　　當水溫下降,壓力上升時會吸收溶入氣體,水溫上升,壓力下降時會釋放溶入氣體,所以須將釋放溶入氣體排出管外,以達到有效率的運轉,其動作是當筒內空氣聚集時,使其中的浮筒下落,打開氣閥使水管內空氣排出,裝置在管路系統所有的最高點為最佳。

圖 7-21　排氣筒

8.　冷卻水塔：

　　　藉分水匣板(散熱片)，使水呈霧滴狀與空氣逆向對流方式進行熱交換，是利用水的蒸發達到冷卻效果，包含進出水溫變化的顯熱以及水蒸發的潛熱，因進出水溫比氣溫高，所以空氣的乾球溫度影響不大，濕球溫度高低就會影響其潛熱的變化，濕球溫度與冷卻水溫度差約 3℃最佳，此為趨近溫度。

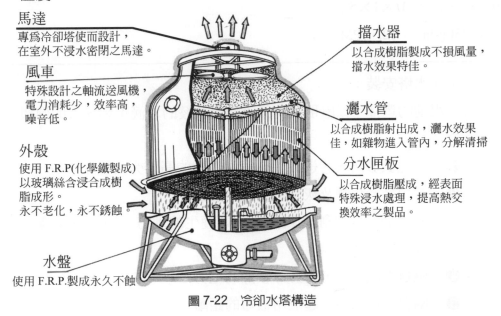

馬達
專為冷卻塔使而設計，在室外不浸水密閉之馬達。

風車
特殊設計之軸流送風機，電力消耗少，效率高，噪音低。

外殼
使用 F.R.P(化學鐵製成)以玻璃絲含浸合成樹脂成形。永不老化，永不銹蝕。

水盤
使用 F.R.P.製成永久不蝕

擋水器
以合成樹脂製成不損風量，擋水效果特佳。

灑水管
以合成樹脂射出成，灑水效果佳，如雜物進入管內，分解清掃

分水匣板
以合成樹脂壓成，經表面特殊浸水處理，提高熱交換效率之製品。

圖 7-22　冷卻水塔構造

(1)　基本條件：

　　　冷卻循環水量循環水量＝ 13 l/min(LPM)，每一冷凍噸循環水量＝780 L/hr(2.93GPM)。入風與冷卻水入水溫度差 4～5℃，在 WB 27℃時進出水溫 32～37℃。一噸冷卻水塔的冷卻能力 $H = MS\Delta T$，1RT ＝ 13×60×5 ＝ 3900kcal/hr，如進出水溫差 4℃，一噸冷卻水塔的冷卻能力降為 1RT ＝ 13×60×4 ＝ 3120kcal/hr，欲維持 3900kcal/hr 的冷卻能力，循環水量要增加為 16.25 l/min。冷卻效率 $E=(T_i-T_o)/T_i-T_{WB})$，T_i：入水溫度，T_o：出水溫度 T_{WB}：外氣的濕球溫度。值得注意的是冷卻水塔進出水溫度是以 37℃～32℃為依據，箱型冷氣機額定噸位是依據冷卻水進出水溫度 30℃～35℃，故在搭配上略有差異。

例 1

凝結器之散熱量爲冷凍負荷之 1.25 倍，當冷凍能力爲 3000kcal/hr 而冷卻水進出水溫差爲 5℃，則其冷卻水量爲 L.P.M？(L/min)

說明

$H = MS\Delta T$

$3000 \times 1.25 = M \times 1 \times 5$

$M = 75\text{kg/hr} = 12.5\text{LPM}$

(2) 冷卻水塔安裝：

　① 場地的選擇，以屋頂及空氣流暢及散發的水滴不影響人的健康爲原則的地方。

　　❶ 避免裝於防火巷道或易於反射音量的高牆旁及住家附近。

　　❷ 避免裝於煤煙及灰塵多的地方或樹下。

　　❸ 避免裝於有腐蝕性氣體或油氣發生的地方。如煙囪旁邊、溫泉地區、排煙管旁。

　　❹ 應遠離鍋爐室，廚房等較熱的地方之。

　　❺ 兩台冷卻水塔一起並用最短的距離。

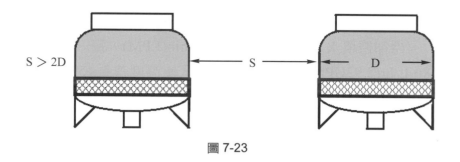

圖 7-23

　　❻ 冷卻水塔安裝組立與外牆最短的距離。

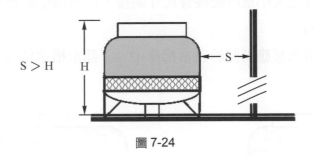

圖 7-24

② 放置要領

❶ 要注意容易配管及易保養維修。

❷ 置放應水平不可傾斜，以免撒水頭撒水不均勻而影響冷卻效果。

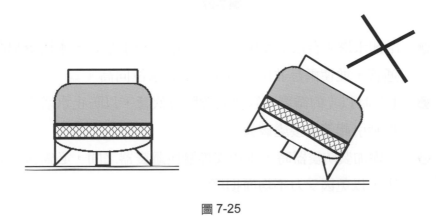

圖 7-25

❸ 基礎座螺絲應鎖緊，防止強風吹毀。

③ 配管注意事項

❶ 循環水出入水管之配管，向下為佳，避免突高的配管，不能有高於
下方水槽之配管。

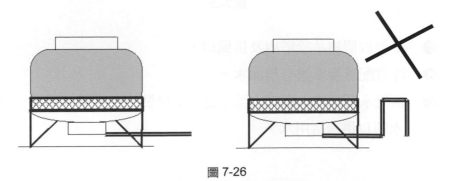

圖 7-26

❷ 配管之大小應塔底接管尺寸裝接，否則過小影響效果，過大會浪費材料。

❸ 循環水泵應低裝於正常操作中，下部水槽水位以下。

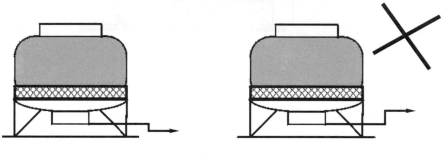

圖 7-27

❹ 冷卻水塔兩台以上並用，而只使用一台水泵時，水槽應另配裝一連通管，並使兩台並用之冷卻水塔之水位同高。

❺ 4 英吋以上的循環水管宜裝置防震軟管，以防止水塔本身因管路之振動引起管銜接處破裂。

❻ 基礎加裝防震器時，水塔支撐腳與避震器之間，必需裝設防震平衡座，以免因受力不均而損壞。

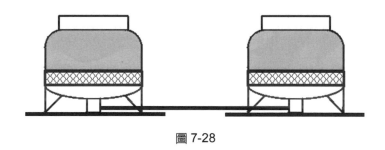

圖 7-28

❼ 不要放置物品於塔內及排風口。

❽ 注意配管及水盤有無漏水。

❾ 供應水源低於水塔或水壓不足，須另裝一台水泵或另裝一高之補給水箱以供補給用水。

(3)　維護保養：

① 要注意噪音的問題，視安裝地區的環保要求而定，必要時應作好隔音措施或降低冷卻風扇的轉速、選擇低噪音冷卻水塔。

② 冷卻水塔熱量散，可回收充份利用在預熱鍋爐給水、供應食品廠殺菁用熱水、低溫殺菌用熱水、洗噪水。例如一棟高樓大廈，在冬天可能同時使用冷氣與暖氣，利用附加的熱回收循環，把排出的熱量，轉移到需要暖氣的空調區，只要在系統上增設一部熱回收冷凝器。

除以上一般常用的冷卻方式外，市面也陸續發展其它冷卻方式的冷卻水塔，如流力冷卻水塔旋風式冷卻水塔，運用高效率的流體動能轉換裝置，以取代傳統式風扇馬達冷卻水塔，改善了噪音、震動及水飛濺等問題；尚有旋風式冷卻水塔、地底散熱之冷卻方式等。

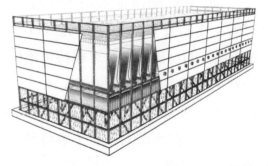

圖 7-29　冷卻水塔

③ 許多人爲維修方便，都將入風口網拆除，導致雜物吸入造成阻塞，如有增裝紗網圍在水塔的入風口也應清洗，不然太髒時會影響散熱風量。

④ 冷卻水塔水盤上裝置消音毯，除了降低噪音外，尚可防止雜物直接進入濾水網。

⑤ 耗費水量爲大型冷卻水塔困擾的問題，但在水的流放可免除結垢，因結垢會產生高壓升高，每升高 1kg/cm²，壓縮機就會多消耗電力 3.5％，冷凍能力下降 7％。

    ❶ 飛濺水量：因強風或噴濺在冷卻水塔四周，所消耗水量約 0.1％。

    ❷ 保養清洗：定期保養 酸洗或機械清洗所消耗的水量約 0.5％。

    ❸ 蒸發水量；約 0.9％，如一噸冷卻水塔爲 3900kcal/hr，溫差 5℃，其循環水量 780kg/hr，其理論蒸發水量 3900/579 ＝ 6.5kg/hr ＝ 156kg/天 r ＝ 4680kg/月，如 100 噸冷卻水塔，每月蒸發水量 ＝ 468000kg ＝ 468m³，(597：水蒸發 1kg 所吸收的熱量)。

    ❹ 溢出水量：冷卻水塔保持適當的溢出水量，可維持可溶性的鹽類達到飽和濃度以下，減少結垢，通常爲沉積，0.5％。

    ❺ 綜合以上說明，得知冷卻水塔所消耗水量爲(0.1+0.5+0.9+0.5)％＝2％，其中蒸發量佔了一半，故在水塔的設計，應將蒸發水量給予回收，以節約水量的消耗，如在灑水桿上方裝置擋水板。

    ❻ 對於冷卻水塔維護保養、細菌、結垢、腐蝕所以添加了 殺菌劑、腐蝕抑制劑、抗垢劑應定期的檢測。

(4) 冷卻水塔異常徵狀說明：

    ① 冷卻水溫度過高：風量不均，空氣短循環，灑水孔阻塞，風量不足，分水匣板結垢厚。

    ② 風扇馬達超載：電壓降過低，葉片角度過大。

    ③ 噪音振動大：風扇馬達裝置不當、葉片不平衡、減速器潤滑油不足。

    ④ 冷卻水不足：灑水孔阻塞、濾水網阻塞、Y型過濾器阻塞水位不足、水泵揚程不足等。

(5)　冷卻水處理：

①　冷卻水系統結垢、腐蝕、微生物說明：

表 7-6

	結　垢	腐　蝕	微　生　物
原因	冷卻水蒸發，使水中可溶性的鹽類達到飽和無法再溶解而產生無機鹽類沉積，尤其低溶解度的碳酸鈣是形成水垢最大的物質。另外有硫酸鈣磷酸鈣、鈣鹽、鎂鹽、氧化鐵淤渣等因素所造成。	冷卻水大量與空氣接觸、溶氧量增加的化學作用與水蒸發後電解溶度增加產生的鍍銅現像(電池作用) 對鐵金屬的反應所造成。	藻類、細菌、真菌、退伍軍人病菌藉著水氣、陽光、風在水塔迅速生長繁殖而形成堆積物。
影響	管內形成水垢、熱傳導率降低、影響熱交換，降低效率並增加壓力降。	在水垢或沉積物下產生腐蝕作用使管子破裂(往往會因清洗水垢後，管子就會破裂有時是因水垢下管子已腐蝕破裂，只是水垢清除而曝露出來的。	阻塞灑水孔、散熱匣片、阻塞熱交換器或濾網，造成灑水不均及流量減少，降低效率。
發生PH 值	9.0 以上	7.0 以下	7.0～9.0 高溫
處理	酸洗、機械洗垢器清洗、加裝水垢防止器	更換管子	人工清洗
預防	添加水垢抑制劑：如有機碳酸鹽、磷酸酯、聚磷酸鹽類，並同時調整水塔的排水量降低碳酸鈣的濃度。	添加腐蝕抑制劑如磷酸鹽、鉻酸鹽或提高 PH 值。	添加滅藻劑或微生物控制劑：氯氣、二氧化氯、硫酸銅。避免陽光直射。定期清洗冷卻水塔。

註：1.1pH 純水電解成 H$^+$ 離子、＋OH$^-$ 離子，每一公升有 0.0000001 克的氫離子，也可寫 1×10^{-7}，因此 pH 以 7 代表中性，當氫離子 1×10^{-5}，pH ＝ 5 為酸性，小於 7 為酸性、大於 7 為鹼性。

2.鍍銅現像是熱交換器的銅、鐵接觸面會起離子化學作用，而銅離子被析出而附在鐵的表面，以致於在接觸面加速鐵的腐蝕而破裂。

3.結垢因素：溫度、流速、流場分佈、表面處理、水質皆會有關係。

② 定量添加劑量的計算：

　　添加劑有分定量投入與人工投入，例如有一工廠冷卻水塔噸數約 1650RT，計算循環水量 30,000ℓ 與補充水量 199,000ℓ 及冰水系統的水量為 25000ℓ 的添加劑的估算，

❶ 採用微生物控制劑，其用藥濃度為 100ppm 人工投入約每 30 ℓ/10 天＝ 90 ℓ/月。

❷ 採用水垢抑制劑，其用藥濃度為 40ppm 定量投入，約 8ℓ/天＝ 240 l/月。

❸ 密閉式的冰水系統添加腐蝕抑制劑，其用要濃度為 0.005 ％人工投入 125/6 月＝ 20/月，當濃度低時，檢查水是否洩放過多，注藥不足或注藥裝置不良等問題。

③ 冰水／冷卻水水質管理

　　水質好壞對機器性能和壽命有限大影響，因此需經常檢查水質。

表 7-7　冰水和冷卻水水質參考標準

項　　　目		基準值	傾　　　向	
			腐蝕	積垢
基準項目	PH 值(25℃)	6.5～8.0	*	*
	導電率(25℃)(μmho/CM)	800 以下	*	*
	氯離子 Cl^-(mg Cl^-/1)	200 以下	*	
	硫酸離子 SO_4^{-2}(mg SO_4^{-2}/1)	200 以下	*	
	酸消費量(PH4.8)	100 以下		*
	全硬度(mg $CaCO_3$/1)	200 以下		*
參考項目	鐵離子 Fe^{+3}(mg Fe^{+3}/1	1.0 以下	*	*
	硫離子 S^{-2}(mg S^{-2}/1	不檢查	*	
	氨離子 NH_4^+(mg NH_4^+/1)	1.0 以下	*	
	二氧化矽 SiO_2(mg SiO_2/1)	50 以下		*

註：1.塑膠配管時其基準值不同。
　　2.傾向欄內＊表示傾向於或積垢之變化。

④ 定期清洗：

　　當冷凝器水流量減少，進出水溫差變小及不正常的高冷凝溫度，均指出管內有水垢或雜質，此時就必須清洗，有機械式清洗及化學清洗二種方式。

⑤　清洗步驟：

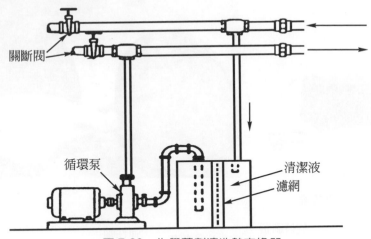

關斷閥

循環泵

清潔液

濾網

圖 7-30　化學藥劑清洗熱交換器

❶　主要清除管路中的淤泥及其他游離礦物。

❷　關閉冷凝器的供水。

❸　打開冷凝器的排水閥，將水排除。

❹　打開管路接頭。

❺　移開冷凝器的端蓋。

❻　使用清洗機從管子中這端刷到那端以鬆動管中的沉積物。

❼　檢查管中有無積垢，無則裝回端蓋及接頭 有則進行化學清洗，如圖 7-30 接法，水與藥劑約 3：1，清洗時間 30～60 分鐘視積垢程度。

❽　清洗冰水器因屬密閉管路，積垢及污泥不會很多，可多次反向沖洗，如有不滿意再依清洗冷凝器的步驟進行清洗。

❾　酸洗後須用清水清洗以沖淨管內酸液。

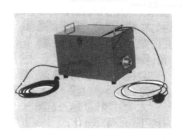

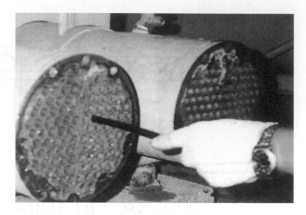

(a) 機械清洗設備   (b)

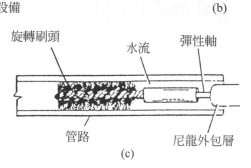

(c)

圖 7-31 機械清洗熱交換器

⑥ 市面販售的處理藥劑

　　主要成份：界面活性劑、去離子水、酸性除垢劑、腐蝕抑制劑PH
值約 2±1。板式熱交換器清洗，可用 5 ％濃度的磷酸或過氧化酸等弱
酸液酸洗，流速為原管內的 1.3～1.5 倍，對於較難清洗的水垢，要先
使用水垢軟化劑將其軟化後再清洗。

圖 7-32 清洗藥劑

在清洗冰水管路將防銹藥劑直接從膨脹水箱加入。水容量的估算：水總容量(公升)＝冰水機水量(公升)＋水塔容量(公升)＋管路每米容量(公升)×管路來回總長度(m)

⑦ 使用藥劑時注意事項：

此藥劑為酸性液體，需戴手套處理，若接觸到皮膚應立即用清水沖洗乾淨。不可吞食或直接對瓶口吸氣，不要直接與皮膚、眼睛、衣服接觸，若不慎誤食時，應立即喝入大量的牛奶或蛋白，如當場無法找到牛奶或蛋白，可用水代替，不可喝酒，並儘快送醫治療。添加劑對魚類有害，勿直接排入溪流、池塘或飲用水槽會造成水質污染，並注意添加劑隨水散發到大空氣中，對周圍人員健康的影響，故可視預算的經費考慮裝置水垢防止器以改善之。

表 7-8 循環水量

主機容量噸數	水塔容量 (公升)	冰水機水量 (公升)	管路直徑 (吋)	管路每米容量
3	40	12	1	0.49
5	40	15	1¼	0.84
7.5	40	20	1¼	0.94
10	40	30	1½	1.26
15	75	40	2	1.96
20	100	60	2	1.96
30	145	60	1½	30.3
40	145	90	3	5.0
50	310	100	3	5.0
60	460	115	4	7.9
80	485	170	4	7.9
100	600	190	5	12.5
120	600	215	5	12.5
150	800	300	6	17.7
200	100	400	6	17.7
250	1700	500	8	31.4
300	2000	600	8	31.4
350	2000	700	8	31.4
400	3700	800	8	31.4
500	450	1000	10	49
600	5400	1200	10	49
700	6500	1400	10	49
800	7700	1600	12	70
1000	7700	2000	12	70

⑧ 防垢器：

水(H₂O)以一定的流速，通過一定強度的磁場，反覆切斷磁力線，使水產生磁化作用，這種經過磁場處理的水，稱磁化水，磁化後水的物理性質發生變化，水分子團將被切割爲單分子及雙分子，水分子的氫氧鍵角度由 104.5°改變爲 103°，這結構的變化將使水份子產生一系列電性和磁性的物理變化，水中的溶氧提高 4～6mg/l、表面張力下降 1～3mN/M、水的導電率提高 2 ％、溶解度提高 20 ％～70 ％、澄清速度提高 20～90 ％，其它如表面張力增大、密度、電導率、含氧量增加、溶於水中有機鹽電離度增大，產生較高的滲透壓、促進水電離、提高光化作用、加速新陳代謝等功能。

欲 將 使 水 離 子 化 H₂O→H⁺ + OH⁺ 所 需 要 的 磁 場 強 度 爲 1.653×1012Gauss(高斯)，故要水離子化需要 1.65 兆高斯的強磁場，是不可能辦到的，如僅將水分子團打破爲單分子，只需要 1800 高斯，大幅降低磁場強度。水垢防止器是將水中游離狀態的陽離子如鈣、鎂等，經由磁場作用，加速與陰離子結合，形成半懸浮的分子團，沉析成軟泥稱爲滑石(艾瑞岡納特 Aragonit)。就不會附著於管壁形成水垢，以維持熱交換之效率，可降低能源的消耗。

圖 7-33　爲市面上販售的水質防垢器

⑨　退伍軍人病：

　　在 1976 年時，有一群美國退伍軍人聚集在某一飯店慶祝獨立二百週年，而當活動結束所有與會者返家之後，卻陸續發生有 182 人因病菌感染生病，最後有 28 人死亡，此不幸事件，讓許多醫生及研究人員百思不解，散居在四面八方的老兵竟然會同時得到此疾病，在經過一年的追蹤研究調查後，終於有人成功的發現此病原菌，將它命名嗜肺性退伍軍人桿菌，俗稱退伍軍人菌，研究人員也發覺此飯店的空調系統的冷卻水塔有大量的退伍軍人菌，隨著水霧飄在空氣中，而進入飯店內，剛好被這一群老兵吸入體內，而原本就年老體衰的老兵，在經過這幾天病菌的潛伏期，即開始陸續發病死亡，所以罪魁禍首就是這飯店的冷卻水塔，經過這事件之後，大家才警覺到冷卻水塔帶給世人冷氣外，同時也將退伍軍人病菌散播在我們的生活空間中，往後幾年來，世界各國也有人感染病菌而死，但各國政府較不去重視這個問題，也沒有要求冷卻水塔的使用戶清潔消毒，就澳洲爲例至 1989 年止已發生多次區域大流行也造成許多人死亡不幸事件，至今澳洲政府累積許多防制的經驗，才頒佈法令要求使用戶清潔消毒冷卻水塔，爲測底執行還規定罰則，以確保國人的健康與生命的安全。而臺灣很慶幸的在 82 年衛生署，終於注意到退伍軍人菌的潛在危險性，並於民國 84 年將其列爲傳染病，還同時收集各地資訊，建立完整的通報系統，以提醒國人重視此可能致死的疾病。

　　臺灣地區已被證實感染退伍軍人菌死亡病例：82 年 14 人、83 年 28 人、84 年 45 人、85 年 43 人、86 年(1 至 3 月)43 人，由這幾年統計數據看來，死亡人數有暴增的情形，而且已到了必須要加以控制消滅的緊要關頭，所以衛生署已於在 84 年 12 月初步決定，要將冷卻水塔清潔消毒辦法，明文列出併在公寓大夏管理條例內實施，除了強制要求旅館、理髮 、燙髮、美容業、電影院等每年消毒二次冷卻水塔，並列爲勞工安全檢查項目之內，函請勞委會針對設有中央空調的辦公大樓，百貨公司，工廠等應將清洗消毒冷卻水塔列入安全檢查項目。

❶ 來源

　　曾報導指出：退伍軍人病菌，可在無養份的水中存活達一年之久，由此可見其生命力之強，非一般的病菌所能比擬的。

　　容易孳生之處，水流聚集處，如：冷卻水塔、熱水系統、水龍頭、浴室蓮蓬頭、噴水池、噴霧系統 、灑水器等。

　　溫度在5～50℃的水溫，最適合繁殖溫度35～37℃，剛好空調系統的冷卻水塔的水溫，酸鹼值在 pH 2～10 的水質。

　　空調系統除冷卻水塔外，尚有冰水盤管表面，蒸發式的冷凝器，管路內壁等高溼骯髒的環境。

❷ 傳染途徑

　　退伍軍人菌須存活在水中，一旦脫離水份就會死亡，其感染是要藉著水霧散播到空氣中，分佈到室內外，經由呼吸管道吸入著床在人體的肺部，有2～10天的潛伏期，是否會發病視個人的健康狀況與免疫力的強弱而定。

❸ 病發症狀

　　最先出現全身不適，頭痛 繼而出現高熱並伴隨著畏寒、乾咳、呼吸短促、胸部疼痛，與感冒或肺炎極為相似。接著就併發退伍軍人病，會影響中樞神經系統，出現神智不清症狀，對於抵抗力較弱者，如：剛動過手術、長期慢性肺病、酗酒或經常與冷卻水塔接觸者等，死亡率高達 15～20 ％。

❹ 預防措施

　　年老及抵抗力弱者，請儘量避免進入設置有中央空調系統的建築物。此建築物的人員或從事冷凍空調維護人員，若是感到不適 如咳嗽 、頭痛等在服用普通藥物卻不見有效時，在就醫應提醒醫生。

(A) 採樣檢測

　　pH維持 7.0～7.8，TDS已溶化的固體總含量 100ppm，OPR(氧化還原能力)180～350mV，TBC(細菌總含量)，100～10000cfu/100ml，退伍軍人菌低於 10cfu/100ml，關於退伍

軍人的測試，可與工研院化工所洽詢， 依據日本厚生省生活衛生局企畫課監修 1994 年，防止退伍軍人症，指針退伍軍人病菌於冷卻水塔必須控制在 100cfu/100ml 以下，但有些國家規定其不得檢出。

(B)　定期清洗消毒冷卻水塔

   (a)　添加殺菌劑，目前常用的腐蝕抑制劑、抗垢劑、滅藻劑，這些藥劑對退伍軍人桿菌的生長無影響。傳統的氧化劑如氯、溴等則被證實能有效地控制冷卻水塔中退伍軍人菌的濃度，氯同時會與水中有機物質產生毒性副產物而污染環境，所以監測和控制 pH 值以維持適當的自由餘氯量是很重要的。

   (b)　停止使用一段時間，應將水放掉最好加入殺菌劑，再次使用時需作一次消毒清洗。

   (c)　委託專業人員，消毒處理。

   (d)　改善冷卻方式如：氣冷式或地底散熱……等。

   (e)　傳播途徑的考量與防範。

⑩　噪音

   低頻噪音係指頻率約在 200Hz 以下之聲音，，對生理直接影響雖不算很明顯，但因其對人體會產生壓迫感，對睡眠及心理的影響卻相當大，甚至可能會導致神經衰弱、憂鬱症等，尤其對年紀較大者容易產生影響。低頻噪音納入管制，已於 94 年 1 月 31 日發布，自 94 年 7 月 1 日實施。未來營業、娛樂場所及住宅區若有低頻噪音必須符合低頻噪音管制標準，否則將處罰新台幣 3,000 元至 30,000 元不等的金額，甚至遭到停業或停止使用之處分。冷卻水塔其噪音主要來自冷凝器風扇上形成的紊流所產生的空氣流動、水濺潑到收集水池及觸發建築物結構而產生的噪音，應裝置隔音罩及消音器於冷凝器風扇的排氣口和隔音罩進氣口（如圖 7-33.1），以圍封和吸收冷卻水塔的噪音。

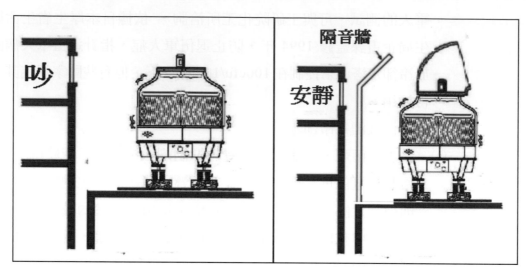

圖 7-33.1   冷卻水塔隔音

(5) 冰水管路保溫的厚度

表 7-9   保溫厚度

外氣條件	管徑	管內溫度(℃)				
		10	5	0	− 5	− 10
溫度 30℃ 相對濕度 70 %	1/2"～2"	1/2"	5/8"	3/4"	1"	1 1/8"
	2 1/2"～5"	5/8"	3/4"	1"	1 1/4"	1 3/8"
	6"～12"	5/8"	7/8"	1 1/4"	1 3/8"	1 1/2"
溫度 30℃ 相對濕度 80 %	1/2"～2"	5/8"	3/4"	7/8"	1 1/2"	1 3/4"
	2 1/2"～5"	3/4"	3/4"	7/8"	2"	2 1/4"
	6"～12"	3/4"	1"	1"	2 1/4"	2 1/2"

二、控制電路介紹：

　　電動機的起動電流(起動電流：將電動機轉子堵住使其不轉動此電動機的線電流)是其全載電流的 4～5 倍，如一台大馬力的電動機起動時，會使同一電源的其它設備造成影響，故必須降壓起動，以降低起動電流，通常小型的冰水主機起動方式如下：

　　三相感應馬達若採用三相220V之電路中，負載電流10A，功率因數為0.8，其消耗電力為 3042W，($P = \sqrt{3}VIcos\theta\sqrt{3}\times220\times10\times0.8 = 3.42W$)。

1. 主電路配線圖：

(1) Y-Δ：

可使用Y-Δ啓動器的電動機是三相鼠籠型，降低其起動電流，約為直接起動的 1/3，為全負荷電流 2-2.5 倍。

繞組 Y 接起動，其每繞組電壓為相電壓的 58 ％，並產生堵住轉子轉矩的 33 ％(1/3)，經 3～5 秒改變為繞組Δ接運轉，使電動機達到全載電流及轉矩。Y-Δ起動方式依 Y 啓動電流做調整，其延遲時繼電器一般設定值約為 3～5 秒，最長不可超過 10sec。

主電路配線圖

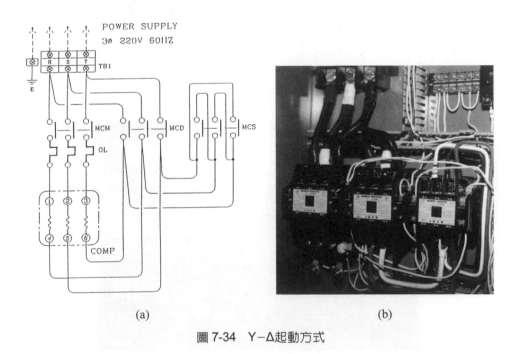

(a)　　　　　　　　　　　　　(b)

圖 7-34　Y-Δ起動方式

三相馬達Δ型聯接時，相電流 25A 則其線電流為 $25 \times \sqrt{3}$ 安培，相電壓等於線電壓。

(2) Y-Y：

部份繞組起動，第一組繞組Y接起動，因單繞組電抗，大於兩繞組並聯的電抗，其電流降低 50%，經起動轉矩減少 33%，0.1～0.3 秒投入第二組繞組Y接加入運轉，使電動機達到全載電流及轉矩，不適合於大電動機。

主電路配線圖

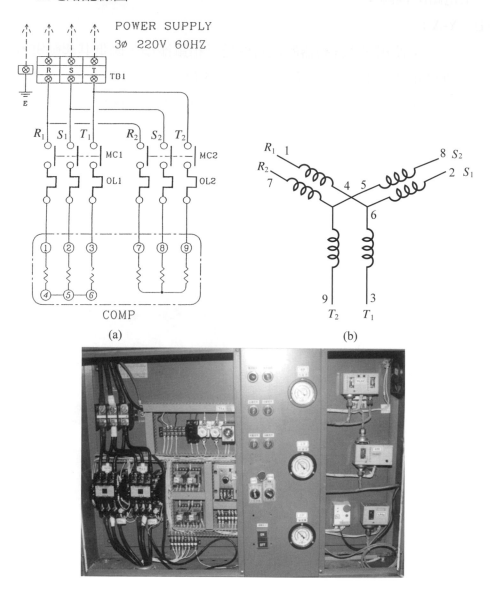

(a)　　　　　　　　　　(b)

(c)Y － Y 起動方式

圖 7-35

三相馬達 Y 型聯接時，相電流 25A 則其線電流 25A，線電壓為相電壓的 $\sqrt{3}$ 倍。

(3) 固態降壓起動器(solid starter)

用 SCR 或 TRIAC 在一週後被觸發，逐漸的向前，提高電流用來起動或停止壓縮機，類似電阻器的起動。

圖 7-36　固態起動器

三、認識控制電路

1. 步驟：

(1) 如小孩子走迷宮，那一條路通，就去瞭解通過的元件的功能及動作狀態。

(2) 第一步當 ON 開關按下時電路會如何動作，由此著手去了解整個電路。
最好大略先知道該控制電路的控制情形，有助對電路的了解。

2. 控制元件動作說明：

(1) 無熔絲開關：

規格：

AF框架容量：指的是NFB內部導電結構框架，所容許流過的最大容量，
也就是可以通過的最大電流，所以可見到，AF 值愈高的，其 NFB 的體
積也愈大。

AT 額定電流：又稱跳脫電流，通常標示在NFB 上面，表示 電流達到此
數值時，會跳脫切斷電路以保護設備。額定電流選用時為電動機額定電
流的 1.5～2.5 倍。

IC 啓斷容量：啓斷容量表示能容許故障時的最大短路電流， NFB 上面
的貼紙標示說明，通常在小體積 50AF 的斷路器上，會標示220V→5kA、
460V→2.5kA，IC 值愈大，愈能承受大的故障電流。AF 愈大的斷路器，
IC 值也愈大，而 AT 值 絕對不會超過 AF 值。

選用時要考慮正常起動時不會跳脫,故選用無熔絲開關,AF 值為電動機的額定電流值的 1.5～2.5 倍,其選用應參照電工法規。

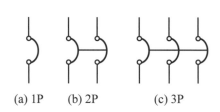

(a) 1P　　(b) 2P　　(c) 3P

圖 7-37　無熔絲開關

(2)　電磁開關:(未附裝有 OL 稱為電磁接觸器,如圖 7-38)

　　電磁線圈通電後,中央部位三點的主接點接通,旁邊兩側為輔助接點。應定期保養,對於發現電磁開關的銀接點,有凹點時不宜用細銼刀將其銼平,可採用 600 號的砂紙輕輕的將其磨亮,蝕點嚴重者應換新。

圖 7-38　電磁接觸器

①　接點一般有:

❶　a接點:NO(Normal Open)正常狀態下未受激磁是開路的,當電磁線圈通電後為閉合狀態。

❷　b接點:NC(Normal Close)正常狀態下未受激磁是閉合的,當電磁線圈通電後為開路狀態。

②　規格:額定電壓可分交流及直流 AC 110V、AC 220V、DC 24V 等,冷凍空調最常用為 AC 220V。

③　接點電流容量:指接點承受的最高電流值,故選用以 HP 為依據。

④　故障現象 線圈燒燬無法激磁或電壓太低及鐵心表面太髒而產生噪音。

(3)　比流器：

①　對於大電流測量通常應用比流器將大電流轉變爲小電流，再由安培表測量。

②　比流器其變流比爲 200/5，如一次電流爲 140A，則其二次側電流爲 3.5A，例如：規格爲 50/5A 的比流器貫穿線數圈爲 3 匝，當配合 75/5A 的安培錶時，貫穿線圈數幾匝？由 $N_1 I_1 = N_2 I_2$，$N_2 = \dfrac{3 \times 50}{5} = 30$，知二次側匝數爲 30 匝，當配合 75/5 安培表得貫穿 2 圈。$N_1 \times 75 = 30 \times 5$，得 $N_1 = 30 \times 5/75 = 2$，將比流器貫穿 2 圈，如 100/5A 的安培錶就無法搭配使用。

③　使用時二次側不能開路，否則線圈的絕緣會被破壞，因此更換連接的安培表要確實將二次線圈短路，並作好接地。

④　比流器(CT)其二次側電流 K 端流出，L 端流回需在 L 端要接地，若電流 L 端流出，K 端流回則需在 K 端要接地。

圖 7-39　比流器

(4)　輔助電驛：

當電磁開關輔助接點不足時，配合使用，有 3a2b，2a2b。或如圖 7-40 等電驛。

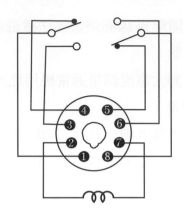

圖 7-40　輔助電驛

(5)　積熱電驛：啟動電流＝堵住電流 (LRA)；額定電流--全載電流 (FLA)

　　　(Thermal Relay)而一般使用者稱爲 OL(過載電驛 over load relay)，

　　　其設定值爲電動機的額定電流的 1.15～1.25 倍，跳脫時間在 15 秒以下，

　　　可分爲：

　　①　百分率法：例如一台三相220V、10HP 接了一組積熱電驛 RC 30A 應

　　　　設定在？％

$$P = \sqrt{3}VI\cos\theta = \sqrt{3} \times 220 \times I \times 0.8I = 24.5\text{A}$$

　　　　積熱電驛應設定馬達運轉全載電流的 1.15～1.25 之間

　　　　24.5×1.15 ＝ 28A　　28/30 ＝ 88 ％

　　　　24.5×1.25 ＝ 30.5A　30.5/30 ＝ 102 ％

　　　　所以要設定在 88 ％至 102 ％

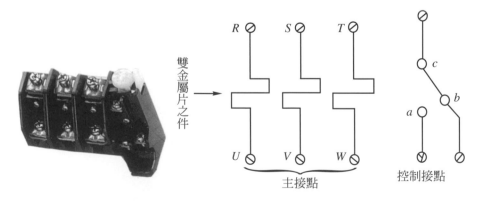

圖 7-41　積熱電驛

② 電流值法：

　　如上例題要設定在 28A ～ 30.5A，所謂積熱電驛就是要積到一定的熱量，雙金屬元件才會動作，所以過載時要經一段時間才會動作跳脫。

(6) 3E 電驛(three element relay)

　　具有過載、欠相、反相的保護作用，接於主電路當發生過載、欠相、反相情況時，將切斷電源。在渦卷式、螺旋式冰水機就需裝置此保護開關，以免反轉造成損壞。往復式壓縮機可正逆向任意迴轉使用，螺旋式、渦卷式及離心式壓縮機皆不可逆相運轉，接上電源前須先用相序表測定並確認相序是否正確。

圖 7-42　3E 電驛

(7) 限時電驛：TR(timer)

　　分為

① 通電延時(ON Delay Relay)：當線圈通電後，接點經過設定時間後才動作，使用在 Y--Δ切換用。

② 斷電延時(OFF Delay Relay)：當線圈斷電後，接點經過設定時間後才動作。

③ 開關延時(ON-OFF Delay Relay)：當線圈通電後，接點經過設定時間後才動作，當線圈斷電後，接點經過設定時間 後才恢復原狀。

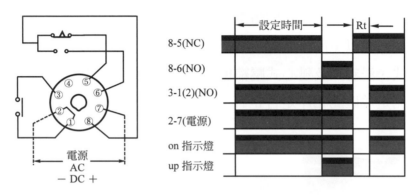

圖 7-43　限時電驛

④　啟動電驛：當 Y-Δ切換時，通電延時電驛，接點切換相當迅速，會有瞬間的 Y 未完全跳離，Δ就已接上的短路現像，因此要採用啟動電驛改善，Y 切換至Δ最大容許時間為 40msec。

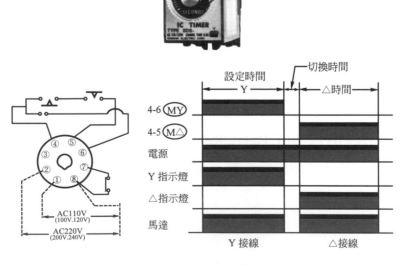

圖 7-44　啟動電驛

(8)　栓型保險絲：

　　　　當控制電路異常時，切斷控制電源，其規格除了電流大小以外，要
考慮熔斷的時間及安裝的周圍環境溫度，所以在選用時應注意，如玻璃
管型保險絲較栓型保險絲易快熔斷，因玻璃管型保險絲散熱不易。

圖 7-45　栓型保險絲

(9)　油壓開關：

　　　　感測油泵出口的油壓，往復式壓縮機因其壓力置於壓縮機曲軸箱內
(低壓側)，要得到真正的油壓需扣除低壓壓力，故真正的油壓＝油壓錶
壓力－低壓錶壓力，其差值為壓力開關的設定值約 25～35psig，如油壓
錶壓力指示 90psig、低壓錶壓力值為 60psig，此時真正的油壓為 30psig
(90 － 60)。

　　　　油壓開關有二支對稱的感測管，下面管接油泵出口，上面管接曲軸
箱低壓側，並裝置一只負載電阻可選擇使用在 110V 或 220V 的電源。

　　　　壓縮機剛起動時，油壓尚無法馬上建立，故裝置一熱阻器，避免短
暫的油壓降低使系統停機，當油壓不足時 OPS 接通電源加熱於加熱器，
延遲跳脫時間約 90～120 秒，頂開 OT 接點，停止壓縮機，因在此時間
失油尚在安全內，可由內部螺絲調整跳脫的延遲時間長短，跳脫後需手
動復歸，不會自動復歸。在油泵吐出口裝置彈簧及鋼珠以供調整適當的
油壓，旋入越緊油壓升高。

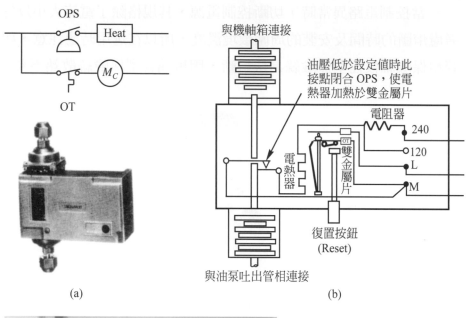

(a)   (b)

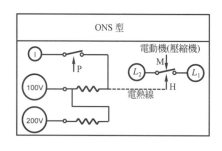

(c)   (d)

圖 7-46　油壓開關

⑽　低壓開關：

　　如壓縮機在冷媒不足情況下運轉會失油及壓縮機過熱，也無法制冷，故在此情況下利用裝置低壓開關使壓縮機停止運轉，通常感測管都裝置在壓縮機的回流管，理論上應考慮蒸發器至該接點的壓力降。在R-22冰水主機系統設定在45psig，此設定值切入值(CLOSE)，減去設定的入切差值(DIFF)爲切出值(OPEN)，如低壓開關設定 50psig 入切差15psig，則運轉時當低壓壓力低於50psig，主機停止，停止後壓力上升到65psig，低壓開關就會自動或手動復歸，若低壓壓力過高，低壓開關是不跳脫的，爲防止低壓壓力起動時瞬間的過低，而使低壓壓力開關跳脫主機停止，可搭配時間延遲繼電器來改善之，低壓開關亦可應用於偵測蒸發器溫度過高或冷媒洩漏、蒸發器溫度的控制等。

入切壓力差
調整螺絲　　壓力調整螺絲(cut out)

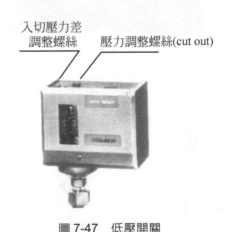

圖 7-47　低壓開關

⑾　高壓開關：

　　當系統異常高壓，利用高壓開關使壓縮機停止運轉，來達到保護，有些製造廠商會將其感測管接在液體管以使高壓壓力錶讀值較低，如高壓修護閥忘記打開而起動壓縮機，而使高壓開關失去保護作用，會造成壓縮機損壞及危險，故應安裝在高壓汽缸蓋上端最爲妥當，設定值應設在系統運轉最高壓力的 1.1 倍最理想，但通常在R-22冰水主機系統設定在 270psig 切出，一般高低壓開關之壓力摺箱以高壓側較小。

圖 7-48 高壓開關

(a)

高壓	低壓
17	6
18	5
19 ◄	4 ◄
20	5 3
21	4 ► 2
22	3 1
23	2
	1
	0
CUT OUT	CUT IN

D3	D3‥M	D3‥ML	D6
D6‥M	D6‥MM	D7	D7‥M

圖 7-49

依低壓壓力開關型式有不同的設定指示如低壓之設定壓力為 45cut-out、60cut-in

    1.　(1) CUT-OUT 45/14.2 ＝ 3.2kg/cm²

        (2) CUT-IN　60/14.2 ＝ 4.2kg/cm²

    2.　(1) CUT-OUT 45/14.2 ＝ 3.2kg/cm²

        (2) DIFF　　　　　 ＝ 1kg/cm²

⑿　溫度開關：

    感測棒接於冰水器入口端或冰水器內，以控制冰水溫度，來使壓縮機停止，感溫棒按裝時，整支以埋入冰水管路為原則並以傳熱膠封入，以確保準確性，R-22 冰水主機系統設定在 8.3℃切出，(Rang ＝ 11.7℃ cut in，DIFF ＝ 3.4℃，cut out ＝ 11.7 － 3.4 ＝ 8.3℃)。

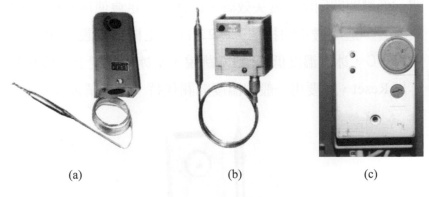

        (a)　　　　　　　　　　(b)　　　　　　　　　　(c)

圖 7-50　溫度開關

⒀　多段溫度開關：

    往復式冰水主機的出水溫度嚴格要求保持一定時，可將多段式冰水溫度控制器改用電子式靈敏度較高，而感溫器裝在冰水器之入口或冰水器內。

也用於螺旋式冰水主機作為容量的分段控制，其多段溫度控制開關之感溫器(Sensor)應裝在冰水器之出水口處，亦可應用到多壓縮機並聯運轉卸負載控制，當旋鈕調整值為設定值，*S*刻度為每一段之間的溫差值 1 格為 0.5℃，*D*為每一段本身的溫差值。

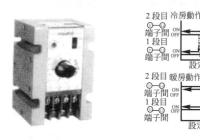

圖 7-51　多段式溫度開關

⑭　防凍開關：

感測棒接於冰水器或其出口端，避免冰水不足又流量開關、溫度開關、低壓開關同時保護失效時，因冰水不足會使冰水結冰，體積膨脹撐破銅管，造成嚴重的損壞。R-22 冰水主機系統設定 Rang 在 3.3℃，DIFF3℃，冰水溫度低於 3.3℃跳脫，當冰水溫度上升到 6.3℃(3.3+3)才可以 Reset，不要用一般的溫度開關代替，因其精確度及靈敏度較差。

圖 7-52　防凍開關

⑮　電磁閥：

裝置於液管，當壓縮機停止時關閉，防止停機時冷凝器內的液態冷媒繼續流向蒸發器，不致於下一次再起動時，造成大量液態冷媒被吸入壓縮機，而造成液壓縮。

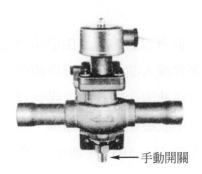

手動開關

圖 7-53　電磁閥

⒃　水流量開關：

水泵運轉不表示水管就有有足夠水流動及平均的流場，必須以水流量開關確認，雖然微量的氣泡可增加水流的擾流提高熱交換，但使會水流量開關誤動作，而使系統異常跳機。此冰水管安裝流量開關可考慮採用磁感應防水型，以免接點因結露影響動作，尤其在鹵水系統更要注意，電子磁感型也具有啓動延時及水流量不足的延時跳脫，避免不必要的停機。安裝時要確實安裝之位置及流動的方向，以水平離彎頭下游六倍管徑以上，避開擾流處爲較佳。使用流量開關上的接點通常水壓在 1kg/cm² 時，接點會閉合也可調整其接點斷開時間，冰水流量開關應裝設在冰水器之出口處。

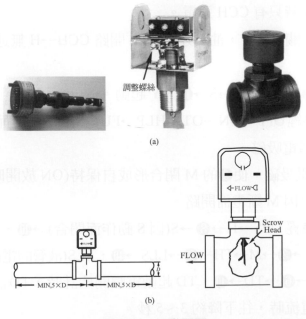

圖 7-54　流動開關

(17) 曲軸箱加熱器:

防止冷凍油中混有液體冷媒,由於冷凍油與冷媒相溶,壓縮機比系統溫度低時,冷媒會流入曲軸箱而被冷凍油溶入,當壓縮機初啟動時曲軸箱壓力下降,冷凍油溶入的液體冷媒急速蒸發形成泡沫,隨高速的氣體冷媒進入汽缸產生液壓縮損壞壓縮機,故當壓縮機停機時要將曲軸箱冷凍油加熱,溫度約 45～50℃ ,避免液體冷媒溶入在冷凍油中。

圖 7-55　拆換加熱器不需泵集壓縮機

四、控制電路解析:

1. 冰水主機基本的控制電路,如圖 7-56

   (1) 控制電源開關 ON 時,電流經 OPS 使 CCH 通電,壓縮機曲軸箱冷凍油加熱,此時只有 CCH 通電。

   (2) 當主機開關 ON 時,油壓建立 OPS 開路 CCH→H 無通電
       同時

   (3) 電流經❺→TH→❻→S→❿,Y 起動。

   (4) 電流由❷經OFF→ON→OT→HLP→FU→S(因S動作而閉合)→M→OL→❿,M 通電吸磁。

   (5) 因 M 通電吸磁,使❸的 M 閉合形成自保持(ON 放開時,M 依然閉合要 OFF 才會因 M 斷電而開路。

   (6) 電流由❶經 OPS→H→❽→S(因 S 動作而閉合)→❿,S a 接點閉合。

   (7) ❷→OFF→❸→M→TH→❼→LLS→❿,LLS(液管的電磁閥)動作而打開。

   (8) ❺→TH→❻→TD→❿,TD 起動電驛開始計時,TD 設定最佳時機 為起動最高電流時,往下降約 3～5 秒。

(9) 當 TD 時間到時 S 斷路 D 通電吸持主機運轉

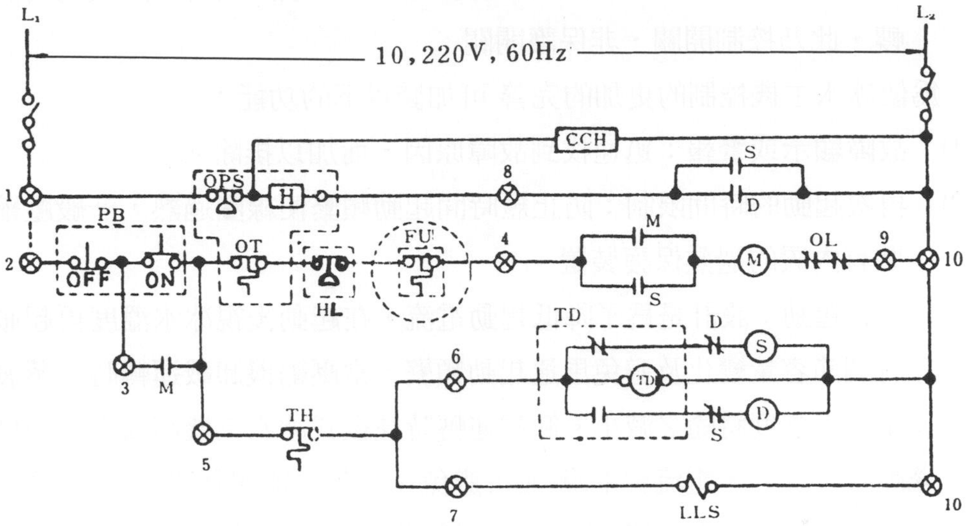

圖 7-56　冰水主機基本控制電路圖

2. 異常時：

(1) 油壓無法建立：OPS 閉合 H 加熱至 90～120 秒，油壓如未建立 OT 開路，使 M 斷電，主機停止，OT 開路延遲時間，再次動作時會因積熱現象，而縮短切斷時間。

(2) 高壓過高：系統高壓壓力過高，如冷凝器散熱不良，HP 開路使 M 斷電，主機停止，待故障排除後，在開關上 RESET(復歸)壓下方能接通再起動。

(3) 低壓過低：系統低壓壓力過低，如冷媒不足 LP 開路使 M 斷電主機停止，待故障排除壓力恢復後，接點會自動閉合，如開關上有 RESET，要壓下方能接通。

(4) 冰水溫度過低：如溫度開關故障或冰水流量減少，防凍開關開路使 M 斷電主機停止，待故障排除後，在開關上 RESET 壓下方能接通。

(5) 主機過載：主機運轉時欠相或電壓過低，會使積熱電驛開路使 M 斷電主機停止，需找到故障排除後，方能再將開關上 RESET 壓下，再次起動運轉，不要冒然起動易使壓縮機損燬。

(6) 冰水溫度達到設定值時：TH開路D斷電主機停止，(此時M不斷電Ma接點閉合繼續自保持)待冰水溫度升高，TH接點閉合，主機將自動再運轉，此乃控制開關，非保護開關。

3. 為使冰水主機控制的更加的完善 可加裝以下的功能：

(1) 故障顯示或警報：迅速找到故障原因，而加以排除。

(2) 再次起動的時間限制：防止短時間起動頻繁使線圈過熱，一般壓縮機皆裝有內置的過熱保護裝置。

(3) 卸載起動：設計是為了降低起動電流，在起動後視冰水溫度再起載，還有調節容量變化及避免馬達起動頻繁。當壓縮機卸載運轉時，蒸發器之冷媒過熱度將隨之減小。卸載運轉時往復式冰水主機高壓壓力降低，低壓壓力升高，電流會下降 並可避免在低負載剛起動時 蒸發器冷媒來不及蒸發低壓壓力急速下降，而使低壓開關動作，故卸載起動可免除低壓開關的誤動作，其間隔最好約2分鐘。

① 內部卸載(吸氣壓力控制)：如圖7-57所示

當摺箱感測曲軸箱內的壓力降低時，使控制器的洩放口打開，將油壓洩放到曲軸箱，讓梢(pin)頂開低壓閥片，使氣缸內的氣體無法產生壓縮，而達到卸載，另一種方法是用三通電磁閥，其動作是由溫度開關感測冰水溫度或送至空調間的送風溫度，當壓縮機停止時，因無油壓，故可讓壓縮機完全卸載下啟動。

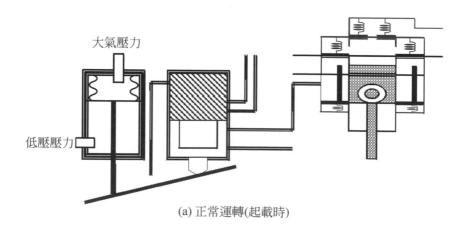

(a) 正常運轉(起載時)

圖7-57 外部卸載機構

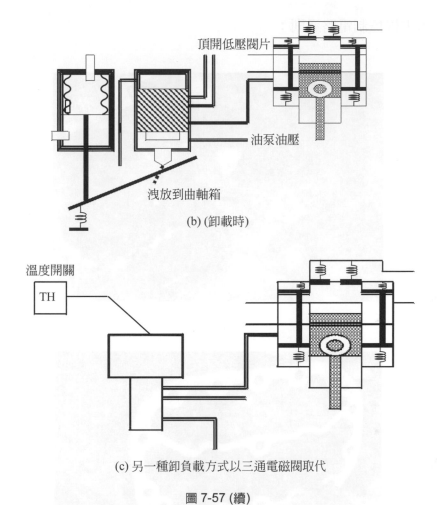

頂開低壓閥片

油泵油壓

洩放到曲軸箱

(b) (卸載時)

溫度開關

TH

(c) 另一種卸負載方式以三通電磁閥取代

圖 7-57 (續)

② 　外部卸載：如圖 7-58 所示

感測器應裝於冰水器入水口處，當溫度開關感測冰水溫度低於設定值時，便控制卸載電磁閥通電，電磁閥通電而激磁，將鐵心拉離。讓高壓氣體推動卸載活塞，頂住閥片座的吸入口，而達到卸載，所以當電磁閥通電是卸載，不通電時是起載，其它氣缸的卸載其動作的原理都很相似，壓縮機起動時會使電磁閥通電，卸載起動可降低起動電流。

4. 冰水主機控制電路通則：

(1)

(a)

(b)

圖 7-58　外部卸載機構

(c)

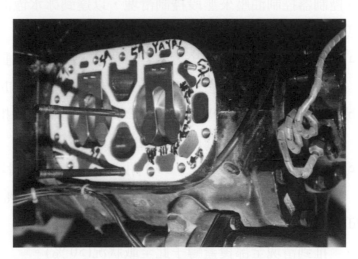

(d)

圖 7-58 (續)

(1) 螺旋機卸載機構：如圖 7-59 所示

螺旋機是容積式壓縮機，由電動機直接傳動公螺旋來帶動母螺旋，公母螺旋轉子彼此間及與壓縮機外殼不接觸，藉冷凍油附著在兩螺旋轉及壓縮機殼內部，主要目的是提供彼此間的氣密，當然也有潤滑作用，而壓縮機的容量調整是由滑塊覆蓋轉子的範圍來決定，當滑塊全部覆蓋轉子則全載狀況，反之塊覆蓋轉子的範圍減少，則冷媒流過轉子壓縮表面因此減少，呈卸載狀況，而滑塊的移動是藉由油壓缸內的油壓推動活塞的，而油壓是高壓的壓力經毛細管限流後的壓力。運用油壓配合電磁閥推動活塞來驅動滑塊，達到分段的容量控制或以 PID 控制器控制油壓來無段控制滑塊，以達到冰水恆溫的控制。

① 四段容量控制：如圖 7-59(b)

(a) 壓縮機須完全卸載後，才容易啟動，所以要啟動前 SV1 打開，滑塊退到最後容量為 25 ％，待啟動後才可以加載。

(b) 容量為 50 ％時 SV1 閉合 SV2 打開，滑塊往前推，推到 SV2 的油道後洩壓，滑塊就維持在此位置(50 ％)。

(c) 容量為 75 ％時 SV1、SV2 閉合 SV3 打開，滑塊往前推，推到 SV3 的油道後洩壓，滑塊就維持在此位置(75 ％)。

(d) 容量為 100 ％時(全載)SV1、SV2、SV3 閉合，滑塊往再前推，推到滑塊全部覆蓋轉子此全載狀況(50 ％)。

② 無段容量控制：如圖 7-59(c)

活塞的移動是決定滑塊的位置，來調整壓縮機的容量，其加卸載是控制 SV1 電磁閥，壓縮機運轉時 SV2 是常開的，SV1 是常閉的，當 SV1 打開，油壓缸油壓減少，彈簧的力量將活塞往後移，壓縮機開始卸載，反之當 SV1 閉合，油壓缸油壓增加，將活塞往前移壓縮機開始加載，壓縮機停止時，SV1 通電打開，彈簧的力量將活塞往後移，使壓縮機完全卸載情況下開機。

(2) 自動泵集：方便維修者更換零件、更換冷凍油、拆修主機或長期停時使用。控制液管上的電磁止閥關閉冷媒管路，讓壓縮機運轉至低壓開關動作，而使壓縮機停機。

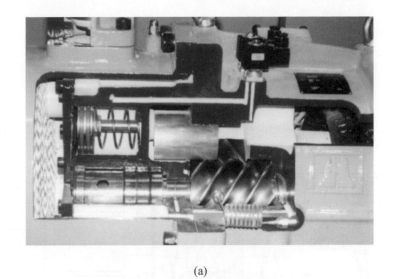

(a)

項　次	內　　　　　容	項　次	內　　　　　容
1	進氣濾清器	10	冷凍機油
2	冷媒氣體(低壓)	11	油分離器濾網
3	馬達	12	冷媒氣體(高壓、不含油)
4	機油過濾器	13	毛細管
5	吸氣端軸承	14	容量控制電磁閥(啓動用)SV1
6	壓縮機轉子	15	容量控制電磁閥(50%用)SV3
7	排氣端軸承	16	容量控制電磁閥(75%用)SV2
8	排氣管	17	容調滑塊
9	冷媒氣體(高壓、含油)		

	SV1	SV2	SV3
100%	off	off	off
75%	off	on	off
50%	off	off	on
25%(啓動)	on	off	off

摘取漢鐘公司技術手冊

圖 7-59　螺旋式壓縮機卸載機構

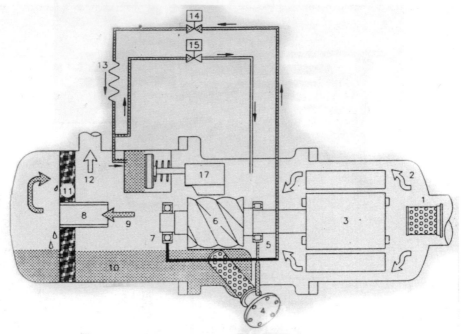

項　次	內　　　　　容	項　次	內　　　　　容
1	進氣濾清器	10	冷凍機油
2	冷媒氣體(低壓)	11	油分離器濾網
3	馬達	12	冷媒氣體(高壓、不含油)
4	機油過濾器	13	毛細管
5	吸氣端軸承	14	容量控制電磁閥(NO)SV2
6	壓縮機轉子	15	容量控制電磁閥(NC)SV1
7	排氣端軸承	16	螺旋轉子
8	排氣管	17	容調滑塊
9	冷媒氣體(高壓、含油)		

	SV1(NC)	SV2(NO)
啟動	on	On/off
加載	off	On
卸載	On	on
維持	off	on

(c) 摘取漢鐘公司技術手冊

圖 7-59　(續)

(d)

圖 7-59 (續)

項　次	內　容	項	內　容
1	進氣濾清器	10	冷凍機油
2	冷媒氣體(低壓)	11	油分離器濾網
3	馬達	12	冷媒氣體(高壓，不含油)
4	機油過濾器	13	毛細管
5	吸氣端軸承	14	容量控制電磁閥(啓動用)SV1
6	壓縮機轉子	15	容量控制電磁閥(50 ％用)SV3
7	排氣端軸承	16	容量控制電磁閥(75 ％用)SV2
8	排氣管	17	容調滑塊
9	冷媒氣體(高壓，含油)		

	SV1	SV2	SV3
100 ％	OFF	OFF	OFF
75 ％	OFF	ON	OFF
50 ％	OFF	OFF	ON
25 ％(啓動)	ON	OFF	OFF

項　次	內　　容	項	內　　容
1	進氣濾清器	10	冷凍機油
2	冷媒氣體(低壓)	11	油分離器濾網
3	馬達	12	冷媒氣體(高壓，不含油)
4	機油過濾器	13	毛細管
5	吸氣端軸承	14	容量控制電磁閥(NO)SV2
6	壓縮機轉子	15	容量控制電磁閥(NC)SV1
7	排氣端軸承	16	螺旋轉子
8	排氣管	17	容調滑塊
9	冷媒氣體(高壓，含油)		

	SV1(NC)	SV2(NO)
啓動	ON	ON/OFF
加載	OFF	OFF
卸載	ON	ON
維持	OFF	ON

5. 往復式冰水主機控制電路說明：如圖 7-60

　　空調機凡有電機設備者，其外殼都應作接地，以策安全。

(1) 起動冰水泵及冷卻水泵運轉，確認管內滿水狀態後 CDFS ，CHFS 流量開關才會接通。

(2) 按 ON 起動主機，需經 CR1 (3 分鐘再次起動限時)計時完畢接通後，CR4 才通電動作。

(3) 主機起動運轉後 TR3 計時，其接點控制(UV 卸載液管電磁閥)使壓縮機能在卸載下起動，經數秒鐘再起載，可降低起動電流並可避免起動瞬間曲軸箱壓力急速下降有泵油現象。

(4) 控制電源送上 GL 綠燈亮。

(5) CCH 通電使壓縮機曲軸箱冷凍油加熱。

(6) TR2 經 3 分鐘後，使⑧行之 TR2 閉合，使 TR1 10 秒後動作。

(7) 按 ON 起動主機 MCD 動作，使 b 接點閉合，則控制箱排熱風扇動作，反之停止。

⑻　FU 呈通路，當冰水水溫度過低則跳脫 YL5 燈亮；COS2 泵集開關當需要修理壓縮機，乾燥器或蒸發器時，就按下使冷媒泵集在冷凝器，當低壓過低時 YL1 亮，當高壓過高時 YL2 燈亮，並使⑪行 COS2 寸動開關斷路，使 SV 液管磁止閥關閉。

⑼　當油壓異常時 OPS (OT) 跳脫 YL3 燈亮，當電流過載或壓縮機溫熱時 OL 跳脫 YL4 燈亮，當 CR1 呈通路時，使⑨行 CR1 a接點閉合，壓縮機動作，反之和 FU 或 HLPS 或 OPS 或 OL 跳脫則壓縮停止動作，FU 線圈通電後，使④行 FU 接通動作。

⑽　當需要至現場操作時按下 COS (手動遠方選擇開關)，再按下 SW 則 CR3 導通 CR3 a接點也導通則 CR2 導通使 8 行 CR2 a接點導通，使⑦行經 CR3 a 接點閉合。

⑾　CHFS (冰水水流動開關) 及 CFS (冷卻水水流動開關) 若冰水或冷卻水不足時跳脫無法動作。

⑿　當電源送上 MT，CR2 呈通路，若為手動時按下 ON 使 CR4 動作控制運轉，若按下 OFF 則運轉停止。

⒀　TR4 a 接點閉合時 TS-1 及 TS-2 通路 (在 8.3～11.7℃)，當電流送上 3 分鐘時 TR2 限時電驛 a 接閉合，電流經過 TR1 (3S) MCD 之 b 接點使 MCD 電磁接觸器動作冰水主機運轉。

⒁　當 Y 啟動時 MCS a 接點閉合，主迴路 MCM 電磁接觸器動作，並使 a 接點閉合產生自保持電路，則紅燈亮表示主機運轉。

⒂　當 TR3 導通經過 30 秒後第⑩行 TR3 (15sec) 呈斷路停止，UV 卸載電磁閥動作。

⒃　當溫度高於 11.7℃時 TS-2 呈開路停止卸載，TS-1 呈通路壓縮機繼續運轉，使溫度降低，溫度低於 8.3℃時 TS-1 呈開路壓縮機停止運轉，TS-2 呈通路 UV 動作。

⒄　當 COS2 接下時 SV 液管電磁止閥關閉，進行泵集維修設備。

5. 螺旋式冰水主機控制電路說明：如圖 7-70

(1) 送電時 GL 綠亮，TS 通電，CCH 加熱，UV1 電磁閥動作，使壓縮機在起動前保持 25 ％卸載位置，TR2 限時電驛計時 30 秒後，UV1 卸載電磁閥跳脫。(註：TR2 限時電驛計設定值，要依卸載汽缸的大小，該機滑塊是在 30 秒確定退到 25 ％位置。)

(2) 冰水泵、冷卻水泵起動運轉後，CHFS CDFS 流量開關接點閉合，CR1 輔助電驛動作自保，CR3 輔助電驛動作。

(3) 按 ON 開關，CR2 輔助電驛動作自保，TR4 限時電驛開始計時 3 分鐘，待 3 分鐘後，MCS、MCM 吸磁，壓縮機 Y 接起動，此時 SV，FAN 動作，RL1 紅燈亮，UV2 電磁閥動作，TR3 限時電驛開始計時 2 分鐘，2 分鐘後 UV2 電磁閥動作。(註：TR3 再 2 分鐘後 UV2 電磁閥是否動作，切換由 TS-3 控制，TR4 限時電驛 3 分鐘，為再次起動的時間的限制。)

(4) TR1　Y-Δ起動電驛計時 4 秒後，切換 MCD、MCM 吸磁，壓縮機Δ接運轉此時 CCH ，UV1、TR2 斷電，壓縮機 50 ％運轉。

(5) TR3 計時 2 分鐘，冰水溫度若高於 TS-3 設定值時，則 TS-3 的 C3--L3 接點接通 UV3 卸載電磁閥動作，壓縮機 75 ％運轉。

(6) 若冰水溫度高於 TS-4 冰水設定值時，則 TS-4 的 C4--L4 接點接通，此時壓縮機全載運轉。

(7) 壓縮機全載運轉後，若冰水溫度低於 TS-4 冰水設定值時，則 TS-4，C4、H4 接點接通，UV3 卸載電磁閥動作，壓縮機 75 ％卸載運轉。

(8) 若冰水溫度再降低於 TS-3 冰水設定值時，則 TS-3，C3、H3 接點接通 UV2 卸載電磁閥動作，壓縮機 50 ％卸載運轉。

(9) 若冰水溫度再降低於 TS-1 冰水設定值時，則 TS-1、C1、H1 接點接通 RL2 紅燈亮壓縮機停止。

(10) 若冰水溫回升高於 TS-1、C1、L1 接點接通，待 TR4 計時 3 分鐘，壓縮機自動運轉。

(11)　防冰開關 FU 跳脫時，YL1 黃燈亮，壓縮機停止。

高低壓開關 HLP 跳脫時，YL2 黃燈亮，壓縮機停止。

SE 開關跳脫時，YL2 黃燈亮，壓縮機停止。

油位太低 OSW 開路跳脫，CR3 輔助電驛斷電，TR5 計時 60 秒後，壓縮機停上。

(12)　壓縮機運轉中切換開關 COS 撥於泵集時，會將低壓開關短路，待低壓壓力降到 20PSIG 低壓開關 LPS 跳脫，壓縮機停止，如欲再起動時，須先按PB使液管電磁閥SV動作開路低壓壓力上升，復歸後才能再起動。
(註：泵集低壓開關設定在 20PSIG)

(13)　卸負載補充說明：

①　當多段式電子溫度控制器旋鈕位置在 7℃，S調在刻度 2(1.5℃)，D1 在約 1℃，D2 在約 1℃，D3 在約 1℃，D4 在約 1℃。

如冰水溫度 28℃，主機會在 25 ％位置 Y 起動，經 4 秒起動完成起載到 50 ％，2 分鐘起載到 100 ％全載。

當冰水溫度持續降低到 10℃(7 + 1.5 + 1.5℃)，75 ％卸載，再降低到 8.5℃(7 + 1.5℃)50 ％卸載，再降低到 7℃，主機停止。

主機停止運轉冰水溫度升高到 8℃(7 +℃)主機運轉，冰水溫度如持續升高 9(8 + 1)75 ％運轉，冰水溫度再持續升高 10(9 + 1℃)，起載到 100 ％全載運轉。

②　UV1、UV2、UV3→OFF→100 ％

UV1、UV3→OFF、UV2→ON→75 ％

UV1、UV2→OFF、UV3→ON→50 ％

UV2、UV3→OFF、UV1→ON→25 ％

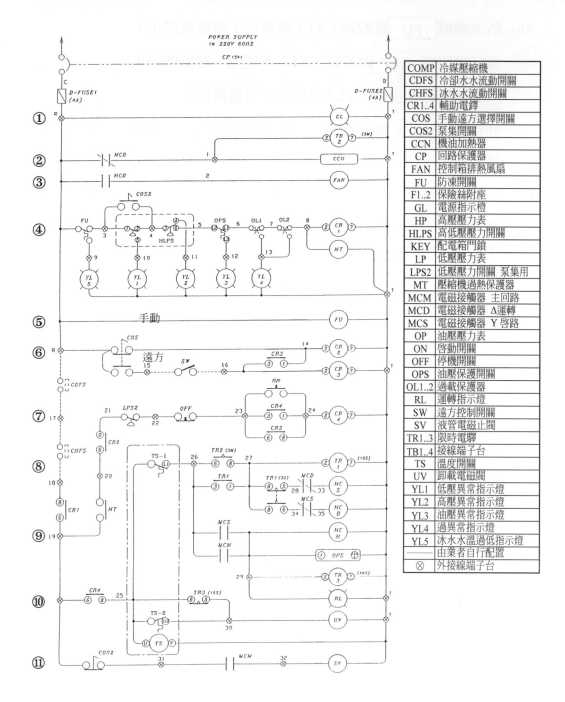

圖 7-60

COMP	冷媒壓縮機
CDFS	冷卻水水流動開關
CHFS	冰水水流動開關
CR1..4	輔助電鐸
COS	手動遠方選擇開關
COS2	泵集開關
CCN	機油加熱器
CP	回路保護器
FAN	控制箱排熱風扇
FU	防凍開關
F1..2	保險絲附座
GL	電源指示燈
HP	高壓壓力表
HLPS	高低壓壓力開關
KEY	配電箱門鎖
LP	低壓壓力表
LPS2	低壓壓力開關 泵集用
MT	壓縮機過熱保護器
MCM	電磁接觸器 主回路
MCD	電磁接觸器 Δ運轉
MCS	電磁接觸器 Y 啓路
OP	油壓壓力表
ON	啓動開關
OFF	停機開關
OPS	油壓保護開關
OL1..2	過載保護器
RL	運轉指示燈
SW	遠方控制開關
SV	液管電磁止閥
TR1..3	限時電驛
TB1..4	接線端子台
TS	溫度開關
UV	卸載電磁閥
YL1	低壓異常指示燈
YL2	高壓異常指示燈
YL3	油壓異常指示燈
YL4	過異常指示燈
YL5	冰水水溫過低指示燈
------	由業者自行配置
⊗	外接線端子台

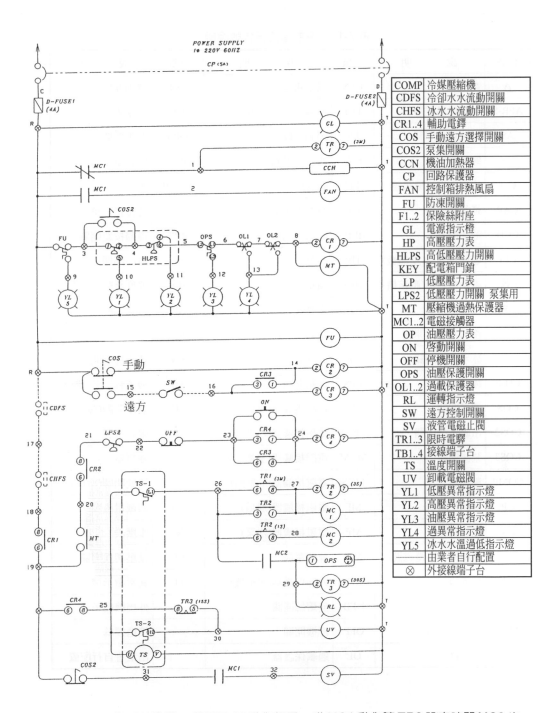

COMP	冷媒壓縮機
CDFS	冷卻水水流動開關
CHFS	冰水水流動開關
CR1..4	輔助電鐸
COS	手動遠方選擇開關
COS2	泵集開關
CCN	機油加熱器
CP	回路保護器
FAN	控制箱排熱風扇
FU	防凍開關
F1..2	保險絲附座
GL	電源指示燈
HP	高壓壓力表
HLPS	高低壓壓力開關
KEY	配電箱門鎖
LP	低壓壓力表
LPS2	低壓壓力開關 泵集用
MT	壓縮機過熱保護器
MC1..2	電磁接觸器
OP	油壓壓力表
ON	啟動開關
OFF	停機開關
OPS	油壓保護開關
OL1..2	過載保護器
RL	運轉指示燈
SW	遠方控制開關
SV	液管電磁止閥
TR1..3	限時電鐸
TB1..4	接線端子台
TS	溫度開關
UV	卸載電磁閥
YL1	低壓異常指示燈
YL2	高壓異常指示燈
YL3	油壓異常指示燈
YL4	過異常指示燈
YL5	冰水水溫過低指示燈
-----	由業者自行配置
⊗	外接線端子台

圖 7-61　為 Y-Y 啟動，與圖 7-60 動作相同，唯 MC1 動作隨 TR2 設定時間 MC2 也動作

表 7-10 控制電路各代號說明

代號	說　　　明	代號	說　　　明	代號	說　　　明
A	電流表	FAN	風扇馬達	ON	啓動開關
APR-S	逆向保護電驛	FCr	運轉電容器(風扇)	OP	油壓表
AS	電流選擇開關	FR	閃動電驛	OPS	油壓開關
BZ	蜂鳴器	FSV	四方切換閥	PCs	啓動電容器(水泵)
C-T	冷卻水塔風扇馬達	FU	防凍開關	PUMP	水泵
CAP	進相電容器	GL	電源指示器	RL	運轉指示燈
CCH	油加溫器	HLPS	高低壓開關	RPB	復歸按鈕開關
CCr	運轉電容器(壓縮機)	HP	高壓表	S	離心開關
CCs	啓動電容器(壓縮機)	HPS	高壓開關	SFB	溫度計時除霜開關
CD-P	冷卻水泵	HTS	高壓吐出溫度保護開關	SR	啓動電驛
CDFS	冷卻水水流開關	KEY	控制箱門鎖	SV	電磁止閥
CHFS	冰水水流開關	LP	低壓表	SW	遠方控制開關
CH-P	冰水泵	LPS	低壓開關	TB	端子台
COS	選擇開關	MC	電磁接觸器(壓縮機)	TH	溫度開關(暖房)
COS2	冷暖選擇開關	MCD	電磁接觸器(△運轉)	TR	限時電驛
COS3	泵集開關	MCM	電磁接觸器(主電路)	Tr	變壓器
COMP	壓縮機	MCS	電磁接觸器(Y啓動)	TS	溫度開關(冷房)
CP	回路保護器	MF	電磁接觸器(風扇)	UV	卸載電磁閥
CR	輔助電驛	MP	電磁接觸器(水泵)	V	電壓表
CSV	壓縮機液路電磁閥	MR	棘輪電驛	VS	電壓切換開關
CT	比流器	MT	內部保護器(壓縮機)	YL	異常指示燈
E	接地	NFB	無熔絲開關	⊗	外接線端子
EPM-V	電源監測器	OFF	停機開關		接地螺絲
F	保險絲	OL	過載保護器		由業者自行配置

4. 微電腦的控制電路：

　　　冰水主機為配合中央監控也漸漸用電子電路控制，將類比與數位的輸入與輸出，集中在模組或 PLC 上，取代傳統繼電器控制方式，並能達到監控、自我珍斷、主機的輪替運轉、開機的時間日期、操作者，主機運轉狀況的記錄、保養到期的提醒、電力的管理、網路上的監視、透過行動電話告知故障警告等多項功能。

圖 7-62

五、泵集步驟：

1. 將低壓開關二接點短路。

2. 起動壓縮機。

3. 慢慢關閉低壓修護閥。

4. 待壓力降低到 2 ～10psig 停止壓縮機，不要泵集到 0psig 以下，避免打開壓縮機時空氣夾帶水蒸氣進入。

5. 移除低壓開關的跨接線。

6. 關閉電源總開關，並確實掛上**"請勿送電，聯絡人：電話："**警告標示。

7. 另一種替代液管電磁閥設計如圖 7-63 可節省成本，運轉時 a、c 通，停機時 b、c 通，利用高壓壓力，迫使膨脹閥關閉，當電磁閥通電後是 a、c 通，如此動作可取代液管上的電磁閥，因接頭多或電磁閥不密閉時，會使系統異常，故障率也因此而增加。

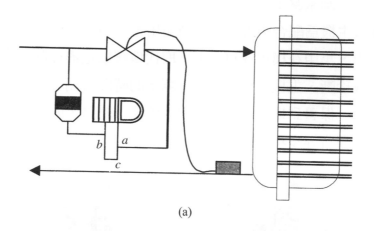

(a)

(b)

圖 7-63

8. 更換冷凍油：

(1) 壓縮機更換冷凍機油：

① 先將壓縮機泵乾，由於曲軸箱內壓力降低，可減輕加油泵的負荷。

② 將加油管連於壓縮機充油閥，另一端接於加油泵，壓縮機充油閥接頭先不要旋緊。

③ 啓動加油泵，排除加油管內空氣，直至油出現於充油閥時，再旋緊加油管接頭。

④　開啓充油閥，使油進入油箱，冷凍油最好先經乾燥再進入壓縮機。(在加油管串接乾燥器)

⑤　當油面達於視窗 1/2 － 3/4 高度時，停止加油泵，油量不可超過油面限度。

⑥　關閉充油閥，移開加油管，並在充油閥上裝上密合墊圈及閥桿帽蓋。

⑦　打開壓縮機關斷閥。

⑧　啓動壓縮機，觀察視油而是否於正常高度。

(2)　壓縮機抽冷凍油：

①　泵乾壓縮機至 2Psig。

②　慢慢開啓排油塞，使油流入流桶，由於流出之冷凍油中含有冷媒，會起泡沫，以致使油溢出油涌，操作時，必須注意。

③　當油面達於視窗規定之 1/2 － 3/4 高度時，鎖上排油塞。

④　打開壓縮機關斷閥，啓動壓縮機，並觀察曲軸箱油面是否正常。

(3)　檢修壓縮軸封(開放式壓縮機)：

①　啓動壓縮機，至低壓達到 5psig 時即停車，即刻關閉壓縮排氣關斷閥。

②　取下聯軸器及軸封蓋輕輕將軸封圈滑出機軸，此時機軸表面應先徹底清潔，而後用乾燥羚皮擦拭封圈平面，若不平滑即須更換，若甚平滑，只須塗以冷凍油後，重新將各零件照原位裝回，應校正連軸器。

③　微開回流關斷閥，利用氣體冷媒，排除壓縮機曲軸箱內氣體。

④　開啓壓縮機排氣及回流關斷閥，並開機。

⑤　運轉正常後，檢漏若仍漏，則須更換新品。

(4)　檢修壓縮機上的閥片：

①　啓動壓縮機至壓力表指示為 5psig 時，即停止壓縮機，重覆數次，至複壓表維持 5psig 以下不變為止，關閉排氣閥(不可低於 0psig)。

②　以對角順序，放鬆氣缸蓋螺絲，開啓氣缸蓋操作時，不能將螺絲全部卸下，至少留下二支螺絲然用木鎚輕敲氣缸蓋，兩邊螺絲交替退出，取下氣缸蓋，注意氣缸蓋尚有高壓力存在。

③　氣缸蓋取出時，閥片位置有冷媒氣泡冒出，須以最快速度換好閥片。

④ 裝上氣缸蓋。

⑤ 排除壓縮機內空氣

❶ 無真空泵使用時,可微開回流關斷閥,以排除內存空氣,重覆數次,至壓縮機內無空氣為止。

❷ 正確方法是接上真空泵抽真空達要求之真空度後,微開回流關斷閥至壓縮機內壓力達 2psig,迅速拆除真空泵。

❸ 打開回流關斷閥及排氣關斷閥後開機,當正常運轉時,檢查各接頭有否洩漏。

(5) 長期停機及更換零件:

① 用一字起子將低壓開關的負荷臂頂住,使接點接通,這樣可防壓縮在冷媒未泵乾前停機,用鱷魚夾短路接點、或將低壓開關設定值調低。

② 當壓縮機運轉時,將出液閥以順時針方向旋緊。

③ 此時低壓開始降低,當低壓降至 5psig 時,將一字起子拔掉停止壓縮機,主機停機後,迅速將排氣關斷閥旋緊。

④ 查看泵集後之壓力低於 10psig,就開始換零件。

⑤ 如多天長期停機:用布蓋起來,將水排出。

⑥ 系統有空氣時,泵集之後壓力低於 5psig 後,讓冷卻水繼續循環,至進出水水溫相等時,才可開始排氣。

(6) 更換壓縮機開斷閥

① 管路焊接時,要充氮焊,以免產生氧化膜,吸入壓縮機造成油濾網阻塞。

② 關斷閥焊接完畢,宜自然冷卻,不可用水冷卻,以免淬化破裂。

六、故障排除及檢修:

1. 一般常發生的狀況:

(1) 高壓過高。

(2) 冷媒不足。

(3) 無法起載。

(4) 無法正常控制。

(5) 無法起動。

2.　系統有不凝結氣體的判斷：

(1)　例如：R-22冷媒的系統當冷凝壓力為175psig，此時測出溫度為29.5℃，但由 R-22 的冷媒特性圖查出 29.5℃ 相對應的飽和壓力只有 157.2psig，得知此時冷凝器壓力高出 17.8psig(175psig～157.5psig)，如壓力差超過 10psig，可知有不凝結氣體或不明的冷媒存在，故必須作適當的排氣或冷媒更換。

(2)　不凝結氣體排除方法：

①　將冷媒泵集在冷凝器，待冷卻水循環到進出水溫相等。

②　停止壓縮機，冷卻水泵持續運轉使內部冷媒液化，也可將冰水送到冷凝器。

③　微開冷凝器頂端的排氣閥，並立即關閉。

④　每隔數分鐘排氣一次，數次後即可排出大部份的不凝結氣體，但不可能完全排出。

3.　冷媒回收：

(1)　冷媒充填過多時，壓縮機運轉，將冷媒瓶接於出液閥，慢慢的微開出液閥。

(2)　系統冷媒回收。

　　如上步驟，注意冷媒回收到低壓開關跳脫即可，因回收太低，會導致壓縮機冷凍油泵出，剩餘的冷媒利用壓力差或冷媒回收機回收，不能直接排放到大氣層以免污染環境。

　　如壓縮機燒燬，應另用一冷媒瓶專門回收後，再經除酸乾燥過濾器處理再利用，注意回收冷媒瓶僅能充入其容積的 80 ％。

4.　充填冷凍油：

(1)　當油視窗應保持在 1/2～2/3 油位，當低於 1/3 時需添加冷凍油。

(2)　冷凍油油位過低時，要先查出失油原因，是系統管路設計不良或長時間輕載運轉所導致。

(3)　先將壓縮機泵乾，用加油泵或對曲軸箱抽真空，利用外氣壓力填充至正常油位後，再啟動壓縮機運轉穩定，視油視窗油位是否正常。

5. 更換冷凍油：

　　壓縮機馬達燒燬油顏色變暗且冷凍油通常呈現酸化有強烈的刺鼻味 表示冷凍油過熱效應而劣化，已失去潤滑功能，一定要更換。

(1) 先將壓縮機內的冷媒排除。

(2) 打開洩油孔，將油漏入空桶內不能隨意排入水溝內。

(3) 清洗油過濾網，可在過濾網旁放置磁鐵以吸附鐵屑。

(4) 擦試曲軸箱底部，檢查是否有大量鐵屑，可辦別壓縮零件磨損。

(5) 曲軸箱抽真空再利用外氣壓力，將冷凍油從充油孔加入或由低壓修護閥加入，千萬不能從高壓修護閥加入。

(6) 馬達燒毀，冷凍油更換後，應定期檢查油的酸鹼度在 PH6 以下即須更換，以免侵蝕馬達線圈的絕緣。

七、試車調整：

　　一台冰水主機製造生產後欲安裝在現場，要經過測試 。

1. 性能測試：

　　依 CNS 標準規定的條件，冰水的進出水溫度 12℃、7℃，冷卻水進出水溫度 35℃、30℃當達到測試條件穩定後，量測其運轉的電流、電壓及消耗功率、再量出冰水流量，乘於進出水溫度差($H＝MS\varDelta T$) 即可得到冰水機的性能，其效率通常以能源效率比(EER)、性能係數(COP)或每一冷凍噸所消耗的功率來表示。

2. 絕緣測試：

(1) 測試電壓不可高於被測件之安全電壓。

(2) 測件須不帶電，並與其它設備隔離。

(3) 需水平，避免磁場的干擾。

(4) 手搖式每分鐘 120 轉，手搖後 30sec 讀值。

(5) 測試前電池電力是否充足，量測件是否帶電。

(6) 儀器測試棒接於欲測 2 端，即可測得，如圖 7-64 所示。

(7) 高阻計使用前後須做短路試驗，使用前要歸零。

(8)　440V 以下的電動機使用 500V 檔測試，以上則使用 1000V 檔測試。

(a)

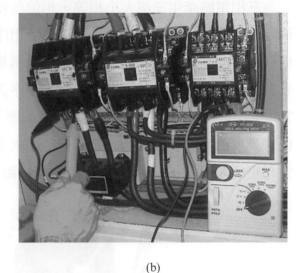

(b)

圖 7-64　絕緣測試器

①　嚴禁在真空下測試，須系統充填冷媒後測試。

②　三相 220V 壓縮機 DC 500V 100MΩ以上。

③　絕緣耐壓＝(額定電壓×2)＋ 1000V　測試一分鐘。

④　氣密試驗：高壓 30kg/cm² 低壓 15kg/cm²。

⑤　耐壓試驗：高壓 45kg/cm² 低壓 23kg/cm²。

⑥　馬達絕緣至少的絕緣電阻

$R = (E + 1/3N)/P + 2000$。

E：額定電壓

N：轉數(rpm)

P：額定功率

一般以 DC1000 V 測量電阻值有 10MΩ以上為正常。

3. 相序及額定電壓的確認：

　　三相電路產生三個大小相等，相位各差 120 度電角度，其產生的順序稱為相序，任意調換兩條導線即可改變相序使旋轉磁場反轉，而改變電動機轉向，有些冰水主機起動前以相序計測量相序以確保正確的轉向，如渦卷式、螺旋式、離心式等壓縮機。將相序表三條線分別接於責任點，如圖 7-65 所示，當轉盤順時針轉向則相序如標示的 R.S.T，如反時針轉向，再任意調換二調線，直到順時針轉向。冰水主機最低起動電壓，須保持在額定電壓的 85 ％以上，運轉中，須保持在額定電壓的±10 ％以內。

圖 7-65　相序測試

4. 保護開關測試：

一般設定值的參考

表 7-11

	開	關		開	關
高壓開關	21kg/cm²	18kg/cm²	壓縮過熱器	110℃	88℃
低壓開關	2.0kg/cm²	3.3kg/cm²	可溶栓	72℃	
溫度開關	7.0℃	8.4℃	洩壓閥	350psig	
防凍開關	2℃	5℃	卸載開關	8.4/9.8℃	9.8/11.2℃

(1) 高壓開關：起動壓縮機，關閉冷卻水塔風扇或漸關冷卻水閥(先將流量開
關短路)，視高壓壓力達到設定值，壓縮機是否能停止。

(2) 低壓開關：起動壓縮機，漸關壓縮機低壓修護閥，視低壓壓力達到設定
值，壓縮機是否能停止。

(3) 油壓開關：將T_1、T_2接點短路，起動壓縮機，視 90～120 秒後是否跳脫
使壓縮機停止。

(4) 溫度開關：起動壓縮機，使用一桶冰水先用溫度計調到設定值以下，再
將溫度開關的感溫棒浸入，視壓縮機是否停止，溫度有誤差要作調整，
再將感溫棒從冰水中取出，壓縮機是否會再運轉。

(5) 多段式溫度開關：起動壓縮機，使用一桶冰水先用溫度計調到設定值以
下，再將溫度開關的感溫棒浸入，視壓縮機是否卸載，溫度有誤差要作
調整，再將感溫棒從冰水中取出，視壓縮機是否會再起載。

(6) 防凍開關：起動壓縮機，使用一桶冰水先用溫度計調到設定值以下，再
將溫度開關的感溫棒浸入，視壓縮機是否停止，溫度有誤差要作調整，
再將感溫棒從冰水中取出，視壓縮機是否會再停止狀態。

5. 冷媒充填量的判斷：保持冰水的進出水溫度 12℃、7℃，冷卻水進出水溫
度 35℃、30℃的條件下來判斷冷媒量是否正常，再參考高低壓壓力值、液
管視窗、運轉電流。

6. 過熱度調整：在冰水進出水溫為12℃、7℃，冰水進出水溫為35℃、30℃，冷媒量正常條件下來調整，使用數位型的溫度表，測回流管的溫度與低壓壓力對照的飽和溫度相差4～8℃，如相差值過大，應順時針調小膨脹閥的閥口，待穩定以每5～10分鐘調整1/4圈，反之亦同。

7. 全年候使用冰水主機時：外界環境溫度過低時，影響流過膨脹閥的液體冷媒，會造成冷凍效果降低故需控制高壓壓力不可過低。

(1) 因為離開冷卻水塔的水溫是直接受外氣條件所影響，所以必須要調整水冷式的冷卻水流量與冷卻水塔風扇的轉速，來保持一定冷卻水溫度，第一個方法是強迫冷凝水在旁通迴路中循環，此迴路是位於冷凝器出口以及泵浦的入口間，由一個三通閥來控制，三通閥藉著感測冷凝器人水溫度或冷凝壓力來調整回水的量。當入水溫度下降至預設值時，閥會漸漸地關閉往水塔的出口，並開啟往泵浦的出口，如此就會旁通冷卻水塔的冷卻能力。通常以冷卻水進入冷凝器的冷卻水溫度為26℃。

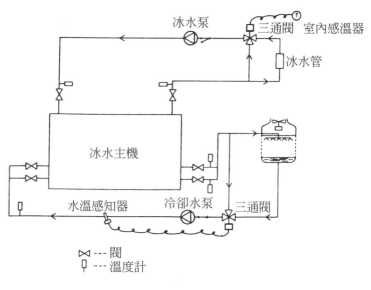

圖 7-66 冷卻水溫控制管路圖

(2) 第二個方法是控制進入冷卻水塔的空氣流量，可以用阻風門或風扇速度來控制，當 R-22 系統冰水出水溫度 6～7℃，電磁閥 60Psig--Open，70Psig--Close。

(3) 氣冷式裝有風閘、散熱風扇開停控制及裝置變頻器改變風扇轉速，在 R-22 系統，應保持高壓在 170Psig--Open，250Psig--Close，如 R-407C 系統再提高 30psi。

圖 7-67　改變冷卻水塔風扇之轉速並可降低噪音及維持一定的高壓壓力

八、空調設備機器操作程序：

1. 開機前之檢查：

(1) 檢查冰水循環系統及冷卻水塔循環系統是否充滿水量，並注意補充水開關是否打開。

(2) 檢視冷媒所有閥門：高低壓閥、冷卻水及冰水閥是否置於適當位置。

(3) 檢查配電盤上各控制機件開關等是否有不正常現象，(如有不正常應該修正)。

(4) 檢查電源電壓是否正常。

(5) 檢查主機壓力錶是否正常、冷凍油是否足夠，油溫、油位正確的判斷，是壓縮運轉一段時間後停止時來判斷，如長期停機時可能油中會有冷媒溶入，而使液位變高，當在泵集或卸載時，因曲軸箱壓力過低會造成油位變低。

(6) 保護開關設定值。

2. 冰水主機起動程序：

(1) 起動各空調箱風扇馬達。

(2) 起動冰水循環泵浦。

(3) 起動冷卻水循環泵浦。

(4) 起動冷卻水塔風扇馬達。

(5) 起動壓縮機馬達。

3. 冰水主機停機程序：

    依起動程序反順為之，主機→冷卻水塔風扇→冷卻水泵→冷卻水泵→空調箱。開機關機步驟沒有硬性規定，主要主機後開先關即可，但為了方便配電盤面板開關的排列及餘溫的冰水尚可製冷，所以控制盤開關位置設計、空調箱、冰水泵為後關較適當。

4. 運轉中注意事項：

    (1) 電氣部份：

    ① 檢查起動後電壓是否正常。

    ② 各項電源開關是否準確推上。

    ③ 開車後電流錶安培數是否正常。

    (2) 機器部份：

    ① 各項馬達是否運轉正常。

    ② 各項機器運轉是否有特別聲響及不正常聲音。

    ③ 循環水泵浦送水是否良好，水壓力是否正常(約 1.5～2.5kg/cm²)。

    ④ 壓縮機壓力錶指數是否正常(低壓表正常在 3.5～5.0kg/cm²，高壓表在 13～16kg/cm²，油壓表在 6.5～9.0kg/cm²2 之範圍內)。

    ⑤ 檢視冷凍油液面視窗內之冷凍油液位是否正常。

    ⑥ 高低壓開關或油壓開關跳脫時，應於查明原因並經修復後再行開機。

      ❶ 確認保護開關在設定值是否正常保護。

      ❷ 冷媒量是否充足。

      ❸ 過冷度及過熱度是否正常。

5. 注意事項：

    發現下列現象時，應立即停機，將電源切斷，檢查修復。

    (1) 各項風扇發生與外殼碰擊聲。

    (2) 壓縮機有不正常撞擊聲。

    (3) 馬達電流超過正常負荷百分之二十時。

    (4) 高壓錶及低壓錶指數超過高低壓自動開關所設定之壓力，而不自動停機。

    (5) 機器起動困難或不能起動。

(6)　機器運轉正常而制冷效果全無。

(7)　機器自動停機而不能回復運轉。

6.　空調系統維護保養：

(1)　日常維護檢查項目：

①　必須由專人負責操作、開機、關機、維護及保養、以延長使用壽命。

②　每日需作室外溫度、冰水管、冷凝水管進出水溫度、電壓、電流、高低壓、油壓及油位之檢查，並作記錄以備日後調整及維護之參考。

③　各機器外觀之清潔 機房的打掃清理。

(2)　每月定期檢查項目：

①　各裝置螺絲有否鬆動。

②　清理空調箱過濾網。

③　清理熱交換器散熱片上積塵。

④　檢查各管路接頭有否滲漏。

⑤　檢查電線有否磨損，連接是否牢固，各接觸點有無損壞現象。

⑥　檢查壓縮機油位是否正常。

⑦　各馬達軸承注入黃油乙次，對於不易注入的加油嘴，可用銅管接到方便加油的位置。

⑧　檢查冰水系統是否滲有空氣並作排氣處理。

⑨　檢查冷媒是否需要補充。

⑩　冷卻水塔清洗及換水。

⑪　檢查膨脹水箱及水塔補給水是否正常。

(3)　半年定期檢查項目：

①　按每月檢查項目執行。

②　清潔乾燥器及換新乾燥劑。

③　清潔膨脹閥。

④　檢查壓縮機閥片有否損壞。

⑤　檢查冷卻水塔之效果及除銹補漆。

⑥　清理水管 Y 型過濾器。

⑦　清洗冷凝器銅管之污垢。

⑧ 每年將壓縮機冷凍油、清理或更換油過濾網。

九、往復式冰水主機通常發生之故障原因及修理對策：

表 7-12

故 障 現 象	可 能 原 因	檢 修 對 策
壓縮機馬達不能運轉	1.電源不通。 2.起動開關損壞。 3.過載保護器跳脫。 4.各項控制及保護開關損壞或跳脫。 5.三相電壓不平衡(註1)。	1.檢查電源開關、保險絲並修復。 2.檢查電磁開關接觸點及電磁線圈是否損壞並修復。 3.過載保護器需在馬達滿載電流1.05倍動作跳脫。 4.檢查高壓、低壓、油壓、防凍、溫度、流量等各開關並修復或復歸。 5.三相電源上使用單相負荷所引起的，可查同一電源上是否有無使用單相，如果沒有則向電力公司反應，請求調查。
壓縮機起動後很快就停機	1.電壓源不正常或接線壓降太大。 2.高壓開關切出(cut out)。 3.低壓開關切出(cut out)。 4.油壓開關切出(cut out)。 5.防凍、溫度開關切出(cut out)。 6.上項開關調整不正確。	1.檢查電壓源是否過低或將線徑加粗。 2.檢視冷卻水溫水量。 3.檢查系統閥門是否打開。 4.檢查油位及油是否冒泡。 5.檢查是否損壞並修復。 6.調整上項開關。
高壓過高	1.管路關閉未全開所或 Y 型濾網阻塞。 2.冷媒管路堵塞。 3.冷媒充填過量。 4.冷卻水或空氣溫度過高。 5.冷凝器積垢太多。 6.冷媒系統混入空氣 (冷凝器內之壓力高於冷媒飽和壓力)。 7.冷卻水塔風扇失效或反轉。 8.壓力錶故障。 9.冷卻水不足或水泵反轉。	1.檢查冷卻水水量或清洗檢查清理 Y 型過濾器。 2.檢查系統高壓修護閥是否全開。 3.減少冷媒。 4.檢查冷卻水塔散熱情況及循環水泵浦是否正常。 5.清洗冷凝器。 6.由冷凝器排出系統中空氣。 7.檢修或更換。 8.更換。 9.檢修改善。

表 7-12 (續)

故 障 現 象	可 能 原 因	檢 修 對 策
低壓過低	1.膨脹閥堵塞。 2.冷媒不足。 3.膨脹閥故障閥口未能打開。 4.膨脹閥太小。 5.風量或水量不足。 6.冰水水溫過低。 7.蒸發器存有油。 8.回流關斷閥未全開。	1.清潔膨脹閥並更換乾燥過濾器。 　(乾燥過濾器太髒時前後溫度顯 　著差異) 2.查漏後並補充冷媒。 3.更新。 4.更換。 5.清理過濾器，檢查馬達是否反 　轉。 6.提高水溫。 7.將油排出。 8.檢查後全開。
油壓過低	1.油過濾網堵塞。 2.油泵浦故障。 3.油溫過低冷媒溶入油中。 4 油位過低。 5.軸承磨損或調整閥不良。 6.齒輪與蓋之間的迫緊厚度不合。 7.過熱度太大或太小。 8.冷媒不足。 9.壓縮機起動頻繁。	1.清除油濾網。 2.檢查油泵浦。 3.檢查油加熱器並修復之。 4.活塞環洩漏 低壓太低。 5.泵集檢修。 6.更換原廠提供的迫緊厚度。 7.調整過熱度。 8.補充冷媒。 9.參考壓縮機起動頻繁部份。
高壓過低	1.冷媒不足。 2.壓縮機閥片損壞。 3.冷卻水溫過低。 4.冷凝器容量太高。	1.補充冷媒。 2.換閥片。 3.調節水閥提高水溫。 4.調整冷卻水量或風量。
低壓過高	1.冷媒過多。 2.膨脹閥開度太大。 3.壓縮機閥片損壞。 4.壓縮機容量太小。 5.蒸發器負載太大。	1.減少冷媒。 2.調整膨脹閥。 3.換閥片。 4.更換。 5.減少負荷。
油溫過高 (不超過 55℃)	1.油壓過高。 2.低壓太高。 3.油泵浦出口堵塞。 4.油壓調節閥失靈。	1.調整。 2.參考低壓過低部份。 3.清理油泵浦。 4.檢查清理及調整。
室溫過高	1.風量不足。 2.冰水溫度過高。 3.冰水量不足。 4.無法加載。 5.溫度自動控制設定不當。	1.檢查送風量。 2.調整溫度控制器。 3.檢視冰水流量。 4.檢視溫度開關及卸載電磁閥。 5.調整溫度自動控制器。
壓縮機運轉 不停	1.冷氣負荷太大。 2.主機容量太小。 3.溫度開關故障或設定不良。 4.電磁開關接點黏死。 5.冷媒不足。	1.減少負荷。 2.更換。 3.調整無效後須更換。 4.檢修更換。 5.補充冷媒。

表 7-12 (續)

故 障 現 象	可 能 原 因	檢 修 對 策
馬達過載	1.壓縮壓過熱。 2.電源欠相。 3.過載保護器失效或調整不良。 4.馬達燒燬。	1.檢查過熱度。 2.檢查線路及開關接點。 3.檢修更換或重新調整。 4.檢修更換。
低壓高、 高壓低	1.膨脹閥開口太開。 2.卸載中。 3.低壓閥片與高壓閥片破裂。 4.活塞環磨損。	1.調整或更新。 2.檢視卸載機構。 3.更換並查出原因。 4.更換。
油位很快降低	1.油起泡。 2.泵集。 3.低壓過低。 4.油環磨損。	1.油溫不足。 2.減少泵集時間。 3.參考低壓過低部份。 4.更換。
防凍開關動作	1.開關失效。 2.Y 型過濾器半堵塞或冰水管。 　內有大量空氣導致流量不足。 3.設定值太高。	1.更新。 2.檢視流量開關、排氣筒是否正常。 3.重新調整。
氣缸蓋過熱 變色	1.高壓閥片破裂。	1.停機檢修。
無法加載	1.低壓閥片破裂。(外載式) 2.油壓過低。(內載式)	1.停機檢修。 2.參考油壓過低部份。

註：1.三相電壓量測每二相的電壓值為，221V/230V/227V，其不平衡電壓的百分比為 2.2 ％
　　　$V_1 = (221 + 230 + 227)/3 = 226$
　　　(226-221)/226×100 ％ = 2.21 ％
　　2.2 ％超過 2 ％最大容許值，0.2 ％相當於造成 20 ％的相間不平衡電流，如此會使馬達線圈溫度增加，減短馬達的壽命。
　　2.高壓壓力正常值水冷式的比冷卻水高 4～5℃ 相對的飽和壓力，氣冷式的比外氣高 10～15℃ 相對的飽和壓力。
　　3.檢查汽缸破裂磨損，運轉時有有異音，可用手電筒照射油視窗，視是否有鐵屑。
　　4.油位過高，會使曲軸浸在油中拍打，使油溫升高也會增加運轉電流。
　　5.在離高壓修護閥 10in 的排氣管測溫，不得超過 140℃，汽缸溫度較此溫度高 10～15℃，溫度不宜太高會使冷凍油劣化及增加馬力。
　　6.壓縮機過熱原因：
　　　‧高的吸氣溫度，無法吸收馬達的產生熱。
　　　‧高壓過高，引起高壓縮比。
　　　‧馬達過熱，馬達溫度不得超過 130～140℃，過熱原因可能由電壓不平衡、高的吸氣溫度、卸載裝置、壓力開關的不當及定子與轉子間隙減少所導致的。
　　　‧排氣閥片破裂，造成汽缸過熱。
　　　‧冷凍油缺乏或劣化無法達到潤滑散熱效果。
　　7.視窗有氣泡，非僅冷媒不足所造成的，尚有因液體管壓降過大或冷凝溫度太低。
　　8.三相電流不平衡，最大與最小相電流差不超過額定電流 3 ％，若不平衡可將電源線互換，以確認電源或馬達的問題。

十、螺旋式冰水主機通常發生之故障原因及修理對策：

表 7-13

故 障 現 象	可 能 原 因	檢 修 對 策
壓縮機馬達不能運轉	1.電源不通。 2.起動開關損壞。 3.過載保護器跳脫。 4.欠相或逆相。 5.起動切換計時不良。	1.檢查電源開關、保險絲並修復。 2.檢查電磁開關接觸點及電磁線圈是否損壞並修復。 3.過載保護器需在馬達滿載電流1.05倍動作跳脫。
壓縮機起動後很快就停機	1.電壓不正常。 2.高壓開關切出(cut out)。 3.低壓開關切出(cut out)。 4.油壓開關切出(cut out)。 5.防凍 溫度開關切出(cut out)。 6.上項開關調整不正確。	1.檢查電壓是否過低並修復。 2.檢視冷卻水溫水量。 3.檢查系統閥門是否打開。 4.檢查油位及油是否冒泡。 5.檢查是否損壞並修復。 6.調整上項開關。
高壓過高	1.管路關閉未全開所或 Y 型濾網阻塞。 2.冷媒高壓側管路堵塞。 3.冷媒充填過量。 4.冷卻水或空氣溫度過高。 5.冷凝器積垢太多。 6.冷媒系統混入空氣。	1.檢查冷卻水水量或清洗檢查清理乾燥過濾器。 2.檢查系統乾燥過濾器。 3.減少冷媒。 4.檢查冷卻水塔散熱情況及循環水泵浦是否正常。 5.清洗冷凝器。 6.由冷凝器排出系統中空氣。
油壓過低	1.油過濾網堵塞。 2.油溫過低冷媒溶入油中。	1.清除油路。 2.檢查油加熱器並修復之。
無法加載	1.卸載電磁閥線圈損壞及配管阻塞。 2.卸載電磁閥洩放口阻塞。 3.卸載活塞卡住 無法關閉。 4.油路阻塞或油濾網太髒。	1.更換線圈或檢查管路。 2.清除管路。 3.檢修。 4.清洗。
無法卸載	1.卸載電磁閥線圈損壞。 2.閥塊 O 環破損無法氣密冷媒大量進入油壓缸內。 3.油量不足。 4.油路阻塞或油濾網太髒。 5.電路控制不良。 6.卸載活塞卡住。 7.排氣端蓋迫緊破損氣態冷媒進入油壓缸。	1.更換線圈或檢查管路。 2.更換。 3.查明原因再補充油。 4.清洗。 5.檢查控制電路。 6.檢修。 7.更換。
吐出口溫度過高而停機	1.吐出口保護電驛及設定不良度過熱度太大。 2.高壓過高。 3.油量過多。 4.油濾網阻塞，供油不足。 5.油量不足。 6.軸承損壞，轉子磨擦。 7.壓縮比過大。	1.調整或更換。 2.調整。 3.清洗。 4.更換濾網。 5.補充油。 6.更新。 7.加裝液冷媒噴射或油冷卻系統。
異常振動或噪音	1.軸承損壞。 2.液壓縮。 3.轉子與機殼磨擦。 4.潤滑不良。 5.內部機件鬆動。	1.更新。 2.檢查。 3.檢修。 4.檢修。 5.檢修。

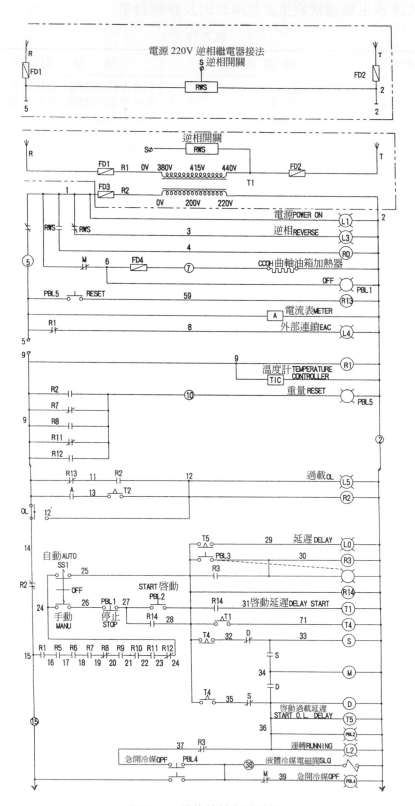

圖 7-68　螺旋機控制電路圖

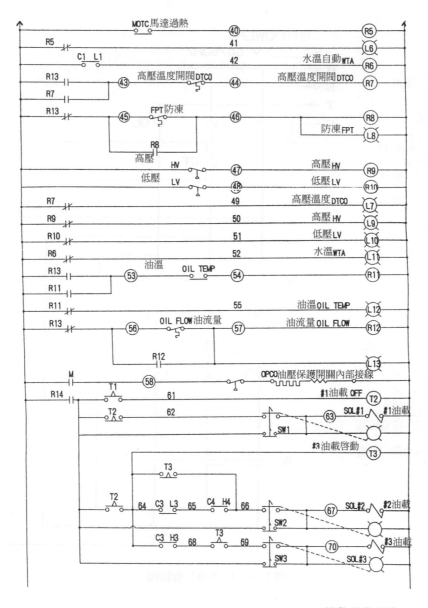

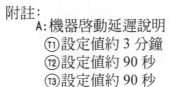

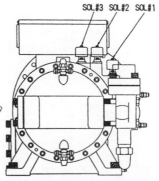

附註：
　A: 機器啓動延遲說明
　　T1 設定值約 3 分鐘
　　T2 設定值約 90 秒
　　T3 設定值約 90 秒
　B: Y-△ 設定值約 3-5 秒

圖 7-68　螺旋機控制電路圖 (續)

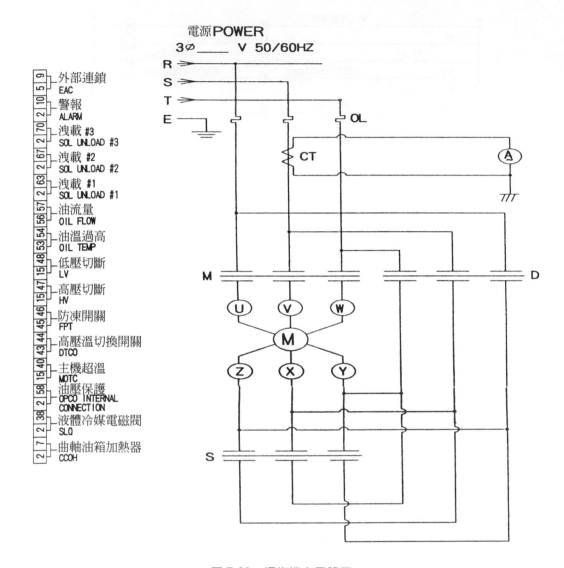

圖 7-69　螺旋機主電路圖

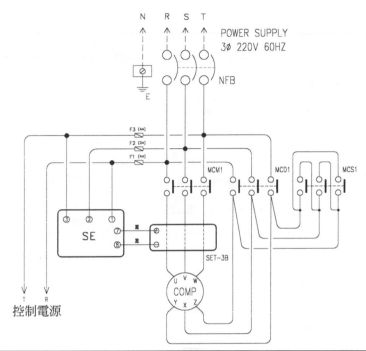

COMP	壓縮機	LP	低壓表	SV	液管電磁止閥
COS	選擇開關 泵集使用	LPS	低壓開關 泵集使用	SW	遠方控制開關
CCH	油加溫器	MT	壓縮機過熱保護器	TR	限時電驛
CR	輔助電驛	MCM	電磁接觸器(主電路)	TS	溫度開關
CDFS	冷卻水水流開關	MCD	電磁接觸器(Δ運轉)	TB	端子台
CHFS	冰水水流開關	MCS	電磁接觸器(　啓動)	UV	卸載電磁閥
FU	防凍開關	NFB	無熔絲開關	YL	異常指示燈
FAN	控制箱散熱風扇	ON	啓動開關	⏚	接地
F	保險絲附座	OFF	停止開關	⊘	外接線端子台
GL	電源指示燈	PB	泵集復規按鈕	----------	業者自行配置
HP	高壓表	RL	運轉指示燈	R,T	配線符號
HTS	高壓吐出溫度保護開關	SE	久相，逆相，過電流保護器	1～32	配線符號
HLPS	高低壓開關	SET-3B	三相電流感測器		

圖 7-70

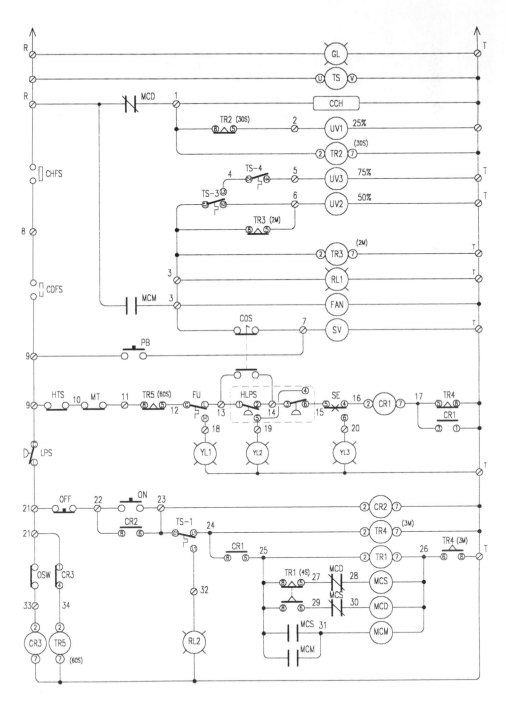

圖 7-70 (續)

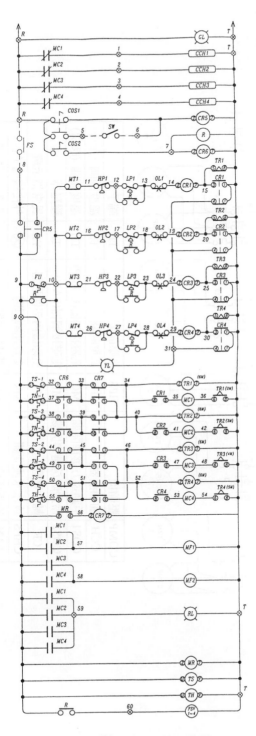

四機一體氣冷式冰水主機

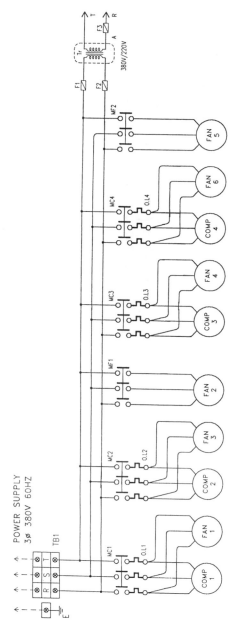

COMP	壓縮機	HPS	高壓開關	TB	端子台
CCH	油加溫器	LPS	低壓開關	TS	溫度開關 (冷房)
COS1	手動遠方選擇開關	MC	電磁接觸器(COMP)	TH	溫度開關 (暖房)
COS2	冷房暖房選擇開關	MF	電磁接觸器(FAN)	Tr	變壓器
CR	輔助電驛	MT	壓縮機內部保護器	YL	異常指示燈
CHFS	冰水水流開關	MR	交互運轉電驛	⊗	外接線端子台
FAN	冷凝風扇	OL	過載保護器	- - - -	業者自行配置
FSV	四方切換閥	R	輔助繼電器	⊥ᴱ	接地符號
FU	防凍開關	RL	運轉指示燈	R,T,A	接線符號
F	保險絲	SW	遠方控制開關	1～60	接線符號
GL	電源指示燈	TR	計時器		

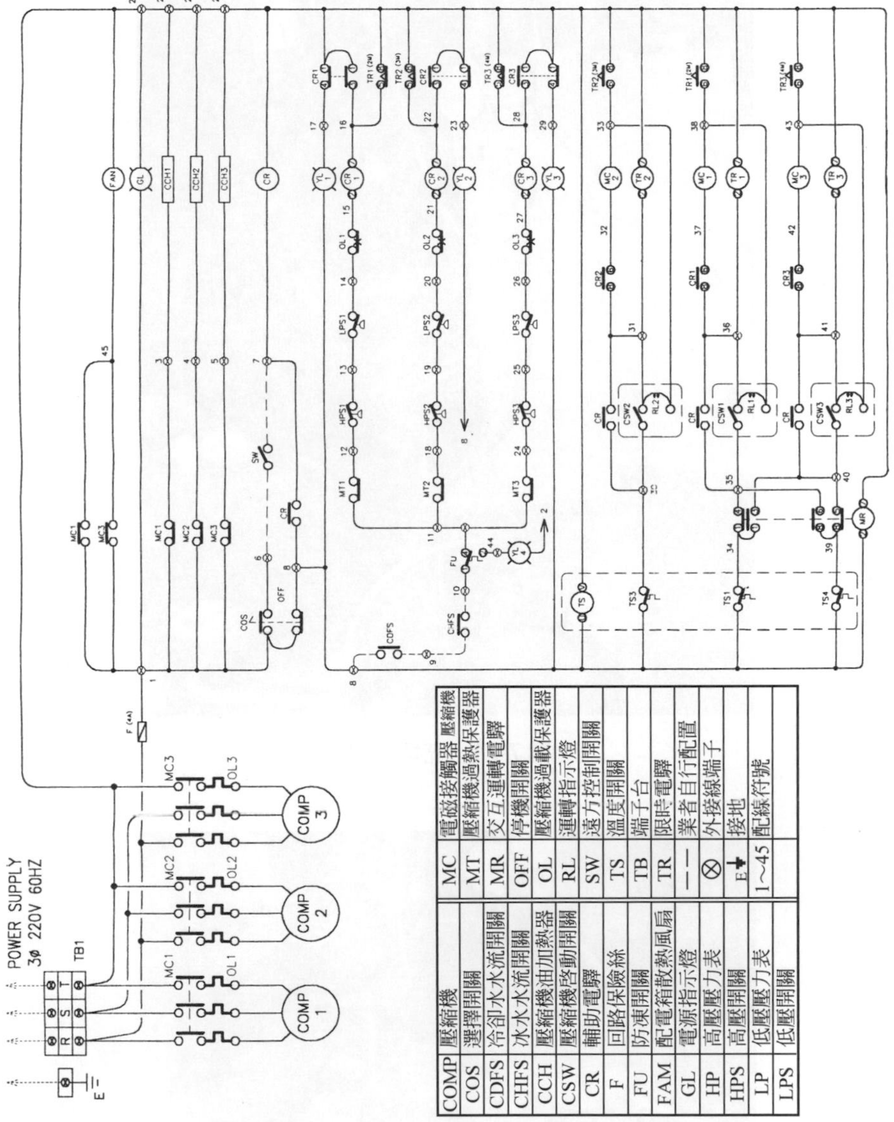

POWER SUPPLY 3φ 220V 60HZ

TB1

COMP 1　COMP 2　COMP 3

符號	說明	符號	說明
COMP	壓縮機	MC	電磁接觸器　壓縮機
COS	選擇開關	MT	壓縮機過熱保護器
CDFS	冷卻水水流開關	MR	交互運轉電驛
CHFS	冰水水流開關	OFF	停機開關
CCH	壓縮機油加熱器	OL	壓縮機過載保護器
CSW	壓縮機啟動助開關	RL	運轉指示燈
CR	輔助電驛	SW	遠方控制開關
F	回路保險絲	TS	溫度開關
FU	防凍開關	TB	端子台
FAM	配電箱散熱風扇	TR	限時電驛
GL	電源指示燈	—	業者自行配置
HP	高壓開關	⊗	外接線端子
HPS	高壓壓力表	E	接地
LP	低壓開關	1~45	配線符號
LPS	低壓壓力表		

三機一體水冷式冰水主機

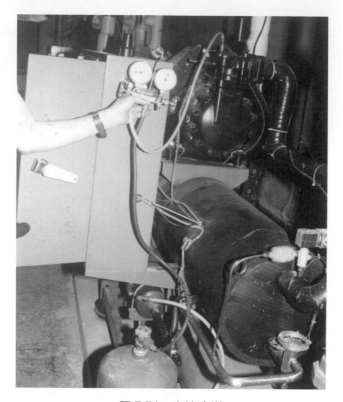

圖 7-71 充填冷媒

圖 7-72 抽真空

圖 7-73　修護閥操作

(a)

圖 7-74　更換乾條過濾器

(b)

圖 7-74 更換乾條過濾器 (續)

(a)

圖 7-75 油泵

(b)

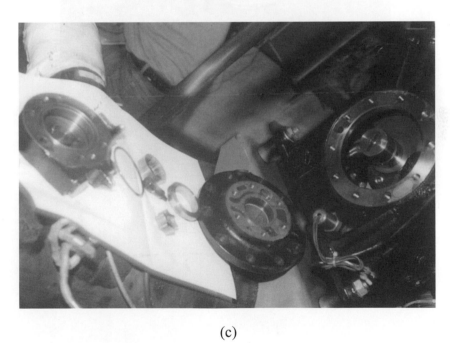

(c)

圖 7-75　油泵 (續)

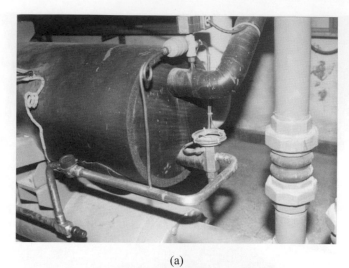

(a)

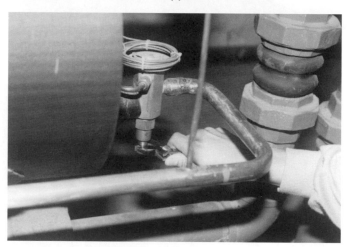

(b)

圖 7-76　過熱度之調整

(c)

圖 7-76　過熱度之調整 (續)

十一、過熱度或過冷度說明：

1. 過熱度過大的原因：

    (1) 膨脹閥調整不正確，供給蒸發器的冷媒不足。

    (2) 吸入管未保溫。

    (3) 蒸發器容量規格太大。

    (4) 熱交換器的影響。

    (5) 回流管壓降過大。

    (6) 感溫筒固定不良或位置不正確。

2. 過熱度太小的原因：

    (1) 流至蒸發器之冷媒太多，低壓管太冷，而產生液壓縮。

3. 過冷度太大的原因：

    (1) 冷凍能力過大，相對的負載太小。

    (2) 膨脹閥半堵。

    (3) 熱交換器的影響。

4. 過冷度偏低：

    (1) 冷媒過少

    (2) 散熱不良。

5.　過熱度及過冷度同時增加：

　　膨脹閥半堵，液體管溫度會下降。

(1)　過熱度太大、過冷度太小：將膨脹閥開口調大。

(2)　過熱度太大、過冷度太大：膨脹閥規格太小。

(3)　過熱度太小、過冷度太小：將膨脹閥開口調小。

(4)　過熱度太小、過冷度太大：膨脹閥規格太大。

十二、由溫度、壓力可判斷系統的運轉情形：

1.　R-22 之水冷式的冰水主機，運轉中冷卻水進出水溫度 27℃，29℃，此時高壓壓力 16.5kg/cm²G(冷媒飽和溫度為 45℃)，得知進出水溫差太小，表示冷凝器太髒需清洗，水冷式凝結器使用過久後形成水垢，如冷凍負荷不變時，冷卻水進出溫差會減少。

2.　若運轉中進水溫度 27℃，出水溫度 35℃，高壓壓力 16.5kg/cm²G(冷媒飽和溫度為 45℃)當在高壓正常時，進出水溫差太大則表示水流量不足或 Y 型濾篩太髒需清洗。

3.　使用 R-22 100USRT(350kw)之冰水主機，運轉中測得冰水流量為 1.2m³/min，進水溫度為 11℃，出水溫度為 7℃，故冰水器之實際容量為 95RT。

4.　R-22 之冰水主機，運轉中高壓錶為 14kg/cm²G(飽和溫度 40℃)，低壓錶為 4.5kg/cm²G(飽和溫度 2.5℃)，油壓錶為 8kg/cm²G， 冰水進水溫度 12℃，冰水出水溫度 7℃，冷凝水進水溫度 30℃，出水溫度 35℃則為滿載正常運轉。

5.　使用R-22 之冰水主機，運轉中高壓錶為 12.5kg/cm²G(飽和溫度 34℃)，低壓錶為 3kg/cm²G(飽和溫度－ 7℃)，冰水出水溫度 8℃，且壓縮機吸入口附近結霜，則為壓縮機回流管濾篩半堵所致。

6.　冷凝器冷媒溫度與冷卻水出水溫度差，為冷凝器的趨近溫度一般為 2℃，若高於 3℃，則考量冷凝器之清洗，蒸發器的趨近溫度為蒸發冷媒溫度與出水溫度差，乾式冰水器一般為 2℃，滿液式的為 1℃。

冷凍空調裝修乙級技術士技能 檢定術科參考資料

壹、應檢人員須知

一、術科辦理單位於檢定前一星期,將開放一天(含)以上,供應檢人員參觀瞭解場地機具設備。

二、應檢人員應攜帶自備工具並準時至辦理單位指定報到處辦理報到手續(依術科辦理單位通知報到時間為準),報到時間結束逾 15 分鐘,不再受理報到,並以缺考論。

三、報到時應攜帶術科測試通知單、身分證或法定證明文件。

四、為工作安全,應全程配戴安全帽、銲接中配戴濾光護目鏡及棉手套、冷媒處理作業中配戴平光護目鏡及防凍手套。

五、為工作安全,應檢人員應著長袖上衣、長褲及不得穿著涼鞋、拖鞋,否則不得入場。

六、術科測試應檢資料及材料等不得攜入檢定場。

七、入場後應依監評人員指示到達自行抽籤之崗位。

八、依據試題自行檢查材料、工具。

九、記錄表應以實際測量數據為準(含單位),不得記錄不確實之數據(如未操作或假操作即記錄)或藉故延長時間,否則以不及格論。

十、向監評人員完成報驗後,不得作任何更改。

十一、應將現場工具、儀錶復原,經檢查確認後始可離場。

十二、不遵守檢定場規則或犯嚴重錯誤致危及機具設備安全或損壞者,監評人員得令即時停檢,並離開檢定場,其檢定結果以不及格論外,並照價賠償。

十三、各站提前完成者或各站間待檢者,應在各站休息區等候應檢(中途需離場者,須向監評人員報備同意),禁止與他人交談,並不得使用手機,否則以不及格論。

十四、當場次檢定各站均及格,總評才算及格。

十五、術科測試應檢資料及材料等不得攜入檢定場。

十六、應檢人員有任何疑問，應舉手發問，由監評人員直接說明，不得與他人互相討論。

十七、監評人員之評審應依試題及評審表執行，不得以「口試」作為評審依據。

十八、監評人員可允許應檢人員使用與檢定場準備之相同性質工具作業。

十九、應檢人員於轉站過程，應由服務人員帶領前往，不得任其自行前往。

二十、應檢人於術科測試進行中，對術科測試採實作方式之試題及試場環境，有疑義者，應即時當場提出，由監評人員予以記錄，未即時當場提出並經作成記錄者，事後不予處理。

二十一、檢定過程中，不准應檢人員互相交談，並不得使用手機，否則以不及格論。

二十二、應檢人員自備工具表

編號	設備名稱	規格	單位	數量	備註
1	三用電錶	普通型	個	1	
2	夾式電流錶	0～300 A	個	1	
3	螺絲起子	十字型 100 mm(4") 附絕緣套管	支	1	非電動
4	螺絲起子	一字型 100 mm(4") 附絕緣套管	支	1	非電動
5	剝線鉗	1.25～8.0 mm²	支	1	
6	電工鉗	6"或 8"附絕緣套管	支	1	
7	活動扳手	8"	支	1	
8	活動扳手	10"	支	1	
9	手電筒	一般型	只	1	
10	原子筆	藍色或黑色	式	1	
11	安全護目鏡	平光	付	1	
12	安全護目鏡	濾光	付	1	
13	防凍手套	需可耐－30℃(含) 以下冷媒處理用	付	1	承辦單位提供，可自備
14	棉手套或皮手套	銲接用	付	1	
15	安全帽	工作用	頂	1	

註：檢定場地不提供上述工具。

貳、乙一站測試試題

一、檢定範圍：

第一項目：銅管銲接

第二項目：電路配線及功能檢測

(註：監評人員指定應檢人需同時同項應檢。)

二、檢定時間：60 分鐘。(第一部份 30 分鐘，第二部份 30 分鐘)

三、檢定說明：

(一) 第一項目：

如附圖乙 1-1 所示，應檢人員就 A 套管或 B 套管自行抽籤決定一處作銲接、探漏、拆卸、組合等處理。

1. 利用氧、乙炔銲接設備將新銅接頭兩端以立管或橫管(銀銲)充氮銲接，銲接順序需考慮氮氣流動方向。

2. 自行利用現場氮氣設備充氮加壓 10 kgf/cm²G±10%，再以肥皂水探漏，銲接處不得洩漏，並站壓 3 分鐘(站壓前後須報備)，相關零件、管路如有洩漏必須查出洩漏處，應報備但不需補漏。

3. 小心洩放管路中氮氣後，利用現場適當工具及氧、乙炔銲接設備等將原銅接頭，依監評人員指定(必須記錄)一端加熱卸下，另一端距離銅接頭銲道 50±5 mm 處以切管器切下。

4. 距加熱卸下之銅管管端 60±5 mm 以切管器切斷。

5. 以徒手將新銅接頭套入原管路，其二端套合深度在 25 mm 以上，才算完成。

6. 向監評人員報驗檢查確認無誤後，應將現場設備、工具等復原。

(二) 第二項目：

如附圖乙 1-1-2a～1-1-2c 所示，共三題，由應檢者自行抽籤決定一題應考。

1. 應檢人員請使用所發給之器材，依現場之線路圖，以正確方法在配線板接線。控制線路、儀錶配線部份僅限定在 TB 端子台之間配線；主線路部份則直接在器具間配線。

　　　試題 a：Y-△冰水主機配線，控制線路已配妥，應檢人員施作主線路
　　　　　　及設備接地配線。

　　　試題 b：Y-Y 冰水主機配線，主線路已配妥，應檢人員施作控制、儀
　　　　　　錶線路及接地配線。

　　　試題 c：冷凍冷藏控制配線，主線路已配妥，應檢人員施作控制線路
　　　　　　及設備接地配線。

　　　(註 1：試題 a 應檢人員自行剪剝、壓接導線。)

　　　(註 2：試題 b、c 試場提供兩端已處理好之導線。)

2. 依據附表乙 1-1 及附表乙 1-2 所提供之參考數值，設定調整各控制保護開關 2～3 處。

3. 配線完成後，應檢人員應在檢定時間內，檢查電源電壓及相序，並以自行檢查所配線路無誤後(應檢人員可在時間範圍內報備送電測試功能)，再報驗檢查才算完成。

4. 報驗時，應檢人員應自行以適當方法送電作功能檢測。

5. 檢測功能無誤後，應將現場設備、工具等復原。

四、注意事項：

(一) 銲接及卸下作業時應採隔熱措施及配戴濾光護目鏡、安全帽與棉紗手套(自備)，並應注意本身及他人安全，否則以不及格論。

(二) 充氮銲接時，管內氮氣其流量維持在 3～5 L/min(工作壓力依現場流量計之規格調整)。

(三) 銅管充氮銲接時，應將銲料熔入滲透於間隙內，最低深度 15 mm 以上。

(四) 站壓實施前後需先報備，洩壓時，閥柄應緩慢打開，不可在未卸壓情形下拆卸管路，以免受傷害。

(五) 銅接頭套入原管路時，不得使用工具敲入。

(六) 現場設備復原含氧氣、乙炔及氮氣調整壓力錶組歸零。

　　　(註：銲接管路組件(含 1-5/8" OD 銅管組件、關斷閥、安全閥、壓力錶及氮氣供氣接頭)不得洩漏。)

(七) 檢定時所使用的加壓探漏用壓力調整器與充氮銲接用之壓力調整器附流量計應分開使用。

(八) 應檢人員因操作不當致使材料損壞，即不再提供材料。

(九) 配線時，剪線長度以不超過二端子間 1.5 倍為原則。

(十) 務必依照現場之配線圖配線，若因配線錯誤或工作不當而損壞檢定器具、設備致影響功能者除判定不及格外，尚須依規定照價賠償。

(十一) 配合檢定時間，控制線路、儀錶及地線配線時，由檢定場提供兩端已處理過線頭(壓接或焊錫)之導線及不採過門線配線方式；主線路配線暫採 Y 型端子壓接。

(十二)電流切換開關連接比流器之接地點由應檢人自行量測判斷後接線。

(十三)現場另提供應檢人員一份應考試題線路圖供配線註記用，考畢須繳回。

(十四) 若察覺接點滑牙或器具故障處，必須自行利用現場已備妥之紅色圓點貼紙貼於該處。

(十五) 應檢人員應在檢定時間內檢查電源電壓、相序，並以測試所配線路。

(十六) 應檢人員應自行以適當方法作送電功能檢測。

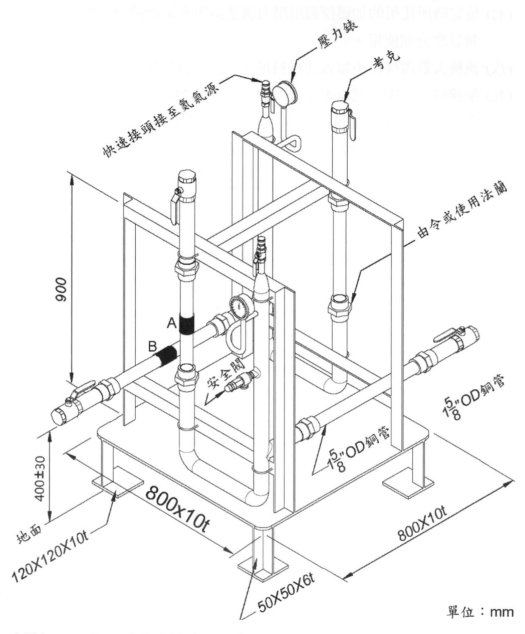

註：上圖中 A、B 為 1-5/8" 銅套頭(長度 60±5mm)。

圖乙 1-1　銅管銲接圖

五、焊接步驟：

(一) 檢定前(不列入檢定時間)整理器具：

1.　套管鬆緊。

2.　焊條。

3.　點火器。

4.　水桶隔熱布。

5.　焊接架位置調整。

(二) 時間開始步驟如下：

1.　隔熱 → 閥開關。

2.　充氮 → 壓力 → 流量 3-5 L/min → 確認氣流。

3.　焊接 → 焊道順序順著氣流 → 火焰角度 → 加熱位置 → 焊條加入時機 → 注意安全。

4.　焊接完成 → 冷卻 → 關氮氣。

5.　加壓探漏 → 查漏確認。

6.　拆離快速接頭 → 報備站壓 → 9-11 kg/cm^2。

7.　卸壓 → 注意安全。

8.　固鬆 → 正確端(退管端切 5cm、切管端 6cm) → 檢定時間截止。

9.　恢復場地，表歸零(不列入檢定時間)。

(三) 點火：

1.　檢查氧氣、乙炔氣壓力調節器所調節之壓力及所選擇之火嘴是否正確，並戴上安全護目鏡。

2.　以右手握焊具之把手，左手調節焊具上之乙炔氣調節閥，以左手背檢查其流量，不能太多也不能太少，適量即可。

3.　左手取電子點火器或磨擦打火器點火，此時產生冒黑煙之乙炔火焰，點火後隨即以右手稍開氧氣調節閥，在調整為中性火焰。

4.　點火之步驟，歸納言之，即先開乙炔氣後點火再開氧氣。

(四) 熄火：

1. 熄火時，爲了安全，先關氧氣閥，後關乙炔氣閥。

2. 關閉氧氣瓶閥再關乙炔瓶閥。

3. 停止焊接時，應洩放橡皮管內之氣體，先打開焊具上之調節閥再退鬆壓力調節閥。

(五) 銀焊條選用：

1. 溶點低、良好的流動性和塡滿間隙的能力，並且強度高、塑性好，導電性和耐蝕性優良，可以用來焊接，鋼鐵管、不鏽鋼管。

2. (0%)銅磷銲料，熔點較低，具有良好的流動性，可以流入間隙很小銲縫，但銲縫塑性差，處在衝擊和彎曲狀態的接頭不宜採用。

3. (2%)，熔點適中塑性較好，具有良好的流動性和塡縫能力，接頭機械性能好，對於銅和銅的焊接具有自銲性。 用途：適用於電機製造和儀錶工業上焊接銅及銅合金。廣泛用於空調、冰箱、機電等行業，銅及銅合金的焊接。熔點645-790℃。

4. (5%)銅銀磷銲料，其焊接接頭強度、塑性、導電性及漫流性比(15%)稍差，但比(2%)有所改善。用途：適用於電機製造和儀錶工業上焊接銅及銅合金。有一定塑性，適用銅及其合金接頭的焊接。熔點645-815℃。

5. (15%)銅銀磷銲料，由於銀含量多，提高了強度減少脆性，銲銲料熔點降低，其接頭強度、塑性、導電性及流動性是銅磷銲料中最好的。適用於焊接銅及銅合金、銀等金屬。多數用來焊接衝擊振動負載較小的工作，以電機製造使用最廣。具有接頭塑性好，導電性提高，特別適用間隙不均場合。可焊接承受振動載荷的銅及其低溫管路的焊接。熔點645-800℃。

(六) 焊接前作業：

清除焊接表面的油脂、氧化物等汙物，焊接接頭的最好間隙為
0.03～0.075mm，焊接時避免加熱過久造成砂孔。

		氧化焰	中性焰	碳化焰
氧：乙炔		1.5：1	1：1	0.9：1
焰心溫度		3500℃	3223℃	3100℃
火焰顏色	外焰	縮短、淡紫色	淡藍色	淡藍色
	內焰			淡白色
	焰心	紫色	藍白色	藍白色
用途		高碳鋼	中低碳鋼、銅管	中低碳鋼

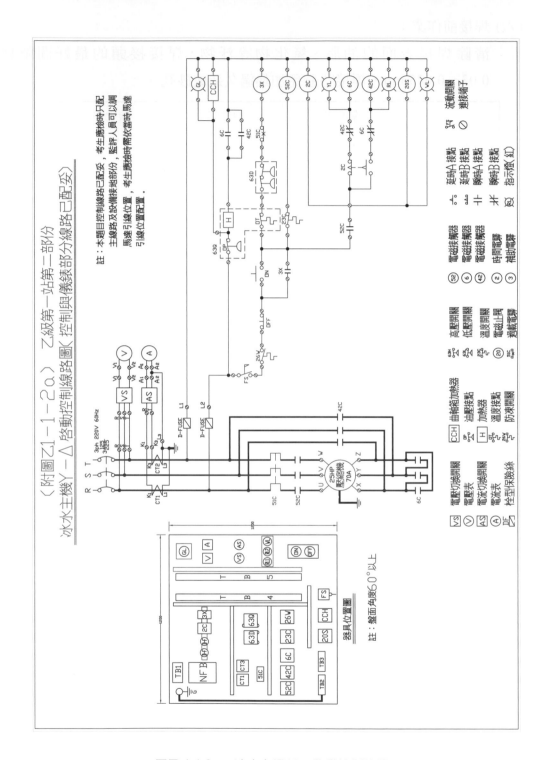

圖乙 1-1-2a　冰水主機 Y-△啓動控制線路圖

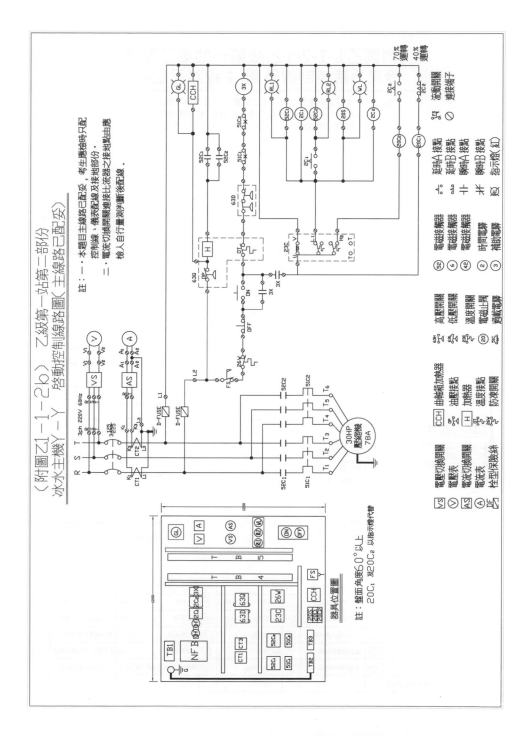

圖乙 1-1-2b　冰水主機 Y-Y 啟動控制線路圖

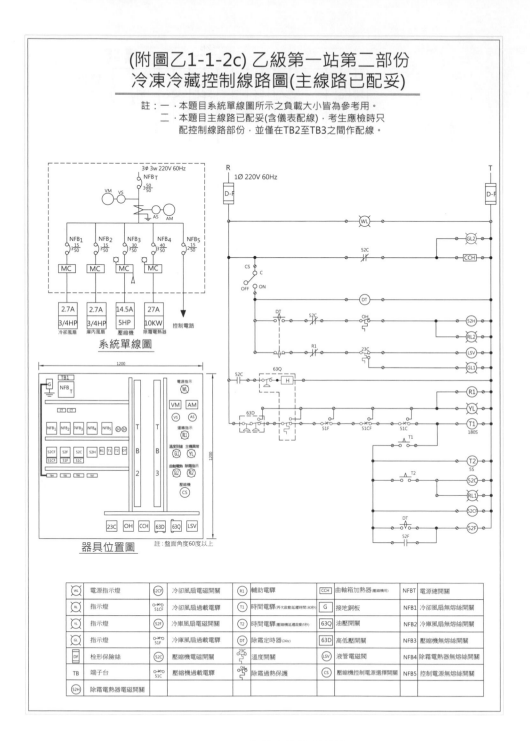

圖乙 1-1-2c　冷凍冷藏控制線路圖

表乙 1-1　R-134a 水冷式冰水機組控制保護開關設定參考值

開關名稱	參考設定值
高壓開關	12 kgf/cm² G Cut Out
低壓開關在蒸發溫度 4.4℃ 之下	1.2 kgf/cm² G Cut Out
油壓開關	1.8～2.5 kgf/cm² G Diff. Cut Out 差壓
溫度開關	7～12℃ 外裝式卸載裝置第一段
防凍開關	3.3℃ Cut Out
起動定時器	3～5 秒(Y-△)；1/10～1 秒(部分繞組起動 Part Winding Start)
馬達過載電驛	依附圖乙 1-2a、1-2b 設備容量設定

表乙 1-2　R-404A 氣冷式冷凍機組控制保護開關設定參考值

開關名稱	參考設定值
高壓開關	28kgf/cm² G Cut Out
低壓開關	0.3 kgf/cm² G Cut Out，0.9 kgf/cm² G Cut In
油壓開關	1.8～2.5 kgf/cm² G Diff. Cut Out 差壓
庫內溫度開關	−18℃
除霜過熱保護開關	5℃
庫內風車延時時間	4 min
主機再次啓動延時時間	180 sec
壓縮機啓動延時間	5 sec
除霜週期	運轉時間 6 hr，除霜時間 30 min
馬達過載電驛	依附圖乙 1-2c 設備容量設定

六、配線功能檢測

(一) 控制邏輯：

1. 控制電源：燈亮，CCH 通電。

2. ON：啓動運轉。

3. 溫度：控制、加卸載。

4. 冷凍冷藏控制電路增加：開始除霜、過溫度保護、除霜結束、冷凍。

5. 保護連鎖PATT。(P：壓力開關，A：過載電驛，T：溫度開關，T：延時電驛)

(二) 冰水主機電路配線功能檢測步驟：

1. 設定、頂開關、復歸、查接地線。(檢查保護開關設定值、頂低壓油壓開關及流量開關)

2. 量控制電源二次側是否短路。(量控制電源保險絲二次側是否短路)

3. 量相序、電壓、勾夾式電流表。(量相序、量電壓、夾上電流表)

4. 確認電源燈亮、CCH 通電。(送電源、量油加熱器是否通電)

5. PB ON → 啓動運轉。(按 ON 啓動運轉)

6. 調溫度開關。(調溫度開關測加卸載動作)

7. 保護開關測試順序：流量開關、過載保護器、高低壓力開關、防凍開關、油壓開關。(依順序測試保護開關連鎖動作、流量開關、高低壓力開關、線圈過熱、再次啓動時間、最後測試油壓開關)

8. 切換AS、VS測電流表及電壓表。(撥轉電流與電壓切換開關，檢視其電壓與運轉電流是否正常)

(三) 冷凍冷藏控制電路功能檢測：

1. 設定、頂開關、復歸。

2. 量控制電源二次側是否短路。

3. 量相序、電壓。

4. 確認電源燈亮、CCH 通電。

5. PB ON → LSV 通電 → 頂 63D 低壓開關 → T1(180 SEC) → 52CF、52F 動作 → T2(5SEC) → 52C 動作 → 頂 63Q(油壓建立)。

6. 溫度到：調溫度開關到設定值 → LSV 斷電 → 63D 低壓開關拔開 → 52C、52CF、52F 停 → 拔開 63Q(油壓)。

7. 開始除霜：24DT a 接通 → 52H 除霜熱絲動作 → 同時 24DT b 開 → LSV 斷電 → 63D 低壓開關拔開 → 52C、52CF、52F 停 → 拔開 63Q (油壓)。

8. 過溫度保護：OH 開 → 52H 停。

9. 除霜止冷凍：24DTb 通電 → LSV 通電 → 頂 63D 低壓開關 → T1(180 SEC) → 52CF 動作 → T2(5SEC) → 52C 動作 → 24DTb 延遲 → 52F 動作。

10. 保護開關測試順序：51F → 51CF → 51C → 63D → 63Q。

11. 切換 AS、VS 測電流表及電壓表。

(四) Y-Y 控制電路動作說明：

1. NFB ON → CCH 通電、GL 燈亮。

2. 當 FS(頂)、26W 通 → PB ON → 經過 OT、63D、51C1、51C2 → 3X 通電。

3. 同時 20C1 通電(40%卸載運轉)。

4. 3X(a 接點通、自保持) → 23(UV 電源) → U--L1 接通 → 52C1(Y1)、20S 通電(液管電磁閥) → 2C1 動作計時 1sec → 52C2(Y2)動作、壓縮機運轉。

5. 壓縮機運轉 → 2C2 計時 30 sec → 2C2(a 接點接通) → 當溫度下降 U--H2 通 → 20C2 通電(70%卸載運轉)。

6. 當溫度再下降 U--L1 開路 → 壓縮機停止。

7. 當保護開關：FS、26W、OT、63D、51C1、52C2 開路 → 3X 斷電 → 壓縮機停止。

(五) 冷凍冷藏控制電路說明：

1. 63D 頂 → NFB ON、WL 亮　→ CCH 通電。

2. 運轉時：CS ON → LSV 通電(液管電磁閥) → 63D 通。

3. T1(180 sec) → 52CF(散熱風扇)、52F(冷庫風扇) → 再經 T2(5 sec) → 52C(壓縮機)。

4. 溫度達到時，泵集停機：23C1 開路 → LSV 斷電 → 壓縮機持續運轉 → 63D 低壓開關開路 → 52C、52CF、52F 皆停止。

5. 到除霜時間：24DT a 接通 → 52H 通電 → 24DT b 開路 → LSV 斷電，此時壓縮機持續運轉 → 低壓開關開路 → 52C、52CF、52F 停止運轉。

6. 當除霜時間截止：24DTb通電 → LSV通電 → 低壓開關接通 → T1(180 sec) → 52CF(散熱風扇) → 經 T2(5SEC) → 52C (壓縮機) → 24DTb 延遲 1 min → 52F 通電。

7. OH 為庫內過溫度保護開關動作 → 52H 停止。

8. 保護開關：51F → 51CF → 51C → 63D → 63Q。

七、乙一站評審表

評審項目	說明
一、有下列任一個□內打√者爲不及格：	
(一) 未能在規定時間內完成 　　中途棄權：□第一部份　　　　□第二部份 　　未 完 成：□第一部份　　　□第二部份 　　未依規定報備：□第一部份　　　　□第二部份	*1.* 評審項目欄內□，以「√」表示該項不及格。 *2.* 分站評審結果欄，及格者以「○」，不及格者「×」表示之。
(二) 銲接作業： 　□氧、乙炔工作壓力調整超過安全範圍 　□有回火現象造成危險　　□未充氮銲接 　□充氮銲接時閥件操作錯誤　□銲接處漏氣 　□未做斷熱措施　　　　　□銲道滲透未達規定 　□銲接時軟管接觸銲接管路　□未依序氮氣流通方向銲接	
(三) 探漏及站壓作業： 　□不會使用充氮系統　　　□漏氣處未發現或無法處理 　□站壓時未關閉氮氣源　　□未依規定加壓或站壓 　□探漏方式錯誤　　　　　□加壓探漏超過三次(含第三次) 　□加壓時面對安全閥釋氣方向　□站壓壓力未達 10 kgf/cm² G±10% 　□站壓時間未達三分鐘	
(四) 管路裝卸作業： 　□銅管破裂　　　　　　　□切管後無法裝置套管 　□套管套入深度未符合規定　□未依照指定的管端拆卸 　□銅接頭套入原管路時，使用工具敲打　□管路未洩壓即加熱退管	
(五) 配線作業： 　□剪線長度逾越兩接線端直線距離兩倍以上達 6(含)條以上者 　□導線剝線不良損及或折斷芯線達 10(含)處以上者 　□未使用規定之壓接端子鉗壓接者 　□導線未壓接端子達 10 只(含)以上者 　□壓接不良之端子達 10 只(含)以上者 　□壓接端子選用錯誤達 10 只(含)以上者 　□壓接端子固定不良達 10 只(含)以上者 　□導線色選擇錯誤者　　　□導線徑以小代大者　　　□綠色導線載流者 　□接續不良(含線頭與器具固定不良) 致輕拉脫落達 3 處者 　□接地線未接達 2 處(含)以上者	
(六) 功能檢測作業： 　□接線錯誤(含短路、功能錯誤、無功能) 　　(請註明)： 　□不會或未做檢測(含相序檢測、電壓電源、送電功能檢測)	

(七) 損壞機器設備： 　　損壞　　　　　　　　　　　　□損壞器具以致無法通電
(八) 其他重大錯誤，經監評人員在評審表內登記有具體事實。 　　□損壞機器或器具設備影響功能 　　□更改已配妥之線路 　　□不遵守檢定場規則者 　　□攜帶危險物品者 　　□工作安全未加顧慮者。如未戴安全帽、銲接時未戴濾光護目鏡及棉手套或其他危險動 　　　作等，第一次警告，第二次視為重大缺點(請註明) 　　□未注意安全致使自身或他人受傷
二、第一部份有下列任三個□內(含)以上打√者仍為不及格：
(一) 銲接作業： 　　□連續點火失敗達三次(含)以上 　　□操作及調整氧、乙炔銲具錯誤 　　□點火或銲接時火焰持續冒黑煙超過 4 秒鐘 　　□使用還原焰銲接 　　□充氮量太高或太低 　　□銲條銲藥使用過多或銲淚凸起 2 mm 以上 　　□銲道不均勻，有凹凸不平 　　□銲接處有砂孔 　　□銲接過熱引起銅管變質 　　□銅管處理不當(如刮毛邊時，雜質掉入系統內或毛邊未處理)
(二) 探漏及站壓作業： 　　□加壓探漏達二次者
(三) 管路裝卸作業： 　　□管路裝置未平直 　　□管路裝置固定不良 　　□未依規定尺寸切管
(四) □工具、儀錶或機具設備未復原 　　□工具或儀錶使用不當或損壞器具不影響功能(請註明)： 　　_____
三、第二部份有下列任三個□內(含)以上打√者仍為不及格：

(一) 配線作業：
　　□未使用壓接端子達 4 只(含)～9 只
　　□壓接端子壓接不良達 6 只(含)～9 只
　　□壓壞端子達 6 只(含)～10 只
　　□未歸位之端子達 6 只(含)～10 只
　　□剝線不良達 6 線端(含)～10 只
　　□壓接端子選用錯誤達 4 只(含)～10 只
　　□壓接端子固定不良達 6 只(含)～10 只
　　□剪線長度超過兩接線端直線距離 2 倍以上者，達 5(含)條以下
　　□接續不良(含線頭與器具固定不良)致輕拉脫落者
　　□導線剝線不良損及或折斷芯線者
　　□接續不良(含線頭與器具固定不良)致輕拉脫落者 3 處以下
　　□接地線 1 處未接

(二) 控制開關未照提供數據設定調整，誤差大於最小刻度二格以上
　　□高壓開關　　　□低壓開關　　　□溫度開關　　　□時間電驛　　　□積熱電驛

(三) □操作或工作方式不當(請註明)：
　　_____

(四) □工具、儀錶或機具設備未復原
　　□工具或儀錶使用不當或損壞器具不影響功能(請註明)：

參、乙二站測試試題

一、檢定範圍：箱型冷氣機之配線、故障排除、試俥調整及冷媒回收

二、檢定時間：60 分鐘

三、檢定說明：

(一) 配線：

　　請自行抽籤決定檢定崗位並使用所發給之器材(含兩線端已壓接好之電線)，依現場之線路圖，以正確方法在配線盤上端子台間連接控制線路。

(二) 故障排除及試車調整：

　　1. 配線完畢，作電源相序、電壓及保護元件設定等必要檢查，確認無誤後，再報備送電開機。

　　2. 若可修護或調整者(如冷媒過量或不足等)，應當場恢復冷媒正常狀態後，再填寫運轉記錄表。(R410A 系統應以液態冷媒充填)
　　　(註：冷媒正常狀態係指送、回風溫度差 5℃以上或送風溫度 15℃以下。)

　　3. 檢查冷卻水系統、冷媒系統、控制或指示元件及空氣側系統時，若故障無法在檢定時間內或當場妥善修復者，請在記錄表之運轉狀況判斷項目□內打√，並在不正常原因記錄故障原因。填寫記錄表運轉狀況判斷後，向監評人員報驗。

(三) 冷媒回收：

依監評人員指定冷媒回收量(0.3～0.5 kg±10 %)，以冷媒回收機及電子秤施行回收，回收完畢必須再向監評人員報備。

(註：R-410A 系統冷媒回收時，應以高壓液態冷媒回收。)

(四) 繳交記錄表，並將現場設備、工具等復原。

四、注意事項：

(一) 檢定時間到達 50 分鐘，仍未將壓縮機轉者，即視為不及格，並請離場。

(二) 依照現場之配線圖配線，否則以不及格論。

(三) 配線檢查務必確實，以免危險，若因配線錯誤而燒燬檢定用機具、設備者應照價賠償。

(四) 送電前須將冷氣操作開關置於停止位置，且使用夾式電流錶(作為判斷壓縮機是否正常啟動用)後，向監評人員報備後始可送電。

(五) 填寫記錄表時，務須根據當時之實際數據填寫，否則以判斷錯誤論。

(六) 如係冷媒過多須調整至適量時，需以冷媒回收方式處理。

(七) 冷媒處理時需戴防凍手套與平光護目鏡。

(八) 如需作系統探漏，必須在停機狀態下進行螺帽接管處。

(九) 冷媒充填與回收前後均應報備。

(十) 冷媒回收量以電子秤讀值為準，不包含連接管所應泵乾冷媒量。

(十一) 應檢人於故障排除時，調線時應報備。

(十二) 報驗送電開機前應自行檢測，並作電源相序、電壓檢查及保護元件之設定。

(十三) 送電前須將冷氣操作開關置於停止位置，且使用夾式電流錶後，經報備後始可送電。

(十四) 指定冷媒回收量(0.3～0.5 kg ±10%)，連接管泵乾冷媒量不計入。

(十五) 應檢人員於繳交記錄表時，必要時請應檢人員再核對記錄表。

(十六) 乙二站試題故障或調整項目表

檢定編號		檢定日期	年　月　日　上/下　午	
項目	冷卻水系統	冷媒系統	控制或指示元件	空氣側系統
故障或調整處	□水塔風扇轉向	□毛細管堵塞	□溫度開關	□風車轉向
	□水閥	□冷媒不足	□壓力開關	□過濾網
	□水泵轉向	□冷媒過多	□控制機板	□皮帶
	□灑水桿轉向	□有不凝結氣體	□保險絲	□空氣短循環
	□Y型過濾器	□其他＿＿＿＿	□相序保護開關	□其他
	□其他＿＿＿＿		□過載保護開關	
			□電力電驛	
			□電磁接觸器	
			□切換開關	
			□PB開關	
			□電容器	
			□指示燈	
			□其他＿＿＿＿	
備註			含附屬設備之元件故障、調線。	

註： 1.本表於檢定結束後附於每位應檢人員之乙二站記錄表後。
　　 2.勾選4處故障或調整項目以平均分配為原則。
　　 3.單一元件只能作2點以內故障點。

五、乙二站步驟

(一) 箱型冷氣機配線與故障排除(R-410A 機型)。

(二) 檢查工具：相序計、複合壓力表、冷媒瓶、冷媒回收機、電線是否齊全。

(三) 水閥：進出水閥、灑水頭轉向。

(四) 檢查元件接線：檢查 OL 設定值、線路、元件。

(五) 配線完成：檢查漏接、接觸不良、斷線，量測是否短路 → 確認調旋鈕於停止、溫度開關設最冷位置→確認選擇開關於 OFF 位置。

(六) 報備送電：勾錶 → 量相序、電壓值 → 開機前冷媒高低壓力值。【填表紀錄】

(七) 附屬設備：水塔風扇轉向 → 灑水頭方向 → 水泵轉向 → 冷卻水塔水量。

(八) 運轉：送風調最強 → 勾錶 → 啟動壓縮機 → 高低壓壓力 → 壓縮機電流。

(九) 檢查結果：冷媒不足 → 停止壓縮機(水泵持續運轉) → 肥皂水 → 探漏(接頭確實探漏)。

(十) 報備充填冷媒：戴護目鏡、防凍手套 → 以液態冷媒從低壓側緩慢充填 → 橡皮管端附關斷閥不作排氣動作 → 低壓回流管冰冷---電流(額定電流)、壓力(R410A：高壓 2345 kPa；低壓 840 kPa 水冷式，冷氣能力是依據 CNS 規格冷氣條件(吸入空氣乾球溫度 27°C，濕球溫度 19°C，冷卻水入口溫度 30°C，出口溫度 35°C)運轉時之數值)。)

(十一) 回風與出風溫度差 5°C 或出風口 15°C 以下就可記錄。

(十二) 填表：運轉三分鐘後填表※(注意單位及進出值勿顛倒)。

(十三) 關機：報驗 → 關冷氣。

(十四) 報備回收冷媒：水泵持續運轉 → 戴護目鏡、防凍手套 → 接冷媒回收 → 橡皮管端附關斷閥不作排氣動作 → 依評審規定回收冷媒量 → 以高壓液態冷媒端回收。

(十五) 報備完工：拆除導線 → 整理場地 → 將工具歸位(不列入檢定時間)。

六、乙二站記錄表

(一) 檢修運轉記錄(請就實際運轉情況數據記錄)：

　1. 開機前檢查

　　(1) 外氣乾球溫度：_____°C DB　　濕球溫度：_____°C WB

　　(2) 電源相序：□正相序　　□逆相序

　　(3) 電源電壓RS：_____V　　ST：_____V　　RT：_____V

　　(4) 高壓壓力：_____　　低壓壓力：_____

　2. 開機後

　　(1) 電源電壓RS：_____V　　ST：_____V　　RT：_____V

　　(2) 壓縮機電流 R：_____A　　S：_____A　　T：_____A

　　(3) 高壓壓力：_____　　低壓壓力：_____

　　(4) 冷卻水溫度：冷凝器入口_____°C　出口：_____°C

　　(5) 空氣溫度：蒸發器回風_____°C　　出風：_____°C

(二) 運轉狀況判斷：

　　我判斷本台機器：1.□正常(以下各項免填)、2.□不正常

　　不正常原因：＿＿＿＿＿＿＿＿＿＿＿＿＿＿＿＿＿＿＿

(三) 以冷媒回收機與電子秤施行冷媒指定量回收，並填寫下列各項。

　　冷媒指定回收量：＿＿＿＿＿＿＿kg

　　實際回收量：＿＿＿＿＿＿＿kg

　　(註1：運轉狀況判斷錯誤者(含未判斷)視為不及格。)

　　(註2：若檢修運轉記錄(含單位)填註錯誤達三處者仍為不及格。)

七、乙二站評審表

評審項目	說明
一、有下列任一個□內打√者為不及格： (一) 未能在規定時間內完成 　□中途棄權　　　　□未完成 　□未依規定報備(請註明)：＿＿＿＿＿＿＿＿＿＿	*1.* 評審項目欄內□，以「√」 表示該項不及格。 *2.* 分站評審結果欄，及格者以「○」，不及格者「×」表示之。
(二) 配線作業 　□未按圖配線　□無功能或功能錯誤＿＿＿＿＿＿＿ 　□短路或保險絲熔斷 　□接續不良(含線頭與器具固定不良)致輕拉脫落超過2處者	
(三) 開機作業 　□未作相序檢查 　□未依正確順序開機 　□短接控制元件強迫開機(冷媒不足起動時不在此限) 　□選擇開關於送電時未置於停止位置 　□主機連續啟停達三次(含)以上 　□未排除故障或調整(請註明)：＿＿＿＿＿＿＿＿	
(四) 媒系統處理作業 　□補充冷媒前未做探漏　　□探漏方法錯誤 　□任意洩放主機系統冷媒　□未使用綜合壓力錶或連接錯誤 　□充填不當冷媒　　　　　□充填冷媒造成液態進入壓縮機	
(五) 冷媒回收作業 　□未停機作冷媒回收或回收方式錯誤 　□冷卻水未循環　　　□冷媒回收時系統呈現真空狀態	

(六) □記錄表未繳　　　　　　　　□記錄表不及格者(請見記錄表)
(七) □損壞機器設備、工具、儀錶等而影響功能 請註明：＿＿＿＿＿＿＿＿＿＿＿＿＿＿＿＿＿＿＿＿＿＿＿
(八) 其他重大錯誤，經監評人員在評審表內登記有具體事實 　　□不遵守檢定場規則者 　　□攜帶危險物品者 　　□工作安全未加顧慮者，如：未戴平光護目鏡、防凍手套、安全帽或其他危險動作等等，第 　　　一次警告，第二次視為重大缺點(請註明)：＿＿＿＿＿＿＿＿＿＿ 　　□未注意安全致使自身或他人受傷
二、雖上列各項均及格，但有下列任三個□內(含)以上打√者仍不及格：
(一) 配線作業 　　□設備接地未接　　　　　　□未作靜態檢查 　　□接續不良(含線頭與器具固定不良)致輕拉脫落含 2(含)處者
(二) 各保護開關未按規定設定調整，誤差大於最小刻度二格以上 　　□高壓開關　　　　□低壓開關　　　　□積熱電驛
(三) 開機作業 　　□未作電源電壓檢查　　　　　□開機運轉時未正確使用夾式電流錶 　　□報驗前，啟動附屬設備未作轉向測試及閥件(請註明)：＿＿＿＿＿＿＿＿＿
(四) 冷媒系統處理作業 　　□綜合壓力錶組操作不當(含管內冷媒洩放)　　□系統冷媒倒流回瓶內或外漏 　　□冷凍油外洩　　□冷媒充填過多後自行回收
(五) 冷媒回收作業 　　□冷媒回收量未符合規定
(六) 損壞器具而不影響功能 　　□控制元件(請註明)：＿＿＿＿＿＿＿＿＿＿＿＿＿＿＿＿＿ 　　□配管管件(請註明)：＿＿＿＿＿＿＿＿＿＿＿＿＿＿＿＿＿
(七) □工具儀器或機具設備未復原

八、乙二站檢定設備運轉數據表

項目 機器編號	正常運轉記錄 室內：34℃ DB 室外：30℃ DB					備註
	電流 A	高壓 kPa	低壓 kPa	出風溫度 ℃ DB	回風溫度 ℃ DB	
1	6.1	2010	880	15	24	高壓壓力＝冷凝器出水溫度＋5℃對照的飽和壓力 低壓壓力＝蒸發器出風溫度－7℃對照的飽和壓力 進出風溫差 8～10℃ 運轉數據會受外氣溫度、室內負荷與風量大小影響 (1 kg/cm² = 98.1 kPa)
2	6.7	2135	910	16	25	
3	7.3	2155	930	12	25	

九、箱型冷氣機開機步驟

(一) 試運轉前之檢查：

　1. 檢查電源電壓。

　2. 配線檢查。

(二) 檢查輔助設備：

　1. 冷卻水泵浦之檢查。

　　⑴ 檢查冷卻水循環泵浦之運轉電流、運轉方向及異音。

　　⑵ 檢查冷凝器冷卻水出入口方向，水質、水壓及配管是否漏水。

　2. 冷卻水塔之檢查。

　　⑴ 檢查冷卻水塔送風機馬達之運轉電流，送風機之轉向，空氣之流動應為吸上排。

　　⑵ 檢查散水頭之轉向，需與送風機轉向相同，而且散水頭之轉速，需符合申板上之轉速，否則應調整散水管之噴水角度或調節水量。一般有四根散斗管之散水頭轉速約 10～12rpm。

(三) 冷氣送風機之檢查：

　1. 檢查送風機之運轉電流，運轉方向及異音之檢查。

　2. 測量送風機之風速及風量，風速可由風車型風速計測量回風口及送風口之平均風速。

(四) 啓動運轉壓縮機：

　1.　檢查運轉電壓及運轉電流。

　　(1)　三相電壓應平衡，若不平衡不得超過±2%。

　　(2)　電壓降起動時不超過±10%，滿載電流時不超過±2%。

　　(3)　運轉電流應在銘板記載之滿載額定電流值以內。

　2.　檢查系統運轉之高壓壓力及低壓壓力。

　3.　通過蒸發器出入口空氣溫度之側定。

　　(1)　入口空氣乾濕球溫度測量。

　　(2)　出口空氣乾濕球溫度測量。

(五) 自動保護開關之檢查高壓開關泵升動作試驗 → 高壓開關設定 270psi → 慢慢旋緊冷卻水控制閥、系統泵升(pump-up)，則高壓壓力逐漸上升，至高壓開關之設定值，壓縮機應停止運轉

十、箱型冷氣機之定期保養

(一) 月定期保養：

　1.　清洗冷卻水塔。

　　(1)　刷洗冷卻水塔底部水槽，清除水垢及青苔。

　　(2)　換水。

　　(3)　清洗出水口水過濾網。

　　(4)　調整散水頭之轉速。

　2.　清洗冷氣機。

　　(1)　洗回風口空氣過濾網。

　　(2)　擦冷氣機回風柵板及送風柵板。

　　(3)　擦拭冷氣機外殼。

　3.　檢查運轉特性。

　　(1)　運轉電壓。

　　(2)　運轉電流(冷卻水泵浦、冷卻水塔、送風機及壓縮機馬達)。

　　(3)　系統運轉高低壓力。

　　(4)　冷氣出入口空氣乾濕球溫度。

(二) 年度開機前之定期保養：

    1. 強制循環式洗淨冷凝器。

        (1) 使用化學洗淨液槽強制循環洗淨法。

        (2) 利用冷卻水泵浦，與冷卻水塔同時洗淨之化學洗淨劑。

    2. 冷氣機開機試運轉。

        (1) 啓動冷卻水泵浦，檢查轉向、水量、異音及運轉電流。

        (2) 啓動冷卻水塔，檢查轉向、散水頭轉速及運轉電流。

        (3) 啓動冷氣送風機，檢查送風機轉向、風量、異音及運轉電流。

        (4) 啓動冷氣壓縮機，檢查運轉高低壓力、運轉電流及冷氣出入口空氣。

        (5) 檢查冷媒管路系統冷媒是否洩漏，管路是否與金屬摩擦產生異音。

        (6) 擦拭外殼及面板。

肆、乙三站測試試題

  一、檢定範圍：中央空調系統試車前檢查、調整、故障排除、運轉測試及泵集

  二、檢定時間：60 分鐘

  三、檢定說明：

(一) 由應檢人員自行抽籤決定系統設備機種(往復式、螺旋式兩種)及手動泵集方式：

    1. 往復式泵集(Pump-Down)方式：

      a. 更換冷凍油(先關低壓關斷閥，後關高壓關斷閥)。

      b. 更換乾燥器、膨脹閥(先關出液閥，後關低壓關斷閥)。

      c. 長期停機(先關出液閥，後關高壓關斷閥)。

    2. 螺旋式機泵集方式：

      a. 乾式以「長期停機(先關出液閥，後關高壓關斷閥)」方式。

      b. 滿液式以「更換冷凍油」方式，使用冷媒回收機將壓縮機內冷媒泵集轉移至冷凝器。

(註1：當日檢定過程發生故障無法短時間內修護時，則可指定另一機種測試。)

(註2：泵集需採用手動泵集，不可使用自動泵集。)

(二) 於規定時間內完成下列作業：

　　1. 以正常方式做必要之檢查(含空氣側防災安全連鎖系統)、設定、調整
　　　(可參考附表乙 3-1)及故障排除，經報備後，並按正確順序開機。

　　2. 至少運轉 5 分鐘後，始可將測試記錄值及運轉數據填入記錄表內，並
　　　報驗及繳交記錄表。

　　　(註：配合外氣條件 20℃以下，回水溫度達 12℃時，即可將測試記錄
　　　值及運轉數據填入記錄表內。)

　　3. 依抽籤決定之方式泵集，並以正確順序關機報驗。

(三) 將現場工具、儀錶復原，經檢查確認後始可離場。

四、注意事項：

(一) 檢定時間到達 50 分鐘時，壓縮機仍未啓動運轉者，即視爲不及格，並
　　請離場。

(二) 不得損壞系統設備及工具儀錶，如有損壞，除照價賠償外，並以不及格
　　論。

(三) 壓縮機馬達絕緣電阻值須在電磁開關負載側量測。

(四) 電源電壓、相序需在電磁開關電源側量測。

(五) 應檢人員需自行檢查，壓縮機開機前必須報備。

(六) 空氣側防災安全連鎖系統測試含：

　　1. 防火開關溫度設定與控制風機連鎖動作。

　　2. 煙霧感測器動作需與風機及風門連鎖動作。

(七) 應檢人於故障排除時，調線時應報備。

(八) 檢定時間到達 50 分鐘，主機仍未啓動運轉者，即視爲不及格，並請離場。

(九) 運轉 5 分鐘後或外氣溫度 20℃以下回水溫度達 12℃時，方可將測試記
　　錄值及運轉數據填入記錄表內。

(十) 泵集時之低壓壓力評定依主辦單位所提供數據爲準。

(十一) 故障或調整處製作注意事項，應注意故障點是否危及人員、設備之安
　　　全，冷卻水塔系統不製作故障點，設備及配件 2m 以上高處作業不製
　　　作故障點。

(十二) 監評人員於當日協調會時勾選故障或調整處，交由監評長簽名確認。

(十三) 應檢人員於繳交記錄表時，必要時請應檢人員再核對記錄表。

五、乙三站試題故障或調整項目表

項目	水系統	冷媒系統	控制或指示元件	空氣側系統
故障或調整處	□水塔風扇轉向	□高壓端修護閥	□溫度開關	□風車轉向
	□水閥	□低壓端修護閥	□油壓力開關	□過濾網
	□水泵轉向	□出液閥	□高低壓壓力開關	□皮帶
	□灑水桿轉向	□油溫	□保險絲	□風門
	□Y型過濾器	□油位	□相序保護開關	□防火開關
	□其他_____	□曲軸箱加熱器	□過載保護開關	□偵煙開關
		□其他_____	□電力電驛	□其他_____
			□電磁接觸器	
			□過溫度保護開關	
			□防凍開關	
			□流動開關	
			□限時電驛	
			□加卸載電磁閥	
			□液管電磁閥	
			□盤面開關	
			□其他_____	
備註			含附屬設備之元件故障、調線。	

註： 1. 本表於檢定結束後附於每位應檢人員之乙三站記錄表後。
　　 2. 勾選6處故障或調整項目以平均分配為原則。
　　 3. 單一元件只能作2點以內故障點。

六、乙級第三站流程

(一) 步驟：水系統 → 電源確認 → 空氣系統 → 附屬設備 → 冷媒系統 → 控制電路 → 連鎖測試 → 開機記錄 → 泵集 → 關機。

(二) 水管系統(順著閥位置方向檢查)：水泵出入水閥 → 備用泵閥 → 水壓表閥 → 冰水器與冷凝器出入水閥 → 空調箱出入水閥 → 流量開關接點。(水閥、水壓表考克、流量開關接點與方向、外側冷卻水塔不檢查)

(三) 測壓縮機繞組絕緣電阻 → 測相序 → 三相電壓(電磁開關電源側)。(量壓縮機繞組絕緣、電源相序、電壓、紀錄)

(四) 空氣系統：空調箱保護連鎖電路：送風機與排煙機 OL 設定 → 過濾網 → 查風門開度 → 防火開關溫度設定 50℃ → 偵煙感測器 → 開空調箱送風機【注意夾勾錶及轉向並記錄運轉電流】→ 測防火風門動作 → 測偵煙風門。(送風機過載保護器設定、防火開關設定、風門驅動器位置、測保護開關連鎖、檢查送風機轉向、測防火開關、偵煙感測器、排煙機動作是否正常)

(五) 水系統附屬設備：冷卻水泵 → 水塔風扇 → 冰水泵 → 空調箱(查 OL 設定值及接線接點 → 測 OL 保護動作 → 送電檢查 → 夾勾表及轉向與進出水壓差)。(過載保護器設定、夾上電表、測過載保護器連鎖動作、注意馬達轉向及水壓差)

(六) 冷媒系統(順著冷媒流動方向檢查)：低壓關斷閥(先鬆氣密閥再開)防塵蓋要蓋回 → 高壓關斷閥 → 冷凝器出液閥 → 防凍開關感測棒 → 溫度開關感測棒 → 油位 1/2 至 2/3 → 油溫(手觸摸)。(冷媒閥、油位、油溫、溫度與防動開關感測棒位置)

(七) 控制電路(設定、接線、故障)：高壓開關 → 低壓開關 → 油壓開關 → 泵集壓力開關 → 過載保護器 → 溫度開關 → 防凍開關 → 時間電驛。(保護開關設定值、是否調線、用電表量接點是否導通)

(八) 測試主機保護開關動作：量控制電源是否短路 → 送電 → 流動開關 → 主機 OL → 油壓開關 → 高壓開關 → 低壓開關 → 泵集開關 → 防凍開關 → 溫度開關 → 液管電磁閥動作 → 檢查卸載電磁閥動作 → 再次啟動時間電驛。(流量開關、高低壓力開關、過載保護器、防凍開關、線圈過熱、再次啟動時間、最後測試油壓開關)

(九) 啟動壓縮機：開機前必須報備 → 夾勾表壓縮機 → 開主機電源 → 查電流、壓力、冷媒視窗、進出水溫、油位。(再次確認設定值、夾上電流表、報備運轉 5 分鐘、紀錄並注意單位、進出水溫水壓及結果判斷)

(十) 紀錄：至少運轉 5 分鐘後或回水溫度達 12℃時方可記錄，注意單位、進出水溫水壓勿顛倒、綜合結果之判斷。

(十一) 泵集：

1. 往復機 2～10 psig((1)更換冷凍油，(2)更換乾燥器、膨脹閥，(3)長期停機)，螺旋機(乾式長期停機，泵集壓力 35 psig 以下；滿液式採更換冷凍油：將壓縮機高低壓修護閥關閉；再以冷媒回收機將壓縮機冷媒回收至冷凝器，直到壓縮機壓力 2～10 psig 停止)

2. 長期停機 → 頂住低壓開關 → 先關出液閥 → 待低壓 5 psig → 停機 → 關高壓修護閥。

3. 更換乾燥劑 → 頂住低壓開關 → 先關出液閥 → 待低壓 5 psig → 停機 → 關低壓修護閥。

4. 更換冷凍油 → 頂住低壓開關 → 先關低壓修護閥 → 待低壓 5 psig → 停機 → 關高壓修護閥。

(十二) 依序關附屬設備。

(十三) 整理場地 → 將工具歸位(不列入檢定時間)。

六、乙三站中央系統空調機試車記錄表

檢定機種：□往復式　□螺旋式

項目			記錄值(含單位)	應檢者自行判斷		項評結果
				判斷結果	不正常(請註明原)	
開機前測試及記錄	1.乾球溫度／相對濕度	室外	／			
		室內(機房)	／			
	2.壓縮機馬達絕緣電阻	相－相				
		相－地				
	3.開機前電源	電壓 RS/ST/TR	／　／			
		相序(正或逆相序)				
	4.防火開關／煙霧感測器 (正常否)		／			
	5.送風／回風／排煙／外氣風門(正常否)		／　／　／			
	6.送風機／排煙機(正常否)		／			
運轉後記錄		額定值	記錄值(R/S/T)			
	7.空調箱風車電流		／　／			
	8.冷卻水塔風扇電流		／　／			
	9.冷卻水泵電流		／　／			
	10.冰水泵電流		／　／			
	11. 壓縮機電流		／　／			
	12.高壓壓力					
	13.低壓壓力					
	14.潤滑系統	油壓壓力				
		油位	○			
	15.冷凝器進水壓力／出水壓力		／			
	16.冰水器進水壓力／出水壓力		／			
	17.冷凝器進水溫度／出水溫度		／			
	18. 冰水器進水溫度／出水溫度		／			
綜合結果			冰水主機是否可連續正常運轉？□是　□否			

備註(如否請註明原因)
說明： 1. 應檢者依實際值記錄，於判斷結果欄標示，正常打「○」，不正常打「×」表示，若判斷結果為不正常時，請註明原因。 2. 本記錄中，1～18 大項中未依實際值記錄、判斷結果錯誤或未作判斷，錯誤達四大項(含)者，即評定不及格，各大項有任一小項錯誤者，該大項即屬錯誤，綜合結果判斷 錯者，亦為不及格。 3. 項評結果由監評人員填註，及格打「○」，不及格打「×」。

表乙 3-1　R-134a 水冷式機組相關數據參考表

相關項目	相關數據
三相不平衡電壓	±2%以內
電源電壓	額定值±5%
馬達絕緣電阻	最低 1 MΩ
高壓開關	12 kgf/cm² G Cut Out
低壓開關	1.2 kgf/cm² G Cut Out
油壓開關	1.8～2.5 kgf/cm² G Diff. Cut Out 差壓
溫度開關	7～12℃外裝式卸載裝置第一段
防凍開關	3.3℃ Cut Out
起動定時器	3～5 秒(Y-△)；約 1/10～1 秒(部分繞組起動 Part Winding Start)
防火開關(FST)	風管型溫度可調(含 50℃刻度)，附固定銅片
自動控制風門	ON-OFF 彈簧回復式風門馬達，自動兼手動兩用型，扭力至少 15 N-m，動作時間 20 秒內
煙霧感測器(SD)	風管型附回風取樣管，含雙輸出信號

七、乙三站評審表

評審項目	說明
一、有下列任一個□內打√者爲不及格： (一) 未能在規定時間內完成 　　□中途棄權　　　□未完成 　　□未依規定報備(請註明)：＿＿＿＿＿＿＿＿＿＿ (二) 開機前未確實作檢查及處理 　　□冷媒系統關斷閥(請註明)：＿＿＿＿＿＿＿＿ 　　□未依規定量測電源電壓、相序及絕緣電阻　　□油位	1. 評審項目欄內□，以「√」表示該項不及格。 2. 分站評審結果欄，及格者以「○」，不及格者「×」表示之。
(三) 下列控制開關未確實作設定調整檢查或連鎖電路未測試 　　□相序保護電驛　　□高壓開關　　　　□低壓開關 　　□油壓開關　　　　□啟動用限時電驛　□馬達保護電驛(含過熱及過電流) 　　□加卸載測試　　　□延時啟動用限時電驛　□油位開關	
(四) 空氣側防災安全系統未確實作測試檢查處理 　　□防火開關　　　□煙霧感測器　　□送風機　　　□送風風門 　　□回風風門　　　□外氣風門　　　□排煙風門　　□排煙機	
(五) 開機作業 　　□未依正確順序開機　　□壓縮機啟停達三次(含)以上　　□冰水系統未循環即解泵 　　□短接保護開關，強迫開機 　　□開機運轉功能異常(請註明)：＿＿＿＿＿＿＿＿＿＿＿ 　　□未排除故障或調整(請註明)：＿＿＿＿＿＿＿＿＿＿	
(六) □未依規定填寫記錄(如未運轉 5 分鐘以上或外氣溫度 20℃以下回水溫度未達 12℃時)	
(七) □未頂住或未短接低壓開關進行泵集　　　□未依抽籤指定方式泵集 　　□泵集達三(含)次以上 　　□泵集時低壓壓力低於 0 kgf/cm² G	
(八) □記錄表未繳　　　　　　　　□記錄表不及格者(請見記錄表)	
(九) 關機作業 　　□未依正確順序關機	
(十) □損壞機器設備、工具、儀錶等而影響功能(請註明)： ＿＿＿＿＿＿＿＿＿＿＿＿＿＿＿＿＿＿＿＿＿＿＿＿＿	
(十一) 其他重大錯誤，經監評人員在評審表內登記有具體事實 　　□不遵守檢定場規則者 　　□攜帶危險物品者 　　□工作安全未加顧慮者，如：未戴安全帽或其他危險動作等等，第一次警告，第二次視爲重 　　大缺點(請註明)：＿＿＿＿＿＿＿＿＿＿＿＿＿＿＿ 　　□未注意安全致使自身或他人受傷	

二、雖上列各項均及格，但有下列任三個□內(含)以上打√者仍不及格：

(一) 未作檢查或檢查不確實
　　□報驗前，啟動附屬設備未作轉向測試及閥件(請註明)：＿＿＿＿＿＿＿＿
　　□油溫　　　　　　　　□運轉時未正確使用夾式電流錶

(二) 下列控制元件未確實作設定調整檢查或連鎖電路未測試
　　□防凍保護　　　□泵集低壓開關　　　□溫度開關　　　□流量保護
　　□液管電磁閥　　　□吐出溫度保護

(三) □泵集時低壓壓力超過 0.7 kgf/cm² G 或低於 0.1 kgf/cm² G(以檢定場機器狀況，可由承辦單位規定之)。

(四) □操作或工作方式不當但不影響人或機器(請註明)：＿＿＿＿＿＿＿＿

(五) □工具儀器或機具設備未復原
　　□工具或儀錶使用不當或損壞器具但不影響安全功能(請註明)：

八、乙三站檢定設備運轉數據表

<table>
<tr><td colspan="3">項目</td><td>記錄值(包括單位)</td><td>說明</td></tr>
<tr><td rowspan="6">開機前測試及記錄</td><td colspan="2">室外氣溫　乾球／相對濕度
室內(機房)氣溫　乾球／相對濕度</td><td>29℃／85% RH
27℃／77% RH</td><td rowspan="2">量測絕緣電阻選DC500V檔按下按鈕顯示數據由低往高穩定，若顯示OL就寫＞檔位最大量測值</td></tr>
<tr><td rowspan="2">2.主機馬達絕緣電阻</td><td>Y1－Y2
Y1-G/Y2-G</td><td>＞200</td></tr>
<tr><td>(MΩ)</td><td>＞200／＞200</td><td></td></tr>
<tr><td rowspan="2">3.開機前電源</td><td>電壓 RS/ST/TR(V)</td><td>219／214／216</td><td rowspan="2">MAX(相電壓-三相平均電壓)／三相平均電壓</td></tr>
<tr><td>相序(正或逆相序)</td><td>正相序</td></tr>
<tr><td rowspan="7">開機後記錄</td><td colspan="2">4.防火開關／煙霧感測器(正常否)
送風／回風／排煙／外氣風門(正常否)
送風機／排煙機(正常否)</td><td>正常／正常
正常／正常／正常／正常
正常／正常</td><td>檢視風門全開與全關位置</td></tr>
<tr><td colspan="2"></td><td>額定值　　記錄值(R/S/T)</td><td></td></tr>
<tr><td colspan="2">5.空調箱風車電流(A)</td><td>4.9　　3.9／3.4／3.5</td><td rowspan="4">MAX(相電流-三相平均電流)／三相平均電流</td></tr>
<tr><td colspan="2">6.冷卻水塔風扇電流(A)</td><td>5.8　　5.1／5.0／4.9</td></tr>
<tr><td colspan="2">7.冷卻水泵電流(A)</td><td>9　　8.3／8.2／7.6</td></tr>
<tr><td colspan="2">8.冰水泵電流(A)</td><td>9　　8.9／8.6／8.7</td></tr>
<tr><td colspan="2">9.壓縮機電流(A)</td><td>102　　73／73／74</td><td>要檢視當時加卸載運轉情形</td></tr>
</table>

開機後記錄	10. 高壓壓力(kgf/cm² G)	13	合理高壓壓力＝冷凝器出水溫度＋3℃對照的飽和壓力
	11. 低壓壓力(kgf/cm² G)	5.5	合理低壓壓力＝蒸發器出水溫度－5℃對照的飽和壓力
	12.油壓壓力(kgf/cm² G)	8.0	淨油壓＝8－5.5＝2.5 油壓開關低於2.5就會動作
	13.冷凝器進水壓力／出水壓力(kgf/cm² G)	1.0／0.8	查冰水主機規格冷凝器／冰水器之水頭損10m，壓降1 kg/cm²
	14.冰水器進水壓力／出水壓力(kgf/cm² G)	1.4／0.8	
	15.冷凝器　進水溫度／出水溫度℃	29／33	合理溫差5℃，會受外氣溫度、室內負荷與水流量大小影響
	16.冰水器　進水溫度／出水溫度℃	12／9	

九、乙級需具備基本技能

冷媒系統	水系統
冷媒循環原理	水閥與水循環
壓縮機構造	水泵構造與規格
冷凝器構造	控制元件動作接線
乾式與滿液蒸發器構造	保護元件動作接線
膨脹閥動作	控制邏輯
系統控制元件功能	附屬設備控制電路解說
空氣循環	主機控制電路
空調箱構造與規格	電源、相序、絕緣量測
控制元件動作接線	控制元件動作接線
保護元件動作接線	保護元件動作接線
控制邏輯	控制邏輯
空調箱控制電路解說	控制電路解說
	保護連鎖測試
運轉紀錄	泵集
數據表示意義	用途
	操作
試車調整步驟	故障檢修步驟

十、螺旋式冰水主機操作注意事項

(一) 壓縮機：

　1. 視窗冷凍油油位是否有液位。

　2. 油加熱器是否動作，油溫是否夠。

　3. 每一手動閥(冷卻水、冰水之出入口閥及冷媒側之進出口關斷閥)是否皆已開。

　4. 加卸載電磁閥毛細管是否扭曲破損。

　5. 馬達線圈與排氣溫度保護開關之接線確實連接。

(二) 電氣系統：

　1. 壓縮機之主電源與控制電源之電壓與頻率是否正確。

　2. 馬達端子相間與對地之絕緣值是否 10 MΩ以上。

　3. 馬達端子與接地線是否固定確實。

　4. 各項控制器之設定值是否正確。

　　注意：開始抽真空後直到冷媒充填完成之前，切勿量測絕緣。新機冷媒充填完成後絕緣量測至少有 500 MΩ(DC 500 V)以上，否則應確認是否有抽真空程序不良、冷媒含水量過高、洩漏等因素。馬達溫度保護接點請以 DC 9 V 量測絕緣，切勿使用高阻計。

(三) 管路系統：

　1. 吸排氣端之配件與管路焊接處是否有洩漏。

　2. 抽真空注意事項：

　　(1) 儘可能使用大口徑接管抽真空。

　　(2) 高低壓兩側同時抽真空。

　　(3) 多天或低溫地區抽真空時， 儘可能提高週邊溫度以確保效果。

　　(4) 抽真空期間，絕對不得測量馬達絕緣，可能造成馬達線圈嚴重損壞。

(四) 運轉中注意事項：

　1. 啟動後確認轉向，注意吸氣壓力為下降、排氣壓力為上升，否則應立即關機，且變換馬達相序後再開機。

　2. 壓縮機運轉過熱度最佳範圍在 R-22 ／ R-134a：5～10℃，R-407C：8～12℃，過熱太大或太小皆有不良影響。系統初啟動時可能因負載大而過熱太大，造成壓縮機馬達線圈溫度保護開關作動而停機。

3. 過熱度不足，可能造成轉子液壓縮而損壞壓縮機。並且造成失油狀況，影響潤滑軸承之功能。

4. 在濕度較高地區，壓縮機應用於低溫系統時，電氣接頭如有水份凝結而影響電氣安全時，請於端子接頭加附絕緣絕熱樹脂，以避免因環境露水造成相間電氣短路。

5. 在低環境溫度下運轉，為確保最低壓力差在 5 bar 以上。

6. 在冰水回水溫度 11℃ 以上 100%負載運轉、11～10℃ 75%負載運轉、10～9℃ 50%負載運轉、8℃停機；當冰水回水溫度升高，若設定於 9℃ 壓縮機再次啟動運轉，將造成馬達啟動頻繁、起動／停機間距短、馬達積熱無法完全排除、潤滑循環不充分等惡劣狀況。因此設定壓縮機在 12℃ 以上再次啟動運轉時間，以避免之。

7. 壓縮機每次到達設定溫度停機前務必以25%負載運轉20～30秒，確保下次啟動時滑塊在最低負載位置。

8. 運轉壓力(表壓)：最高吸氣壓力R-22(R-407C)：6bar、R-134a：3 bar；最高排氣壓力 R-22(R-407C)：25 bar、R-134a：19 bar。

9. 馬達線圈保護跳脫溫度：130±5℃，復歸溫度：110±5℃；排氣高溫保護跳脫溫度：110±5℃，復歸溫度：90±5℃。

10. 停機後須待 10 分鐘後，才可再行開機，每小時馬達之啟動次數不得超過六次，每次開機運轉時間至少五分鐘以上。

11. 電壓範圍：額定電壓±10%，頻率範圍：額定頻率±2%，三相電壓不平衡量：±2.25%，三相電流不平衡量：±5%。

十一、螺旋式壓縮機故障判斷

(一) 壓縮機馬達線圈，保護開關作動：

1. 負載大，造成低壓側入口過熱度過高。

2. 高壓過高，負載過大。

3. 線圈保護開關故障，無法跳脫，跳脫溫度：130 ±5℃；復歸溫度：110±5℃。

4. 元件或電路不良或故障。

5. 馬達線圈不良，溫升過高。

(二) 加卸載動作不確實：

1. 溫度過低，潤滑油黏度高。

2. 加卸載機構之毛細管阻塞。

3. 加卸載電磁閥泄放孔口阻塞。

4. 加卸載電磁閥線圈故障。

5. 加卸載活塞環磨損無法完全氣密，冷媒大量進入容調油壓缸中。

6. 加卸載油路阻塞。

7. 油過濾器阻塞。

8. 冷凍油量不足(油位不足)。

9. 系統之溫度開關故障。

(三) 馬達無法啟動或 Y-△ 無法啟動：

1. 加卸載電磁閥無法回復呈空轉狀態，無法完全卸載下起動。

2. 電壓過低。

3. 電壓錯誤。

4. 馬達故障。

5. 欠相、逆相運轉。

6. 馬達保護開關動作。

7. 馬達線圈接線錯誤。

8. 排氣關斷閥未開(高壓開關動作)。

(四) 異常振動或噪音：

1. 軸承損壞故障。

2. 機體內部固定螺絲鬆動。

3. 轉子相互摩擦或與機殼摩擦。

4. 失油。

5. 內部機件鬆動。

6. 電磁聲音。

7. 有異物進入。

(五) 排氣溫度過高：

1. 過熱度過高。

2. 高壓過高，負載過大。

3. 失油。

4. 軸承損壞。

5. 電動機過熱。

6. 壓縮比過大。

(六) 壓縮機失油：

1. 過熱度不足，液態冷媒回流過多，引起回油不良。

2. 系統流速設計不足，管徑匹配不合理。

3. 系統較大或有彎角處儲存積油，致使冷凍油不足，需補充冷凍油。

(七) 滿液式冰水主機保護開關之設定值：

1. 高壓以冷媒冷凝溫度高於 50 度跳脫；低壓以冷媒蒸發溫度低於 3.3 度跳脫，例如：R-134a 高壓 185psig、低壓 23psig(冷卻水需保持 25 度以上)。

2. 防凍開關(為蒸發冷媒溫度)−5 度，壓縮機排氣溫度 110 度(60 度自動復歸)，保持在 85 度以下，線圈溫度 120 度(75 度自動復歸)，冰水溫度開關 8 度。

十二、螺旋式冰水主機維修保養

(一) 換冷凍油和乾燥過濾器：

1. 準備工作：檢查壓縮機冷凍油是否預熱 8 小時以上。運轉前至少將冷凍油加熱器通電加溫 8 小時，以防止啟動時冷凍油發生起泡現象。油溫度最低需達到 23℃ 以上才可運轉，記錄運轉數據分析以前及現在存在差異。

2. 短接低壓差開關(直接將兩根導線短接)在機器滿載運行(100%)時。關閉低壓修護閥，當主機低壓壓力小於 0.1 MP 時關閉電源。由於壓縮機排氣口有逆止閥，因此冷媒不會回流到壓縮機，但有時可能會關不緊，所以最好關閉壓縮機高壓修護閥，關閉總電源進行下面的工作。

3. 放油,不要噴濺到,用乾燥的紗布清洗油槽和油濾網,更換冷媒乾燥劑更換時速度要快,防止與空氣接觸時間過長吸附過多的水分。

4. 抽真空加油:從低壓側抽空油從高壓側把油吸入,當抽空到 750 mmhg 打開修護閥由冷凝器放出少許冷媒,對系統破空。

   注意:液管電磁閥,因為機器關閉時電磁閥也是關閉的所以當加完冷凍油,恢復壓差開關後,通上電源預熱並把電磁閥通電。

(二) 清洗冷凝器:

1. 打開冷凝器清洗,清洗系統中的碎屑、焊渣、泥巴等。

2. 一般高壓壓力對應的飽和溫度與冷凝器出水溫度,當溫差大於 $3 \sim 5°C$ 時需清洗冷凝器。不建議頻繁用化學藥水清洗冷凝器以防止冷凝器腐蝕破管,應當找專業的水處理專家進行分析清洗。

冷凍空調裝修乙級技術士技檢檢定學科試題

工作項目 01：辨圖與識圖

(　)1.　依據公共工程製圖標準圖例，「　　」符號表示？　①控制閥　②旋塞閥　③安全閥　④浮球閥。

(　)2.　依據公共工程製圖標準圖例，「　　」符號表示：　①方形送風管　②方形回風管　③圓形送風管　④圓形回風管。

(　)3.　依據公共工程製圖標準圖例，——該符號代表水管：　①垂直上升　②垂直下降　③終止　④彎曲下降。

(　)4.　依據公共工程製圖標準圖例，——該符號代表水管：　①垂直上升　②垂直下降　③終止　④彎曲下降。

(　)5.　依據公共工程製圖標準圖例，「　　」符號表示：　①方形送風管　②方形回風管　③圓形送風管　④圓形回風管。

(　)6.　依據公共工程製圖標準圖例，「　　」符號表示：　①方形送風管　②方形回風管　③圓形送風管　④圓形回風管。

(　)7.　依據公共工程製圖標準圖例，「　　」符號表示：　①方形送風管　②方形回風管　③圓形送風管　④圓形回風管。

(　)8.　依據公共工程製圖標準圖例，「　　」符號表示：　①伸縮接頭　②異徑接頭③伸縮接頭　④撓性接頭。

---

1. (1)　　2. (1)　　3. (1)　　4. (2)　　5. (2)　　6. (3)　　7. (4)　　8. (4)

(　)9. 依據公共工程製圖標準圖例，「←⊙」符號表示：　①離心式壓縮機　②往復式壓縮機　③迴轉式壓縮機　④螺旋式壓縮機。

(　)10. 依據公共工程製圖標準圖例，「⊙→」符號表示：　①軸流式風機　②離心式風機　③壁式通風機　④屋頂通風機。

(　)11. 依據公共工程製圖標準圖例，「→○←」符號表示：　①離心式壓縮機　②往復式壓縮機　③迴轉式壓縮機　④螺旋式壓縮機。

(　)12. 依公共工程製圖手冊，CWP縮寫字代表？　①冷卻水回水管　②冷卻水出水管　③冷卻水泵　④冰水泵。

(　)13. 依據公共工程製圖標準圖例，「□8→」符號表示　①軸流式風機　②離心式風機　③壁式通風機　④屋頂通風機。

(　)14. 依據公共工程製圖標準圖例，「⌐」符號表示：　①彎管　②導風片　③分岐管　④風量調節片。

(　)15. 依據公共工程製圖標準圖例，「▷◁」符號表示　①常開球塞閥　②常關球塞閥　③常開球形閥　④常關球形閥。

(　)16. 依據公共工程製圖標準圖例，「▷◁」符號表示：　①止回閥　②球塞閥　③減壓閥　④浮球閥。

(　)17. 依據公共工程製圖標準圖例，「▽」符號表示：　①止回閥　②角閥　③減壓閥　④安全閥。

---

9. (2)　　10. (2)　　11. (3)　　12. (3)　　13. (1)　　14. (2)　　15. (1)　　16. (3)　　17. (4)

(　)18. 依據公共工程製圖標準圖例，「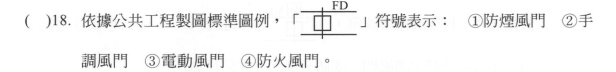」符號表示：　①防煙風門　②手調風門　③電動風門　④防火風門。

(　)19. 依據公共工程製圖標準圖例，「」符號表示：　①消音器　②空氣過濾器　③伸縮接頭　④撓性接頭。

(　)20. 依據公共工程製圖標準圖例，「」符號表示：　①氣動二通控制閥　②手動二通控制閥　③電動二通控制閥　④自動釋氣閥。

(　)21. 依據公共工程製圖標準圖例，「 RAP」符號表示　①檢修門　②回風花板　③排氣口　④進氣口。

(　)22. 依據公共工程製圖標準圖例，「」符號表示：　①檢修門　②回風花板　③排氣口　④進氣口。

(　)23. 依據公共工程製圖標準圖例，「」符號表示：　①止回閥　②球塞閥　③電動蝶形閥　④浮球閥。

(　)24. 依據公共工程製圖標準圖例，「」符號表示：　①止回閥　②角閥　③減壓閥　④旋塞閥。

(　)25. 依據公共工程製圖標準圖例，「」符號表示：　①低壓開關　②壓力開關③防凍開關　④水流開關。

(　)26. 依據公共工程製圖標準圖例，「」符號表示：　①方形風管電動風門　②方形風管手調風門　③防火風門　④防煙風門。

18. (4)　19. (2)　20. (3)　21. (2)　22. (1)　23. (3)　24. (4)　25. (4)　26. (2)

(　)27. 依據公共工程製圖標準圖例,「」符號表示:　①方形風管電動風門　②方形風管手調風門　③防火風門　④防煙風門。

(　)28. 依據公共工程製圖標準圖例,「」符號表示:　①圓形風管電動風門　②圓形風管手調風門　③防火風門　④防煙風門。

(　)29. 依據公共工程製圖標準圖例,「」符號表示:　①圓形風管電動風門　②圓形風管手調風門　③防火風門　④防煙風門。

(　)30. 依據公共工程製圖標準圖例,「CDR」符號表示:　①排風口　②送風口　③圓形擴散出風口　④方形擴散出風口。

(　)31. 依據公共工程製圖標準圖例,「CDS」符號表示:　①排風口　②送風口　③圓形擴散出風口　④方形擴散出風口。

(　)32. 依據公共工程製圖標準圖例,「LD」符號表示:　①排風口　②送風口　③回風口　④線形出風口。

(　)33. 依據公共工程製圖標準圖例,「」符號表示:　①氣動三通閥　②手動三通閥　③電動三通閥　④自動釋氣閥。

(　)34. 依據公共工程製圖標準圖例,「」符號表示:　①分岐風管　②導風片　③風量調節器　④出風口。

(　)35. 依據公共工程製圖標準圖例,「R」符號表示:　①可變電阻器　②電阻器　③無感電阻　④可變無感電阻。

27. (1)　28. (2)　29. (1)　30. (3)　31. (4)　32. (4)　33. (3)　34. (3)　35. (2)

( )36. 依據公共工程製圖標準圖例，「 」符號內表示： ①可變電阻器 ②電阻器 ③無感電阻 ④可變無感電阻。

( )37. 依據公共工程製圖標準圖例，「 」符號表示： ①可變電阻器 ②電阻器 ③無感電阻 ④可變無感電阻。

( )38. 依據公共工程製圖標準圖例，「 」符號表示？ ①可變電阻器 ②電阻器 ③無感電阻 ④可變無感電阻。

( )39. 依據公共工程製圖標準圖例，「 」符號表示？ ①電阻器 ②電感器 ③電熱器 ④熱動式過載電驛。

( )40. 依據公共工程製圖標準圖例，「MS」符號表示： ①控制開關 ②電磁接觸器 ③電磁開關 ④空斷開關。

( )41. 依據公共工程製圖標準圖例，「CAM」符號表示： ①低壓用電錶箱 ②空調用電錶箱 ③電纜箱 ④介面箱。

( )42. 依據公共工程製圖標準圖例，「SS」符號表示： ①流量開關 ②控制開關 ③選擇開關 ④切換開關。

( )43. 依據公共工程製圖標準圖例，「AS」符號表示： ①伏特計用切換開關 ②安培計用切換開關 ③水流開關 ④自動切換開關。

( )44. 依據公共工程製圖標準圖例，「VS」符號表示： ①伏特計用切換開關 ②安培計用切換開關 ③水流開關 ④自動切換開關。

36.(1) 37.(3) 38.(4) 39.(4) 40.(3) 41.(2) 42.(3) 43.(2) 44.(1)

( )45. 依據公共工程製圖標準圖例，「AVR」符號表示： ①自動電壓調整器 ②電流轉換器 ③電壓轉換器 ④頻率轉換器。

( )46. 依據公共工程製圖標準圖例，「A-T」符號表示： ①自動電壓調整器 ②電流轉換器 ③電壓轉換器 ④頻率轉換器。

( )47. 依據公共工程製圖標準圖例，「V-T」符號表示： ①自動電壓調整器 ②電流轉換器 ③電壓轉換器 ④頻率轉換器。

( )48. 依據公共工程製圖標準圖例，「CH」符號表示： ①箱型機 ②壓縮機 ③曲軸箱加熱器 ④冰水主機。

( )49. 依據公共工程製圖標準圖例，「━∿∿∿━」符號表示： ①電容器 ②電阻 ③電抗器 ④比流器。

( )50. 依據公共工程製圖標準圖例，請選出下列正確的敘述？ ①「」符號表示自動釋氣閥 ②「」符號表示膨脹閥 ③「」符號表示手動釋氣閥 ④「」符號表示自動流量平衡閥。

( )51. 依據公共工程製圖標準圖例，請選出下列正確的敘述？ ①「」符號表示溫度開關接點，溫度升高時開啟 ②「」符號表示溫度開關接點，溫度升高時閉合 ③「」符號表示壓力開關，壓力升高時開啟 ④「」符號表示壓力開關，壓力升高時閉合。

45. (1)　46. (2)　47. (3)　48. (4)　49. (3)　50. (134)　51. (1234)

( )52. 依據公共工程製圖標準圖例，下列選項中哪些項目的敘述正確？ ①「￥」表示溫度計　②「I」表示壓力計　③「￥」表示壓力計　④「I」表示溫度計。

( )53. 依據公共工程製圖標準圖例，下列選項中哪些項目的敘述正確？①「▷◁」表示常開閘閥　②「▶◀」表示常關閘閥　③「﹀○」表示浮球閥　④「¢」表示球形閥。

( )54. 依據公共工程製圖標準圖例，下列選項中哪些項目的敘述正確？①「▨」表示螺旋風管　②「▨」表示撓性風管　③「→R」表示風管上升　④「→D」表示風管下降。

( )55. 依據公共工程製圖標準圖例，下列選項中哪些項目的敘述正確？①「CWS」表示冷卻水送水管　②「CHS」表示冰水送水管　③「CWR」表示冰水回水管　④「CHR」表示冰水回水管。

( )56. 依據公共工程製圖標準圖例，下列選項中哪些項目的敘述正確？①「↗」表示 Y 形過濾器　②「S」表示電磁閥　③「▷」表示止回閥　④「¢」表示球形閥。

( )57. 依據公共工程製圖標準圖例，下列選項中哪些項目的敘述正確？①「◀▨▶」表示螺旋式壓縮機　②「▽」表示離心式壓縮機　③「⊘」表示水泵　④「○」表示水泵。

(　)58. 依據公共工程製圖標準圖例，下列選項中哪些項目的敘述正確？

①「＿＿＿＿」表示平常開按鈕開關，彈簧復歸

②「＿＿＿＿」表示切離開關

③「＿＿＿＿」表示切離開關

④「＿＿＿＿」表示刀形開關。

(　)59. 依據公共工程製圖標準圖例，下列選項中哪些項目的敘述正確？

①「＿＿＿＿」表示固定型低壓空氣斷路器

②「＿＿＿＿」表示無熔線斷路器

③「　　」表示比壓器

④「　　」表示比流器。

工作項目 02：作業準備

( )1. 冷卻水塔外殼質料大部分採用　①強化塑膠(F.R.P.)　②強化橡膠(S.R.P)
③ PU 發泡體　④鋼板板金。

解析 玻璃纖維強化塑膠(FRP)為一種將玻璃纖維與不飽和聚酯樹脂複合而成的強化塑膠，
從事 FRP 製品製造作業會暴露苯乙烯，造成呼吸道刺激、中樞神經系統毒性等問題

( )2. 在定溫下，一大氣壓力之 400 公升的氧氣完全裝入內容積 10 公升之氧氣
瓶，則其壓力(kgf/cm² abs)約為　① 4　② 40　③ 400　④ 4000。

解析 波以耳定律在定溫定量下 P2=P1 ×（V2/V1) 1 ×(400/10)=40

( )3. 常溫之下，何種冷媒飽和壓力較高？　① R-410A　② R-134a　③ R-22
④ R-717。

解析 以 25℃比較之飽和壓力 R410A(226 psig)，R134a(82 psig)，R22(136 psig)，R717(131
psig)

( )4. 冰水管路裝置電動三路閥，可用在何種控制系統？　①定水量　②室內濕
度　③盤管的露點溫度　④變水量。

解析 冰水盤管出口裝置三通閥是為維持系統流量一定，裝置二通閥則為變流量

( )5. 攝氏與華氏在何時其溫度數值相同？　① 40　②−40　③ 32　④-32。

解析 華氏 = 攝氏×(9/5)+32，華氏代入－ 40，攝氏=－ 40

( )6. 冷凍系統裝油分離器之目的為　①防止冷凍油溶在冷媒中　②防止冷凍油
在凝結器內不回流　③增加壓縮機潤滑效果　④將混合在冷媒中之冷凍油
分離後回壓縮機。

解析 油分離器裝在壓縮機吐出口，分離高速流動的冷媒夾帶的冷凍油，選用是依據壓縮
機能力和冷凍油的種類

---

1. (1)　2. (2)　3. (1)　4. (1)　5. (2)　6. (4)

( )7. 1bar 等於　①1Pa　②1kPa　③100kPa　④1MPa。

解析　1 bar = 100 kPa = 1.0197 kgf/cm²

( )8. 真空泵應使用？　①冷凍油　②10號機油　③真空泵專用油　④潤滑油。

解析　真空泵油為密封作用，而冷凍油以機件磨擦潤滑為考量

( )9. 冬季受太陽照射之玻璃旁邊仍會感受一股熱存在，是靠何種熱之傳遞？
①傳導熱　②放熱　③對流熱　④輻射熱。

解析　傳導：熱經過物體移動；對流：熱經液體或氣體本身的循環移動之現象；輻射：熱不經物體、液體或氣體，直接由熱源傳到周圍

( )10. 10℃等於絕對溫度(K)？　①0　②10　③110　④283。

解析　K = ℃ + 273.15 ； R = K × 9/5

( )11. SI單位制中，1Pa的壓力定義為　①1 N/m²　②1 dyne/m²　③1 kgf/cm²　④1 kgf/cm²。

解析　Pa(帕)是國際單位制，等於(N/m²)，一牛頓每平方米

( )12. 變頻空調機，其冷媒流量控制宜選用下列何種降壓裝置較為理想？　①感溫式膨脹閥　②定壓閥　③電子式膨脹閥　④毛細管。

解析　變頻空調機採用電子式膨脹閥，感測入口、出口冷媒溫度及室內溫度，計算膨脹閥開度以調整流量

( )13. 液管視窗的安裝儘量靠近　①膨脹閥入口　②蒸發器的入口　③冷凝器出口　④乾燥過濾器出口。

解析　安裝於液管以觀察冷媒進入膨脹閥的(冷媒流量與乾燥程度)

( )14. R-23 冷媒鋼瓶外漆識別顏色為　①黃色　②白色　③灰色　④紫色。

解析　R-23 冷媒灰色高壓鋼瓶包裝(有 5kg/瓶，9kg/瓶，30kg/瓶)

( )15. 下列何者不是冷媒應具備之基本特性？　①比熱大　②黏滯性低　③比體積大　④潛熱值大。

解析　比體積越大冷媒系統，質量流率就越少，冷凍能力就會降低

---

7. (3)　8. (3)　9. (4)　10. (4)　11. (1)　12. (3)　13. (1)　14. (3)　15. (3)

( )16. 下列何者是冷媒應該具備的特性？　①蒸發溫度高　②凝固點高　③臨界溫度高　④密度低。

解析 臨界溫度若 20°C 散熱介質必需低於 20°C，才可讓氣態冷媒在冷凝器液化，故臨界溫度高，就可採用一般水溫或空氣散熱

( )17. 下列何者不是冷凍油之作用？　①稀釋　②潤滑　③密封　④散熱。

解析 冷凍油除了對於磨擦機件有潤滑、散熱，也兼具軸封或活塞密封作用

( )18. 迴轉式壓縮機應用冷氣機冷氣能力於　① 0.5RT～2RT　② 3RT～5RT　③ 5RT～8 RT　④ 9RT～13RT 。

解析 冷媒壓縮機:迴轉式 0.5-2RT，往復式 1/6-400RT，渦卷式 0.8-50RT，螺旋式 30-500RT，離心式>200RT

( )19. 冷媒溫度下降，乾燥劑吸水能力　①增加　②減少　③不變　④不一定。

解析 最常用的三種乾燥劑為分子篩，活性氧化鋁及矽膠。其吸濕能力隨溫度升高，吸濕能力變差

( )20. 在相同的常溫下，下列何種冷媒的飽和壓力最高？　①R-134a　②R-507A　③ R-23　④ R-410A。

解析 以 25°C比較之飽和壓力 R410A(226 psig)，R134a(82 psig)，R23(653 psig)，R507(170 psig)

( )21. 在相同的常溫下，下列何種冷媒的飽和壓力最低？　①R-134a　②R-32　③ R-417A　④ R-410A。

解析 以 25°C比較之飽和壓力 R410A(226 psig)，R134a(82 psig)，R23(653 psig)，R417A (116 psig)

( )22. 中華民國國家標準 CNS 照度標準電氣室，空調機械室之照度(Lux)　① 3000~1500　② 1500~750　③ 750~300　④ 300~150。

解析 電器室、空調機械室 300~150 Lux

16. (3)　17. (1)　18. (1)　19. (1)　20. (3)　21. (1)　22. (4)

(　)23. 已知壓縮機之排氣量為 340m³/hr，若壓縮吸入冷媒之比體積為 0.05 m³/kg，冷媒循環量(kg/hr)？　① 5440　② 4352　③ 6800　④ 8500。

解析 冷媒循環量=排氣量/壓縮吸入冷媒的比體積=340/0.05=6800

(　)24. 壓縮機實際排氣量與理論排氣量之比值為　①容積效率　②壓縮效率　③絕熱效率　④機械效率。

解析 容積效率=實際的排氣量/活塞位移之體積(理論排氣量)

(　)25. 危險指數為(爆炸上限 UFL；爆炸下限 LFL)　①(UFL－LFL)/LFL　②(LFL－UFL)/LFL　③(LFL＋UFL)/LFL　④(LFL＋UFL)/LFL。

解析 化學物質火災爆炸特性之專有名詞，危險指數＝爆炸上限－爆炸下限)／爆炸下限，危險指數愈高愈危險，作為碳氫冷媒之燃燒濃度參考

(　)26. 庫內溫度 5°C 之組合式冷藏庫，其庫板厚度一般採用(mm)？　① 60　② 100　③ 150　④ 180。

解析 60mm 冷藏保溫(10°C～－5°C)，100mm 冷凍保溫(－5°C～－20°C)，150mm 冷凍保溫(－20°C～－40°C)

(　)27. 冰水主機 43.8 USRT 消耗功率 67 kW 能源效率比值(w/w)？　① 2.3　② 2.5　③ 9.1　④ 10.0。

解析 (43.8USRTt × 3024 kcal)/860=154 kW，能源效率比EER(W/W)=154/67=2.3，表示一度電所能製造出來的冷氣能力，數字越大越省電

(　)28. 利用蒸發器內低壓側之壓力變化來控制冷媒流量為　①定壓式膨脹閥　②感溫式膨脹閥　③電子式膨脹閥　④浮球控制閥。

解析 感溫式膨脹閥以感測低壓吸氣管溫度來控制冷媒量，維持一定的過熱度；電子式膨脹閥是根據接受到的脈衝信號控制膨脹閥開度來控制冷媒量，維持一定的過熱度；浮球控制閥為控制滿液式冰水器之液位

(　)29. R-600a 又名　①異丁烷　②丁烷　③丙烷　④丙烯。

解析 丙烷(R290)、丁烷(R600)、異丁烷(R600a)

23. (3)　24. (1)　25. (1)　26. (2)　27. (1)　28. (1)　29. (1)

( )30. R-508B 是由下列何組冷媒混合而成？ ① R-23 及 PFC-116 ② R-50 及 R-1170 ③ R-14 及 PFC-116 ④ R-50 及 PFC-116。

解析 R508B 組合成份 46%(R-23)、54%(R-116)為共沸冷媒其沸點溫度為−86.9℃，冷凍溫度−80℃ 之二元冷凍製冷的低溫系統

( )31. 風管貫穿防火區劃時，須設置 ①防火風門 ②逆止風門 ③百葉風門 ④手控風門。

解析 建築技術規則建築設計施工編第 85 條，貫穿防火區劃牆壁或樓地板之風管，應在貫穿部位任一側之風管內裝設防火閘門或閘板

( )32. 通風系統中，維持其流動之壓力為下列何者？ ①分壓 ②靜壓 ③動壓 ④全壓。

解析 空氣之流動靠壓力差作為驅動力，促使空氣開始流動及維持其繼續流動之壓力即為全壓，可分為二部分，為靜壓及動壓。全壓(Pt) =靜壓 (Ps)＋動壓(Pv)

( )33. 中華民國國家標準 CNS 照度標準，組裝普通作業場所之照度(Lux) ① 3000~1500 ② 1500~750 ③ 750~300 ④ 300~150。

解析 照度(勒克斯 Lux) :是反映光照強度的單位，是照射到單位面積上的光通量流明(lm):是光通量的單位，即從光源發出可見光的總量；亮度(luminance):是表示人眼對發光體實際感受的物理量

( )34. 在標準狀態下，空氣之密度(kg/m³) ① 1.2 ② 1.4 ③ 1.6 ④ 1.8。

解析 標準狀況(S.T.P.)：指 0℃，1 atm 狀況下

( )35. 當溫度降低到某一數值時，冷凍油中開始析出石蠟的溫度 ①濁點 ②閃點 ③流動點 ④凝固點。

解析 濁點是指溫度降低到某一數值時，冷凍油中開始析出石蠟，使冷凍油得混濁時的溫度。設備所用冷凍油的濁點應低於冷媒的蒸發溫度，否則會引起膨脹閥堵塞或影響傳熱性能

30. (1)　31. (1)　32. (4)　33. (3)　34. (1)　35. (1)

( )36. 依法令規定，乙炔熔接裝置應多久就裝置之損傷、變形、腐蝕等及其性能
實施定期檢查一次？ ①每週 ②每月 ③每半年 ④每年。

解析 依職業安全衛生管理辦法第二十八條實施。檢查週期1次/年，檢查表保存三年

( )37. 100人之會議廳，每人換氣量為85m³/h，若購置每台風量為850m³/h，則需
要風機台數為？ ①8 ②10 ③12 ④14。

解析 送風機台數 =(每人換氣量 x 室內人數)/單台風機之風量，會議室標準值 85 m³/h/人，
最低值 50 m³/h/人

( )38. 評測冷媒在冷凍循環系統中運行若干年後，對全球變暖的影響，係用下述
何種指標表示？ ① TEWI 總體溫室效應 ② ODP 臭氧耗減潛能值
③ GWP 全球變暖潛能值 ④)OSD 破壞大氣臭氧層的物質。

解析 評測方法目前有 TEWI (變暖影響總當量)、LCCP(壽命期氣候性能)、自然度、CO2
減排率

( )39. 下列何項非冷媒電磁閥選用與安裝須注意的事項？ ①管徑大小 ②安裝
的方向 ③安裝的角度 ④冷媒流速。

解析 電磁閥導管安裝角度和垂直方向建議不大於90度

( )40. 有關冷媒循環系統之乾燥過濾器，下列敘述何者正確？ ①裝置於冷凝器
與儲液器之間 ②吸附系統內之水份與雜質 ③選用時不須考慮冷媒
④安裝時無方向性。

解析 主要功用是吸附冷媒中水份和系統中運轉所產生的雜質，防止雜質阻塞膨脹閥，裝
於低壓吸入管為積液器. (accumulator)，冷凝器出口為儲液器. (receiver).皆為氣液分離
器

( )41. 螺旋式壓縮機專用冷凍油的功用，下列敘述哪些正確？ ①使摩擦零件的
溫度保持在允許的範圍內 ②油膜隔離冷媒壓縮過程的洩漏 ③帶走金屬
摩擦表面的金屬磨屑 ④作為控制加洩增減載機構的壓力。

---

36. (4)　37. (2)　38. (1)　39. (4)　40. (2)　41. (1234)

( )42. 低壓積液器安裝與功能，下列敘述哪些正確？ ①裝置於蒸發器出口與壓縮機入口之間 ②防止蒸發器內未蒸發完之液態冷媒進入壓縮機 ③裝置於冷凝器出口與膨脹閥入口之間 ④防止氣態冷媒進入膨脹閥

解析 氣分離器 Accumulator，當冷媒進入壓縮機前將氣態與液態分離，讓氣態冷媒進入壓縮機，才不會導致液壓縮，液態冷媒在筒中慢慢蒸發，待蒸發後才會進入壓縮機。由於系統中會有殘存的冷凍油，在液分離器中設有回油孔，冷凍油會一併回到壓縮機中，有了液分離器的保護，壓縮機的壽命才會更持久，系統運轉會更正常。

( )43. 依 CNS 一冷凍噸等於 ① 3024 kcal/h ② 3.516 kW ③ 3320 kcal/h ④ 3.860 kW。

( )44. R-290 與下列哪些材料不相容？ ①銅金屬材料 ② neoprene(尼奧普林合成橡膠) ③天然橡膠 ④矽膠。

( )45. 冷凍組合庫在外部環境下，是靠下列哪種熱之傳遞至庫內？ ①傳導 ②熱導 ③對流 ④輻射。

解析 R290 具有良好的材料相容性，與銅、鋼、鑄鐵及潤滑油等均有良好的相容性。

( )46. 感溫式膨脹閥安裝時，應注意 ①膨脹閥進出方向 ②膨脹閥安裝角度 ③膨脹閥廠牌 ④開度調整的空間。

解析 1.安裝前檢查感溫筒。2.安裝位置，必須在靠近蒸發器的地方，閥體應垂直安裝，不能傾斜或顛倒安裝。3.安裝時，應注意液體保持在感溫筒內。4.感溫筒盡可能安裝在蒸發器的出口水準回氣管吸氣口 1.5m 以上。 5.感溫筒絕不能置於有積液的管路上。6.當蒸發器的壓力損失較小時，宜選用內平衡式膨脹閥；當蒸發器壓力損失較大時或裝有積液器，宜選外平衡式溫度式膨脹閥

( )47. 有關碳氫(HC)冷媒，下列敘述哪些正確？ ①冷媒化學性質穩定 ②能源效率比值(w/w)較 R-134a 佳 ③具毒性 ④與礦物油不相容。

解析 碳氫冷媒特性:1、環保(不損害臭氧層、微具有溫室效應)。2.高效節能(與R134a比可達 15-35%)。3.製冷效果好(比R134 和 R22 要好很多，可節省 20%的能耗)。4.對油混合性高(可與礦物潤滑油，合成潤滑油相溶)

42. (12)　43. (12)　44. (34)　45. (13)　46. (124)　47. (12)

( )48. 乙炔瓶回火防止器動作原因？ ①焊炬的火嘴被堵塞 ②乙炔氣工作壓力過高 ③橡皮管堵塞 ④氧氣倒流。

解析 當乙炔氣工作壓力過低或橡皮管堵塞，焊具失修等，使混合氣流出速度降低，火焰燃燒速度大於混合氣流出速度，使氧氣倒流乙炔瓶導致回火，故乙炔瓶需裝回火防止器

( )49. 選用冷媒循環系統之油分離器須考慮 ①冷凍油溫度 ②冷媒最大運轉壓力 ③冷凍能力 ④冷媒溫度。

解析 壓縮機吐出冷媒通常都含有大量的冷凍油，為了要保護壓縮機不致流失油，及防止冷凍油隨著冷媒流向系統中影響冷凝器散熱功能，及蒸發器的冷凍效果，故須裝置油分離器，將冷凍油與冷媒分離而留置於壓縮機內

( )50. 下列何者為選用感溫式膨脹閥的項目？ ①冷媒種類 ②蒸發溫度範圍 ③冷凍能力大小 ④高低壓力差。

解析 1.確定閥兩端的壓力差、2.確定閥的形式、3.選擇閥的型號和規格

工作項目 03：配管處理

( )1. 使用冷媒 R-22 冰水機組，冷媒循環系統技能檢定之探漏壓力(kgf/cm²G)為
①8.8 ②10 ③14.6 ④20。

解析 冰水主機正常運轉冷凝溫度為 40℃，若是 R-22 其高壓錶相對壓力，則為 14kg/cm²G，維修時查漏至少為 14kg/cm²G，此題是以檢定規範為主

( )2. 使用乙炔與氧混合氣體銲接銅管時，乙炔與氧氣之混合重量比例約為
①2：5 ②2：4 ③2：3 ④1：3。

解析 氧氣、乙炔氣銲之標準火焰，乙炔與氧氣的體積混合比為 1：1

( )3. 一般乙炔之工作壓力(kgf/cm²G)，應調整為 ①1.5～2.0 ②1.0～1.5
③0.5～1.0 ④0.2～0.5。

解析 氧氣：乙炔--瓶內充氣最大壓力 250：15 kg/cm²；工作調整壓力(1.5～2.5 kg/cm²)：(0.1～0.3 kg/cm²)

( )4. 冷媒分流器，其裝置方向應維持 ①60 度角 ②45 度角 ③水平 ④垂直向下。

解析 分流器用於將液體均勻分配至蒸發器，以達到冷媒在蒸發器內部全部蒸發，常因安裝不正確或堵塞，造成分液不均，蒸發不完全，而導致液壓縮或製冷效率降低。

( )5. 一般冰水機組中之冰水管及冷凝水管上哪些為非必備之配件？ ①關斷閥
②溫度及壓力計 ③防震軟管 ④洩壓閥。

( )6. 排水管之配管，其斜度最小應保持 ①1/100 以上 ②1/200 以上 ③水平
④1/300 以上。

解析 排水管斜，度管徑越大斜度越小，一般為 100 cm 長度需傾斜 1cm(1/100)

( )7. 銀銲劑會腐蝕銅管，銲接完成之工作物表面須 ①用溫水液洗淨 ②用空氣吹乾 ③抹拭黃油 ④塗上亮光漆。

解析 先用溫水將焊劑清除，再塗上亮光漆或油漆

1. (2) 2. (1) 3. (4) 4. (4) 5. (4) 6. (1) 7. (1)

( )8. 錫銲是屬於 ①冷銲 ②硬銲 ③軟銲 ④氣銲。

解析 溫度高於 800℉(427℃)者稱為硬焊，以下稱為軟銲。

( )9. 塑膠管插入連接之深度約為管外徑之多少倍長？ ①0.5 ②1 ③2 ④3。

解析 連接ＰＶＣ管時，應先將管口內外側，以乾淨布擦拭乾淨，然後塗上膠合劑，連接深度必須超過五公分以上。

( )10. 所稱 G.I.P 管為 ①不銹鋼管 ②黑鋼管 ③鍍鋅鐵管 ④鑄鐵管。

解析 GIP 鍍鋅鋼管 A 級管 (薄)，B 級管(厚)

( )11. 水管系統裝置避震軟管之目的為 ①便於配管 ②減少水泵震動 ③防止水泵震動傳至管路上 ④熱脹冷縮。

( )12. 水配管系統，流速(m/s)設計一般以 ①1 以下 ②1～3 ③3～6 ④6～10 為設計準則。

解析 水流速建議值(m/s)：冰水系統：1.水泵出水管：2.4～3.6。2.水泵入水管：1.2～2.1。.冷卻水系統：1.水泵出水管：2.4～3.6 。2.水泵入水管：1.2～2.1。一般主管：1.2～3.6。3.立管：0.9～3.0。4.分歧管：1.5～3.0

( )13. 將銅管做退火處理是為了 ①方便銲接 ②加強銅管材質 ③方便擴管 ④防止生銅綠。

解析 退火：改變材料硬度，增加柔軟性、延性和韌性，淬火加熱急速降溫，可提高材料硬度

( )14. 喇叭口的氣密試驗壓力(kgf/cm²G)是 ①20 ②15 ③10 ④50。

解析 氣密試驗壓力(氣冷式以 50℃對照之飽和壓力) R410A (30 kg/cm²)、R22(18 kg/cm²)

( )15. 喇叭口接頭其防漏的方式是靠 ①防漏膠帶 ②快速膠 ③燒銲 ④銅由令與螺帽間之密合。

( )16. 管路中因摩擦效應造成之損失稱為 ①全水頭損失 ②副水頭損失 ③管徑水頭損失 ④壁面水頭損失。

解析 水在管路流動，因水之黏滯性與管壁摩擦、管件等造成能量之損失，稱之水頭損失 (head loss)

8. (3)　9. (2)　10. (3)　11. (3)　12. (2)　13. (3)　14. (3)　15. (4)　16. (1)

( )17. 具有酸氣之工作場所之廢氣排氣管宜採用下列何種裝置？　①銅管　②鍍鋅鐵管　③鋼管　④塑膠管。

解析 ABS 管容許溫度從−40℃到 80℃

( )18. 塑膠管連接時，管口加熱之溫度(℃)約為　① 50　② 100　③ 130　④ 160。

解析 PVC 管環境溫度到 80℃

( )19. 銀銲主要成份之金屬是　①銀、鐵　②銀、鎳　③銀、銅　④銀、鋁。

解析 銀銲條為磷銅焊條成份為銀、銅；含銀量為 2%、5%、15%、35%

( )20. 冷媒配管採用硬質銅管時，使用銀焊條熔接，此銀焊條的熔點約為　① 900~1000℃　② 600~700℃　③ 300~400℃　④ 100~200℃。

解析 溫度 710～810℃，熔點低、流動性好

( )21. PVC 管一般均使用於工作壓力在多少(kgf/cm² G)以下？　① 7　② 9　③ 10　④ 16。

解析 PVC 管試驗壓力一般為 7 kg/cm²，工作壓力為 5 kg/cm²

( )22. 冷媒分流器，其裝置方向應維持　① 45 度角　②水平　③垂直向上　④與安裝角度無關。

解析 分流器中 75%的是液體，25%是氣體，如果橫著放，受重力作用導致上面氣體多下面液體多，分流不均勻，必須保證垂直放置，朝上朝下均可

( )23. 一般冰水機組中之冰水管及冷卻水管上哪些為非必備之配件？　①關斷閥　②減壓閥　③逆止閥　④ Y 型過濾器。

( )24. 所有與機器設備相連接之管路，為便於設備拆裝與維修，須於適當位置安裝何種必要管件？　①關斷閥　②減壓閥　③逆止閥　④洩壓閥。

( )25. 圖上 10 公分等於實際長度 100 公分，則其比例為　① 10：1　② 1：10　③ 1：100　④ 100：1。

( )26. 於 1：5 比例尺之管線平面圖上，量得長為 18 公厘，則其實長應為幾公厘？　① 90　② 75　③ 45　④ 18。

17. (4)　18. (3)　19. (3)　20. (2)　21. (1)　22. (3)　23. (2)　24. (1)　25. (2)　26. (1)

(　)27. 住商等建築物的空調風管,原則上使用低壓風管其運轉壓力為多少(Pa)以下?　①800　②700　③600　④500。

解析　風速在 15 m／s 以下,為低速風管,15m／s 以上為高速風管。以壓力區分時,低壓風管壓力為 3inWG 以下、中壓風管為 3~6 inWG、高壓風管為 6~12 inWG

(　)28. 風管寬高比較大的的風管比寬高比較小的風管,熱損失　①大　②小　③相等　④無關。

解析　寬高比大,風管表面積大,熱損失大,安裝費增加

(　)29. 管徑較大之低速風管,熱損失較高速風管　①大　②小　③相等　④無關。

解析　低速風管表面積大,熱損失大

(　)30. 風管隔熱材之熱阻值愈大,其表面熱損失愈　①大　②小　③相等　④無關。

解析　熱阻是指阻止熱量傳遞的阻力,增大熱阻以抑制熱量的傳遞

(　)31. 鋼製管件連接方式,有下列哪幾種?　①銀焊　②電焊　③絞牙式　④法蘭式。

(　)32. 一般冰水機組中之冰水管及冷卻水管上,下列哪些為必備的配件?　①關斷閥　②電磁閥　③溫度及壓力錶　④防震軟管。

(　)33. 冰水或冷卻水系統中,銅管與成型管件採用下列哪些連接方式?　①銀焊　②電焊　③絞牙式　④錫焊。

(　)34. 冷媒循環系統中,銅管與成型管件採用下列哪些連接方式?　①銀焊　②電焊　③法蘭式　④錫焊。

(　)35. 一般空調冷卻水系統的配管管材,有下列哪幾種?　①不銹鋼管　②鍍鋅鐵管　③鑄鐵管　④聚氯乙烯塑膠硬管。

27. (4)　28. (1)　29. (1)　30. (2)　31. (234) 32. (134) 33. (14)　34. (13)　35. (124)

(　)36. 冷媒循環系統選用銅配管，須考慮下列哪些因素？　①冷凍油種類　②冷媒種類　③連接方式　④系統壓力。

(　)37. 冷媒循環系統配管時，應考慮　①管路壓降　②冷媒種類　③回油問題　④停機時避免液態冷媒回流至壓縮機。

(　)38. 螺旋式冰水主機冷媒循環系統管路上，下列哪些為必備配件？　①關斷閥　②逆止閥　③溫度及壓力錶　④過濾器。

(　)39. 下列哪些是造成管路壓降的原因？　①管內表面粗糙度　②管徑大小　③管路長度　④管內流速。

(　)40. 銀銲條包含下列哪些金屬成份？　①銀　②鐵　③鎳　④銅。

---

36. (234)　37. (1234)　38. (124)　39. (1234)　40. (14)

工作項目 04：冷媒循環系統處理

( )1. 蒸發器在壓縮機下方直立管加裝 U 型管之目的為　①集留異物不使流入壓縮機　②集留液冷媒　③防止液壓縮　④冷凍油容易回流。

解析 回流管若上升直立管太長，冷媒流速無法讓冷凍油回壓縮機，須加裝 U 型彎管，讓油儲積在 U 型彎管底部時，使流速增加而易於回油，高度差在 10m 以上，應彎製 U 型彎管(存油彎)，以利壓縮機的潤滑，U 型彎管越短越好，避免存油太多。

( )2. 冷凍機之吸入管　①管徑越大越好，可減少阻力　②由過熱度決定長度　③由流速決定管徑　④在壓縮機附近做 U 型彎。

解析 考慮壓降不得超過 1 K，管內流速 4.5 ～ 20 m/s

( )3. 冷凝器所測冷媒壓力之相對飽和溫度與該冷媒溫度相等時，表示　①冷媒沒有過冷卻　②冷媒液溫度太低　③冷媒液溫度應稍高　④兩者之間無甚關係。

解析 冷媒離開冷凝器之溫度低於其壓力之飽和溫度值，其溫度差值稱之為過冷度。

( )4. 空氣中水份實際含量，主要隨　①乾球溫度(DB)　②濕球溫度(WB)　③露點溫度(DP)　④相對濕度(RH %)而定。

解析 露點與空氣乾球溫度(氣溫)的差值，以表示空氣中的水蒸氣的飽和程度

( )5. 由空氣線圖解析，如經純冷卻過程時，其變化過程前之絕對濕度較變化後為　①高　②低　③相同　④不一定。

解析 純冷卻在空氣線圖上沿著等濕度比線，降低乾球溫度之狀況，用於無塵室乾盤管上，因無塵室多為顯熱，利用乾盤管降溫並控制相對濕度。

( )6. 由空氣線圖解析，如經純加濕過程時，其變化過程前之乾球溫度較變化後為？　①高　②低　③相同　④不一定。

解析 若以超音波加濕器加濕時，溫度會微下降，為維持乾球溫度不變，純加濕較難控制。

1. (4)　　2. (3)　　3. (1)　　4. (3)　　5. (3)　　6. (3)

( )7. 由空氣線圖解析，如經冷卻除濕過程時，其變化過程前之熱焓量較變化後為 ①高 ②低 ③相同 ④不一定。

解析 冷卻除濕是在空氣線圖上同時降低濕度比與乾球溫度

( )8. 由空氣線圖解析，如經純加熱過程時，其變化過程前之露點溫度較變化後為 ①高 ②低 ③相同 ④不一定。

解析 純加熱是在空氣線圖上沿著等濕度比線升高乾球溫度之狀況

( )9. 由空氣線圖解析，如經化學除濕過程時，其變化過程前之乾球溫度較變化後為 ①高 ②低 ③相同 ④不一定。

解析 化學除濕器除濕時會產生化學熱，溫度會上升

( )10. 由空氣線圖解析，如經加熱加濕過程時，其變化過程前之相對濕度較變化後為 ①高 ②低 ③相同 ④不一定。

解析 加熱加濕以高溫蒸汽加濕器方式

( )11. 冷凝器散出的熱量比蒸發器吸收之熱量 ①小 ②大 ③相等 ④不一定。

解析 冷凝器散熱量=蒸發器吸熱量+壓縮機的壓縮熱

( )12. 若用往復式壓縮機之卸載裝置，在卸載時係 ①頂開低壓閥片 ②頂開高壓閥片 ③頂開高壓及低壓閥片 ④關閉高壓閥片。

解析 內部卸載方式，是頂開低壓閥片，阻止氣流通往氣缸

( )13. R-22 冰水主機冷媒循環系統加壓探漏用之氣體為 ①氧氣 ②壓縮空氣 ③氨氣 ④氮氣。

解析 氮氣為隋性且完全乾燥，是用來冷凍系統探漏的最佳氣體

( )14. 有一冰水器將 100 L/min 之 15℃ 水冷卻為 9℃，如冷媒之冷凍效果為 40 kcal/kg 時，所需要的冷媒循環量(kg/hr)約為 ① 15 ② 90 ③ 600 ④ 900。

解析 冷媒循環量=製冷能力/冷凍效果=(100×60×6)/40=900

7. (1)　8. (3)　9. (2)　10. (4)　11. (2)　12. (1)　13. (4)　14. (4)

( )15. 有一冷凍機每一公制冷凍噸約需 0.8kW 動力，茲有 100000kcal/hr 之冷凍能力，其所需之動力(kW)約為 ① 27 ② 26 ③ 24 ④ 20 。

解析 冷凍噸= 100000/3320=30kW；其所需之動力(kW)30 × 0.8=24

( )16. 某一出風口之有效截面積是 $0.1m^2$，測定之平均風速是 10m/min，則其風量(CMM)為 ① 0.1 ② 1 ③ 10 ④ 100 。

解析 Q=V × A=0.1 × 10=1

( )17. 攝氏溫度差為 25℃，如換算為華氏溫度時應為多少°F ① 13 ② 45 ③ 50 ④ 77 。

解析 °F=(25 × 1.8)+32=45

( )18. 冷媒在液管中發生閃變時會使冷凍能力 ①降低 ②不變 ③增加 ④兩者不相關。

解析 閃蒸是於飽和液體因壓力下降，導致部份冷媒蒸發為氣態，便減少了進入蒸發器液態冷媒量，降低冷凍能力

( )19. 理想冷凍循環系統中，蒸發器冷媒的變化係按 ①等熵等焓 ②等濕等溫 ③等焓等壓 ④等壓等溫 過程蒸發。

解析 單一冷媒蒸發時為等壓等溫變化；非共沸冷媒蒸發時為等壓升溫變化

( )20. 若乾球溫度不變，氣冷式冷凝器盤管之冷卻能力隨外氣濕球溫度增加而？ ①減少 ②增加 ③不變 ④時增時減。

解析 影響蒸發式冷凝器容量是濕球溫度，影響氣冷式冷凝器容量是乾球溫度

( )21. 冷凍系統內冷媒充填太少時，其現象為 ①高壓壓力過低、低壓壓力過低 ②高壓壓力過高、低壓壓力過低 ③高壓壓力過低、低壓壓力過高 ④高壓壓力過高、低壓壓力過高。

解析 冷媒充填太少或系統管路阻塞會造成高壓壓力過低、低壓壓力過低、電流降低

---

15. (3) 16. (2) 17. (2) 18. (1) 19. (4) 20. (3) 21. (1)

( )22. 下列敘述何者正確？ ① R-134a 蒸發潛熱較 R-22 大 ② R-134a 與 R-22 均有色並可燃 ③R-134a 臨界溫度較 R-22 高 ④R-134a 凝固點較 R-22 低。

解析 R22 臨界溫度 96℃；R134a 臨界溫度 101℃

( )23. 理想冷媒的特性之一為 ①臨界溫度高 ②潛熱值小 ③蒸發溫度高 ④比容大。

解析 冷媒物理特性：1.蒸發壓力要高。2.蒸發潛熱要大。3.臨界溫度要高。4.冷凝壓力要低。5.凝固溫度要低。6.氣態冷媒之比容積要小。7.液態冷媒之密度要高。8.可溶於冷凍油

( )24. 密閉式壓縮機在低載運轉時，馬達冷卻效果會 ①增加 ②不變 ③減少 ④因溫度而異。

解析 密閉式壓縮機由回流冷媒來冷卻馬達線圈，如冷媒不足，負載又大時，可能造成馬達線圈過熱而燒毀

( )25. 在中央空調往復式冰水主機冷媒循環系統中，如以氣態充填冷媒時，壓縮機上工作閥的位置應 ①順時針方向關至前位 ②置放在中位 ③反時針方向退至後位 ④與位置無關。

解析 氣態冷媒由低壓修護閥充填，其位置應置放在中位

( )26. 國內一般利用 U 型真空計測得之讀數為 ① mmHg abs ② kgf/cm²G ③ Pa ④ psig。

解析 U 型水銀真空計，是以玻璃管內兩側水銀液位高度差讀取

( )27. 冷媒 R-22 在大氣壓力下，其蒸發溫度約為 ①−29.8 ②−40.75 ③−50.75 ④−60.8 ℃。

解析 沸點溫度(在一大氣壓力下蒸發的溫度)R-22：−40.75℃

( )28. 依毒性區分，毒性最大的冷媒屬於何級？ ①第 1 級 ②第 2 級 ③第 3 級 ④第 4 級。

解析 ASHRAE Standard 34 中，冷媒是依照有關的危害來分類。冷媒毒性與易燃性共分成 6 個安全分類(A1、A2、A3、B1、B2、B3)，其中 A1 類的冷媒危害最小，而 B3 類的毒性與易燃性最強

22. (3) 23. (1) 24. (3) 25. (2) 26. (1) 27. (2) 28. (1)

( )29. 冷媒 R-134a 與 R-22 之膨脹閥 ①不可以 ②可以 ③不一定 ④視壓縮機種類 互相替代使用。

解析 R-134a 與 R-22 運轉壓力不同，膨脹閥互用無法調整到適當的開度

( )30. R-22 冷凍機運轉時，高壓指示 13 kgf/cm² 是指 ①壓縮機吸入壓力 ②冷凝器壓力 ③蒸發器壓力 ④壓縮機曲軸箱壓力。

解析 往復式壓縮機曲軸箱壓力屬低壓側，所以油槽為低壓

( )31. 理論上高壓高溫的過熱氣態冷媒在冷凝器內以 ①等壓 ②等焓 ③等熵 ④等溫 狀態變化。

解析 理想狀況下當管路壓降不計，是以等壓狀態變化

( )32. 壓縮機之工作壓力，高壓為 16 kgf/cm²G，低壓為 4kgf/cm² G，則其壓縮比應為 ①4 ②5 ③3.4 ④4.25。

解析 CR=高壓絕對壓力/低壓絕對壓力=17/5=3.4，CR 值通常在 10 之內，CR 值太高會造成壓縮後冷媒之溫度過高，此會引起冷媒中冷凍油之溫度亦過高而蒸發

( )33. 輸入功率為 2HP 之冷氣機能產生 3000kcal/h 之冷凍能力，則其 EER(kcal/W-h)值為 ①1.76 ②2.01 ③2.21 ④8.9。

解析 EER(kcal/W-h)= 3000/2HP × 642=2.01 (1kW=860 kcal；1HP= 642 kcal；1HP=0.746 kW)

( )34. 物質完全不含熱量是在 ①0°F ②0℃ ③0K ④32K。

解析 絕對零度表示絕對溫度零度(0K)，相當於攝氏零下 273.15 度(−273.15℃)，在此溫度下，構成物質的所有分子和原子均停止運動，指這一物體不含任何熱量

( )35. 加壓於一定質量之氣體則 ①體積溫度均上升 ②體積減小溫度上升 ③體積膨脹溫度不變 ④體積減小溫度下降。

解析 氣體壓力與溫度和體積有關，溫度越高，氣體壓力越大，反之則氣體壓力越小

( )36. 輻射熱之傳遞方式，係為 ①顯熱 ②潛熱 ③顯熱與潛熱 ④熱能與電磁能之轉換。

解析 熱輻射是不依靠介質，直接將能量發射出來，傳給其他物體的過程

29. (1) 30. (2) 31. (1) 32. (3) 33. (2) 34. (3) 35. (2) 36. (4)

( )37. 冷媒在汽缸內以斷熱方式壓縮，是沿　①等焓過程　②等熵過程　③等壓過程　④等溫過程 變化。

解析　斷熱壓縮就是在沒有其他熱源下對氣體壓縮，也稱『等熵壓縮』

( )38. 冷凍系統二次冷媒的熱交換是利用　①蒸發　②顯熱　③潛熱　④總熱 之變化。

解析　二次冷媒以顯熱方式搬運熱量的流體，如水、不凍液，冷凍系統內的冷媒，如 R410A、R134a 冷媒是利用相變化的潛熱搬運熱量

( )39. 等質線又稱　①乾度線　②濕球線　③乾球線　④飽和線。

解析　等質線，又稱等乾度線，表示冷媒在液氣混合區內，氣態冷媒之含量百分比，以符號 x 表示。x 值越大，表示越接近氣態；反之，x 值越小，表示液態量越多，越接近液態

( )40. 當冷媒飽和氣體之溫度相同，R-22 冷媒之飽和壓力較 R-410A 冷媒者為　①高　②低　③一樣　④無法比較。

解析　以 24℃為例，飽和壓力 R-22—9.5 kgf/cm^2：R-410A—15.02 kgf/cm^2

( )41. 冷媒壓力-焓值圖，在液氣混合區內由右側水平移動向左側時，表示　①壓力降低　②溫度降低　③溫度不變　④溫度升高。

( )42. 冷媒壓力-焓值圖上，飽和液曲線之左側為　①飽和氣體　②飽和氣液混和體　③飽和液體　④過冷液體。

( )43. 冷媒循環系統中，下列何種原因不會產生高壓過高？　①冷媒循環系統內有不凝結氣體　②冷凝器之冷卻管結垢　③冷媒充填過量　④負荷太高。

解析　高壓側壓力過高，原因如下：1 有不凝結氣體。2 冷卻水水溫過高或水量太少。3 冷凝器內水垢附著量太多。4 冷媒量過多。5 低壓側壓力太高

---

37. (2)　38. (2)　39. (1)　40. (2)　41. (3)　42. (4)　43. (4)

( )44. 如果冷凝器之散熱量爲冷凍負荷之 1.25 倍，當負荷爲 3000kcal/h 而冷卻水進出水溫差爲 5℃，則其冷卻水量(LPM)爲　① 1.25　② 12.5　③ 30　④ 150。

解析　冷凝器之散熱量＝ 1.25×3000 ＝ 3750，冷卻水量=3750/5=750 LPH=1.25 LPM)

( )45. 液氣分離(Accumulator)之主要功能爲　①儲存液態冷媒經「過冷」後再環於系統　②防止液壓縮　③乾燥冷媒　④回收冷凍油輸回壓縮機。

解析　裝置在壓縮機入口側，防止液態冷媒回流，導致液態壓縮而損壞壓縮機

( )46. 水冷式冰水機組裝設冷卻水調節閥，其壓力控制方式係利用　①高壓壓力　②低壓壓力　③油壓壓力　④高低壓差作爲此調節閥之動作壓力。

解析　依外氣溼球溫度及負載調整冷卻水溫度，比外氣濕球溫度高 7℃以內，冷卻水塔的設計是進水 37℃、出水 32℃，溫度不能太低，壓縮機於低冷卻水溫時易失油，螺旋式壓縮機會因高壓太低而影響加卸載動作

( )47. 有一小型氣冷式冷凍系統，未裝設溫度開關，請問可利用下列何種既有配件達到控制適溫之目的？　①高壓開關　②電磁開關之過載保護　③蒸發壓力調節器　④壓縮機內裝式過熱保護開關。

解析　蒸發壓力調節器安裝在蒸發器後的吸氣管路上，維持蒸發壓力，使蒸發器的表面溫度保持恆定，防止蒸發壓力過低

( )48. R-134a 冷媒於液體時，呈　①白　②綠　③無　④灰　色。

解析　冷媒液體皆為無色

( )49. 鹵素探漏器的火焰若遇氟氯碳氫化合物冷媒(HCFC)時會變成　①紅　②黃　③綠　④白　色。

解析　鹵素探漏器為淡藍色，遇氟氯碳冷媒呈綠(冷媒燃燒會產生毒性氣體)

( )50. 感溫式膨脹閥是　①感應室溫　②感應蒸發器出口溫度　③感應蒸發器入口管溫度　④感應壓縮機吐出管溫度　而動作。

解析　感測蒸發器出口端冷媒之溫度(過熱度)變化，來控制冷媒流量

44. (2)　45. (2)　46. (1)　47. (3)　48. (3)　49. (3)　50. (2)

( )51. 冰水主機剛完成抽真空步驟，欲從出液閥充填液態冷媒，首先要 ①起動壓縮機 ②關斷高壓修護閥 ③破空 ④關斷低壓修護閥。

解析 在真空下從出液閥充填液態，冷媒溫度會很低，可能會使銅管內冷卻水結冰裂，宜破空後，起動冰水泵再充填

( )52. 下列何者是已禁用的冷媒？ ① HC 冷媒 ② R-134a ③ R-11 ④ NH3。

解析 先進國家CFCs冷媒禁用法規 歐盟於 2000 年 12 月 31 日起禁止維修繼續使用CFCs，我國 CFCs 使用限制法規，已於 1996 年除必要用途外將消費量削減至零(R11、 R12 R113、R114、 R115 皆為 CFC，氟氯碳冷媒)

( )53. 冷凍系統探漏方式不包括下列何種方法？ ①肥皂水泡沫檢漏法 ②檢漏器檢漏法 ③檢漏水槽浸泡檢視法 ④抽氣檢漏法。

解析 抽真空後站空，可判斷系統含水量與冷媒洩漏與否，但無法檢漏出洩漏處

( )54. ODP(Ozone Depletion Potential)指標是以何種冷媒作基準？ ① R-717 ② CFC-11 ③空氣 ④水。

解析 臭氧衰減指數 ODP 表示。規定以 R11 的臭氧破壞影響作為基準，取 R11 的 ODP 值為 1：全球變暖潛能指數 GWP 把二氧化碳的溫室因數值為 1.0

( )55. 銲接銅管時充填氮氣的目的是 ①防止產生氧化膜 ②增加銲接速度 ③防止過熱 ④防止沙孔。

解析 進行燒焊作業時務必充氮燒焊，以避免燒焊銅管管壁內側發生氧化產生碳渣，燒焊時氮氣壓力應維持在 0.2 kg/cm^2

( )56. 一般系統處理所用之乾燥空氣，要求其露點溫度需在多少(℃)最適當？ ①−20 ②−40 ③−60 ④−80。

解析 露點溫度越小，結露的程度就越低，也就是空氣越乾燥

( )57. 評斷一個冷凍系統效率是依系統的 ① C.O.P 值 ②蒸發潛熱 ③冷凍能力 ④軸馬力 大小判定。

解析 性能係數(COP)：表示冷凍循環系統之冷凍效果(焓差)/壓縮熱(焓差)；能源效率比值(EER)kcal/h-W，EER ＝冷房能力(BTU/Hr) / 消耗電力(W)

51. (3)　52. (3)　53. (4)　54. (2)　55. (1)　56. (2)　57. (1)

( )58. 理想冷凍循環系統中,等熵過程是發生在下列何種設備? ①壓縮機 ②冷凝器 ③膨脹閥 ④蒸發器。

解析 理想冷凍循環從狀態變化過程中,若其熵值不變,則稱此為等熵過程(氣體分子本身因壓縮導致每分子自由律動,所產生的熱量不計)

( )59. 在理想冷凍循環系統中,等焓過程是發生在下列何種設備? ①壓縮機 ②冷凝器 ③膨脹閥 ④蒸發器。

( )60. 純加熱時,會造成空氣的 ①絕對濕度增加 ②絕對濕度減少 ③相對濕度增加 ④相對濕度減少。

解析 壓力不變下,若空氣在純加熱狀態下,其乾球溫度及焓上升,另相對濕度下降

( )61. 一往復式壓縮機於標準測試狀態下,若壓縮比增加,則 ①容積效率變大 ②輸入功率增大 ③冷凍能力增加 ④容積效率不變。

解析 當壓縮比愈大時,汽缸溫度愈高,冷媒過熱度愈大,比體積也愈大,所以容積效率就愈小

( )62. 若某冷凍循環系統以逆卡諾循環(Reversed Carnot Cycle)運轉,則當蒸發溫度為 7℃時,冷凝溫度為 47℃時,其 COP 最大為 ① 1.14 ② 5.71 ③ 7.00 ④ 8.00。

解析 卡諾循環的熱機效率 = (TH-TL)/TH;逆卡諾循環冷凍機效率 = TL / (TH-TL)

( )63. 當系統冷凝溫度一定,蒸發溫度上升時,下列何者正確 ①冷媒流率減少 ②壓縮機容積效率降低 ③冷凍效果增加 ④冷凍容量減少。

解析 當冷凝溫度升高或蒸發壓力降低,排氣溫度會上升,效率降低

( )64. 在下列何種空調處理過程中,空氣的焓值不變? ①冷卻除濕 ②絕熱加濕 ③噴蒸氣加濕 ④空氣清洗器。

解析 在絕熱的條件下,向空氣噴水(或水蒸氣)增加空氣的濕度的過程稱為絕熱加濕過程

---

58. (1)　59. (3)　60. (4)　61. (2)　62. (3)　63. (3)　64. (2)

( )65. 壓縮機發生液壓縮原因是 ①負荷急劇變化 ②電壓急劇變化 ③冷卻水急劇變化 ④管路阻塞。

解析 熱負荷突然降低，使蒸發溫度過低，對應蒸發壓力也過低，此時冷媒不易完全蒸發而被壓縮機吸入

( )66. 窗型空調機裝置溫度控制器主要的目的是控制 ①馬達溫度 ②室內溫度 ③蒸發溫度 ④凝結溫度。

( )67. 鹵素檢漏燈檢漏時，遇鹵素冷媒呈 ①紅色 ②黃色 ③綠色 ④灰色。

解析 鹵素探漏器為淡藍色，遇弗氯碳冷媒呈綠(冷媒燃燒會產生毒性氣體)

( )68. 非共沸冷媒在冷凝器的溫度差為 ①滑落溫度 ②飽和溫度 ③冷凝溫度 ④蒸發溫度。

解析 非共沸冷媒在冷凝過程呈等壓狀況，其溫度是降低的，此溫度差稱滑落溫度

( )69. 溫度開關靠近氣箱或膜片之調整螺絲是調整 ①溫度 ②溫度差 ③變高溫度 ④變低溫度。

解析 假設開關溫差(DIFF)3℃，若冷氣溫度設開關設定12℃，到12℃會斷路，15℃才閉合

( )70. 冷媒量不足時，會有的現象是 ①高壓壓力變高 ②低壓壓力變高 ③電流變小 ④電流變大。

解析 冷媒不足，進入蒸發器液態冷媒量減少，製冷效率下降，無法達到設定之溫度，高壓降低、低壓降低、液管視窗不飽滿、壓縮機吸氣過熱度上升

( )71. 非共沸冷媒在蒸發器的出口溫度會在什麼的情況下，系統需回收所有冷媒重灌？ ①下降 ②上升 ③不變 ④上下不定。

解析 非共沸冷媒滑落溫度大，在蒸發器中存在明顯的溫度梯度(溫度上升)，因此系統中熱交換器做成逆流形式，可充分發揮非共沸冷媒的優勢

( )72. 迴轉式壓縮機曲軸箱壓力係與下列何者相同？ ①低壓壓力 ②介高低壓力間 ③高壓壓力 ④蒸發器壓力。

解析 迴轉式壓縮機其吸入冷媒直接進入壓縮室，吐出側排至機殼側，並於吐出口裝置逆止閥防止停機高壓回流

65. (1) 66. (2) 67. (3) 68. (1) 69. (2) 70. (3) 71. (2) 72. (3)

(　)73. 風管截面積變化時，漸大角度應為　①10　②30　③45　④60 度以下。

解析 風管之擴散角度不得超過 30°，出風管收縮角度不得超過 45°

(　)74. 由 R-125(44%)、R-143 (52%)及 R-134a (4%)所混合非共沸冷媒為
①R-407C　②R-404A　③R-410A　④R-408A。

解析 R404A 由 HFC-125(44 %)、HFC-134a(4 %)及 HFC-143a(52 %)，為 HFC 冷媒，ODP 值為零，適用於中低溫的新型商用冷凍冷藏設備

(　)75. 使用零 ODP 的冷媒循環系統，其乾燥過濾器是用　①矽膠　②氧化鈣
③無水硫酸　④分子篩。

解析 分子篩由鋁矽酸鹽礦組成，適用於 HFC 冷凍系統冷媒：R 134a，R 404a，R 407C 等

(　)76. 測試低壓用電絕緣電阻之高阻計電壓為　①AC220V　②DC220V
③AC500V　④DC500V。

解析 絕緣電阻測試儀測定絕緣電阻，按不同設備，施加直流高壓，如 100V、250V、500V、1000V 等，規定一個最低的絕緣電阻值。低壓電路之絕緣電阻測定應使用 500 伏額定及 250 伏額定(220 伏以下電路用)之絕緣電阻測試儀

(　)77. 有關冷凍系統之吸氣管，下列敘述哪些正確？　①管徑越小越好，可減少成本　②由過冷度決定長度　③由流速決定管徑　④在壓縮機附近做儲液器。

解析 在全載時，要限制最小的壓降，通常不可超過相當於 1 K 飽和溫度的壓力變化；在最低載時，要減少管徑以增加流速，使油能隨著冷媒流回壓縮機。

(　)78. 空氣經化學除濕過程中，過程前之焓值較變化後為　①高　②低　③相同　④不一定。

解析 吸濕材料吸收空氣中的水蒸氣時，絕對濕度減少，化學反應會產生顯熱，使乾球溫度增加，焓值減少

(　)79. 蒸發器吸收之熱量比冷凝器排放的熱量　①小　②大　③相等　④不一定。

解析 冷凝器排放熱量為蒸發器所吸收熱量與壓縮熱相加

73. (2)　74. (2)　75. (4)　76. (4)　77. (3)　78. (2)　79. (1)

( )80. 有一冰水器之冷凍效果爲 40 kcal/kg，冷媒循環量爲 900 kg/hr，冰水由 13℃ 降至 7℃，此時冰水循環量(L/min)爲多少？　①100　②150　③600　④900。

解析　H = MS△T，H = 40×900 = M×1×(13- 7) ℃，M=6000 L/h= 100L/m

( )81. 有一冷凍機每一公制冷凍噸 0.65kW 動力，茲有 99600kcal/hr 之冷凍能力，其所需之動力(kW)爲　①37.5　②26.5　③19.5　④15.5。

解析　99600/3320=32.9 RT，所需之動力(kW)=30×0.65=19.5

( )82. 某一出風口之有效面積爲 0.1m²，風量爲 10 CMM，則其平均風速(m/min) 應爲　①0.1　②1　③10　④100。

解析　Q=V×A，V=10/0.1=100 (m/min)

( )83. 某一出風口之風量爲 10 CMM，測定之平均風速爲 10m/min，則其有效面積(m²)爲　①0.1　②1　③10　④100。

解析　Q=V×A，A=Q/V=10/10=1

( )84. 攝氏溫度差爲 50℃，如換算爲華氏溫度差(℉)時應爲　①13　②45　③50　④90。

解析　華氏=(攝氏 × $\frac{9}{5}$)+32，故爲 90℉

( )85. 理想蒸氣壓縮冷凍循環系統中，理想的冷凝過程係按　①等熵　②等焓　③等溫　④等壓 過程。

解析　理想的過程，管路壓降摩擦阻力不計

( )86. 若乾球溫度不變，冷卻水塔之冷卻能力隨外氣濕球溫度上升而　①減少　②增加　③不變　④先減少後增加。

解析　冷卻水出水溫度決定於外氣濕球溫度，如果外氣濕球溫度越高，出水溫度越高散熱能力就越差

---

80. (1)　81. (3)　82. (4)　83. (2)　84. (4)　85. (4)　86. (1)

( )87. 冷媒 R-410A 與 R-22 之膨脹閥 ①不可以 ②可以 ③不一定 ④視壓縮
機種類 互相替代使用。

解析 感溫式膨脹閥是通過蒸發器出口氣態冷媒溫度,來控制進入蒸發器的冷媒流量,不
同冷媒有不同的壓力,不得互換替代

( )88. 蒸氣壓縮冷凍循環系統之壓縮比為 3.4,高壓壓力為 16kgf/cm² G,則其低
壓壓力(kgf/cm²G)應為 ①4 ②5 ③3.4 ④4.25。

解析 壓縮比=高壓絕對壓力/低壓絕對壓力 ;
低壓絕對壓力 = (16+1.033) /3.4 = 5(kgf/cm² abs) = 4 kgf/cm² G

( )89. 某蒸氣壓縮冷凍循環系統壓縮功為 2kW,冷凍效果為 6000kcal/h,則其COP
值為 ①3.49 ②3.0 ③2.89 ④3.5。

解析 COP=6000/(2×860)=3.49

( )90. 某蒸氣壓縮冷凍循環系統壓縮功為 2HP,冷凍效果為 3kW,則其COP值為
①1.76 ②2.01 ③2.21 ④8.9。

解析 COP=冷凍效果/壓縮功 = 3/(2×0.746)=2.01,(1 HP=0.746 kW)

( )91. 冷媒循環系統中,膨脹閥的功能是 ①降壓 ②調節冷媒流率 ③增加冷
凍效果 ④幫助冷凍油回流。

( )92. 冷媒循環系統中,膨脹裝置有下列哪些? ①浮球閥 ②孔口板 ③毛細
管 ④嚮導式膨脹閥。

( )93. 冷凍系統中,選用毛細管作為降壓裝置的基準為何? ①外徑 ②內徑
③廠牌 ④長度。

( )94. 理想蒸氣壓縮冷凍循環系統,下列哪些過程正確? ①等熵壓縮 ②等溫
排熱 ③等焓膨脹 ④等壓吸熱。

( )95. 下列哪些屬於容積式壓縮機? ①往復式壓縮機 ②螺旋式壓縮機 ③離
心式壓縮機 ④迴轉式壓縮機。

( )96. R-22 冰水機系統加壓探漏用之氣體為 ①氧氣 ②壓縮乾燥空氣 ③氨氣 ④氮氣。

( )97. 理想冷媒的特性，下列敘述哪些正確？ ①臨界溫度高 ②潛熱值大 ③蒸發溫度高 ④黏滯度小。

( )98. 下列敘述哪些正確？ ① R-134a 蒸發潛熱較 R-22 大 ② R-134a 與 R-22 均有色並可燃 ③R-134a臨界溫度較R-22高 ④R-134a凝固點較R-22高。

( )99. 非共沸冷媒 R-503 是由下列哪些冷媒混合而成？ ① R-13 ② R-23 ③ R-113 ④ R-123。

( )100.非共沸冷媒 R-508B 是由下列哪些冷媒混合而成？ ① R-23 ② R-115 ③ R-22 ④ R-116。

( )101.非共沸冷媒 R-404A 是由下列哪些冷媒混合而成？ ① R-125 ② R-115 ③ R-143 ④ R-134a。

( )102.非共沸冷媒 R-417A 是由下列哪些冷媒混合而成？ ① R-125 ② R-115 ③ R-134a ④ R-600。

( )103.冷媒量不足時，會有的現象是？ ①高壓壓力變低 ②低壓壓力變高 ③電流變小 ④電流變大。

( )104.當系統冷凝溫度一定，蒸發溫度上升時，下列敘述哪些正確？ ①COP降低 ②冷媒質量流率增加 ③冷凍效果增加 ④冷凍能力減少。

( )105.在理想蒸氣壓縮冷凍循環系統中，等壓過程是發生在下列哪些設備？ ①壓縮機 ②冷凝器 ③膨脹閥 ④蒸發器。

( )106.冷凍循環系統的性能是依下列哪些項目來判定？ ①COP值 ②EER值 ③冷凍能力 ④每冷凍噸的耗電量。

---

96. (24)　97. (124)　98. (34)　99. (12)　100. (14)　101. (134)　102. (134)　103. (13)
104. (23)　105.(24)　106. (124)

(　)107.下列哪些為不是被禁用的冷媒？　①R-410A　②R-134a　③R-11　④NH3。

(　)108.當往復式壓縮機系統運轉時，冷凍能力不變、壓縮比增加，則　①容積效率變大　②輸入功率增大　③實際排氣量降低　④容積效率不變。

(　)109.銅管燒銲時，下列哪些非充填氮氣的目的？　①防止產生氧化膜　②增加銲接速度　③防止過熱　④防止沙孔。

(　)110.冷凍系統若冷媒充填太多時，其可能現象為　①高壓壓力變低　②低壓壓力變高　③電流變小　④電流變大。

(　)111.下列哪些可為保護壓縮機之元件？　①高壓開關　②電磁開關之過載保護器　③蒸發壓力調節器　④壓縮機線圈過熱保護開關。

(　)112.下列哪些為冷凍循環系統探漏方式？　①肥皂水泡沫檢漏法　②檢漏器檢漏法　③檢漏水槽浸泡檢視法　④抽氣檢漏法。

(　)113.冰水主機抽真空完成，充填液態冷媒之前，必須做下列哪些處理？　①起動壓縮機　②啟動水泵　③以氣態冷媒破空　④關斷低壓修護閥。

(　)114.有關氨系統的試漏，下列敘述哪些正確？　①可用硫與氨產生硫化氨白色煙霧　②鹵素燈檢漏法　③試紙接觸到氨會變成紅色　④肥皂水泡沫檢漏法。

(　)115.冷媒循環系統中，下列何種原因會造成高壓過高？　①冷媒循環系統內有不凝結氣體　②冷凝器之冷卻管結垢　③冷媒充填過量　④與負荷大小無關。

(　)116.非共沸冷媒莫里爾線圖(Mollier Chart)，在液氣混合區內由右側水平移動向左側時，表示　①壓力不變　②壓力降低　③溫度下降　④溫度升高。

---

107. (124)　108. (23)　109. (234)　110. (24)　111. (124)　112. (123)　113. (23)
114. (134)　115. (123)　116. (13)

(　)117.輻射熱之傳遞方式係為哪兩種能量之轉換？　①動能　②位能　③熱能　④電磁能。

(　)118.物質完全不含熱量是在？　①−273 ℉　②−273 ℃　③0 K　④0 ℃。

(　)119.R-22 冷凍機運轉時，低壓指示 5kgf/cm^2 G可能是指　①壓縮機吸入壓力　②冷凝器壓力　③蒸發器壓力　④壓縮機曲軸箱壓力。

117. (34)　　118. (23)　　119. (134)

工作項目 05：電路系統處理

( )1. 送風機轉數增加時，其軸馬力會　①增加　②不變　③減少　④無關。
解析 送風機轉數增加時，其軸馬力會增加。風扇所需之軸馬力與轉速之立方成正比

( )2. 冷凍主機之高壓壓力升高時，馬達運轉電流　①降低　②升高　③不變　④不一定。

( )3. 在正常氣溫與同樣耗電量之下，熱泵的加熱能力與電熱器的加熱能力比較時，則　①熱泵比電熱器高　②熱泵比電熱器低　③相等　④因電熱器種類而異。
解析 電能熱水器熱值約：860kcal／度，COP≒0.9，產出熱值：860×0.9 = 774kcal／度，熱泵熱水器：860kcal／度 COP≒3.6 產出熱值：860×3.6 = 3096kcal／度千卡／度

( )4. 三相 220V 之電路中，負載電流 20A，功率因數爲 0.8，其消耗電力(W)爲
①3520　②4400　③6097　④7097。
解析 單相（相相）：$P = V.I.\cos\phi$；三相：$P = \sqrt{3}V.I.\cos\phi$

( )5. 控制開關若爲單極雙投，代號爲　①SPST　②SPDT　③DPST　④DPDT。
解析 單投：兩個接線點，一進一出；雙投：三個接線點，兩進一出

( )6. 某一 3HP 之送風機馬達轉速爲 400rpm，若轉速需要 600rpm 時，則其馬達力數(HP)應選用　①4　②5　③10　④20。
解析 $P1 / P2 = (N1 / N2)3$：制動馬力與轉速三次方成正比 $(600/400)3 = P2/ 3$　$P2=10.125$

( )7. 有一 4 極馬達，頻率 50H，則其同步轉速(rpm)爲何？　①1600　②1500　③1400　④1200。
解析 同步交流馬達轉速 N=120 f / p ;馬達轉速，rpm;f：頻率，Hz ;p：極數
若是「感應」交流馬達，因爲磁場轉速與轉子轉速間會有一個轉速差，所以轉速要加入轉差率：S，成爲 N=120 f（1-S）／p

1. (1)　　2. (2)　　3. (1)　　4. (3)　　5. (2)　　6. (3)　　7. (2)

( )8. 油壓開關在壓縮機馬達起動時，若油壓泵之油壓無法建立時，大約在幾秒
內使 OT 接點受 H 加熱而跳脫？　①40　②120　③180　④240。

解析 油壓開關跳脫時間會隨環境溫度及產品規格有所差異

( )9. 自動溫度開關、濕度開關、壓力開關、流量開關等若有 C、N.C 和 N.O 之
接點者稱之為　①DPST　②DPDT　③SPST　④SPDT。

解析 PDT(Single Pole Double Throw)是單刀雙投，DPDT(Double Pole Double Throw)是雙刀
雙投

( )10. 三相馬達之電源線斷一條時，若送上電源(ON)，則　①馬達不轉　②馬達
會轉但起動電流較大　③會反轉　④以單相馬達之特性運轉。

解析 馬達欠相 無法啟動，若是運轉中欠相，馬達會抖動，保護開關未跳易燒燬

( )11. 有一送風機轉速增加時，其風量　①增加　②不變　③減少　④無關。

解析 假若風機尺寸與空氣密度固定，則轉速比為風量比；轉速的平方比為壓力比；轉速
的三次方比為軸功率比

( )12. 三相感應電動機以 Y-△啟動時，其啟動轉矩為全電壓啟動時之　①$\dfrac{1}{\sqrt{3}}$
②1/3 ③1/2　④$\sqrt{3}$。

解析 Y 型啟動與△型(全壓)啟動的電流比 1:3，轉矩比 1:3

( )13. 往復式冰水主機在冰水器入口處之溫度開關應為　①防凍開關　②冰水溫
度控制開關　③馬達過熱開關　④油溫保護開關。

解析 溫度開關:感溫筒位於冰水器入口處。防凍開關:感溫筒位出口處

( )14. 冰水流量開關應裝設在　①冰水泵之入水端　②冰水泵之出水處至冰水器
之入口處　③冰水器之出口端　④只要在冰水管路中任何處皆可。

解析 流動開關應裝於水準管路，或是流向是由下往上的垂直管路。不可裝於流向是由上
往下的垂直管路，流向片應以不碰觸管壁底部為原則

8. (2)　　9. (4)　　10. (1)　　11. (1)　　12. (2)　　13. (2)　　14. (3)

( )15. 可正逆向任意迴轉使用之壓縮機為　①迴轉式　②螺旋式　③往復式　④離心式。

解析　第一次開機前必須檢查壓縮機轉向是否符合要求。

( )16. 30kW之電熱器其熱量等同於多少Kcal/h？　① 30　② 25800　③ 30000　④ 360000　Kcal/h。

解析　電熱器消耗 1kW 只能產生 860Kcal 熱值(熱效率 86%)

( )17. 可交直流兩用之電器設備為　①變壓器　②感應電動機　③日光燈　④電熱器。

解析　電熱器為純電阻，通電的目的只用於發熱，交直流電可使用

( )18. 三相電路作 Y 接線其線電壓等於　① 2　②$\sqrt{3}$　③ 1　④ 1/3　相電壓。

解析　相電壓：三相線中任一相線與零線的電壓。線電壓：三相線中的線與線的電壓。關系：U 相=U 線/1.732。兩相電流：相線與零線負載的電流。線電流：三相負載的線與線間的電流。關系：I 相=P/U 相/功率因數，I 線=P/1.732/U 相／功率因數。Y 接線時，線電壓 $V_L=\sqrt{3}Vp$ 相電壓

( )19. 馬達裝置啟動電容器的目的為　①降低啟動電流　②降低運轉電流　③產生轉矩幫助啟動　④使運轉圓滑。

解析　單相電機通過的單相電流不能產生旋轉磁場，需要採取起動電容用來分相，目的是使兩個繞組中的電流產生近於 90°的相位差，以產生旋轉磁場。

( )20. 某用戶使用窗型空調機，其使用電力為 2kW，每日使用滿載 10 小時，則一個月(30 天)計用電為　① 240　② 480　③ 600　④ 780　度。

解析　Q=2×10×30=600 kW=600 度電

( )21. 可自動控制冰水主機啟停之裝置為　①冰水溫度開關　②高壓開關　③低壓開關　④防凍開關。

解析　溫度開關為控制開關，壓力與防凍開關為保護開關

( )22. 4 極、頻率 60Hz 及轉差率為 0.05 的馬達，其轉速(rpm)為　① 1710　② 18000　③ 3420　④ 3600。

解析　N=120×f(1−S) / p =【120×60(1−0.05)】/ 4 = 1710

15. (3)　16. (2)　17. (4)　18. (2)　19. (3)　20. (3)　21. (1)　22. (1)

( )23. 當 110V，600W 之電熱器，當電壓降爲 100V 時，其消耗電力(W)爲
① 486　② 496　③ 506　④ 546。

解析　Q=(100/110)×600=546

( )24. 三相馬達 Y 型聯接時，電流爲 25A 則其相電流(A)爲　① 7.3　② 14.4
③ 15.6　④ 25。

解析　Y 連接：線電流=相電流，Δ連接，線電壓=相電壓

( )25. 一比流器其變流比爲 200/5 安培，如一次電流爲 140A，則其二次側電流(A)
爲　① 0.7　② 3.5　③ 4.5　④ 5。

解析　比流器與變壓器相同原理：$V_1：V_2=N_1：N_2=I_2：I_1$ 140/(200/5)=3.5

( )26. Y－Δ起動之感應電動機，若要使電動機反轉時，不在電源側調相的情況
下，在電動機出線頭換線最少應換幾條？　① 1　② 2　③ 4　④ 6。

解析　三相交流馬達，將三相電源中的 R、S、T 任兩條線交換即可要做正反轉控制，若相
序不調，在電動機出線頭換線需四條

( )27. 4 極、60Hz，之三相感應電動機，當其轉速爲 1764rpm 時，其轉差率(%)
爲多少？　① 1.5　② 2　③ 2.5　④ 3。

解析　$N=120×f(1-S)／p$　$1764=120×60(1-S)／4$　$S = 2$

( )28. 利用 Y－Δ啓動鼠籠式的三相感應馬達，可將啓動電流降低爲全壓啓動方式
的幾分之幾？　① $\sqrt{2}/3$　② 1/3　③ $\sqrt{3}/2$　④ $1/\sqrt{3}$。

解析　Y-△降壓起動時之電壓爲全電壓之 1／ 倍；起動電流爲全電壓起動時之 1/3 倍；　起
動轉矩全電壓起動時之 1/3 倍

( )29. 3E 電驛可保護馬達回路之　①過載、短路、欠相　②過載、欠相、接地
③過載、逆相、欠相　④接地、過載、短路。

( )30. 三相電壓量測每二相的電壓值爲，221V/230V/227V，試求不平衡電壓的百
分比爲　① 2.1％　② 2.2％　③ 2.3％　④ 2.4％。

解析　先算出三相量電壓平均值 (221+230+227)／3 = 226 與 226V 誤差最大者爲計算標準，
所以以 221V 來計算 221／226 = 0.99787 所以 (1-0.99787)×100％ = 2.213%

---

23. (2)　24. (4)　25. (2)　26. (3)　27. (2)　28. (2)　29. (3)　30. (2)

(　　)31. 一個比流器規格是 50/5A，貫穿圈數 3 匝，與一只電流錶規格 75/5A 配用，試問比流器一次導線要貫穿幾匝？　①2　②3　③4　④5。

解析 CT 為 100/5 要與電流錶為 50/5 匹配，需貫穿匝數為 2 匝 讓
比流器貫穿匝數=100×1 /50=2(匝)
CT 為 75/5， 電流錶為 50/5 ，需貫穿匝數為 3 匝
貫穿匝數=75×2 /50=3(匝)
CT 為 100/5 電流錶為 75/5，需貫穿匝數不為整數匝，不能配和使用
貫穿匝數=100×1 /75=1.3(匝)

(　　)32. 關於三相壓縮機 Y-Y 起動，下列敘述何者錯誤？　①一繞組起動後另一繞組接入並聯運轉　②降低起動電流　③起動轉矩減少　④適用於高載下啓動。

解析 Y - Y 起動時單 Y 串聯 以減低起動電流，運轉時雙 Y 並聯

(　　)33. 卸載起動的設計是為了什麼目的？　①增加起動轉矩　②增加功率因數　③降低起動電流　④降低運轉電流。

解析 啓動瞬間電流約為常時運轉電流的 4~6 倍。壓縮機卸載降壓啓動，可降低啓動電流

(　　)34. 加 110V 電壓於一電熱器，使用 10 分鐘要產生 140 kcal 熱量，求其電阻(Ω)為多少？　①12.45　②24.9　③6.23　④3.12。

解析 $Q=I^2RT$　Q（熱量）、I（電流）、R（電阻）、t（時間）

(　　)35. 高感度高速型漏電斷路器是指感應電流時間及動作時間為　①30mA 以下及 1sec 以內　②1A 以下及 0.1sec 以內　③30mA 以下及 0.1sec 以內　④1A 以下及 1sec 以內。

解析 漏電斷路器分為:高感度高速與延時型，低感度高速與延時型

31. (1)　32.(4)　33. (3)　34. (1)　35. (3)

(　)36. 如下圖已知 $C_1 = 6$ 微法拉，$C_2 = 12$ 微法拉及 $C_3 = 6$ 微法拉，求 ab 間等效電容值(微法拉)為　①10　②4.5　③6　④12。

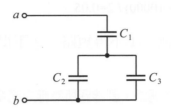

解析　電容串聯 $C_T = (1/C_1)+(1/C_2)$ ；　電容並聯 $C_T = C_1+C_2$

(　)37. 如下圖已知 $C_1 = 6$ 微法拉，$C_2 = 12$ 微法拉及 $C_3 = 6$ 微法拉，求 ab 間等效電容值(微法拉)為　①10　②4.5　③6　④12。

解析　電容串聯 $C_T = (1/C_1)+(1/C_2)$ ；　電容並聯 $C_T = C_1+C_2$

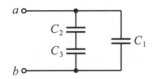

(　)38. 如下圖已知 $L_1 = 6$ 亨利，$L_2 = 12$ 亨利及 $M_{12} = 2$ 亨利，求 ab 間等效電感值(亨利)為　①18　②14　③16　④20。

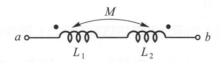

解析　電感器並聯：$L_T = (1/L_1) +(1/L_2)$；電感器串聯 $L_T = L_1+L_2-2M$

(　)39. 依屋內配線裝置規則，選用低壓用電設備單獨接地之接地線線徑，是依下列何項因素而定？　①過電流保護器容量　②接戶線線徑　③變壓器容量　④接地種類。

解析　參考屋內配線裝置規則

---

36. (2)　37. (1)　38. (2)　39. (1)

(　)40. 10 微法拉之低壓電容器充電至 100 伏特，所儲存的能量(焦耳)為多少？
① 0.05　② 0.1　③ 0.2　④ 0.5。

解析　W = (CV²)/2 = (0.00001 × 10000) / 2=0.05

(　)41. 比流器使用時，二次側　①不得短路　②不得開路　③不得接地　④沒極性區別。

解析　通電中比流器二次側不可開路，副線圈所感應之高電壓將使線圈之絕緣破壞

(　)42. 電感值 0.25 亨利，頻率為 50Hz，求其電抗(歐姆)？　① 78.5　② 94.3　③ 12.5　④ 15。

解析　$X_L = 2\pi fL$

(　)43. 電容值 3 微法拉，頻率為 60Hz，求其電抗(歐姆)？　① 884.2　② 1061.6　③ 1800　④ 1540。

解析　$X_C=1/ (2 \times \pi \times f \times C)$

(　)44. 導線之安培容量是以周圍溫度(℃)　① 25　② 35　③ 40　④ 20 為計算基準。

解析　依屋內線路裝置規則，導線之安培容量周溫 35 ℃以下

(　)45. 有效表指示 30kW，無效表指示 40kVAR，求視在功率(kVA)？　① 20　② 50　③ 40　④ 70。

解析　視在功率＝（有功功率的平方＋無功功率的平方）開根號

(　)46. 三相感應電動機在運轉中，若電源欠一相則電動機情況為　①立即停止運轉　②維持原運轉　③速度變慢甚致燒損　④電流減少。

解析　電源欠相(三相馬達)電流增加，馬達溫度急遽上升，造成線圈絕緣破壞

(　)47. 欲拆除比流器二次側之計器，應先將比流器二次側　①開路　②接地　③短路　④拆除接線。

解析　二次側短路時，不會電流變大而燒掉

---

40. (1)　41. (2)　42. (1)　43. (1)　44. (2)　45. (2)　46. (3)　47. (3)

(　)48. 變壓器之閉路實驗是測定變壓器之　①銅損　②鐵損　③功率因數　④總效率。

解析　短路試驗：測量變壓器之銅損，

(　)49. 變壓器之開路實驗是測定變壓器之　①銅損　②鐵損　③功率因數　④總效率。

解析　開路試驗測定鐵損，並可求出激磁電導、電納及導納

(　)50. 比流器之二次側額定電流(安培)為　①3　②5　③10　④1。

解析　比流器簡稱CT，二次繞組環繞著一次繞組，串接電流表，比流器二次測額定電流為5A；注意1、二次測使用 2mm2 黑色導線配線，2、二次測之一端必須接地，以防止感電之危險，3、二次測可以短路，但不能開路

(　)51. 無熔絲斷路器規格之IC值係表示　①負載容量　②啟斷容量　③跳脫容量　④框架容量。

解析　無熔絲開關 IC 值選用不足使用 IC(5kA)的斷路器，，若短路產生的大電流(10kA)，輕則故障損壞、重則爆裂燃燒可能引發火災。IC值愈大則斷路器內部的消弧室愈大、體積愈大

(　)52. 額定 220V 50Hz 之交流線圈，若連接於 220V 60Hz 電源，則其激磁電流　①減少 20 %　②減少 40 %　③增加 20 %　④增加 40 %。

解析　激磁電流就是電源供給線圈所產生的電流 與頻率成反比

(　)53. 三相三線 220V 配電線路，已知線路電流為 100A，消耗電力為 34kW，則其功率因數(%)約為多少　①85　②90　③95　④98。

解析　單相：$P = V.I.cos\phi$；三相：$P = \sqrt{3} U.I.cos\phi$

(　)54. 三相感應電動機若轉子達到同步轉速時，將會　①產生最大轉矩　②感應最大電勢　③無法感應電勢　④產生最大電流。

解析　同步轉速(NS)：定子三相旋轉磁場的轉速，轉差率 S 為 0，感應電勢=0

48. (1)　49. (2)　50. (2)　51. (2)　52. (1)　53. (2)　54. (3)

( )55. 電阻與電感串連之電路，若電阻與感抗比值為$\sqrt{3}$：1 該電路功率因數為
① $\frac{1}{\sqrt{2}}$　② 1/2　③ $\frac{\sqrt{3}}{2}$　④ 1/3。

( )56. 依屋內配線裝置規則，低壓用戶三相380V電動機在多少馬力以下可直接啓動？　① 15　② 50　③ 30　④ 10。

( )57. 變壓器二次側Y接，以三相四線式供電，若線間電壓是 208V，則非接地導線與中性線之間的電壓(V)是　① 100　② 110　③ 190　④ 120。

( )58. 冰水主機在冰水器出口處之溫度開關應為　①防凍開關　②冰水溫度控制開關　③馬達過熱開關　④油溫保護開關。

( )59. 可自動控制冰水主機啓停之裝置為　①冰水溫度開關　②高壓開關　③低壓開關　④防凍開關。

( )60. 下列何項不是螺旋式主機系統運轉必要保護元件？　①逆相保護電驛　②油壓差開關　③低壓開關　④防凍開關。

解析　螺旋式主機系統採油位開關保護

( )61. 下列何項不是往復式主機系統運轉必要保護元件？　①逆相保護電驛　②油壓差開關　③低壓開關　④防凍開關。

解析　往復式主機系統運轉不考慮轉向

( )62. A、B 兩電容器，充以相等的電荷後，測得 A 的電壓為 B 電壓的 4 倍，則 A 的靜電容為 B 的多少倍？　① 16　② 1/16　③ 1/4　④ 4。

解析　C=Q/V

( )63. 三相電動機之 Y-△降壓啓動，其 MCD 與 MCS 做連鎖控制之主要目的在避免　①過載　②電磁接觸器不良　③漏電　④主電路相間短路。

---

55. (3)　56. (2)　57. (4)　58. (1)　59. (1)　60. (2)　61. (1)　62. (3)　63. (4)

( )64. 1φ3W 110/220 V 供電系統，使用於額定電壓 220V 空調機，試問其外殼接地電阻(Ω)應保持在多少以下？　① 10　② 25　③ 50　④ 100。

解析 (1)對地電壓 150V 以下（如 1φ2W 110V，1φ3W 220/110V，3φ4W190/110V 系統）其接地電阻應保持在 100Ω以下。(2)對地電壓 151V～300V（如 1φ220V，3φ3W 220V，3φ4W 380/220V，3φ4W 440/254V 系統）其接地電阻值應保持在 50Ω以下。(3)對地電壓 301V 以上（如 3φ3W 380V，3φ3W 440V 系統），其接地電阻值應保持在 10Ω以下

( )65. 一電熱器接於 200V 電源，若已知通過電流為 10A，時間為 10 分鐘，則電能轉換為熱能(J)之值為　① 3.6×10^4　② 2.5×10^5　③ 2.1×10^7　④ 1.2×10^6。

解析 焦耳定律公式：H=0.24Pt=0.24I2Rt=0.24t H：卡、P：功率、t：時間、I：電流、V：電壓、R：電阻

( )66. 有 3φ380V 10HP電動機一台，功率因數 0.83、機械效率 0.86，則其額定電流值(A)約為　① 13.8　② 17.1　③ 15.5　④ 27.5。

解析 三相 功率 P= $\sqrt{3}$IV × 功率因數 × 效率

( )67. 依我國目前供電系統，1φ3W 110/220 V 可用於用電容量(kW)多少以下？　① 5　② 10　③ 20　④ 30。

( )68. 感應電動機之轉部旋轉方向是依下列何種選項而定　①轉部電壓　②轉部電流　③定部旋轉磁場　④負載 而定。

( )69. 有 110V 60W 及 110V 20W 電阻性燈泡串聯後，接於 220 V 電源上，將會使　① 60W 燒損　② 20W 燒損　③兩燈泡燒損　④ 60W 較亮。

( )70. 1φ3W 110/220 V 供電系統，配電維持負載平衡之目的為　①防止異常電壓發生　②減少線路損失　③改善功率因數　④減少負載功率。

( )71. 已知變壓器一、二次側匝數分別為 200、50 匝，如於無載時，測得二次側電壓 110 V，則一次側電壓(V)為　① 220　② 380　③ 440　④ 600。

解析 N_1/N_2為匝正亦即其電壓比

64. (4)　65. (4)　66. (3)　67. (2)　68. (3)　69. (2)　70. (2)　71. (3)

( )72. 工廠內有低壓電動機五台，其中最大一台的額定電流值為 40A，餘四台的額定電流值合計為 50A，選用幹線之安培容量為 ① 90 ② 100 ③ 110 ④ 130。

解析 安培容量應不低於所供應電動機額定電流之和加最大電動機額定電流之 25%，
I=(40+50)+(40×0.25)=100 A

( )73. 比流器二次側短路時，其一次側電流值 ①增大 ②減少 ③不變 ④不一定。

( )74. 進屋線為單相三線式，計得負載大於 10kW 或分路在六分路以上者，其接戶開關額定值應不低於多少安培？ ① 30 ② 50 ③ 60 ④ 75。

( )75. 於電力工程，分路過電流保護器須通過電動機啟動電流，其額定電流值應視啟動情形而定，通常以不超過電動機全載電流多少倍為原則？ ① 1.25 ② 1.5 ③ 2 ④ 2.5。

( )76. 供應電燈、電力、電熱之低壓分路，其電壓降不得超過分路標稱電壓百分之多少？ ① 2 ② 3 ③ 5 ④ 10。

( )77. 用電設備容量在 20kW 以上之用戶用電平均功率不足百分之八十時，每低百分一，該月電價增收千分之多少？ ① 1 ② 1.5 ③ 2 ④ 3。

( )78. 指針型三用電表量測電阻前，須做零歐姆調整，其目的是補償 ①測試棒電阻 ②電池老化 ③指針靈敏度 ④接觸電阻。

( )79. 電容器額定電壓在 600V 以下，其放電電阻應能於線路開放後一分鐘將殘餘電荷降至多少伏特以下？ ① 30 ② 50 ③ 60 ④ 80。

( )80. 變比(PT、CT)器二次側引線之接地應按 ①特種 ②第一種 ③第二種 ④第三種 接地工程施工。

( )81. 變比(PT、CT)器二次側引線之接地應採用最小線徑為 ① 3.5 ② 5.5 ③ 8 ④ 14 平方公厘。

72. (2) 73. (3) 74. (2) 75. (4) 76. (3) 77. (4) 78. (2) 79. (2) 80. (4) 81. (2)

( )82. 屋內線路屬於被接地導線之再行接地是何種接地方式？　①設備接地　②內線系統接地　③低壓電源系統接地　④設備與系統共同接地。

( )83. 電動機外殼接地之目的是防止電動機　①過載　②造成人、畜感電事故　③過熱　④啓動時，造成電壓閃動。

( )84. 電動機如端電壓下降 10％，則其轉矩　①下降 10％　②增加 10％　③下降 19％　④增加 19％。

解析　$T_1=(0.9)2T_2=0.81T_2$

( )85. 低壓電動機以全壓啓動時，其啓動電流為 120A，若採 Y-△降壓啓動，則其啓動電流(A)約為　① 75　② 30　③ 40　④ 60。

解析　Y 型啓動與△型(全壓)啓動的電流比為 1:3，轉矩比也為 1:3

( )86. 以 3φ 220V 供電用戶，電動機容量超過 15 馬力時，其啓動電流必須限制在額定電流多少倍以下？　① 2　② 2.5　③ 3.5　④ 5。

( )87. 電動機銘牌所標註之電流值係指　①滿載　②無載　③堵轉　④啓動 電流。

解析　電動機(特殊用途電動機除外)負載電流應以銘牌上之額定電流為全載電流

( )88. 依台電公司現行電價，夏月電價計費是指每年　① 5 月 1 日至 8 月 31 日　② 6 月 1 日至 9 月 30 日　③ 7 月 1 日至 8 月 31 日　④ 6 月 1 日至 10 月 31 日。

( )89. 申請低壓電力用電，其契約容量(kW)不得高於？　① 50　② 100　③ 30　④ 20。

解析　高壓供電 100 瓩～1,000 瓩

( )90. 下列哪些方式可使單相分相式電動機反轉？　①同時改變運轉繞組及啓動繞組的接線方向　②僅改變運轉繞組的接線方向　③僅改變啓動繞組的接線方向　④改變電源兩條線。

( )91. 有關啓動電容器之敍述下列哪些有誤？　①使用油浸式紙質電容　②電容值較運轉電容大　③耐電值較運轉電容大　④可降低啓動電流值。

82. (2)　83. (2)　84. (3)　85. (3)　86. (3)　87. (1)　88. (2)　89. (2)　90. (23)　91. (13)

( )92. 3E 電驛可做下列哪些電路故障保護元件使用？ ①過載 ②短路 ③欠相 ④逆相。

( )93. 有關標準電動機分路，應包含 ①分段開關 ②過電流保護器 ③操作器 ④過載保護器。

( )94. 分路過電流保護器可用於保護下列哪些短路故障？ ①分路配線 ②操作器 ③電動機 ④幹線。

( )95. 變壓器之一次側電壓為V_1，一次側電流為I_1，一次側匝數為N_1；二次側電壓為V_2，二次側電流為I_2，二次側匝數為N_2，於理想狀況，下列公式哪些為正確？ ①$V_1/V_2＝I_1/I_2$ ②$V_1/V_2＝N_1/N_2$ ③$I_1/I_2＝N_1/N_2$ ④$I_1/I_2＝N_2/N_1$。

( )96. 有關低壓電力用電，下列敘述哪些正確？ ①只適用生產性質用電場所 ②同供電區不可再有電燈用電 ③契約容量最高到500kW ④以單相二線式 220V、單相三線 110/220V、三相三線式 220 或 380V、三相四線式 220/380V 供電。

( )97. 有關1φ3W110/220 V供電，下列敘述哪些為正確？ ①電壓降為1φ2W110V 的 1/4 ②中性線不可安裝保險絲 ③負載平衡時中性電流值為零 ④電力損失為 1φ2W110V 的 1/2。

( )98. 有關過電流保護器，下列敘述哪些錯誤？ ①幹線過電流保護器不能保護分路導線 ②每一非接地導線應裝設電流保護器 ③三相三線式供應三相負載可使用單極斷路器 ④積熱型熔斷器得做導線短路保護用。

( )99. 下列敘述哪些正確？ ①接地線使用綠色絕緣導線 ②被接地導線應用白色絕緣導線 ③接地引線連接點應加銲接 ④被接地導線應串接過電流保護器。

(　)100.分路過電流保護器可用於保護電動機的哪些故障？ ①過電流 ②短路 ③接地 ④逆相。

(　)101.有關運轉電容器，下列敘述哪些正確？ ①使用油浸式紙質電容 ②電容值較啓動電容大 ③耐電值較啓動電容大 ④可提高功率因數。

(　)102.有關比壓器，下列敘述哪些正確？ ①是一種降壓變壓器 ②二次側額定電壓 220 V ③二次側不可短路 ④二次側不可開路。

(　)103.下列敘述哪些正確？ ①電壓切換開關接點應先開後閉 ②電壓切換開關接點應先閉後開 ③電流切換開關接點應先開後閉 ④電流切換開關接點應先閉後開。

(　)104.電動機 Y-△降壓啓動，在啓動時，下列敘述哪些正確？ ①相電壓爲額定電壓 1/ ②線電流爲全壓啓動電流之 1/ ③相電壓爲額定電壓 1/3 ④線電流爲全壓啓動電流之 1/3。

(　)105.有關電流表，下列敘述哪些正確？ ①應與負載串聯 ②與電壓表相較其內阻值較低 ③與低電阻器並聯後可擴大量測範圍 ④與低電阻器串聯後可擴大量測範圍。

(　)106.有關三相鼠籠式感應電動機，下列敘述哪些正確？ ①改變外加電源頻率可改變轉速 ②改變外加電源相序可改變轉向 ③正、逆轉額定輸出功率相等 ④啓動電流爲全載額定電流的三倍。

(　)107.有關電壓表，下列敘述哪些正確？ ①應與負載串聯量測 ②與電流表相較其內阻值高 ③與高電阻器串聯後可擴大量測範圍 ④與低電阻器並聯後可擴大量測範圍。

100. (123)　101. (134)　102. (13)　103. (14)　104. (14)　105. (123)　106. (123)
107. (23)

( )108.有關接地線工程，下列敘述哪些正確？　①接地引線不應加裝保護設備　②接地管、棒應塗漆，以防腐蝕　③可採多管、板並接，以有效降低接地電阻　④人易觸及場所應以金屬管、板掩蔽。

( )109.下列哪些處所依配線裝置規則應裝置漏電斷路器？　①臨時用電　②電熱水器分路　③乾燥處所之110V電燈分路　④浴室插座分路。

( )110.有關比流器，下列敘述哪些錯誤？　①是一種降壓變壓器　②二次側額定電流5 A　③使用時，二次側不可短路　④使用時，二次側不可開路。

( )111.下列哪些電氣元件之使用有極性限制？　①電晶體　②電容器　③電阻器　④變壓器。

( )112.下列哪些是螺旋式冰水主機系統運轉必要保護元件？　①逆相保護電驛　②油壓差開關　③低壓開關　④防凍開關。

( )113.下列哪些是往復式冰水主機系統運轉必要保護元件？　①逆相保護電驛　②油壓差開關　③低壓開關　④防凍開關。

( )114.有關導線並聯使用，下列敘述哪些正確？　①長度應相同　②導體材質應相同　③相同施工法　④線徑大於100平方公厘。

( )115.目前台電公司低壓表燈供電方式，電壓有　① $1\phi3W110/220\,V$　② $3\phi3W220\,V$　③ $3\phi4W120/208V$　④ $3\phi4W220/380\,V$。

( )116.下列哪些處所屬第三種接地？　①低壓電源系統接地　②支持低壓用電設備金屬接地　③內線系統接地　④高壓用電設備接地。

( )117.有關壓接端子之壓接處理，下列敘述哪些正確？　①壓接端子8-5Y是指可用於8平方公厘絞線　②可以使用鋼絲鉗作壓接工具　③要用合適之壓接鉗來壓接端子　④端子之壓接面有所區分。

---

108. (13)　　109. (124)　　110. (13)　　111. (124)　　112. (134)　　113. (234)　　114. (123)

115. (124)　　116. (23)　　117. (134)

(　)118.有關單相感應電動機，下列敘述哪些錯誤？　①雙值電容式電動機常用於需要變速低功因場合　②雙值電容式電動機永久運轉電容器電容量較較啓動電容小　③蔽極式電動機蔽極線圈產生磁通較主線圈滯後　④蔽極式電動機啓動轉矩較電容啓動式大。

(　)119.有關表燈電價用電，下列敘述哪些正確？　①適用住宅及非生產性質用電場所　②同供電區不可再有電力用電　③契約容量最高到 100kW　④以單相二線式 110 或 220V，單相三線式 110/220V，三相三線式 220V 或三相四線式 220/380V 供電。

工作項目 06：試車調整

( )1. 冷卻水污垢係數增加時，則壓縮機消耗功率　①增加　②減少　③增減不定　④視壓縮機型式而定。

解析 傳熱面上因沉積物而導致傳熱效率下降，產生的傳熱阻力，此為污垢係數，單位為 $m^2 \cdot K / W$，包括水垢、銹蝕等

( )2. 感溫式膨脹閥之主要功能是？　①調節冷媒蒸發溫度　②維持系統過熱度　③調節冷媒吐出溫度　④維持系統過冷度。

解析 利用蒸發器出口氣態冷媒之溫度(過熱度)變化，來控制冷媒流量，維持吸入管一定的過熱度

( )3. 冷凍系統正常運轉時，壓縮機之冷媒排氣溫度較冷凝溫度　①高　②低　③相同　④不一定。

解析 水冷式冰水機：冷卻水入口溫度 85℉ [29.4℃] 冰水出口溫度 44℉ [6.7℃]

( )4. 蒸發器之蒸發壓力不變，感溫式膨脹閥之感溫筒溫度上升時，開度會？　①減少　②增加　③不變　④不一定。

解析 壓縮機冷媒飽和吐出溫度：105℉ [40.6℃]，冷凝液態冷媒溫度 98℉ [36.6℃]

( )5. 往復式壓縮機之淨油壓是指　①油泵之吐出壓力　②高壓與低壓之差　③油泵吐出壓力與低壓之差　④油泵吐出壓力與高壓之差。

解析 一般將過熱度設於 7～10℉ 間

( )6. 水管內流速增加一倍時，其阻力將為原來之　①1　②2　③3　④4 倍。

解析 R22 往復式冰水主機油壓錶壓力(正常 10～15kgf/cm²)、低壓壓力(正常值 4.9～5.4kgf/cm²)；淨油壓=油壓錶壓力-低壓壓力

( )7. 能源消耗因數(EF)係用來表示　①電冰箱　②窗型空調機　③分離式冷氣機　④除濕機 能源效率。

解析 流體的流量不變，管長增加 1 倍，則流動阻力為原來的 4 倍

---

1. (1)　　2. (2)　　3. (1)　　4. (2)　　5. (3)　　6. (4)　　7. (1)

( )8. 冰水機之防凍開關感測棒應裝置在 ①冰水器之回水管上 ②冰水器之出水管上 ③壓縮機之吸氣管上 ④壓縮機液體管上。

解析 防凍開關設定設定在5℃以下，防止蒸發器管內水結冰，冰水出水溫度跳脫值2～3℃.

( )9. 空調箱其溫度開關之感溫器(Sensor)應裝置在 ①回水管 ②進水管 ③回風管或室內 ④出風管。

解析 溫度開關感溫筒位於冰水器入口處，以感測空調箱冰水盤管出水溫度，一般設定為12℃。每提高1℃冰水出水溫約可節約3%之電能

( )10. 往復式冰水主機外部卸載用溫度開關之感溫器應裝在 ①冰水器之出水管上 ②冰水器之進水管上 ③壓縮機之吸氣管上 ④壓縮機液體管上。

解析 以溫度開關感溫筒位於冰水器入口處，以感測空調箱冰水盤管出水溫度，做壓縮機加卸載之參考

( )11. 假設一冰水機組，其設計之回水溫度為12℃，防凍開關裝於出水端，則其設定值應不低於(℃) ① 12 ② 7 ③ 5 ④ 2。

解析 冷卻水進水溫度最大不可超過33℃，最小不可低於22℃；冰水進水溫度最大不可超過18℃，出水溫度範圍5℃～15℃。

( )12. 冰水機組之感溫式膨脹閥，其感溫筒棒應裝置於 ①冰水器出水管上 ②蒸發器出口 ③膨脹閥出口 ④蒸發器入口。

解析 溫度開關感溫筒位於冰水器入口處

( )13. 流量開關(Flow Switch)一般應裝於 ①冰水管上 ②冷媒回流管上 ③補給水管 ④空調箱進水管。

解析 水流動開關安裝在中央空調主機的出水管才能感測到水流入主機

( )14. 皮氏管(Pitot Tube)之量測開口面向空氣流上游方向(Up-Stream)所感受之壓力為 ①流速壓力 ②靜壓 ③總壓 ④差壓。

解析 皮氏管為最常用而且可靠的量測儀器，可以量測全壓及靜壓。並由其求得動壓，因而獲得風速值。求其平均值，因而可以乘以截面積而求得風量

---

8. (2)　　9. (3)　　10. (2)　　11. (4)　　12. (2)　　13. (1)　　14. (3)

( )15. 若窗型空調機選擇開關在送風位置時，其壓縮機 ①照常運轉 ②停止運轉 ③送風馬達停止 ④全部停止。

( )16. 在冷凍負荷計算中，電動機的熱負荷屬於： ①顯熱量 ②潛熱量 ③焓值 ④比熱。

解析 顯熱由於空氣乾球溫度的變化而發生的熱量轉移，潛熱的發生會伴隨著物質相態的變化(水變化為水蒸氣)

( )17. 選用毛細管不考慮之條件為 ①冷媒流量 ②系統高壓壓力 ③系統低壓壓力 ④回流管過熱度。

解析 毛細管管徑過小或長度過長，出口的壓力和溫度就越低，相對的蒸發壓力和溫度也越低。但由於進入蒸發器冷媒流量減少，壓力降低，造成蒸發速度減慢，單位容積製冷量降低，影響製冷效果。

( )18. 水流量 10 GPM 等於 ① 38 LPM ② 20 L/s ③ 23 kgf/s ④ 40L/m。
解析 1 GPM = 3.78 LPM

( )19. 水冷式、氣冷式兩種箱型空調機，下列何種保護開關設定值是不相同的？ ①高壓開關 ②過熱保護器 ③油壓開關 ④低壓開關。

解析 水冷式箱型冷氣機使用 R-22 冷媒，在一般情況下，蒸發溫度 5 ℃ 時之低壓壓力為 72 psi (5kgf /cm^2)，凝結溫度 40 ℃ 時之高壓壓力為 220 psi(14.6kgf / cm^2) 高壓保護開關切出點(cut - out) 270psi(19kgf / cm^2)，是取凝結溫度 50 ℃對照之飽和壓力

( )20. 使用R-22 冷媒之氣冷式箱型空調機，其高壓開關壓力之設定值(kgf/cm^2)，大約是 ① 19 ② 22 ③ 28 ④ 16。

解析 氣冷式箱型空調機，其高壓開關壓?設定值 28 kg/cm^2 。取凝結溫度 65 ℃ 時對照之飽和壓力

( )21. 以R-22 為冷媒之空調冰水主機低壓壓力開關之設定值(kgf/cm^2)，一般係設定為 ①1 ②7 ③5 ④3。

解析 R-22 冷媒，在一般情況下：蒸發溫度 5 ℃ 時之低壓壓力為 72 psi (5kg /cm^2) 其低壓開關壓力設定值 3kgf / cm^2 。是取蒸發溫度-5 ℃時對照之飽和壓力

15. (2) 16. (1) 17. (4) 18. (1) 19. (1) 20. (3) 21. (4)

(　)22. 下列何者非冰水主機卸載機構的功用？　①減少啓動時之動力　②調節容量變化　③避免馬達啓動頻繁　④維持一定的低壓壓力。

解析 加載時會造成蒸發壓力下降、冷媒溫度下降，卸載時會造成蒸發壓力上升、冷媒溫度上升，而冷媒溫度下降或上升會直接影響冷凍能力的高低

(　)23. 冷凍循環系統，當高壓壓力一定，而低壓壓力降低，則其冷凍能力　①昇高　②不變　③降低　④不一定。

解析 每降低壓力 1 kgf／cm²G，約可節能 5%～7%

(　)24. 冷凍循環系統，當冷媒不足時，下列何種控制器會使壓縮機停止？　①高壓開關　②溫度控制器　③過載保護器　④低壓開關。

解析 壓力開關為保護作用。當壓力超出設定值範圍(過高或過低)壓力開關動作斷電停止運轉，保護設備免受損壞

(　)25. 油壓開關之動作原理是低於下列何者項目之設定值？　①油壓錶壓力　②油壓錶壓力與低壓壓力之和　③油壓錶壓力與低壓壓力之差　④高壓壓力與低壓壓力之差。

解析 油壓接於油泵，低壓接於曲軸箱，所以其動作設定值其實是油壓與低壓之差值，利用兩者之壓差決定接點開閉，亦即是油壓須大於低壓 1.8～2.5kgf／cm²(25～35psig)，否則壓差接點閉合，開關內部的加熱器通電加熱 90～120 秒，使雙金屬片的溫度接點跳脫，而溫度接點則是控制壓縮機之回路

(　)26. 當冷氣出風口之有效出風面積為 2.5m，出風量為 200CMM，則其出風口風速(m/min)為　① 80　② 100　③ 200　④ 500。

解析 V=Q/A=200/2.5=80

(　)27. 冷凝器選用可熔栓安全閥時，其熔點溫度按規定應　①低　②高　③相等　④無關　於高壓保護開關跳脫壓力之飽和溫度，以確保安全。

解析 汽車冷氣為防止高溫度及壓力過高，裝置可熔塞，溶栓溫度：105℃

22. (4)　23. (3)　24. (4)　25. (3)　26. (1)　27. (2)

( )28. 巴士空調機(Bus Cooler)主要的動力來源為　①電動機　②引擎　③電瓶　④發電機。

解析 是用柴油引擎直接驅動壓縮機

( )29. 當空氣中之濕球溫度與乾球溫度相同時，則其相對濕度為　①0％　②50％　③75％　④100％。

解析 相對濕度(Relative Humidity)，是指空氣中水汽壓與飽和水汽壓的百分比。顯示空氣中水蒸氣的飽和程度

( )30. 有一冰水機組，將72L/min之水由11℃降溫至6℃，其冷媒冷凍效果為40kcal/kg，則理論上冷媒循環量(kgf/hr)為　①9　②200　③360　④540。

解析 冷媒循環量=冷凍能力/冷凍效果=(72*60*5)/40=540

( )31. 所謂過熱(Supemeated)及過冷(Subcooling)現象，是屬於　①潛熱變化　②顯熱變化　③昇華變化　④相態變化。

解析 過冷度與過熱度都是型態不變，溫度改變之顯熱變化

( )32. 多聯變頻冷氣機在輕負載時，卸載之方式一般為　①熱氣旁通　②頂開排氣閥　③啟停(ON-OFF)方式　④改變冷媒流量。

解析 是通過變頻器改變頻率，從而調整壓縮機的運轉轉速而改變冷媒流量

( )33. 下列何者不影響人體之舒適主要因素？　①空氣流速與噪音　②溫度與濕度　③空氣品質與換氣量　④空間位置。

解析 人體舒適溫濕度：18～23℃，45～65% RH

( )34. 10HP 三相感應馬達若採用 Y-△ 起動方式，其延時繼電器一般設定值約為　①1/10　②1　③4　④15　秒。

解析 Y-△降壓延時啟動，一般都設定為 8-15S。用夾式電流表測量啟動電流，在電流降至谷點後就可以轉為△。或以馬達的容量開方後乘以2再加上4秒就是啟動時間，例如11KW的馬達，啟動時間就是 $\sqrt{11} = 3.3$，$(3.3 \times 2)+4=10.6S$。

28. (2)　29. (4)　30. (4)　31. (2)　32. (4)　33. (4)　34. (3)

( )35. 恆溫恆濕空調箱之濕度控制係採用下列何項來感測控制？ ①乾球溫度開關 ②濕球溫度開關 ③相對濕度開關 ④絕對濕度開關。

解析 是以"濕度感測開關"偵測濕度變化的進而控制相對濕度

( )36. 氣冷式箱型空調機主要之散熱方式為 ①自然冷卻 ②噴水冷卻 ③蒸發式冷卻 ④空氣強制冷卻。

( )37. 為確保冰水流量平衡，尤其在高壓降與低壓降的冰水盤管在同一系統時，應裝置？ ①關斷閥 ②平衡閥 ③三通閥 ④二通閥。

解析 平衡閥是一種特殊功能的閥門，用以調節兩側壓力的相對平衡，或通過分流的方法達到流量的平衡

( )38. 冷凍系統維持過熱度是為了 ①保護壓縮機防止液壓縮 ②增加壓縮機的效率 ③減小冷媒的充填量 ④增加系統的性能係數。

解析 冷媒離開蒸發器溫度與壓縮機吸入溫度值之差值稱之過熱度，目的在於防止液態冷媒之回流壓寫機

( )39. 冷凍系統過熱度太大時，則 ①曲軸箱冷凍油黏度增加 ②排氣溫度上升 ③蒸發器負荷增加 ④冷媒比容變小。

解析 過熱度越大，比體積就越大，消耗功增加，當吸入溫度高，吐出口溫度隨之上升

( )40. 往復式壓縮機之外部卸載裝置在卸載時，是 ①頂開低壓閥片 ②頂開高壓閥片 ③壓住閥片座吸入口 ④壓住閥片座吐出口。

解析 外部卸載是以溫度開關控制電磁閥動作，去推動汽缸座的活塞去壓住汽缸吸入口

( )41. 往復式壓縮機外部卸載裝置無法加載，其可能的原因為 ①溫度開關故障 ②高壓壓力太高 ③低壓壓力太高 ④油壓壓力開關故障。

( )42. 往復式壓縮機外部卸載裝置之是裝置何項元件控制？ ①油壓壓力開關 ②開關閥 ③電磁閥 ④四方閥。

( )43. 若壓縮機吐出管溫度為60℃，飽和冷凝溫度為40℃，液管出口溫為36℃則其過冷度(℃)為 ①4 ②16 ③20 ④24。

解析 在一定的壓力下，溫度低於飽和溫度的液體，稱為過冷液體，過冷度=冷凝溫度-降壓裝置進口溫度=40−36=4

---

35. (3)　36. (4)　37. (2)　38. (1)　39. (2)　40. (4)　41. (1)　42. (3)　43. (1)

( )44. 若冷媒液管過冷度爲 3℃，蒸發器之飽和蒸發溫度爲 2℃，在蒸發器之出口溫度爲 6℃，則其過熱度(℃)爲 ①2 ②3 ③4 ④6。

解析 冷媒離開蒸發器溫度與壓縮機吸入溫度值之差值稱之過熱度，6-2=4

( )45. 使用感溫式膨脹閥之冷媒循環系統，若冷媒量充填過量則會 ①過冷度變大 ②過冷度變小 ③過熱度變大 ④過熱度變小。

解析 當冷媒充填量過多而聚集於冷凝器，溫度會低於冷凝壓力下的飽和溫度，可減少降壓時產生的閃蒸氣體的量。

( )46. 使用感溫式膨脹閥之冷媒循環系統，若冷媒量充填過少則會 ①過冷度變大 ②過冷度不變 ③過熱度變大 ④過熱度不變。

解析 冷媒充填量過少，會造成過熱度過大，壓縮機冷卻作用減小，壓縮機的排氣溫度會增高，冷凍油變稀，潤滑效果降低，嚴重影響壓縮機的壽命甚至燒毀

( )47. 使用感溫式膨脹閥之冷媒循環系統若發生液壓縮，其可能的原因爲 ①冷媒充填過量 ②冷媒充填量過少 ③壓縮機卸載 ④膨脹閥感溫筒漏氣。

解析 固定在蒸發器出口管路上的感溫筒，以感測蒸發器出口的溫度，使感溫筒內產生壓力，並由毛細管傳到膜片上部，在壓力的作用下，膜片遞給頂針頂開閥門的開度，若感溫筒毛細管斷裂漏氣，閥門的開度變小冷媒流量減少，過熱度會增加

( )48. 冷卻水塔內灑水桿不旋轉，會使冷卻水塔之冷卻能力 ①降低 ②增大 ③不變 ④失效。

解析 冷卻水塔的水溫異常升高，原因有：水塔散熱片堵塞、灑水桿洞孔堵塞、灑水頭不旋轉或轉太慢太快、水塔散熱風扇有問題、水塔吸風量不足或是短循環太嚴重

( )49. 濕球溫度一定，但乾球溫度明顯上升，會使氣冷式冷凝器之容量 ①降低 ②增大 ③不變 ④失效。

解析 氣冷式冷凝器容量是受環境乾球溫度影響。一般設計濕球溫度比設計乾球溫度大約低 10℃至 15℃

---

44. (3) 45. (1) 46. (3) 47. (4) 48. (1) 49. (1)

(　)50. 1 μm Hg 相當於　①1"Hg　②0.1"Hg　③0.01 mmHg　④0.001 mmHg。

解析　U 型封閉管水銀真空計為最簡單之真空計，其量測之真空度可由水銀之液面差直接讀出

(　)51. 在一冷媒循環系統中，過冷液體是出現在　①壓縮機出口　②冷凝器出口　③膨脹閥出口　④蒸發器出口。

解析　冷媒被壓縮機壓縮為高溫高壓氣態，流入冷凝器散熱液化(過冷)，再流經冷媒控制器降壓後進入蒸發器，吸收熱量蒸發為低溫低壓氣態(過熱)冷媒，再被吸入到壓縮機

(　)52. 在一冷媒循環系統中，過熱氣體是出現在　①壓縮機入口　②冷凝器入口　③膨脹閥入口　④蒸發器入口。

(　)53. R-134a 之冷凍機冷凝溫度為 40℃，蒸發溫度為 -10℃，此冷凍機之 COP 不可能超過　①4.15　②4.70　③4.95　④5.26。

解析　理想卡諾迴圈中：COP = TL/(TH-TL)=273+(-10)/(40-(-10))=5.26

(　)54. R-134a 冷媒循環系統之壓縮機功率為 1HP(0.746kW)，冷凝溫度為 40℃，蒸發溫度為 -10℃，則最大的冷凍能力(kW)為　①2.38　②2.53　③3.47　④3.92。

解析　COP =冷凍能力/壓縮功率，冷凍能力=5.26×0.746=3.92

(　)55. 實際蒸氣壓縮冷凍循環系統在冷凝器出口處，冷媒溫度及壓力比理想狀況　①溫降、壓降　②溫升、壓降　③溫降、壓升　④溫升、壓升。

解析　冷凝器因管路摩擦產生阻力造成壓降，冷媒溫度隨之下降

(　)56. 冷凍負荷 200kW，欲使冰水維持在 7℃進，12℃出，則所需的冰水流量(L/s)為　①9.55　②20　③23.87　④40。

解析　H=MSΔT，M=200KW/4.18*(12-7)=9.57 LPS

(　)57. 下列何段管路溫度最低？　①高壓液管　②膨脹閥至蒸發間之液管　③回流管　④吐出管。

---

50. (4)　51. (2)　52. (1)　53. (4)　54. (4)　55. (1)　56. (1)　57. (2)

( )58. 下列何者非熱氣旁通的目的？ ①蒸發器除霜 ②防止吸氣壓力過低 ③控制冷媒蒸發溫度 ④防止液態冷媒進入壓縮機。

解析 還有以下之目的 1.防止壓縮機短路循環 2 防止壓縮機在過低的壓力下運轉 3.防止低負荷時蒸發器結冰

( )59. 氣冷式的往復式冰水主機在運轉中，過熱度及過冷度同時增加其可能原因為 ①冷媒洩漏 ②負荷增加 ③負荷減少 ④膨脹閥半堵。

解析 當毛細管阻塞，造成高壓側壓力降低，冷媒流量減少，過熱度增加

( )60. 變頻器主要功能是 ①同時控制交流電壓與頻率 ②同時控制直流電壓與頻率 ③僅控制電壓 ④僅控制頻率。

解析 變頻器頻率與電壓成比例改變，即改變頻率的同時需控制變頻器輸出電壓

( )61. 理論上電動機之耗電量與轉速 ①開根號成正比 ②一次方成正比 ③二次方成正比 ④三次方成正比。

解析 依據風車定律風車動力為轉速成三次方正比，頻率與轉速成正比

( )62. R-410A冷媒之氣冷式箱型空調機，其高壓開關壓力(kgf/cm²)設定值，大約是 ① 19 ② 22 ③ 40 ④ 30。

解析 R410A 系統的氣冷式，高壓壓力約為 400～420psig(飽和溫度約 48℃)，低壓壓力約為 120psig(蒸發溫度約 5℃)，氣冷式高壓壓力開關跳脫壓力以冷凝器溫度 70℃對照之飽和壓力，如 R-22 為 28 kgf / cm²

( )63. 螺旋式冰水主機壓縮機失油 ①過冷度太大 ②系統冷媒流速設計不足 ③高壓壓力太高 ④低壓壓力太高。

解析 壓縮機失油原因：1.吸入壓力過低或流速過慢 2、冷媒回路堵塞 3、熱力膨脹閥開啟太少

( )64. 滿液式螺旋冰水主機高壓壓力開關之設定值，相當於冷媒冷凝溫度多少(℃)跳脫？ ① 20 ② 30 ③ 40 ④ 50。

解析 水冷式高壓壓力開關跳脫壓力以冷凝器溫度 50℃對照之飽和壓力

---

58. (3)　59. (4)　60. (1)　61. (4)　62. (3)　63. (2)　64. (4)

( )65. 低壓保護開關設定切入壓力 45psig，壓差 5psig 即指下列何者情形跳脫？
①低壓壓力高於 45psig　②低壓壓力低於 45psig　③低壓壓力低於 40psig
④低壓壓力高於 45psig。

解析 切出壓力＝切入壓力-動作壓力差 ： cut - out＝(cut — in)－ diff

( )66. 有關 R-134a 螺旋式冰水主機保護開關，下列何者設定錯誤？　①高壓
185psig　②低壓 23psig　③冰水溫度開關 8℃　④防凍開關 5℃。

解析 水冷式，高壓壓力開關跳脫壓力以冷凝器溫度 50℃對照之飽和壓力 如 R-134a 為 16 kg/cm²

( )67. 水流量 10 GPM 等於　① 38LPM　② 20 L/s　③ 23 kgf/s　④ 40L/m。

解析 1 美式加侖=3.78 公升 1 英式加侖=4.54 公升

( )68. 空調箱冰水盤管滿載進出水溫差一般約為　① 2℃　② 5℃　③ 8℃
④ 11℃。

解析 冰水管路中內的水溫約為 5℃～10℃左右，冷卻管排(Cooler)冰水進出溫度差一般為 5℃

( )69. 易(3)使用 R-410A 冷媒之水冷式箱型空調機，其高壓開關壓力設定值，大
約是　① 19　② 22　③ 30　④ 40　kgf/cm。

解析 水冷式高壓壓力開關跳脫壓力，以冷凝器溫度 60℃對照之飽和壓力

( )70. 商用箱型空調機每一冷凍噸送風量約為　① 4～6　② 8～10　③ 12～14
④ 16～18　CMM。

解析 氣冷式之冷氣能力是依據 CNS 規格條件，室內吸入空氣乾球溫度 27°C DBT、濕球
溫度 19.5°C WBT，室外吸入空氣乾球溫度 35°C，箱型冷氣機的送風量的計算 Q=VA
×3600；Q=風量(m³/hr)、V=風速(m/s)、A=有效面積(m²)=出風口的實際面
積×0.8，箱型機送風量每一冷凍噸約 8－10 m³/min

65. (3)　66. (4)　67. (1)　68. (2)　69. (4)　70. (2)

( )71. 感應式電動機堵轉電流(LOCKED-ROTOR AMPERAGE)為滿載運轉電流
　　　 (FULL LOAD AMPERAGE)的幾倍　①1.15　②1.2　③2.5　④5。

解析 電動機啟動電流特性，一般以堵住電流為啟動電流，約為滿載電流的六倍，加速時
　　　 間為10秒

( )72. R-134a直膨式螺旋冰水主機，運轉過熱度(℃)最佳範圍在　①3～5
　　　 ②5～10　③8～12　④12～15。

解析 冰水側：進入12℃之冰水，出水溫度為7℃。冷卻水側：進入30℃之冷卻水，出水
　　　 溫度為35℃。水冷式冷凝器之冷凝溫度設計值為40℃，過冷度5℃。直膨蒸發器蒸
　　　 發溫度設計值為4.4℃，過熱度5℃

( )73. 螺旋式冰水主機壓縮機馬達線圈保護跳脫溫度(℃)？　①50　②90　③110
　　　 ④130。

解析 線圈等級為B級，其耐溫約130℃，因此當線圈溫度高，很容易造成線圈的發熱量
　　　 累積於馬達內部，而損燬線圈

( )74. 螺旋式冰水主機排氣高溫保護跳脫溫度(℃)？　①70　②90　③110
　　　 ④130。

解析 壓縮機排氣壓力過高的原因：1冷凝器冷卻水水量減少或水溫過高。2冷凝器水管積
　　　 垢太厚或氣冷式冷凝器積灰太厚。3系統中冷媒量太多。4排氣管閥門末全開，儲液
　　　 器進口閥開得過小。5系統中有大量空氣。

( )75. R134a為冷媒之空調冰水主機低壓開關之切出設定值(kgf/cm^2)，一般係設
　　　 定為　①1　②3　③5　④7。

解析 切出壓力＝切入壓力－動作壓力差：cut－out＝(cut－in)－diff

( )76. 依據CNS水冷式箱型空調機之冷氣能力量測，下列何者非條件之一　①吸
　　　 入空氣乾球溫度27℃ DB　②吸入空氣濕球溫度25°CWB　③冷卻水入口
　　　 溫度30℃　④冷卻水出口溫度35℃。

解析 水冷式冷氣能力是依據CNS規格條件運轉(吸入空氣乾球溫度27℃，濕球溫度19°
　　　 C，冷卻水入口溫度30℃，出口溫度35℃)

71. (4)　72. (2)　73. (4)　74. (3)　75. (1)　76. (2)

( )77. 螺旋式壓縮機之油壓是指　①高壓壓力　②高壓與低壓之差　③油泵吐出壓力與低壓之差　④油泵吐出壓力與高壓之差。

解析 螺旋式冰水主機，壓縮機油槽位於高壓側

( )78. 風量為 200 CMM 等於？　① 80 CMH　② 100 L/S　③ 568 CFM　④ 117 CFS。

解析 1 CMM (m³/min)= 35.31 CFM (ft³/min)

( )79. 內均壓式與外均壓式感溫式膨脹閥之選擇是依　①冷媒種類　②冷媒蒸發溫度　③製冷能力　④蒸發器之壓降。

解析 內均壓管大都應用於蒸發壓降較小或負載變化小之冷凍系統，蒸發壓降在 0.2kg/cm² 以上需選用外均壓管

( )80. 水冷式冷凝器過冷度(℃)通常設計約為　① 3～5　② 5～7　③ 7～9　④ 9～11。

解析 冰水側：進入 12℃之冰水，出水溫度為 7℃。冷卻水側：進入 30℃之冷卻水，出水溫度為 35℃。水冷式冷凝器之冷凝溫度設計值為 40℃，過冷度 5℃。

( )81. 欲測量 40 至 60 m/s 之風速，宜採用　①熱敏式探頭　②葉輪式探頭　③皮托管　④感應式得到最佳結果。

解析 皮託管具有一個直接處於氣流中的管道，測量其壓差；由於管道中並無出口，流體便在管中停滯。此時測量的壓強稱為全壓。全壓=靜壓+動壓

( )82. 冷媒 R-134a 氣冷式螺旋冰水主機高壓壓力開關設定值(MPa)　① 1.8　② 2.3　③ 1.6　④ 1.0。

解析 氣冷式，高壓壓力開關跳脫壓力以冷凝器溫度 60℃對照之飽和壓力，如 R-134a 為 16 kgf/cm²

( )83. 冷媒 R-134a 氣冷式螺旋冰水主機低壓壓力開關，設定值(MPa)　① 0.32　② 0.12　③ 0.42　④ 0.62。

解析 氣冷式，低壓壓力開關跳脫壓力以冷凝器溫度−3℃對照之飽和壓力
1 MPa=0.98 kgf/cm²

---

77. (1)　78. (4)　79. (4)　80. (1)　81. (3)　82. (3)　83. (2)

( )84. 冷媒循環系統通過降壓裝置時，其前後焓值　①相等　②減少　③增加　④先增加後減少冷媒。

解析 在絕熱膨脹時，液態冷媒壓降膨脹後，其節流過程為等焓過程

( )85. 可減少選用壓縮機排氣量可選用冷媒何者較大　①單位比體積製冷量　②單位質量製冷量　③單位冷凝熱負荷　④單位耗能。

解析 冷媒循環量(質量流率)m = V / v　V：m^3/hr(壓縮機之體積流率)；v：m^3/kg((壓縮機入口之比體積)，比體積大，單位體積質量流率越大，冷凍能力就越大

( )86. 醫院手術房空調系統應採用　①混合式　②直流式　③閉式　④回風式。

解析 淨化空調系統一般分為兩種類型，集中式和分散式，從有無回風迴圈的角度分，又可分為直流式、全迴圈式和部分迴圈式，重症監護室及手術室宜設置單獨的直流式空調系統，按負壓要求設置排風

( )87. 盤管式蒸發器之冷媒溫度與庫內溫度之差值(℃)，一般約為　① 4～6　② 2～4　③ 5～10　④ 10～15。

解析 蒸發器溫差(TD)定義為進入蒸發器空氣溫度(庫溫)，與蒸發器出口冷媒壓力所對應飽和溫度之差，TD 越小，庫內濕度越大；TD 越大，庫內濕度越小

( )88. 商用冷氣設備一般維持室內空氣相對濕度(%)為　① 20～40　② 40～60　③ 60～80　④ 30～50。

( )89. 食品開始形成冰結的溫度稱　①品溫　②凍結點　③共晶點　④凍結率。

解析 凍結點：係指液體中之水份開始結冰之溫度；共晶點：係食品中所含水份完全凍結時之溫度；凍結率：某一溫度中水份凍結比例之數值，稱為凍結率。

( )90. 物體熱量增加減少對物體溫度無影響稱為？　①顯熱　②潛熱　③比熱　④呼吸熱出處。

解析 潛熱是物質在物態變化(相變)過程中，在溫度沒有變化的情況下，吸收或釋放的能量

---

84. (1)　85. (1)　86. (2)　87. (4)　88. (2)　89. (2)　90. (2)

(　)91. 一台冷凍機有 3，5kW 之冷凍能力，此台冷凍機在 12 小時所去除之熱量 (Kcal)為　①79，680　②36，120　③13，280　④6，640。

解析　$3.5 \times 860 \times 12hr = 36120$　$1kW = 860\ kcal$

(　)92. 調氣貯藏法即氧的含量(%)約為　①20　②10　③5　④30。

解析　氣調法：快速降氧法：連續抽氧灌氮 3～4 次，將含的氧量降到 1～3%，在貯藏過程中使含氧量控制在 3%，二氧化碳在 10%左右

(　)93. 最大冰晶生成帶指食品冰結率在溫度(−1～−5℃)之範圍內有多少的水分結冰(%)？　①100　②80　③20　④0。

解析　最大冰晶生成帶的時間較長，所以冰的結晶也會變大，這種冰晶形成於細胞與細胞之間，因此會使細胞膜受傷。

(　)94. 冷媒循環系統-60℃以下蒸發溫度宜使用　①R-600a　②R-290　③R-1270　④R-170。

解析　主要使用在低溫或超低溫製冷設備中；由於 R170 易燃，通常只用於充液量較少的低溫製冷設備中，其沸點-88.6℃，在蒸發溫度於−60℃系統仍維持正壓

(　)95. 影響壓縮機馬達絕緣電阻測量值的因素有　①溫度　②濕度　③測量電壓　④量測電流。

(　)96. 螺旋式冰水主機壓縮機馬達線圈保護開關作動　①低壓側入口過熱度過低　②高壓壓力過高　③元件或電路不良或故障　④馬達線圈溫升過高。

(　)97. 下列哪些是冷媒循環系統抽真空注意事項？　①儘可能使用大口徑接管抽真空　②高低壓兩側同時抽真空　③儘可能降低週邊溫度　④不得測量馬達絕緣。

(　)98. 水系統平衡前之應準備事項，下列敘述哪些正確？　①將水系統所有手動關斷閥打開至全開位置　②全部過濾器並予清潔　③檢查泵轉向　④排出管內空氣。

---

91. (2)　92. (1)　93. (2)　94. (4)　95. (123)　96. (234)　97. (124)　98. (234)

( )99. 依依據 CNS 氣冷式箱型空調機之冷氣能力量測，下列哪些條件錯誤？
①室內吸入空氣乾球溫度 27°C ②濕球溫度 25°C ③室外吸入空氣乾球溫度 35°C ④室外出風空氣乾球溫度 55°C。

( )100.當送風系統之送風量大於需求量，一般可用下列哪些方法調降風量？
①調整進氣風門 ②調整排氣風門 ③調整變頻器 ④改變皮帶輪大小。

( )101.下列哪些是螺旋式冰水主機無法啟動的可能原因？ ①冷媒壓力過低
②欠相 ③逆相 ④再次啟動時間設定錯誤。

( )102.下列哪些是螺旋式冰水主機吐出管溫度過高的可能原因？ ①過冷度太大
②高壓壓力過高 ③失油 ④軸承損壞。

( )103.下列哪些是壓縮機對冷凍油的要求？ ①與冷媒混合時，能夠保持足夠的
黏度 ②具有較高的凝固點 ③閃點要 ④高絕緣電阻值要大。

( )104.商業冷凍冷藏櫃具節能技術，包含 ①防汗電熱控制 ②除霜控制 ③減
少隔熱保溫 ④高效率照明。

( )105.下列哪些為冰晶成長的相關因素？ ①凍結貯藏時間 ②凍結貯藏中溫度
變動 ③冷凍速度 ④凍結物品的共晶點。

( )106.有關 R744 冷媒，下列敘述哪些正確？ ①臨界溫度高 ②臨界壓力高
③蒸發潛熱大 ④氣體比體積小。

( )107.有關碳氫冷媒特點，下列敘述哪些正確？ ①與水不溶解 ②對金屬會產
生腐蝕 ③無破壞臭氧層 ④易燃。

99. (24)　　100. (134)　　101. (123)　　102. (234)　　103. (134)　　104. (124)　　105. (123)
106. (1234)　　107. (134)

工作項目 07：故障排除

(　)1. 乾燥過濾器未完全堵塞時，過濾器出口表面不會有下列何種情形？
①溫降　②結露　③結霜　④溫升。

解析 乾燥過濾器未完全堵塞時，會因壓降而導致溫降結露或結霜

(　)2. 空氣之溫度降低，若露點不變，則其相對濕度　①增加　②不變　③減少
④不一定。

解析 相對濕度表示，空氣中的絕對濕度與同溫度下的飽和時絕對濕度的比值，若露點不變其絕對濕度也不變，當空氣之溫度降低，其飽和時絕對濕度也會降低，故比值會增加

(　)3. 高壓閥片不緊閉，可能會使　①吸入壓力升高吐出壓力降低　②吐出壓力升高　③吸入壓力降低　④吐出壓力降低吸入壓力降低。

解析 往復式壓縮機高壓閥片若不緊密，壓縮時吐出口壓力無法上升，吸入口壓力也無法降低

(　)4. 氣冷式箱型空調機，當冷媒充灌量不足時，其冷凝器進出風之溫差會
①變大　②變小　③不變　④不一定。

解析 冷媒量不足時，冷凝散熱量降低，進出風之溫差會變小

(　)5. 經過除濕後的空氣，如溫度不變，濕量減少，則焓值？　①減少　②不變
③增加　④不一定。

解析 除濕過程中，空氣中水蒸氣減少其焓值降低，此為潛熱變化

(　)6. 蒸發器除霜的主要目的是？　①避免蒸發器凍裂　②避免食物凍壞
③減少食物的含水量　④維持冷凍效果。

解析 除霜後通過風量增加，熱交換變好，會維持原設計之冷凍效果

(　)7. 往復式壓縮氣缸內截面積 $10cm^2$，衝程長 20cm，2 缸轉速 1000rpm，試問此壓縮機每小時之排氣量(m^2/hr)為多少？　①24　②0.4　③0.2　④0.1。

解析 排氣量=截面積×衝程長×缸數×轉速

1. (4)　2. (1)　3. (1)　4. (2)　5. (1)　6. (4)　7. (1)

( )8. 箱型空調機發生系統低壓過低之現象，下列何者非其可能原因？ ①空氣過濾網堵塞 ②進風量過低 ③冷媒漏 ④冷媒量過多。

解析 低壓壓力太低原因：1 冷媒量不足 2 冷媒系統過濾器阻塞 3 蒸發器太髒 4 空氣濾網阻塞 5 風車皮帶斷裂

( )9. 判斷冰水機組之冷媒量是否不足，最快捷的方法為 ①由液管冷媒視窗 ②由電流 ③由冷卻水溫差 ④由冰水溫差 判斷。

解析 以液管冷媒是否飽管，來判斷冷媒之充填量，當卸載情況下，壓縮機排氣減少，故以視窗判斷須於滿載運轉下

( )10. 含有水份之乾燥器冷凍系統檢修抽真空時，乾燥過濾器外殼呈現 ①周圍溫度相同 ②比周圍溫度高 ③比周圍溫度低 ④不一定。

解析 真空條件下，水分蒸發而吸收熱量，使其溫度下降

( )11. 壓縮機發生潤滑不良是因為 ①轉數太高 ②汽缸溫度太高 ③低壓太高 ④低壓太低。

解析 油溫一般要保持在 45~60℃之間，最高不宜超多 70℃，而且穩定，如果油溫一直不穩定且緩慢上升，則說明有故障。油溫過低或過高都將使冷凍油惡化

( )12. 冷媒回流之過熱度增加是因為 ①膨脹閥開度太大 ②膨脹閥開度太小冷凍負荷增加 ③壓縮機卸載 ④冷卻水減少。

解析 若過熱度過高，將使蒸發器有效表面積減小，一般將過熱度設於 7～10℉間，使閥在不同的的負載下，皆能保持過熱度而不受蒸發器溫度和壓力之影響

( )13. 箱型空調機回流管結霜可能原因 ①冷媒量不足 ②冷媒量過多 ③負荷量過多 ④負荷量過少。

解析 回流管結霜原因 ： 1 冷媒過多，液態冷媒回流 2 出回風短循環 3 冷房負荷太小 4 空氣過濾網堵塞 5 室內機末動作室外機持續運轉

---

8. (4)　　9. (1)　　10. (3)　　11. (2)　　12. (2)　　13. (4)

( )14. 冷卻水塔排氣呈現白霧狀時，則　①表示冷卻水過冷，應即關小　②表示冷卻水太熱，應即開大　③視其自然　④表示排氣露點溫度高於周圍空氣之乾球溫度。

解析　冷卻水塔當雨天，大氣中的相對濕度高，排出散熱水蒸氣很容易遇冷或因為相對濕度的飽和而凝結成水霧，這些水霧就是白煙

( )15. 大氣乾球溫度不變，乾濕球溫差越大，冷卻水塔之散熱效果　①越差　②一樣　③越好　④不一定。

解析　乾濕球溫度差值的大小，主要與當時的空氣濕度有關：空氣濕度越小，濕球表面的水分蒸發越快，濕球溫度越低，乾濕球的溫差就越大；反之，空氣濕度越大，濕球表面的水分蒸發越慢，濕球溫度降得越少，乾濕球的溫差就越小

( )16. 空氣在風管內流動時其動壓為　①全壓　②全壓減靜壓　③靜壓　④全壓加靜壓。

解析　風管之氣壓可分為三種，即靜壓、動壓與全壓，垂直於管壁的壓力為靜壓，面對風向所測得之壓力為全壓，動壓則由全壓與靜壓之差，求其動壓可計算出風速

( )17. 相對濕度為 100 ％時，乾濕球溫度計之指示為　①乾球比濕球高　②乾球比濕球低　③兩者相等　④兩者無關。

解析　濕球溫度和乾球溫度相同時，水份不再蒸發，空氣中的水蒸汽量呈飽和狀態時

( )18. 冰水系統如果冷媒充灌過多會使冷媒之過冷度　①增加　②不變　③減少　④時增時減。

解析　水冷式冷凝器之冷凝溫度設計值為 40℃，過冷度 5℃，當冷媒太多積集於冷凝器，溫度會接近冷卻水溫，過冷度因此增加

( )19. 抽真空時，如發生停電應立即　①關閉綜合壓力錶閥門，並關掉真空泵　②等待電力公司供電　③只關掉真空泵就可以　④不必理會，等再來電時讓真空泵自動開動。

解析　系統抽真空時預防停電或真空泵跳停時，真空泵油因壓差而倒流至系統中，可加裝電磁閥避免此情形發生

14. (4)　15. (3)　16. (2)　17. (3)　18. (1)　19. (1)

( )20. 往復式冰水主機經測量得知，冷凝器的過冷度大，其可能的原因為 ①冷媒過多 ②冷媒過少 ③冷氣機卸載運轉 ④冷卻水溫過高。

解析 水冷式冷凝器之冷凝溫度設計值為 40℃，過冷度 5℃。當冷媒太多積集於冷凝器，溫度會接近冷卻水溫，過冷度因此增加

( )21. 使用感溫式膨脹閥之蒸發器，經測得過熱度太高的可能原因為 ①冷媒過多 ②冷媒過少 ③壓縮機超載運轉 ④冰水溫度太高。

解析 感溫式膨脹閥為調整冷媒流入蒸發器的量，以維持一定的過熱度，當冷媒太少則無法提供足量的冷媒進入蒸發器，故會造成過熱度增加

( )22. 水冷式冰水主機在冬天保持下定高壓，不是常用的方法是 ①自動調整冷卻水量 ②以變頻方式自動改變冷卻水風扇轉速 ③冷卻水塔風扇作 ON-OFF 控制 ④壓力調節閥。

解析 壓力調節閥有能量調節，曲軸箱壓力調節，儲液器壓力調節，蒸發器壓力調節和冷凝壓力調節，冷凝壓力調節器用於氣冷冷凝器系統中維持恆定和足夠高的冷凝器壓力

( )23. 冷媒在液管中發生閃蒸，下列何者非其可能的原因？ ①過冷度過小 ②液管中之乾燥過濾器半堵 ③出液閥未全開 ④過冷度過大。

解析 過冷度增大，閃蒸氣體量會減少

( )24. 冷凝器內銅管結冰破裂，其可能的原因為 ①氣溫太低 ②防凍開關失效 ③低壓過低 ④以液態冷媒由冷凝器充填時冷卻水泵未開動。

解析 在真空或低壓下，以液態冷充填時需運轉冰水泵，避免管內水結冰漲裂銅管

( )25. 一般氣冷式冷凝器之表面風速(m/s)約在 ①0.5 ②1 ③3 ④10。

解析 氣冷式冷凝器一般設計濕球溫度比設計乾球溫度大約低 10℃至 15℃，其效率取決於散熱表面積與空氣流速

20. (1)　21. (2)　22. (4)　23. (4)　24. (4)　25. (3)

(　)26. 系統內有不冷凝氣體存在時，則　①油視窗有氣泡　②冷媒視窗有氣泡　③高壓壓力比冷凝溫度之飽和壓力為高　④高壓偏低。

解析　系統中有水分和不凝結氣體殘留，會造成下列影響：1.潤滑油與水分作用會生成酸，對銅管具有腐蝕作用，造成"銅鍍"現象，損壞壓縮機。2.水分會造成膨脹閥閥口或毛細管內結冰堵塞。3.冷凝壓力和冷凝溫度同時升高，製冷量下降。4.壓縮機排氣溫度升高，耗電量增加，可能導致潤滑油碳化，影響潤滑

(　)27. 蒸發器除霜後壓縮機之運轉電流比結霜時為？　①大　②小　③一樣　④不一定。

解析　管排上結霜或結冰，造成冷卻管排之熱傳效率降低，並且阻礙氣流流通，結霜情形嚴重時將造成風扇卡死與損壞。

(　)28. 運轉中冷凝器之出水溫度一定比冷凝器之冷凝溫度　①高　②低　③一樣　④不一定。

解析　冷卻水入水溫度為 30℃、出水溫度為 35℃ 冷媒溫度高於出水溫度約 2~4℃

(　)29. 下列何者非引起高壓過高之原因？　①冷凝器太髒　②冷卻水量不足　③冷卻水塔風扇皮帶斷裂　④冷媒量不足。

解析　高壓側壓力過高原因：1.有不凝結氣體。2.冷卻水水溫過高或水量太少。3.冷凝管水垢太多。4.冷媒量過多。5.低壓側壓力太高

(　)30. 下列何者非冰水主機引起低壓過低的原因？　①高壓過低　②冷媒漏　③冷媒乾燥過濾器半堵塞　④系統有不凝結氣體。

解析　低壓側壓力太低原因：1.出液閥未充分打開。2.膨脹閥阻塞。3.冷媒不足。4.冰水器的水量過少。5.冰水器水垢太多

(　)31. 下列何者非引起油壓過低的原因有　①油溫過低　②失油　③軸承磨損　④黏度太高。

解析　冷凍油黏度過大，會使機械摩擦功率、摩擦熱量增大，若黏度過小，則會使油膜無法形成，達到潤滑和冷卻效果

---

26. (3)　27. (1)　28. (2)　29. (4)　30. (4)　31. (4)

( )32. 下列何者非引起防凍開關動作停機之原因？ ①冰水管之過濾器半堵塞 ②冰水管內有大量空氣 ③冰水溫度控制開關失效 ④負載過低。

解析 若冰水流量正常下 空調負載低 溫度開關會動作停機

( )33. 下列何者非引起密閉壓縮機馬達過熱的原因？ ①冷媒太少 ②膨脹閥不良 ③開停動作太頻繁 ④冷媒太多。

解析 壓縮機過熱原因：1 壓縮比太高（吸入壓力太低，高壓壓力太高）2 回流冷媒溫度太高 3 冷媒不足

( )34. 下列何者非冰水溫度無法下降的原因？ ①負荷過大 ②冷媒漏 ③卸載裝置不良，因而無法加載 ④冷凝器散熱良好。

解析 冷凝器散熱良好, 過冷度增加, 冷卻能力上升

( )35. 空調箱如果過濾網太髒，將產生 ①送風量不變 ②冷氣容量不變 ③電動機電流增加 ④電動機電流下降。

解析 空調箱濾網太髒, 熱交換效果變差, 導致負載降低, 主機卸載運轉, 電流降低

( )36. 冰水主機當冰水溫度到達所設定卸載溫度時，壓縮機未能正常卸載運轉，可能的原因為 ①負載過小 ②冷媒太多 ③油壓太高 ④溫度開關異常。

解析 冰水主機加卸載機構,是由溫度開關感測冰水器進水溫度而動作

( )37. 冷媒循環系統中，若冷媒經乾燥過濾器後溫度顯著下降，即表示 ①乾燥過濾器太髒 ②冷媒太多 ③有不冷凝氣體 ④冷媒太少。

解析 液管上過濾網阻塞, 造成壓力降低, 溫度也隨之降低, 導致外表結露現象

( )38. 蒸發壓力太低的可能原因是 ①蒸發器負載太大 ②膨脹閥失靈 ③壓縮機之吸氣閥片破裂 ④冷媒過多。

解析 膨脹閥開度異常變小, 壓降增加,進入蒸發器冷媒量減少

( )39. 冷媒充填過多會使壓縮機負載電流 ①昇高 ②降低 ③不穩定 ④不變。

解析 冷媒充填太多, 高壓壓力會上升, 壓縮功增加

32. (4)　33. (4)　34. (4)　35. (4)　36. (4)　37. (1)　38. (2)　39. (1)

(　)40. 冷媒循環系統低壓太低的可能原因是　①冷媒過多　②冷媒過少　③系統內有空氣　④冷凍油不夠。

解析 低壓側壓力太低原因：1.出液閥未充分打開。2. 膨脹閥阻塞。3.冷媒不足。

4、 冰水器的水量過少、5、 冰水器水垢太多

(　)41. 若將冷媒循環系統中之毛細管在檢修時切短，則其過熱度會　①增加　②減少　③保持不變　④發生追逐現象。

解析 毛細管長短依所用的冷媒的不同與壓力的大小，如高壓壓力過高截短毛細管，反之要加長，如 R134 10.5~11.5(kgf/cm^2)；R22 15.5~18(kgf/cm^2)；R600 9.6~10.5(kgf/cm^2)，實際以測試方式得出標準的長度

(　)42. 一般壓縮機分為容積式與離心式兩種，螺旋式壓縮機是屬於　①容積式　②離心式　③介於兩者之間　④另一種新型式。

解析 冷媒壓縮機分為容積式和動力式，容積式壓縮機改變壓縮室的相對容積造成冷媒蒸氣容積減少、壓力上升；如往復式、迴轉式、螺旋式和渦卷式。動力式壓縮機利用外力驅動旋轉，使蒸氣分子推擠，造成蒸氣相對容積減少，產生壓縮效果；如離心式壓縮機

(　)43. 蒸發器結霜很厚，除霜後系統之冷卻能力增加最主要原因為　①蒸發器熱阻力減少　②蒸發壓力升高　③風量增加　④蒸發壓力降低。

解析 蒸發器之冷卻盤管溫度低於零度時，空氣中含有水蒸氣會凝結附著於冷卻盤管上，形成一層霜，這一層霜如同隔熱材料，會影響冷媒與被冷卻物質之熱傳遞率，而降低冷凍能力

(　)44. 使用毛細管之冷凍系統在充填冷媒時，壓縮機吸入管結霜是因為　①高壓低　②低壓低　③冷媒量太少　④冷媒量太多。

解析 若是冷凍設備其正常運轉下，回流低溫的氣態冷媒也會造成回流管結霜

(　)45. 氣冷式冷凝器之盤管之冷凝能力與下列何者有關？　①風速　②風壓　③風量與乾球溫度　④濕球溫度。

解析 氣冷式冷凝器散熱能力與面積、 風速、 風量 、進風溫度有關

---

40. (2)　41. (2)　42. (1)　43. (1)　44. (4)　45. (3)

(　)46. 箱型空調機裝有油加熱器之壓縮機，在使用期間停止運轉時，則　①應繼續通電加熱　②為節省用電應切斷電源　③依冷媒溫度決定通電與否　④依油溫決定通電與否。

解析 冷凍油太低冷媒會溶入冷凍油，造成油膜不足，影響壓縮機的潤滑

(　)47. 冰水機組之冷媒循環系統內有空氣時，應由　①壓縮機　②冷凝器　③蒸發器　④出液閥 排出。

解析 不凝結氣體不是均勻地分佈於冷凝空間內，而是根據密度的不同分佈於某一位置，一般在冷凝器頂部，靠近液面的位置

(　)48. 壓縮機失油主要原因可能是　①轉數太高　②冷媒太多　③油溫太高　④油溫太低。

解析 曲軸箱冷凍油低會溶入太多冷媒，剛運轉時會使冷凍油起泡，而隨著冷媒夾帶到系統管路

(　)49. 感溫膨脹閥之感溫筒固定不良時，將使冷媒流量　①減少　②增加　③不變　④不一定。

解析 感溫筒未能與回流管接觸妥當，會導致溫度較高，通過膨脹閥冷媒量會增加

(　)50. 膨脹閥的功能主要是在維持冷媒在蒸發器出口有一定的　①溫度　②壓力　③過熱度　④流量。

解析 感溫式膨脹閥作用：1.控制冷媒進入蒸發器的流量，2、維持回流管過熱度避免壓縮機產生液壓縮

(　)51. 外氣之乾球溫度不變，但濕球溫度增加時，冷卻水塔能力會　①增加　②減少　③不變　④不一定。

解析 冷卻水塔所能冷卻的最低溫度是由流入空氣的濕球溫度決定，而冷卻水塔的流量越大或散熱片散熱能力越好，離開冷卻水塔的溫度就越接近濕球溫度，冷卻水塔的性能就越好

---

46. (1)　47. (2)　48. (4)　49. (2)　50. (3)　51. (2)

( )52. 往復式壓縮機之排氣量與其轉速成　①正比　②反比　③平方正比　④平方反比。

解析 排氣量／小時＝ r²(汽缸半徑)×3.14×H(衝程)×r.p.m(轉速/分)×60 分鐘

( )53. 某冷凍機正常運轉時，高壓表壓力為 14kgf/cm²，壓縮比為 15，則其低壓錶壓力(kgf/cm²G)為　①-1　②0　③1　④2。

解析 壓縮比（CR=PH／PL）P：絕對壓力：(14+1.033)/15=1；所以絕對壓力等於 1，錶壓力為 0

( )54. 15kW 的水泵，效率為 0.6，循環水量為 400GPM，則水泵揚程(ft)可達　①60　②100　③120　④150。

解析 HP=水量(GPM) x 總揚程(ft) x 水比重 / (3960(係數) x 效率(eff)
揚程(ft)= (15×0.746×3960×0.6)/400=120 (1HP=0.746 kW)

( )55. 有一桶溫度為 25℃、100kg的水要冷卻成 5℃的水，求其所需排除熱量為多少 kcal？　①2000　②1000　③200　④100。

解析 H ＝ MS△T =100×1×(25-5)=2000 kcal

( )56. 有一冰水機組使用 5kW 密閉型壓縮機，其冰水入口溫度為 10℃，出口溫度為 5℃，水量 50ℓ/min時，則其冷凝器散熱(kcal/h)為　①15000　②30000　③19300　④50000。

解析 冷凝器散熱量=壓縮機功＋蒸發器吸收熱量=(5×860)＋(50ℓ×5×60)= 19300 kcal

( )57. 空調箱之冷卻盤管有下列何種功能？　①冷卻、加濕　②冷卻、減濕　③加熱、加濕　④加熱、減濕 等功能。

解析 乾盤管是用於給室內回風提供冷量或熱量的設備，冷卻水溫度會比盤管的水溫高，不會結露；濕盤管是對回風冷卻減濕，一般都會有冷凝水產生

---

52. (1)　53. (2)　54. (3)　55. (1)　56. (3)　57. (2)

( )58. 往復式壓縮機之排氣溫度過高時，易產生 ①鍍銅 ②液壓縮 ③積碳 ④過冷度增加。

解析 排氣溫度過高原因：1 吸、排氣閥門、活塞環損壞 2 吸氣溫度過高;3 壓縮機失油 4 吸氣壓力過低 5 過濾器或膨脹閥堵塞現象 6 回氣管道中阻力過大 7 冷凝壓力過高 8 熱負荷過大

( )59. 一般轎車冷氣高壓過高之可能原因為？ ①電磁離合器斷線 ②電磁離合器打滑損壞 ③溫度開關損壞 ④散熱風扇馬達故障。

解析 高壓過高原因：1.系統內有空氣 。2.冷媒過量。 3、冷凝器散熱不良 。4.膨脹閥失效。5.冷卻風扇故障。6.冷凍機油過量或不足

( )60. 冷媒液管發生閃蒸(Flashing)時，可能使 ①蒸發壓力下降 ②蒸發壓力升高 ③冷凝壓力下降 ④冷凝壓力升高。

解析 閃蒸就是高壓的液體降為低壓後，由於壓力的突然降低，使液體一部分蒸發為飽和氣體

( )61. 高壓低、低壓高，其可能的原因為 ①冷媒過多 ②冷媒過少 ③管路堵塞 ④壓縮機吸入閥片損壞。

解析 往復式壓縮機高壓閥片若不緊密，壓縮時吐出口壓力無法上升，吸入口壓力無法降低

( )62. 蒸發壓力降低則壓縮機在單位時間之吸入冷媒量會 ①增加 ②不變 ③減少 ④增減不定。

解析 蒸發壓力越低，壓縮機比吸入冷媒的比體積增加，冷媒質量流率會減少

( )63. 電冰箱中乾燥過濾器前後有明顯溫度差，係表示 ①冷媒太多 ②冷媒太少 ③系統有空氣 ④乾燥過濾器部份堵塞。

解析 乾燥過濾器髒堵外殼會結霜、結露的現象，會導致流向蒸發器供液不足

( )64. 毛細管冷媒循環系統，壓縮機吸入管結霜是因為？ ①氣溫太高 ②吸入壓力太低 ③冷媒太多 ④冷媒太少。

解析 回流管結霜原因：1.冷媒過多，液態冷媒回流。2.出回風短循環 。3.冷房負荷太小。4.空氣過濾網堵塞。5.室內機未開，但室外機持續運作

58.(3) 59.(4) 60.(1) 61.(4) 62.(3) 63.(4) 64.(3)

( )65. 箱型空調機運轉時，高低壓均偏低是因為　①壓縮不良　②吐出閥片破裂　③膨脹閥固定不良　④冷媒不足。

( )66. 有二隔熱體，熱傳導率分別為 k1 ＝ 0.4kcal/m² h℃，k2 ＝ 0.6kcal/m² h℃ 重疊後，總熱傳導率 k 為(kcal/m² h℃)　① 4.2　② 1　③ 0.24　④ 0.2。

解析　k = (Q/t) ×L/(A×T)，k：熱導率、Q：熱量，t：時間，L：長度，A：面積，T：溫度差 在 SI 單位，熱導率的單位是 W/(mk)，在英制單位，是 Btu · ft/(h · ft2 ·°F);1/k=1/k1+1/k2=10/4+10/6=50/12，k=12/50=0.24

( )67. 箱型空調機運轉時，低壓過高是因為　①吸入閥片破裂　②冷卻器結霜　③過濾器堵塞　④負載太低。

( )68. 密閉型壓縮機內部溫度開關動作，可能原因為　①冷媒不足　②液壓縮　③吸入閥片破裂　④電流不足。

解析　壓縮機馬達線圈過溫度保護開關作動：1.負載大或冷媒不足造成低壓側入口過熱度過高。2.高壓過高。3.馬達線圈不良，溫升過高。(跳脫溫度： 130 ±5℃ ； 復歸溫度： 110 ±5℃)

( )69. 冷凍系統在運轉中，高壓升高是因為　①水份進入系統　②蒸發器中積留冷媒液　③空氣進入系統　④膨脹閥阻塞。

解析　高壓過高原因：1.冷凝器內含有不凝縮氣體。2.冷卻水水溫過高或水量太少。3. 冷凝器內水垢附著量太多。4.冷媒充填量過多

( )70. 系統滿載時氣冷式冷凝器積留冷媒液體過多　①冷卻效果越好　②高壓降低　③高壓升高　④低壓降低。

解析　冷凝器冷媒滯留過多，散熱面積減少，高壓壓力上升

( )71. 箱型空調機冷卻盤管結霜時　①會使風量增加　②會使蒸發溫度升高　③會引起液壓縮　④電流升高。

解析　箱型空調機降壓裝置一般為毛細管，當蒸發器結霜或太髒， 液態冷媒無法完全蒸發而回流至壓縮機，易造成液壓縮

---

65. (4)　66. (3)　67. (1)　68. (1)　69. (3)　70. (3)　71. (3)

( )72. 何種原因不影響冷凍系統中水垢之形成　①水溫　②水質　③污染　④冷媒。

解析 水垢為水中的溶解物質，因為水分蒸發，補給水帶入水垢成分累積濃縮，以及在溫度變高時溶解度變低，則難溶解的成份（例如：鈣、鎂等），於冷卻水循環銅管表面析出附著於其上。

( )73. 冰水主機在運轉中，因高壓異常上升以致安全閥動作冷媒在大量外洩時，如把總電源開關切斷，使冰水主機及各附屬水泵同時停機則可能會使　①高壓繼續上升　②冷凍油流失　③冷凝器水管路結冰　④壓縮機受損。

解析 液體冷媒蒸發溫度急速下降，會導致管內水結冰

( )74. 空調箱之出風溫度偏高，進出水溫差偏大可能之原因為何？　①盤管太髒　②冰水主機噸位不足　③風量太少　④冰水流量不足。

解析 ARI-550/590 測試條件，冰水流量 2.4 GPM/RT，出水溫 6.7(±0.3℃)

( )75. 往復式冰水機卸載裝置之主要目的為　①保持低壓穩定　②保持高壓穩定　③保持冰出水溫度穩定　④保持容量穩定。

解析 隨著負荷之變化而卸載，達到維持冰水溫度，避免頻繁的啟停，造成機組之故障率與耗電量增加，最低的負載儘量不超過滿載容量的 50%

( )76. 往復式冰水主機壓縮機之曲軸箱及潤滑油在運轉中發生異常低溫，其可能的原因為　①冷媒不足　②低負荷運轉　③油加熱器失效　④膨脹閥不良。

解析 潤滑不良原因：1.粘度太小、過熱。2.吸油網或供油管路堵塞、油泵故障。3.液態冷媒回壓縮機稀釋冷凍油、粘度降低。4.油溫太低油溶入太多冷媒

( )77. 半密閉式壓縮機氣缸蓋過熱變色，其可能的原因為　①冷凍油不足　②高壓閥片斷裂　③低壓閥片斷裂　④活塞環斷裂。

解析 如果氣缸高壓閥片關閉不緊或損壞，則當氣缸內氣體被壓縮時，缸內氣體會返回氣缸內，將使排氣溫度上升

72. (4)　73. (3)　74. (4)　75. (3)　76. (4)　77. (2)

(　)78. 半密閉式壓縮機氣缸蓋溫度偏低無法加載，其可能的原因為　①冷凍油太多　②高壓閥片斷裂　③低壓閥片斷裂　④活塞環裂。

解析　吸氣閥片關閉不緊，會使氣缸內高壓氣體漏往吸氣管道，將使吸氣壓力上升，同時影響排氣壓力

(　)79. 往復式壓縮機油壓偏低，其可能的原因為　①低壓過低　②高低壓差太小　③高壓太低　④軸承磨損。

解析　油泵正常，當軸承磨損、間隙過大會造成油壓過低。

(　)80. 往復式壓縮機啟動頻繁，其可能的原因為　①冷卻水溫太低　②油壓開關跳脫設定太高　③冷氣負荷太小　④冰水溫度開關設定溫差太小。

解析　溫度開關之溫差設定值會影響冰水溫度的變化，一般調整再 2～3℃

(　)81. 往復式壓縮機排氣溫度過高，其可能的原因為？　①冷卻水溫太高　②油位太高　③冷氣負荷太小　④膨脹閥感溫棒鬆脫。

解析　排氣溫度過高原因：1.汽缸中餘隙過大。2.吸氣溫度過高。3.潤滑不良。4.吸氣壓力過低或吸氣閥開的過小。5.冷凝壓力過高 。6.熱負荷太大。 7、排氣管阻力過大

(　)82. 壓縮機氣缸洩漏增大時，則　①吸入溫度增加　②冷凍能力增加　③容積效率降低　④容易液壓縮。

(　)83. 冷凍系統蒸發器冷凍能力變小和低壓壓力偏高的現象是因　①壓縮機效率不良　②缺冷凍油　③冷媒太少　④膨脹閥堵塞。

(　)84. 當壓縮機運轉時，曲軸箱冷凍油起泡的原因是　①冷凍油中溶入太多冷媒　②冷凍油中溶入水份　③冷凍油劣化　④冷凍油黏度太大。

解析　運轉前至少將冷凍油加熱器通電加溫 8 小時，以防止油溶入太多冷媒於啟動時冷媒蒸發生起泡現象，無法建立油壓，(油溫度最低需達到 23℃以上才可運轉)

---

78. (3)　79. (4)　80. (4)　81. (1)　82. (3)　83. (1)　84. (1)

( )85. 燒毀的壓縮機冷凍油通常呈現下列何種狀態？ ①酸化有強烈的刺鼻味 ②鹼化無味 ③冷凍油乳化狀 ④冷凍油黏度變小。

解析 線圈燒毀溫度很高，可以達到 130～160℃，在這樣的高溫狀態下冷凍油會受熱分解成積炭，而油分解物會與冷媒發生化學反應致使製冷效果降低，同時產生的酸性物質就會對壓縮機造成強烈的腐蝕

( )86. 使用感溫式膨脹閥之冷媒循環系統，若發生馬達過熱，其可能的原因為 ①冷媒充填過量 ②冷媒充填量過少 ③壓縮機卸載 ④壓縮機運轉過久。

解析 壓縮機靠冷媒的回流來冷卻馬達線圈，如果冷媒不足，負載又大時，可能造成馬達線圈過熱而燒毀

( )87. 往復式壓縮機油壓無法建立，其可能的原因為 ①壓縮機反轉 ②冰水溫度過低 ③冰水溫度過高 ④油溫過低。

解析 油溫過低時冷凍油裡面將溶入過多的冷媒，冷凍油將變得稀薄

( )88. 壓縮機無法滿載運轉，其可能的原因為 ①電壓太高 ②電壓太低 ③壓縮機反轉 ④卸載裝置調整不良。

解析 加卸載動作不確實原因：1.溫度過低，潤滑油黏度高。2.加卸載機構之毛細管阻塞。3.加卸載電磁閥泄放孔口阻塞。4.加卸載電磁閥線圈故障。5.加卸載活環磨損無法完全氣密，冷媒大量進入容調油壓缸中。6.加卸載油路阻塞。7.油濾器阻塞。8.潤滑油量不足(油位不足)。9.系統之溫度開關故障

( )89. 若冰水器進水溫度 16℃，出水溫度 8℃，其可能的原因為 ①冰水流量過大 ②冰水流量過小 ③冷卻水流量過大 ④冷卻水流量過小。

解析 冰水入水溫度 12℃、出口溫度 7.0℃，水流量 10.0 Lpm/RT，溫度差 5℃，若溫差曾增加表是水流量不足或負載太大

( )90. 若往復式壓縮機之吐出管溫度為 30℃，可能原因為壓縮機 ①過載運轉 ②加載運轉 ③正常運轉 ④液壓縮運轉。

解析 吐出口溫度太低可能是卸載或液壓縮造成的

---

85. (1) 86. (2) 87. (4) 88. (4) 89. (2) 90. (4)

(　)91. 使用 R-22 冷媒之水冷式冷凝器，若運轉中進水溫度 27℃，出水溫度 29℃，
高壓壓力 16.5kgf/cm² G(冷媒飽和溫度為 45℃)，則　①低負載運轉中
②冷卻水濾篩太髒　③冷凝器太髒需清洗　④屬正常運轉。

解析　出水溫度 29℃，冷凝器冷媒飽和溫度為 45℃ ，趨近溫度 16℃：趨近溫度愈高，銅
管之熱交換效率就愈低，一般在 3℃以下

(　)92. 使用 R-22 冷媒之水冷式冷凝器，若運轉中進水溫度 27℃，出水溫度 40℃，
高壓壓力 16.5kgf/cm² G(冷媒飽和溫度為 45℃)，則　①低負載運轉中
②冷卻水濾篩太髒　③冷凝器銅管結垢　④屬正常運轉。

解析　進出水溫差 13℃(40-27)，表示水流量不足

(　)93. 使用 R-22，額定容量 100USRT 之冰水主機，運轉中測得冰水流量為 1.2m³
/min，進水溫度為 11℃，出水溫度為 7℃，則冰水器之實際容量(USRT)為
① 80　② 95　③ 100　④ 120。

解析　$H=ms\triangle T=1.2\times 1000\times 60\times (11-7)=288000$ kcal/hr=95USRT(1USRT=3024 kcal/hr)

(　)94. 使用 R-22 之冰水主機，運轉中高壓錶為 14kgf/cm² G(飽和溫度 40℃)，低
壓錶為 4.5kgf/cm²G(飽和溫度 2.5℃)，油壓錶為 8kgf/cm²G，冰水進水溫度
12℃，冰水出水溫度 7℃，冷卻水進水溫度 30℃，出水溫度 35℃，則
①滿載正常運轉　②冷媒稍為不足　③冷媒過多　④油壓偏低。

解析　CNS12575 容積式壓縮式：冰水進水溫 12(±0.5℃)冰水出水溫 7(±0.5℃)2.冷卻水進水
溫 30(±0.5℃)冷卻水出水溫 35(±0.5℃)，當 R-22 之冰水主機運轉，高壓錶為 14kgf/
cm² G(飽和溫度 40℃)，低壓錶為 4.5kgf/cm²G(飽和溫度 5℃)，可視趨近溫度冷凝側
5℃，蒸發側 2℃ 在合理運轉範圍內

91. (3)　92. (2)　93. (2)　94. (1)

( )95. 使用R-22之冰水主機,運轉中高壓錶為12.5kgf/cm²G(飽和溫度34℃),低壓錶為3 kgf/cm²G(飽和溫度-7℃),冰水出水溫度8℃,且壓縮機吸入口附近結霜,則屬 ①卸載正常運轉 ②壓縮機回流管濾篩半堵 ③冷凍油太髒 ④卸載器不良。

解析 運轉中高低壓力皆降低,若冷媒不足冰水出水溫度會上升,當壓縮機回流管濾篩半堵,此題低壓壓力為壓縮機吸入端壓力

( )96. 回流管過熱現象將會造成下列何種效果? ①壓縮功降低 ②冷凝器負荷減少 ③壓縮機排氣溫度降低 ④ COP 降低。

解析 COP=冷凍效果/壓縮熱,當回流管過熱度太大,冷凍效果不變,但壓縮熱增加,COP減少

( )97. 在液管視窗中呈現氣泡,顯示 ①冷媒量過多 ②冷媒中有水份 ③冷媒量不足 ④冷媒中有雜質。

解析 在降壓裝置前加裝視窗,有氣泡則表示冷媒不足,以判斷冷凝後液管冷媒是否充飽

( )98. 下列何者不會是冷凍空調系統中水分的來源? ①冷凍油乾燥不完全 ②冷媒中的水分 ③抽真空時乾燥不完全 ④外界空氣由系統高壓側滲入。

解析 冷媒中若有水份時,會引起化學反應產生酸性物質,鹽酸會使冷凍機油劣化,並腐蝕金屬材料,破壞密閉式壓縮機內馬達線圈之絕緣,甚且發生渡銅現象:水份的來源,除了空氣侵入或冷媒與冷凍油中之水份。系統在運轉中,高壓側空氣無法侵入

( )99. 液壓縮時,壓縮機較不易損壞的是 ①往復式 ②螺旋式 ③離心式 ④迴轉式。

解析 螺旋式壓縮機冷媒系統過熱度不足, 可能造成轉子液壓縮而損壞

( )100. 低壓跳脫,其可能的原因為 ①空調箱風車反轉 ②冷媒太多 ③過熱度太小 ④過冷度太大。

解析 低壓跳脫可能原因:1.系統液閥未完全打開。2.過濾器堵塞。3.膨脹閥調整不當或故障。4.冷媒不足。5.冰水溫度過低。6.冰水量不足

---

95. (2)　96. (4)　97. (3)　98. (4)　99. (2)　100. (1)

(　)101.蒸發器結霜時，低壓壓力會？　①不變　②下降　③上升　④忽高忽低。

解析　冷凍冷藏設備當蒸發器結霜太厚時，熱交換效率變差，低壓壓力下降

(　)102.冷卻管路積有空氣時，冰水主機會發生　①高壓過低　②高壓過高　③低壓過低　④低壓過高。

解析　冷卻管路積有空氣時，導致水流量不足，高壓會上升

(　)103.冰水管路積有空氣時，冰水主機會發生　①高壓過低　②高壓過高　③低壓過低　④低壓過高。

解析　冰水流量不足：1 吸收的熱量少，機組進出水壓力差變小，溫差變大 2，吸氣溫度低，管路系統有空氣或缺水 3 水泵選用較小與系統不合。

(　)104.冰水器內銅管結冰破裂，其可能的原因為　①氣溫太低　②防凍開關失效　③低壓過低　④冷媒循環系統有水份存在。

解析　水在 0℃時會結冰，結冰時體積會膨脹，會把銅管撐破

(　)105.運轉中冰水器之出水溫度一定比冰水器之蒸發溫度　①高　②低　③一樣　④依負載而定。

解析　冷凝器及乾式蒸發器趨近溫度兩者須小於 3℃，(蒸發器趨近溫度是蒸發器內之飽和冷媒溫度與冰水出水溫度之溫差)

(　)106.若將冷媒循環系統中之感溫式膨脹閥，當開度調整手動開太小時，則①低壓壓力會上升　②過熱度會增加　③壓縮機易造成液壓縮　④發生追逐現象。

解析　感溫式膨脹閥開啟度太小，供液會不足，冷媒在蒸發管內中途就蒸發為氣體，導致回流蒸汽過熱。

(　)107.冷媒壓縮機之壓縮方式可分為流體動力與容積式兩種，屬於流體動力式之壓縮機為　①往復式　②離心式　③迴轉式　④螺旋式。

解析　離心機則是藉由高速運轉，改變流體動力，而產生高壓效果

101. (2)　102. (2)　103. (3)　104. (2)　105. (1)　106. (2)　107. (2)

(　)108. 冷媒循環系統之閃蒸(Flashing)，一般均發生在　①高壓冷媒液管內　②低壓冷媒液管　③高壓排氣管　④低壓回流管。

解析 冷媒從冷凝器出口經過降壓裝置時，由於冷媒急速降壓，有部份冷媒因吸熱而變為氣體，此現象稱為閃蒸

(　)109. 水冷式箱型空調機在運轉中，因高壓異常上升以致可熔栓爆開，此時如把總電源開關切斷，使主機及各附屬水泵同時停機，則可能會使　①高壓壓力繼續上升　②系統壓力繼續下降　③凝結器結冰　④壓縮機受損。

(　)110. 中央空調冰水系統之空調箱出、回風溫度差偏高，進、出水溫差偏低，其可能的原因為　①冰水管內有空氣　②冰水主機卸載運轉　③空調箱風扇馬達皮帶磨損　④冰水流量不足。

解析 當空調箱風量異常減少，此時出、回風溫度差偏高，進、出水溫差偏低

(　)111. 半密閉螺旋機式壓縮機其潤滑油系統之油壓大多採　①壓縮機內建油泵系統　②壓縮機外部增設輔助油泵系統　③冷媒循環系統高壓與低壓壓力差　④無油式潤滑油系統。

解析 螺旋機式壓縮機其油壓為高壓壓力

(　)112. 冰水主機壓縮機無法卸載運轉，其可能的原因為　①低壓閥片損壞　②溫度開關故障　③壓縮機反轉　④冷媒太多。

解析 壓縮機加卸載運是由溫度開關感測冰水溫度來控制

(　)113. 水冷式冷凝器冷卻水進出水溫差(℃)通常取　① 4～6　② 0～3　③ 10～15　④ 15　以上。

解析 冷卻水溫差愈大，冷凝負載容量愈大，相對地冷凝溫度提高，也增加了壓縮機所需之動力；通常溫差約取 4～6℃。

(　)114. 冰水主機若冷凝器進水溫度 28℃，出水溫度 38℃，其可能的原因為　①冰水流量過小　②冰水流量過大　③冷卻水流量過小　④冷卻水流量過大。

解析 冷卻水流量不足，冷凝器進出水溫度差會上升；通常溫差約取 4～6℃

（　）115.冰水主機若冷凝器進水溫度 37℃，出水溫度 41℃，其可能的原因為　①冷卻水塔冷卻能力不足　②冷卻水塔冷卻能力太大　③冷卻水流量過小　④冷卻水流量過大。

解析　冷凝器正常進水溫 30℃，出水溫 35℃

（　）116.R-134a 之冰水主機，運轉中高壓錶為 140psig(飽和溫度 42℃)，低壓錶為 45 psig(飽和溫 10℃)，冰水出水溫度 13℃，冰水回水溫度 16℃，則原因應為　①系統冷媒太多　②主機卸載運轉　③冰水熱負載太大　④加、卸載裝置故障。

解析　空調負荷太大，運轉時高低壓力正常，冰水出回水溫度升高

（　）117.R-134a 之冰水主機，運轉中高壓錶為 110psi(飽和溫度 34℃)，低壓錶為 50 psi(飽和溫度 12℃)，冰水出水溫度 13℃，冰水回水溫度 15℃，則原因應為①系統冷媒太多　②主機卸載運轉　③冰水熱負載太大　④系統冷媒不足。

解析　主機卸載時高壓低，低壓高，冰水出回水溫度差減少

（　）118.R-410A 之水冷式定頻箱型空調機，運轉中高壓錶為 2.2MPa(飽和溫度 38℃)，低壓錶為 0.83MPa(飽和溫度 5℃)冷氣出風溫度 16℃，冰水回水溫度 25℃，則原因應為　①系統冷媒太多　②系統正常運轉　③系統熱負載太大　④系統冷媒不足。

解析　R-410A 水冷式空調機，出回風溫度差 8℃以上為正常

（　）119.R-410A 之氣冷式定頻箱型空調機，運轉中高壓錶為 2.04MPa(飽和溫度 35℃)，低壓錶為 0.623Mpa(飽和溫度−3℃)，冷氣出風溫度 21℃，室內回風溫度 27℃，則原因應為　①系統冷媒太多　②系統正常運轉　③系統熱負載太大　④系統冷媒不足。

解析　R410A 運轉壓力約 R22 的 1.6 倍，正常運轉時冷凝壓力 26~29 kgf/cm²，蒸發壓力 6~8 kgf/cm²，出風口溫度 10～18℃，此高低壓力低 與出風口溫度過高為冷媒不足現象

---

115. (1)　116. (3)　117. (2)　118. (2)　119. (4)

( )120. 箱型空調機高壓跳脫，其可能的原因為 ①壓縮機轉向逆轉 ②冷媒太多 ③冷媒過熱度太小 ④冷卻水溫太低。

解析 高壓過高可能有散熱不良，冷媒太多，不凝結氣體造成

( )121. 壓縮機吸氣端過熱度增加是因 ①膨脹閥開度太小 ②冷卻水減少 ③壓縮機卸載 ④膨脹閥感溫筒漏氣。

解析 感溫筒氣體洩漏使膨脹閥開度變小，會造成蒸發器供液不足，回流過熱度增加。

( )122. 冷卻水塔排氣呈現水蒸氣結霧現象時，下列哪些非其原因？ ①冷卻水塔水量不足 ②周圍空氣之乾球溫度低於排氣露點溫度 ③冷卻能力下降 ④冷卻水塔風量不足。

解析 冷卻水塔因溫度過大，水氣凝結而呈白霧狀產生白霧

( )123. 空氣相對濕度(RH)為 100％時則？ ①乾球溫度比濕球溫度高 ②乾球溫度等於濕球溫度 ③乾球溫度等於露點溫度 ④乾球溫度比濕球溫度低。

解析 空氣之乾球溫度≥濕球溫度≥露點溫度，當空氣飽和狀態(相對濕度 100％)，以上三種溫度是相等的

( )124. 下列哪些是冷媒循環系統蒸發壓力太低的可能原因？ ①壓縮機失油 ②膨脹閥故障 ③蒸發器負載太大 ④冷媒不足。

解析 低壓太低原因：1.冰水入水溫度過低，蒸發器熱交換器結垢嚴重，膨脹閥開度不足。2.冷媒不足，冷凝壓力太低

( )125. 下列哪些是冰主機高壓過高的原因？ ①冷卻水塔風扇皮帶斷裂 ②乾燥過濾器堵塞 ③冷凝器太髒 ④系統冷媒量不足。

解析 高壓過高原因：1.冷卻水進水溫度過高。2.冷卻水流量不足。3.冷凝器熱交換管污垢嚴重。4.有不凝結氣體。5.冷媒量過多

( )126. 下列哪些是空調箱進、出冰水溫差小的可能原因？ ①回風濾網太髒堵塞 ②冰水主機噸位不足 ③空調箱風量太小 ④冰水流量不足。

解析 空調箱進出冰水溫差 5℃，通過盤管風速 2.5 m/s，8~10 CMM/ RT

---

120. (2)　121. (14)　122. (134)　123. (23)　124. (24)　125. (13)　126. (13)

(　)127.往復式壓縮機閥片漏氣，將導致　①冷凍能力下降　②冷凝溫度上升　③蒸發溫度下降　④壓縮機電流下降。

解析　閥片漏氣，排氣量減少，壓縮功率與製冷能力皆降低

(　)128.冷媒循環系統冷媒太少，將導致　①冷凍能力下降　②壓縮機機體過熱　③蒸發溫度下降　④壓縮機回流管結霜。

解析　冷媒少回流管溫度會過高，壓縮機會過熱，時間久易損壞壓縮機

(　)129.冰水主機壓縮機在運轉時發生冷凍油溫度異常偏低，其可能原因為　①負載太低壓縮機卸載運轉　②液態冷媒回流進壓縮機　③膨脹閥開度異常　④冷卻水量不足。

解析　油溫過低，油的粘度較高會使濾油器壓降增加，如果油溫過高，壓縮機的排氣溫度可能超過允許範圍，而且油溫每升高 10℃，壓縮機容量降低 1%

(　)130.半密閉螺旋式冰水主機壓縮機吐出溫度過高，其可能原因為？　①冷凝器散熱不良　②負載太大　③冰水流量太少　④冰水主機噸位太大。

解析　排氣溫度高(超過 100℃)原因：1.液位太低。2.油濾網堵塞。3.冷媒不足。4.高壓過熱。5.過熱度太大

(　)131.下列哪些是冰水主機引起低壓過低的可能原因？　①壓縮機卸載運轉　②冷媒太多　③冷媒乾燥過濾器堵塞　④高壓過低。

解析　低壓太低原因：1.冰水入水溫度過低。2.蒸發器熱交換器結垢嚴重。3.膨賬閥開度不足。4.冷媒不足。5.冷凝壓力太低

(　)132.下列哪些是引起油壓過低的原因？　①冷凍油含冷媒量太多　②油濾網太髒　③低壓壓力太高　④冷凍油黏滯度太高。

解析　油壓太低原因：1.油濾網太髒堵塞。2.油位過低。3.軸承間隙過大。4.油壓調節閥調整不當。5.油溫太低

(　)133.下列哪些是引起防凍開關動作停機的原因？　①冷卻水水量不足　②冰水水量不足　③冰水溫度控制開關失效　④負載太高。

解析　防凍開關動作：1.冰水水量太小。2.冰水管有空氣。3.防凍開關故障或設定值不正確

127. (14)　128. (123)　129. (23)　130. (12)　131. (34)　132. (12)　133. (23)

( )134.下列哪些是引起密閉式壓縮機馬達過熱的原因？ ①壓縮機液態冷媒回流 ②膨脹閥開度太小 ③壓縮機啓停動作太頻繁 ④冷媒太少。

解析 壓縮機馬達是利用回流冷媒來冷卻馬達線圈，也有利用液態冷媒噴射來冷卻

( )135.冷媒循環系統當乾燥過濾器未完全堵塞時，其過濾器出口可能會有下列哪些情形？ ①結露 ②溫降 ③結霜 ④溫升。

解析 乾燥過濾器裝置於高壓液管，若阻塞會產生壓降而溫度下降

( )136.往復式壓縮機高壓閥片氣密不良時，可能會導致 ①壓縮機吐出端溫度上升 ②吐出壓力降低、吸入壓力降低 ③吸入壓力升高、吐出壓力降低 ④壓縮機運轉電流上升。

解析 高壓閥片氣密不良，會使冷媒於汽缸不斷壓縮，而使溫度上升

( )137.氣冷式空調冰水主機，當冷媒充填量不足時，則 ①壓縮機電流會上升 ②冷凝器進出風之溫差會變小 ③壓縮機吸氣溫度較正常高 ④風扇馬達電流下降。

解析 冷媒不足進入蒸發器液態冷媒量減少，製冷效率下降，無法達到設定之溫度。高壓降低、低壓降低、液管視窗不飽管、壓縮機吸氣過熱度上升

( )138.冰水主機如果冷媒充填過多會導致 ①冷凍能力上升 ②高壓壓力上升 ③冰水器結冰 ④冷媒之過冷度增加。

解析 冷媒過多將積於冷凝器，造成過冷度增加、高壓過高，系統效率下降，液態回流毀損壓縮機或油位下降

( )139.冰水主機運轉經測量得知，冷凝器的過冷度偏低，其可能的原因為 ①冷凝器散熱不良 ②冷卻水溫過低 ③冷媒太多 ④冷媒過少。

解析 冷媒在冷凝器出口的狀態，過冷度越大冷凝效果越好 散熱不好或冷媒量少過冷度會減少

134. (234) 135. (123) 136. (13) 137. (23) 138. (24) 139. (14)

( )140. 水冷式冰水主機運轉多天運轉，要保持固定之高壓壓力，常用的方法有 ①利用三路閥旁通控制冷凝器冷卻水流量 ②以變頻器控制冷卻水塔風扇轉速 ③壓縮機卸載 ④以變頻器控制空調箱馬達轉速。

解析 高壓壓力隨著冷卻水水溫越高，壓力越高，主機越耗電，跟天氣的變化跟水塔的散熱有關

( )141. 冷媒循環系統內有空氣存在時 ①低壓壓力比蒸發飽和壓力為高 ②壓縮機電流較正常時高 ③高壓壓力比冷凝飽和壓力為高 ④壓縮機排氣溫度較正常時低。

解析 當空氣進入系統，冷凝器之壓力會高於冷媒飽和壓力，電流會上升

( )142. 箱型空調機發生系統低壓過低之現象，可能原因為 ①蒸發器回風過濾網堵塞 ②乾燥過濾器堵塞 ③壓縮機壓縮不良 ④系統冷媒不足。

解析 低壓太低原因：1.冷媒不足。2.過濾器或毛細管阻塞。3.蒸發器太髒或濾網阻塞。4.皮帶斷裂

( )143. 冰水主機運轉時冷媒量不足，可能有那些現象 ①由液管冷媒視窗有氣泡 ②運轉電流下降 ③乾燥過濾器出口結霜 ④冰水進出水溫差變大。

解析 冷媒不足，系統效率下降，高壓降低、低壓降低、液管視窗不飽滿、壓縮機吸氣過熱度上升

( )144. 壓縮機發生潤滑不良，可能原因有 ①冷凍油選用錯誤 ②汽缸溫度太高 ③液態冷媒流回壓縮機 ④低壓太低。

解析 依壓縮機使用之冷媒選用：空調壓縮機粘度範圍在 30～50，冷凍，冷藏壓縮機在 20-40，高溫的螺旋式壓縮機在 100 以上，冰箱壓縮機在 20～40 的冷凍油。

( )145. 下列哪些是冰水溫度無法下降的原因？ ①冷媒不足 ②負荷過大 ③壓縮機無法卸載 ④冷凝器散熱不良。

( )146. 空調箱回風過濾網太髒，將導致 ①送風量不變 ②冷氣能力變小 ③出回風溫差變大 ④風扇馬達電流上升。

解析 空調箱適當之送回風溫差（10~12℃）

140. (12) 141. (23) 142. (124) 143. (12) 144. (123) 145. (124) 146. (23)

( )147.冷媒循環系統當膨脹閥開度調整太大時，可能導致　①低壓壓力會上升　②過熱度會增加　③壓縮機易造成液壓縮　④發生追逐現象。

解析 膨脹閥開度過大，流至蒸發器液態過量，造成部份冷媒在蒸發器未蒸發，引液壓縮，損壞壓縮機。同時使蒸發溫度升高，製冷量下降，壓縮機功耗增加，增加了耗電量

( )148.半密閉螺旋式冰水主機壓縮機吐出溫度過低，其可能的原因為　①冷卻水溫度太低　②冰水負載太大　③液態冷媒回流進壓縮機　④冰水主機容量太小。

解析 運轉時吐出冷媒溫度一般在 55℃～80℃

( )149.往復式壓縮機氣缸活塞環磨損時，將導致　①冷凝溫度上升　②壓縮機失油　③容積效率降低　④壓縮機容易液壓縮。

解析 氣缸、活塞、活塞環磨損嚴重、間隙增大，洩漏量增大，影響到了排氣量

( )150.下列哪些是造成密閉式冷媒壓縮機馬達燒燬的原因？　①馬達電流過高　②冷媒不足長時間運轉　③蒸發器熱負荷太低　④冷凍油酸化。

解析 壓縮機馬達燒燬原因：1.缺少冷媒，以至於線圈得不到很好的冷卻，溫度升高燒毀。2.過溫度保護關故障。3.冷凝器髒，排氣溫度高。4.壓縮機機械故障束缸，過電流造成線圈溫度高燒毀。5.系統含水量大，線圈絕緣不足

( )151.使用感溫式膨脹閥之冷媒循環系統，若密閉式壓縮機馬達過熱，其可能原因為　①感溫式膨脹閥故障　②冷媒充填量過少　③壓縮機卸載　④壓縮機運轉過久。

解析 膨脹閥故障開度過小、導致過熱度增加

( )152.壓縮機之壓縮方式可分為容積式與流體動力式兩種，屬於容積式的壓縮機為　①往復式壓縮機　②離心式壓縮機　③迴轉式壓縮機　④螺旋式壓縮機。

解析 容積式壓縮機的工作原理，是依靠氣室容積的變化來壓縮氣體

147. (13)　148. (13)　149. (23)　150. (124)　151. (12)　152. (134)

(　)153. 氣冷式冰水主機冷凝器之冷凝能力與下列哪些項目有關？　①相對濕度　②風量　③乾球溫度　④濕球溫度。

解析　氣冷式冷凝器散熱效果取決於：1.散熱表面積。2.空氣流速。3.進風乾球溫度

(　)154. 感溫式膨脹閥之感溫筒固定不良時，將導致　①低壓壓力下降　②過熱度會減少　③冷媒流量減少　④馬達電流增加。

解析　感溫筒固定不良感測溫度較高，冷媒流量會增加

(　)155. 中央空調系統空調箱之冰水盤管有下列哪些功能？　①冷卻　②除濕　③加濕　④加熱。

解析　冰水盤管，進行空氣冷卻除濕，控制出風露點溫度

(　)156. 往復式冰水主機系統高壓壓力低，低壓壓力高，其可能原因為　①冷媒太少　②壓縮機卸載運轉　③蒸發器太髒　④壓縮機吸入閥片損壞。

解析　R-22 水冷冰水主機高壓壓力 12~17kgf/cm²，低壓壓力為 3~5.5kgf/cm²

(　)157. 下列哪些是箱型空調機運轉時，低壓壓力過低的原因？　①負載太低　②過濾器堵塞　③冷媒太少　④外氣溫度太高。

解析　低壓過低原因：1.系統毛細管阻塞。2.系統冷媒量不足。3.系統過濾器阻塞 4.蒸發器過濾網太髒

(　)158. 箱型空調機壓縮機內部線圈溫度開關動作，可能原因為　①冷媒不足　②過濾器堵塞　③外氣溫度太低　④蒸發器太髒。

解析　壓縮機馬達線圈溫度開關作動 1 負載大，造成低壓側入口過熱度過高 2 高壓過高 3 元件或電路不良或故障。4 馬達線圈不良，溫升過高。(跳脫溫度：130±5℃；復歸溫度：110±5℃)

(　)159. 下列哪些是冷媒循環系統在運轉中，會引起高壓壓力升高的原因？　①空氣進入系統　②冷凍油不足　③膨脹閥開度太小　④冷凝器散熱不良。

解析　高壓壓力過高 1、有不凝氣體。2.冷卻水斷水或水量不足。3.吐出閥關閉。4.冷卻水水溫過高，冷凝器汙穢。5.冷凝器積油垢阻礙冷卻。6.冷媒過量。7.冷凝器容量不足

---

153. (23)　154. (24)　155. (12)　156. (24)　157. (123)　158. (12)　159. (14)

( )160.箱型空調機蒸發器冷媒盤管結霜時，則 ①電流升高 ②會使蒸發溫度下降 ③會引起液壓縮 ④低壓壓力下降。

解析 結霜的原因：蒸發器之冷卻盤管溫度低於 0°C時，水蒸氣會凝結附著於冷卻盤管上，形成一層霜。這一層霜如同隔熱材料，會影響熱傳遞率，而降低冷凍冷力

( )161.水冷式冷媒循環系統中，造成冷凝器水垢形成的因素為？ ①冷媒種類 ②水溫 ③蒸發溫度 ④水質。

解析 水垢形成原因：1.水溫度提高導致水中之 $CaSo_4$ 及 $CaCo_3$ 溶解度降低。2.PH 提高大於 8.0。3.水濃縮倍數提高時，水中總固體量(TS)增加

工作項目 08：安裝與維護

( )1. 箱型空調機之可熔栓是裝置在 ①蒸發器 ②冷凝器 ③毛細管 ④壓縮
機。

解析 可熔栓是易熔合金， 熔點溫度應高於高壓保護開關跳脫壓力之飽和溫度，溶解溫度
約 73±2℃，裝設冷凝器上方為宜

( )2. 密閉式配管系統之水泵淨高揚程為？ ①接膨脹水箱之高度 ②0 ③水泵
之高度 ④熱交換器之高度。

解析 淨揚程是指水泵的吸入點與高水位的垂直高度.，密閉系統垂直高度為 0。

( )3. 高樓冰水系統逆止閥應裝置在 ①泵吸入端 ②泵吐出端 ③空調箱進口
端 ④冷卻水塔進口端。

解析 密閉迴路或是冷卻塔裝設位置，比冷凝器高時不用裝逆止閥，於水泵並聯系統則應
裝逆止閥

( )4. 水管件裝置不須考慮裝配方向性者為 ①逆止閥 ②過濾器 ③電磁閥
④閘門閥。

解析 一般的閘閥安裝沒有方向性，閘閥只能作全開和全關，不能作調節和節流

( )5. 冰水管路系統之開放式膨脹水箱應裝置在 ①水泵吸入口 ②水泵吐出口
③回流管最高處 ④送水管最高處。

解析 密閉管路時，為了能水溫變化所引起水體積的膨脹或收縮現象，應裝設膨脹水箱，
其位置應裝于配管系統的最高點並於泵浦吸入端，以維持吸入端一定之壓力

( )6. 冷凍空調系統不需加以保溫者為 ①冰水管 ②回風管 ③送風管 ④冷
卻水管。

解析 冰水管保溫採用延火性 PE，1.5 吋及以下管徑用 1 吋厚，2 吋以上至 4 吋用 1.5 吋
厚，5 吋及以上用 2 吋厚，應在管外塗以粘膠，加 PVC 布包紮之

---

1. (2)   2. (2)   3. (2)   4. (4)   5. (3)   6. (4)

( )7. 風管截面積變化時，漸小角度為 ① 10 ② 20 ③ 30 ④ 45 度以下。

解析 直徑擴縮角度越大，壓力損失越小

( )8. 風管之彎曲部份其曲率半徑在長邊之 1.5 倍以內時，需加裝 ①節氣門 ②分岐風片 ③導風片 ④防火風門。

解析 風管彎曲半徑按風管寬度計算，長邊半徑為寬度的 1.5 倍，短邊半徑為寬度的 0.5 倍，直角轉彎，應設置導風片

( )9. 空調出風口之吹達距離，一般選定為其空間長度之 ① 1/2 ② 3/4 ③ 1 ④ 1.5 倍。

解析 決定出風口個數，將總風量除以出風口個數。以 20°～60°之角度為其吹出口之區域來劃分。於室長邊深之 3/4 倍範圍內為其必須吹達之距離

( )10. 風管系統送風量 6000m³/hr，風速 6m/s 時摩擦損失為 0.08mmAq/m，若風量改變為 3000m³/hr 時其風速(m/s)為 ① 9 ② 6 ③ 3 ④ 1。

解析 Q=VA，6000=6×A、A=1000，當風量調整到 3000=V×1000，V=3 m/s

( )11. 感溫式膨脹閥之外平衡管應裝在 ①蒸發器入口 ②感溫棒與蒸發器之間 ③感溫棒與壓縮機之間 ④冷凝器出口。

解析 感溫式膨脹閥外均壓管按裝位置靠近蒸發出口，於感溫筒後面，壓縮機前面之吸氣管上

( )12. 真空泵之回轉方向必須 ①右轉 ②左轉 ③依照機上箭頭方向 ④左右轉均無所謂。

解析 如真空泵排氣口安裝電磁閥，閥與真空泵應同時動作，避免停止時真空泵油回流至壓縮機，使用時確認真空泵轉向符合規定方向，以防真空泵反轉噴油

( )13. 水泵於裝妥試車時，假如馬達本身正常，卻發生運轉電流高於額定值時，其原因為 ①水管系統水壓降大於泵之額定揚程 ②水管系統水壓降小於泵之額定值揚程太多 ③泵初運轉時之特性 ④水管中之水過濾器堵塞。

解析 電流過大的原因有葉輪被異物纏繞、軸承磨損、泵流量過大、流體比重過大。積熱電驛，約額定電流的 1.25 倍(標準設定)，最高不得超過 1.4 倍

7. (4)　　8. (3)　　9. (2)　　10. (3)　　11. (3)　　12. (3)　　13. (2)

(　)14. 水泵電流過大，其可能的原因為　①水過濾器半堵　②水流量太小　③水關斷閥未全開　④揚程過大。

解析　冷媒不足時回流速度會降低，速度太低會造成冷凍油滯留在回流管路不能返回壓縮機

(　)15. 冷凍油積存蒸發盤管內，無法回到壓縮機，其可能的原因為　①回流管太小　②回流管太大　③蒸發溫度太高　④風量太大。

解析　橫向管流速為 3.5m/s 以上，垂直管流速為 6m/s 以上，在蒸發器出口 宜設置存油彎

(　)16. 假使水管中之水過濾器(Strainer)嚴重堵塞，將造成水泵電動機　①過載　②電流下降　③運轉電流不變　④電流增減不定。

解析　水流量減少，運轉電流下降

(　)17. 假設有一密閉式之冰水管路系統，水泵置於地下室，將冰水送到各樓，其中最高點高於水泵 26m，而該管路之總摩擦損失為 16m，則該泵之揚程為　① 16　② 26　③ 34　④ 42　m，或以上才能使冰水正常循環。

解析　密閉系統 淨揚程為 0，僅須計算管路之摩擦阻力，

(　)18. 電冰箱板式蒸發器破裂，應使用何種銲接補漏　①電銲　②銀銲　③銅銲　④鋁銲。

解析　用砂紙打磨氧化層後再用稀鹽酸去雜質，用鋁焊粉為助焊劑，用水調成糊狀鋁焊粉，火焰為中性，對焊面加熱，先強後弱焰，先近後遠原則，先厚後薄，先大後小，只要焊面與焊條熔化馬上就遠離焊面，否則燒穿、燒塌

(　)19. 下列何者非低溫裝置之吸入管保溫的目的？　①防止結霜　②防止吸入冷媒過熱　③防止熱傳損失　④增加冷媒過熱度。

解析　在冷凍冷藏設備或冷氣設備回流管皆須保溫防結露，保溫後，表面溫度應大於保溫層外的空氣露點溫度

14. (4)　15. (2)　16. (2)　17. (1)　18. (4)　19. (4)

( )20. 一般低速風管，風管內之設計風速(m/s)不大於 ① 12.5 ② 15 ③ 20 ④ 30 以上。

解析 低速風管：主管 5～12m/s，分歧管 3～8m/s ； 高速風管主管 13～23m/s，分歧管 10～20m/s

( )21. 長時停機後，開啓冷凍機，壓縮機冷凍油起泡是因為 ①冷媒太多 ②冷媒太少 ③油溫太高 ④油溫太低。

解析 冷凍油在低溫下溶入液態冷媒，運轉後因低壓壓力下降，冷媒蒸發起泡，因此油溫維持在 40～50℃，當油粘度低、油壓低；油溫低都會影響潤滑

( )22. 螺旋式壓縮機之卸載方法目前大都採用 ①滑動閥動作 ②頂開吸氣閥 ③關小膨脹閥 ④降低轉速。

解析 三段式容調系統，可調節的範圍 25%、50%、100%。其原理系利用活塞帶動容調滑塊，當負載需求降低時，容調滑塊移動將部份冷媒旁通回吸氣端，使冷媒排氣量減少，以達到降低負載之功能

( )23. 管路系統造成漩渦眞空(Cavitation)主要因 ①管路水壓過高 ②管路水量過多 ③水泵吸入口過濾器太髒阻塞 ④水泵選用太小。

解析 發生原因有吸入管路阻力，流體溫度，流速增加，壓力降低

( )24. 控制風量大小設備為？ ①電動三路閥 ②溫度開關 ③可調式風門 ④風壓開關。

解析 控制送風機風量的方法有出口節流、入口節流、入口輪葉與轉速的改變等

( )25. 空氣污染嚴重場所(含酸性高)之冷卻水管宜採用？ ①銅管 ②鐵管 ③不銹鋼管 ④鋁管。

解析 水管路系統採 SUS 304 不銹鋼管

( )26. 選用安全閥不需考慮 ①容器大小 ②冷媒種類 ③高壓壓力 ④壓縮機種類。

解析 冷媒安全閥作為設備的超壓保護裝置，當設備運轉壓力升高超過允許值時，閥門能自動開啓，排放到額定量，以防止設備壓力繼續升高

20. (1)　21. (4)　22. (1)　23. (3)　24. (3)　25. (3)　26. (4)

( )27. 高壓開關動作時之正常處理方式應為　①有復歸按鈕者按下後即可再啟動　②無復歸按鈕者等待其復原後再啟動　③調整高壓設定值到其不動作為止　④查明動作原因並排除後啟動。

解析　高壓開關動作可能原因為散熱不良，要查明排除原因後，再按復歸鈕再起動

( )28. 非冷卻水塔補給水之目的是補給　①蒸發的水量　②噴散飛濺流失之水量　③溢流水量　④膨脹水箱。

解析　補水量=蒸發量+飛濺損失+排放量 補充水量的計算公式：C=(E+D+B)/(D+B)。
C：濃縮倍數
E：蒸發量，循環水量(GPM)*溫差(F)*0.0008
D：飛濺損失，循環水量(GPM)*0.0002
B：排放量

( )29. 氣冷式冷凍機，欲使其在冬季正常運轉，宜加裝　①蒸發壓力調節裝置　②冷凝壓力調節裝置　③電磁閥　④逆向閥。

解析　冷凝壓力調節器安裝在冷凍和空調系統的冷凝器後的氣管或液管，用於氣冷冷凝器系統中維持一定的冷凝器壓力

( )30. 當負荷降低，卸載裝置動作時，壓縮機以馬達的運轉電流將隨之　①昇高　②不變　③降低　④不一定。

解析　定頻運轉，普遍採用卸載機構控制排氣量，而變頻運轉是控制馬達轉速以達卸載方式

( )31. 有一水冷式凝結器，對數平均溫度差 5℃，總熱傳係數為 800 kcal/m2-hr-℃，當冷凝熱量為 32000 kcal/h，其傳熱面積(m²)為多少？　① 8　② 16　③ 40　④ 400。

解析　$q = UA\triangle Tm$，$A= q/(U\triangle Tm)=32000/(800\times 5)=8$

( )32. 溫度一定時，氣體之體積與壓力成反比即PV＝常數，此為　①道爾頓定律　②波義耳定律　③查理定律　④氣體定律。

解析　密閉容器內定量的低密度氣體，若氣體溫度維持不變，其壓力和體積成 反 比，PV=定值

27. (4)　28. (4)　29. (2)　30. (3)　31. (1)　32. (2)

( )33. 一般氧氣瓶之充罐完成後之瓶壓力(kgf/cm² G)約為　① 20　② 100　③ 150　④ 250。

解析　氮氣鋼瓶最高灌裝壓力 150kgf/ cm²，氧氣鋼瓶最高灌裝壓力 150 kgf/cm²，乙炔鋼瓶的壓力約為 17.5kgf/cm²

( )34. 氣冷式冷氣機若壓縮機在室外，其冷媒配管需保溫是　①高壓氣體管　②低壓管　③高低壓管　④高壓液體管。

解析　低壓液體管與低壓氣體管，皆為低溫故需保溫

( )35. 家用除濕機除濕過程的空氣是？　①經冷凝器加溫除濕　②經蒸發器降溫除濕　③先經冷凝器再經蒸發器　④先經蒸發器再經冷凝器。

解析　A 型除濕機的使用之環境溫度範圍在 15 ~ 35℃，B 型環境溫度範圍在 5 ~ 35℃，

( )36. 電動機通常使用狀態下，人體易接觸之可動部份，須安裝　①電阻器　②保護框或保護網　③保險絲　④電容器。

解析　馬達需有適當的外罩，以防止外物接近其旋轉體並接地

( )37. 不燃性之保溫材料是　①普利龍　②PE 發泡體　③PU 發泡體　④玻璃棉。

解析　防火材料：岩棉管、玻璃棉管、撥纖套管、PE 聚乙烯防火保溫管、世紀龍管、撥水性真珠岩管、玻璃棉捲、陶瓷棉、陶瓷纖維紙、岩棉板、岩棉毯夾網、打孔棉等

( )38. 冷凍櫃高壓錶所指示的是　①蒸發器　②冷凝器　③膨脹閥　④毛細管 的壓力。

解析　高壓表或高壓開關應裝置在系統壓力最高位置

( )39. 箱型空調機系統在冷凝器和膨脹閥之間裝有　①壓縮機　②消音器　③低壓貯液器　④乾燥過濾器。

解析　乾燥過濾器主要為防止系統受潮，與酸類物質和固體雜質過濾。

( )40. 家用除濕機自動停機控制器為　①溫度開關　②除霜開關　③風壓開關　④水箱浮球開關。

解析　濕度開關控制相對濕度，浮球開關為水箱滿位時停機

33. (3)　34. (2)　35. (4)　36. (2)　37. (4)　38. (2)　39. (4)　40. (4)

( )41. 冷藏鮮花水果因會釋放　①乙烯　②乙烷　③丙烯　④丙烷 加速成長，故必需換氣或用高錳酸鉀來中和。

解析 熟的果蔬及敗落的花會釋放大量的乙烯，導致花朵敗落，因此鮮花擺放應遠離蔬菜水果

( )42. 下列何種蒸發器效率最好？　①滿液式　②乾式　③氣冷式　④蒸發式。

解析 滿液式蒸發器，液態冷媒於蒸發器殼側沸騰，壓損較小，溫度亦較均勻；吸入端的冷媒接近飽和的氣態，故可增加壓縮機的壓縮效率與質量流率

( )43. 壓縮機停機時，冷凍油溫度(℃)應維持在　① 20　② 50　③ 75　④ 85，以免冷媒溶入油內。

解析 當油溫過低時冷凍油裡面將溶入過多的冷媒，冷凍油因此變得稀薄，壓縮機軸磨擦部位的油膜變薄，將會因潤滑不足而損壞壓縮機

( )44. 半密式往復式冰水主機之高壓安全釋氣閥應裝於　①冷凝器上方　②冷凝器下方　③高壓液管上　④壓縮機高壓端接口上。

解析 採用殼管式熱交換器，應裝設冷媒安全釋壓裝置於上方

( )45. 半密式往復式冰水主機之高壓開關應裝接自於　①冷凝器上方　②冷凝器下方　③高壓液管上　④壓縮機高壓端接口上。

解析 高壓表或高壓開關應裝置在系統壓力最高位置

( )46. 半密式往復式冰水主機之低壓開關應裝接自於　①蒸發器上方　②蒸發器下方　③回流管上　④壓縮機低壓端接口上。

解析 低壓表或低壓開關應裝置在系統壓力最低位置

( )47. 空調系統之啟動程序：1.啟動空調箱風車；2、啟動風扇及冷卻水泵；3、啟動冰水泵；4、啟動冰水機，正確步驟為　① 1234　② 4321　③ 4213　④ 4123。

解析 啟動冰水機組順序，主機(壓縮機)最後啟動

41. (1)　42. (1)　43. (2)　44. (1)　45. (4)　46. (4)　47. (1)

( )48. 空調系統之停車程序：1.停止冰水機；2、停止冰水泵；3、停止風扇及冷
卻水泵；4、停止空調箱風車，正確步驟為？ ① 2134 ② 1234 ③ 3142
④ 2143。

解析 停止冰水機組順序，主機(壓縮機)最先停止

( )49. 最適用於大風量，低靜壓場合之風機為 ①前傾式 ②後傾式 ③翼截面
式 ④軸流式。

解析 軸流風機適用於低壓、大風量的情況，其比速度較大，運轉速度高，離心風機適用
於高壓、小風量之狀況，其比速度相對較小，運轉速度較低，故必須以皮帶進行變
速驅動

( )50. 當送風量增加時，馬達容易有過負載現象(Overload)危險之風機為 ①前傾
式 ②後傾式 ③翼截面式 ④軸流式。

解析 風機主要分類有軸流式、離心式、橫流式三種，離心式分成後傾式、徑向式和前傾
式，前傾式葉片朝旋轉方向傾，葉片較短而寬。風量大、風速快，噪音也較大，適
用於建築物通風

( )51. 冰水主機之防凍開關應置於何處？ ①冰水入口 ②冰水出口 ③冷卻水
入口 ④冷卻水出口。

解析 冰水主機如蒸發器冷媒側蒸發溫度及壓力過低時，水側出口會有結冰的危險

( )52. 若欲將空氣除濕增溫，可用下列何種設備？ ①加熱盤管 ②化學除濕器
③冷卻盤管 ④空氣清洗器。

解析 化學除濕：利用化學乾燥劑除濕時，雖空氣中的水蒸汽被乾燥劑吸收，但會釋放熱

( )53. 下列那一組合，可提供一個 40 冷凍噸，80 冷凍噸，120 冷凍噸或 160 冷凍
噸的冷凍系統 ①二台 80 冷凍噸 ②一台 80 冷凍噸二台 40 冷凍噸 ③三
台 40 冷凍噸 ④三台 60 冷凍噸。

解析 在一次側定水量中，主機群最常於非全載運轉，降低冰水主機其效率，主機群可採
用此組合的方式

48. (2) 49. (4) 50. (1) 51. (2) 52. (2) 53. (2)

( )54. 下列何種裝置受高溫會使系統釋放壓力？　①出液閥　②洩壓閥　③溶栓 ④排氣閥。

解析　洩壓閥，當系統內產生異常高壓時能自動洩放冷媒置設定壓力值，可熔栓若溫度太 高(78℃)時能洩放全部冷媒

( )55. 有一空間 60m2 有 6 人，每一位需要新鮮空氣為 0.05m³/min，試問每小時新 鮮空氣的換氣量(m³/hr)？　① 10　② 18　③ 20　④ 50。

解析　換氣量=6×0.05×60=1.8

( )56. 有一房間 40m³ 具有 3000kcal/h 的空調負荷，房間溫度 24℃ 與出風口溫度 18℃，空氣比熱 0.24kcal/kg℃，比體積 0.82m³/kg 試問供風量(CMM)為多 少？　① 13.2　② 28.5　③ 171.8　④ 792.5。

解析　H=MSΔT，M=H/(SΔT)=3000/(6×0.24)=2083；2083×0.82=1780CMH=28.5CMM

( )57. 有三個房間欲控制相同的室溫，地板面積分別為 10m²、20m²、30m²，總風 量為 40CMM，試問 30m²的房間需分配多少風量(CMM)？　① 10　② 20 ③ 25　④ 30。

解析　每 1m²=40/6=6.6，6.6×3=20

( )58. 有三個房間欲控制相同的室溫，地板面積分別為 10m²、20m²、30m²總風量 為 40CMS，請問 30m²的房間出風口面積為多少 m²(風速 3.5m/s)？　① 5.7 ② 2.8　③ 1.9　④ 0.47。

解析　每 1m²=40/6=6.6，6.6×3=20 CMS，Q=V×A，A=Q/V=20/3.5=5.7

( )59. 處理空調空間的揮發性有機氣體宜採用　①電子集塵器　②離心沉降 ③過濾網過濾　④化學吸附。

解析　揮發性有機氣體是在常溫常壓下就易蒸發，常見的有機溶劑有丙酮、乙醇、乙醚和 二氯甲烷等處理方式，一般有吸附式、直燃、觸媒氧化與觸媒焚化等方式

---

54. (3)　55. (2)　56. (2)　57. (2)　58. (1)　59. (4)　60. (1)

( )60. 維護消耗性的過濾網，下列何者敘述錯誤？ ①不需考慮安裝的前後方向性 ②吸附過多灰塵會使通過空氣減速 ③吸附過多灰塵會使通過空氣方向改變 ④壓降太大時就需更換。

解析 紙質濾網及袋式濾網一般都有框架，側面有方向性，正反面不要裝錯，使用壽命會降低

( )61. 活性碳過濾網最主要是去除空氣中的 ①灰塵 ②異味 ③油氣 ④水氣。

解析 活性碳過濾網有效的吸收臭氣功能可淨化過濾後的空氣品質， 用於醫院、藥廠、化工廠、塑膠廠、銘板、 印刷...等

( )62. 往復式壓縮機啓動後，不久即停原因爲 ①冷卻水溫太低 ②電壓過低 ③冷氣負荷太大 ④高壓開關設定太高。

解析 電源電壓過低或過高，兩種情況均會引起壓縮機運轉電流偏高

( )63. 往復式壓縮機運轉不停，其可能的原因爲？ ①冷卻水溫太低 ②油位太低 ③冷氣負荷太大 ④油壓太低。

解析 壓縮機運轉不停止有熱負荷太大、容量不夠溫度控制開關故障或設定不正確、電磁開關的主接點黏住、空調系統冷媒不足

( )64. 空調水系統當有結垢傾向時，我們可發現水的pH值會 ①變大 ②變小 ③不變 ④不一定。

解析 藍氏飽和指數(LSI)是用來判斷冷卻水塔的水質是否會造成結垢或是腐蝕的依據，計算的公式為：LSI=pH-pHs。得到水中飽和時之pH值(pHs)、酸鹼值(pH)、Ca硬度M鹼度(Malk)及總溶解性

( )65. 壓縮機內部配件有鍍銅現象時表示？ ①壓縮機撞擊油 ②壓縮機油位過低 ③系統中有水氣或酸 ④壓縮機液壓縮。

解析 氟氯碳冷媒與冷凍油的混合物能夠溶解銅，被溶解的銅離子隨著冷媒製冷劑迴圈再回到壓縮機與鋼或鑄鐵件相接觸，析出並沉積在這些鋼鐵構件表面上，形成一層銅膜，這就是所謂"鍍銅現象"。這種現象隨系統中水分含量的提高和溫度的升高而加劇，特別是在軸承表面、吸排氣閥、氣缸壁、活塞環等經常摩擦的表面比較明顯

---

61. (2)　62. (2)　63. (3)　64. (1)　65. (3)

( )66. 冷凍循環系統各元件安裝位置，下列敘述何者錯誤？　①油分離器－壓縮機出口　②儲液器－冷凝器出口　③乾燥過濾器－蒸發器出口　④逆止閥－壓縮機出口。

解析　乾燥過濾器安裝位置主要在液管和吸氣管，系統設計時把液管作為標準的安裝乾燥過濾器的位置，而吸氣管只是在壓縮機燒毀後為了保護和清理系統的。乾燥過濾器，一般在液管的位置是在儲液器後面，而要在視液鏡與膨脹閥前

( )67. 有關空調主機安裝原則，下列敘述何者錯誤？　①蒸發器及冷凝器的出入口可裝設關斷閥　②水泵入口處須裝設濾網　③機器周圍須有充分空間以安裝冰水及冷卻水泵與管路，配電盤等附屬設備　④在冰水及冷卻水配管的最高點裝設排水閥。

解析　在水管路之最高處設置排氣閥予以排氣，將管路中積存之空氣予以排放，避免氣堵影響熱交換

( )68. 依 CNS12575 規定 300RT(含)以上之水冷離心式壓縮機性能係數(COP)不得小於　① 6.10　② 4.90　③ 4.45　④ 2.79。

解析　性能係數(COP)：實測冷卻能力 kW 除以實測消耗功率 kW。離心式壓縮機 5.55，容積式壓縮機 4.90

( )69. 有關電磁閥安裝之注意事項，下列敘述何者錯誤？　①應注意冷媒流向　②可長時間無載通電　③應注意絕緣及防水　④容量應配合系統大小。

解析　工作原理是當線圈通電後，線圈產生磁場芯鐵被磁場力吸起，閥門打開，當線圈斷電時，磁場消失，芯鐵在自重和復位彈簧力的作用下，閥門被關閉。當無鐵心時電感量會變得很小，電流增加所以就會把線圈燒了

( )70. 一般使用空調箱盤管水側壓損(kPa)約為　① 3～5　② 10～20　③ 30～50　④ 100～200。

解析　盤管一般採用 1/2" 或 5/8" OD，0.41mm 管厚的無縫磷銅管，鰭片可為藍波處理(親水性) 鋁鰭片或一般鋁片其厚度為 0.12mm 或(0.15mm) 之鰭片

66. (3)　67. (4)　68. (1)　69. (2)　70. (3)

( )71. 冷卻水塔安裝時，下列敘述何者錯誤？ ①通風良好且無障礙物的場所 ②盡可能選擇有煙塵腐蝕性排氣的地方 ③避開設置於有高溫或潮濕的地方 ④長期運轉須考慮冷卻水溫度控制。

解析 在選用冷卻塔時，主要考慮冷卻程度、冷卻水量、濕球溫度是否有特殊要求，安裝地點的基本條件，應選擇通風良好及空氣清潔的地點，對於無遮蔽物或，塔與遮蔽物的最短距離應大於散熱材高度，有多座冷卻水塔，塔體之間最短距離應大於半徑，避免安裝於煤煙、灰塵多的地方，以免影響水質及污染冷卻水塔。遠離鍋爐、廚房、排熱等較熱的地方

( )72. 冷卻水塔飛濺損失應小於冷卻水量的 ① 0.1% ② 1% ③ 5% ④ 7%。

解析 各廠家的飛濺損失率不一定，參考廠家的技術資料而定，一般不超過水循環量的 0.1%，

( )73. 設置兩台以上圓形冷卻水塔間距須大於 ①塔體直徑 ②塔體半徑 ③塔體兩倍直徑 ④塔體兩倍半徑。

解析 有多座冷卻水塔，塔體之間最短距離應大於其半徑

( )74. 根據 ASHRAE15-2007 標準，空調主機機房或使用空間的冷媒濃度規定，在未使用機械通風狀況下，R-134a 冷媒濃度(ppm)應低於 ① 42,000 ② 60,000 ③ 1,000 ④ 500。

解析 冷媒濃度不超過空間濃度(ppm by Vol.) R-22 —(42000)；R-134a —(60000)：R-717—(500)：R-744(50000)

( )75. 一般使用空調箱空氣側盤管壓損(Pa)不超過 ① 200 ② 150 ③ 100 ④ 50。

( )76. 離心式風機靜壓低於 800Pa 時，須使用下列何種類型的葉片較為適宜？ ①前傾式 ②後傾式 ③翼截式 ④螺槳式。

解析 風機與壓縮機以 1kgf/cm² 為區隔，離心風機分為：1.多翼式(前傾)風量大，用於空調換氣。2.徑向式用於粉塵或粒體的輸送。3.透浦式(後傾)效率為三者中最高

---

71. (2)　72. (1)　73. (2)　74. (2)　75. (4)　76. (1)

( )77. 比速度與下列何者為反比關係？ ①風量 ②轉速 ③揚程 ④入口氣體比重。

解析 $Ns = N\dfrac{Q^{1/2}}{H^{3/4}}$　Ns＝比轉速　N＝轉速(r.p.m)　H＝揚程(M)　Q＝流量(M³/MIN)

Ns 與 H 成反比，比速度是指欲設計之風扇的每分鐘轉速與相同外徑而滿足每秒風量 1m³，壓頭 1m 之風扇轉速之比值。比速度是一種選擇離心扇的參考工具

( )78. 一般全熱交換器排氣量最少須保持進氣量之 ① 10% ② 20% ③ 30% ④ 40%。

解析 全熱交換器是利用回風和新鮮空氣進行熱之交換而降低引入空調外氣所增加之負荷，ASHRAE 62-1999 建議辦公室大樓每人需要 20 cfm 的換氣量

( )79. 有關於水配管注意事項，下列何者敘述正確？ ①平衡管(旁通管)須加裝閥件 ②密閉系統必須裝置膨脹水箱 ③二次水泵之旁通管路，其管徑流量應高於主機容量50%以上 ④配管的最高點須裝設排水閥。

解析 膨脹水箱作用：1.膨脹， 2、補水 3、排氣 4、投藥 5、穩壓， 膨脹水箱應該接在水泵的吸入側，至少要高出水管系統最高點 1m。二次水泵前後管路之旁通管路，其管徑流量應低於主機流量 50 % 以下，避免讓二次迴路產生短路現象

( )80. 水配管因應管內水溫度變化，須裝設伸縮管接頭，在溫度介於0～50℃之單式伸縮管套頭容許配管長度(m)應為 ① 50 ② 100 ③ 200 ④ 30 以下。

解析 配管必須因應水溫度之熱脹冷縮，裝設伸縮管接頭，以吸收配管伸縮量

( )81. 膨脹水箱應設置排泥閥，其配管口徑(mm)應大於 ① 10 ② 15 ③ 20 ④ 25。

解析 膨漲水箱依型態分開放式及密閉式兩種，開放式膨漲水箱除了箱體外，計有通氣管、補給口、連通口、溢水口、排水口組合而成，密閉式膨漲水箱則在一密閉容積內有一氣囊，氣囊隨著水的體積膨漲收縮。在管路適當位置的最低點裝置排泥閥，配管口徑應大於 25mm 以上

---

77. (3)　78. (4)　79. (2)　80. (4)　81. (4)

( )82. 空調主機配管時,下列敘述何者錯誤? ①與主機連接的配管須裝設防震接頭 ②冰水及冷卻水配管的最低點裝設排水閥 ③蒸發器及冷凝器的出入口須裝設關斷閥 ④冰水及冷卻水泵出口處須裝設過濾網。

解析 冰水機冰水配管水泵入口處及冷卻水塔水泵入口處,須裝設 Y 型過濾器

( )83. 依 CNS12575 規定 500RT 以上之水冷容積式壓縮機性能係數(COP)不得小於 ① 6.10 ② 5.50 ③ 4.45 ④ 4.90。

解析 性能係數 (COP)容積式壓縮機 ≧ 500RT 為 5.50; 離心式壓縮機 ≧ 300RT 為 6.10

( )84. 冷凝器水壓降以不超過多少kPa為原則? ①50 ②100 ③150 ④200。

解析 阻力損失按不同廠牌而有所不同,一般而言,冷凝器為 50~80(kPa),蒸發器一般約 30~80(10 kPa=1mWG)

( )85. 下列何者現象不會對水泵造成損傷? ①水錘 ②空(孔)蝕 ③喘振 ④降壓啟動。

解析 1.流量急遽變化易造成水錘。 2.流量大易產生汽蝕引起振動。3.小流量時,若發生喘振現象,將造成管道、管件和設備的振動而損壞

( )86. 依風車定律而言,當送風機風量降低為原風量之一半時,其功率為原功率之 ① 0.125 ② 0.25 ③ 0.5 ④ 1 倍。

解析 風車之體積流量率(Q) 與風車轉速(N) 成正比, 靜壓(SP) 與風車轉速之平方成正比, 馬力(P) 則與風車轉速之三次方成正比

( )87. 空調水配管最小口徑(mm)不得低於多少? ① 10 ② 15 ③ 20 ④ 25。

解析 配管最小口徑為 20mm 口徑以上,但橫向幹管最小為 32mm 口徑以上

( )88. 空調水配管橫向幹管口徑(mm)不得低於多少? ①24 ②28 ③32 ④40。

解析 配管最小口徑為 20mm 口徑以上,但橫向幹管最小為 32mm 口徑以上

( )89. 依照CNS12812 標準,有關主機在正常運轉下的防垢規範,其 EER 必須維持 ① 60% ② 70% ③ 80% ④ 90% 以上。

解析 1992 年 ARI 標準 550,CNS 12812 主機在正常運轉下依照 CNS-12812 標準其 EER 必須維持 95%以上

---

82. (4) 83. (2) 84. (2) 85. (4) 86. (1) 87. (3) 88. (3) 89. (4)

(　)90. 根據水系統水質控制，有關循環水之懸浮固體規範，最高濃度(ppm)必須小
於多少？　①1　②10　③50　④100。

解析 空調冷卻水水質標準懸浮物(Suspended Solids)最大 10ppm(w/w)；細菌總數(Microbiology) 最多 100000 CFU/ml

(　)91. 根據水系統水質控制，有關循環水藻菌規範，其微生物菌落數必須小於多
少 CFU/mL？　①3000　②6000　③8000　④10000。

解析 空調冷卻水水質標準懸浮物(Suspended Solids)最大 10ppm(w/w)；細菌總數(Microbiology) 最多 100000 CFU/ml

(　)92. 風管為避開障礙物，必須減少尺寸，其截面積之改變量，不得超過原截面
積之　①10%　②20%　③30%　④40%。

解析 依據行政院公共工程委員會空調風管配管設計要點規範

(　)93. 20kW 之水泵，效率為 0.7，循環水量為 500GPM，則水泵揚程可達多少 ft？
①85　②115　③145　④175。

解析 $馬力(HP) = \dfrac{水量(GPM) \times 總揚程(Ft) \times 水比重(Sp \cdot Gr)}{3960(係數) \times 效率(Eff)}$　(1HP=0.746kW)

(　)94. 分歧管、肘管及彎管，應以風管中心線為準而轉彎半徑不得小於風管寬度
之　①0.8　②1　③1.2　④1.5　倍。

解析 若無法維持此轉彎半徑或使用矩形彎管，則須裝翼截式導風片

(　)95. 選擇冷媒管徑時，排氣管、吸氣管或液管之壓降通常不超過多少℃為原則？
①1　②2　③3　④4。

解析 壓降計算係由冷媒飽和溫度變化之對照之壓力差，在選擇冷媒管徑時，冷媒排氣管、吸氣管或液管之壓降通常不得超過 1 K(℃)

90. (2)　91. (4)　92. (2)　93. (3)　94. (4)　95. (1)

( )96. 有關水配管，下列敘述何者正確？ ①提高流速，增加水泵揚程 ②管路配置複雜 ③測試、調整、平衡(TAB) ④增大管徑，提高流量。

( )97. 下列何者不是影響風管表面熱損失的因素？ ①寬高比 ②風速 ③隔熱材 ④環境溫度。

解析 1.寬高比較大的的風管比寬高比較小的風管，熱損失大，且寬高比增加會增加安裝費與維護費。2. 管徑較大之低速風管，熱損失較高速風管大。3.隔熱材之熱阻值愈大，其表面熱損失愈小

( )98. 依據室內空氣品質管理法第七條第二項，有關室內空氣品質的標準規定，二氧化碳(CO_2)標準值不得高於多少ppm？ ①9 ②35 ③1000 ④1500 ppm。

解析 當室內二氧化碳達到1000ppm時，會讓人覺得昏昏沉沉、疲倦、工作情緒受到影響。為改善公共場所室內空氣品質制訂的「室內空氣品質管理法」2012年10月23日上路，最重要的「室內二氧化碳濃度」標準，建議值不得超過1000ppm；第一波將公告大型醫療院所、政府機關、交通場站(鐵公路及航空站)

( )99. 下列何者不是選用圓形風管較矩形風管佳的原因？ ①阻力損失較低 ②提供較好的氣膠傳輸環境 ③相較於相等面積的矩形風管，使用較少材料④施工較方便。

解析 圓型風管尺寸換算成矩型風管，一般矩型風管之長邊與短邊之比，以不大於6：1為原則。

( )100.冷卻水系統因結垢，會使高壓壓力升高，每升高1kgf/cm^2，會使冷凍能力下降 ①1% ②14% ③7% ④21% 左右。

解析 蒸發溫度增加1℃或冷凝溫度降低1℃，主機理論效率可提高3%

( )101.有關風管設計，下列何者敘述錯誤？ ①出、回風口選擇適當位置 ②風量正確之分布 ③不須規劃選擇與詳細計算通風壓損 ④考量工作流程。

解析 風管設計基本要點：1.風管管線的配置。2. 設定風管的路徑。3.應預留風管裝設。4.風管系統配置的噪音

96. (3) 97. (4) 98. (3) 99. (4) 100. (3) 101. (3)

( )102.下列何種隔熱保溫材料隔熱效果較佳？ ①玻璃棉 ②聚氨酯泡沫塑料 ③泡沫石棉 ④石棉氈。

解析 保溫材料一般具有質輕、疏鬆、多孔、熱傳導係數小等特點，熱傳導係數一般低於 0.14 W/mK 即可稱為保溫材料

( )103.有關配管系統設計基本要點，下列敘述何者錯誤？ ①以適當的流速決定管徑 ②不需考慮其配管及設備之經濟性 ③天花板上層應保留管路配置空間 ④決定配管路線時，應考慮維護保養空間。

解析 風管設計基本要點：1.風管管線的配置。2.設定風管的路徑。3.應預留風管裝設。4.風管系統配置的噪音

( )104.有關後傾式風機，下列敘述何者正確？ ①風量越小，壓力越大 ②風量越小，功率越大 ③在小風量時，有失速的現象 ④不會有過載的現象。

解析 風機主要分類有軸流式、離心式、橫流式三種，離心式分成後傾式、徑向式和前傾式，前傾式葉片朝旋轉方向傾，葉片較短而寬，風量大、風速快，噪音也較大，適用於建築物通風

( )105.安裝壓縮機時，下列哪些可以減少震動？ ①以螺栓固定在基座，並保持水平 ②以防震裝置在底座上 ③配管使用可繞性管 ④減小吐出管的管徑。

解析 主機應按裝於圖示規定之尺寸及構造強度之水泥基礎上，並按該廠規定之固定法將其固定於基礎上，並注意機器下面之排水。水泥基礎須由承包人以水泥漿粉光，使其表面保持完全水準，始可將機器及其避震器固定

( )106.下列哪些是冷卻水泵吸入端所需要的管件？ ①關斷閥 ② Y 型過濾器 ③逆止閥 ④避震軟管。

解析 泵浦的入口應該有一段水平管段，不要直接安裝彎頭，防止流體不均勻的進入泵室，導致空蝕現象。同時檢查進口濾網是否有堵塞、過濾網面積是否足夠(濾網之總面積應少於吸入管口之 2 倍)。

102. (2) 103. (2) 104. (4) 105. (123) 106. (124)

(　　)107.水配管時，須考慮方向性的元件？　①逆止閥　②閘門閥　③過濾器　④電磁閥。

解析 流體無方向、壓降小、擾流少、面間距離短

(　　)108.壓縮機吸入端保溫，其目的為　①增加過冷度　②防止結霜　③避免過熱度增加　④減少熱傳損失。

解析 採用聚乙烯(PE)保溫材料

(　　)109.下列哪些配管材料適用於鹼性滷水(Brine)系統？　①鎳銅管　②鈦銅管　③鋅管　④紫銅管。

解析 空氣調節設備之主要配管材料為鋼管、銅管，冷卻水、滷水(brine)之配管採用白鐵管居多

(　　)110.下列哪些配管材料適用於酸性滷水(Brine)系統？　①鈦銅管　②鋼管　③鋅管　④塑膠材料。

(　　)111.造成水冷式冷凝器中水垢的形成，受下列哪些因素影響？　①水壓　②水溫　③水質　④污染。

解析 顆粒污垢：溶解的鹽類(如重碳酸鹽、硫酸鹽、矽酸鹽等)的濃度增高，部分鹽類因溫度升高而過飽和析出，而某些鹽類則因通過換熱器傳熱表面時受熱分解產生沉澱。這些水垢由無機鹽組成、結晶緻密，被稱為水垢

(　　)112.下列哪些是聯軸器調整兩軸中心的對準校正方法？　①利用鋼直尺校正　②利用量錶檢查校正　③利用高度規校正　④利用目視法校正。

解析 聯軸器可以分為三大類：剛性聯軸器、撓性聯軸器、安全聯軸器。使用工具：專用扳手、遊標卡尺、螺旋測微儀、手錘、銅棒木塊、吊裝帶、百分表、專用墊片、記號筆

(　　)113.下列哪些是風管型式？　①圓形　②矩形　③橢圓管　④稜形。

解析 纖維風管根據送風型式的風速來分主要可區分為低速型、中速型(舒適氣流)和高速型；纖維風管如按風管的截面形狀來區分還可區分為圓形、半圓形和 1/4 圓

---

107. (134)　108. (234)　109. (124)　110. (234)　111. (234)　112. (123)　113. (123)

(　)114.冰水管路的保溫常用材料有　①PU 聚氨甲酸乙酯發泡　②PE 聚乙烯發泡
　　　　③玻璃棉　④PS 聚苯乙烯發泡。

解析　冰水管路中內的水溫約為 5℃～10℃左右，為防止水管外壁結露，需加以保溫

(　)115.下列哪些是殼管式冷凝器水側的除垢方法？　①人工洗刷　②機械清洗
　　　　③化學清洗　④增加水流量。

解析　根據不同形式的冷凝器使用不同的方法除垢 1．人工清除法，用螺旋形鋼絲刷在管道
內拉刷。2．機械清除法用通管機的鋼絲軟軸上接上特製的刮起刀或和鋼絲軟軸插入
冷卻管內刮除水垢。3．化學除垢法，冷凝器停止運行採用酸洗法，可自行配製濃度
為 10%的鹽酸溶液。清洗後用 1%的氫氧化鈉溶液對冷凝器進行迴圈中和清洗

(　)116.下列哪些是離心式水泵可能產生的現象？　①水鎚作用　②空蝕現象
　　　　③湧浪現象　④液壓縮。

解析　離心式水泵產生汽蝕 水鎚 喘振(流體由管中倒流的現象)

(　)117.管路施工完成後，運轉前可利用下列哪些方式去除管內生鏽、砂土及焊接
　　　　鐵屑等異物？　①直接清掃方式　②以水沖洗方式　③加裝過濾器　④以
　　　　空氣洗淨方式。

(　)118.冷卻水系統因水質有異，可能導致　①腐蝕現象　②污泥　③藻類　④細
　　　　菌。

解析　冷卻水腐蝕結垢抑制劑：1.防蝕防垢劑為非金屬鹽及非磷酸鹽配方。2.對碳鋼、銅及
銅合金具防蝕效能。3.可抑制水垢生成。冷卻水青苔、細菌控制劑(殺菌劑)。1、防
止青苔、細菌與微生物之生長。2.非揮發性，不含重金屬及無排放污染性。3.低泡沫
性

(　)119.有關往復式冰水機組保護元件，下列敘述哪些正確？　①防凍開關感溫棒
　　　　裝在冰水器入口側　②溫度開關感溫棒裝在冰水器出口側　③高壓開關應
　　　　裝接自於高壓端接口上　④油壓開關應接於低壓端接口與油泵的吐出口。

解析　防凍開關裝於出水端，溫度開關裝於入水端，油壓壓開關上端接低壓側，下端接油
泵出口

---

114. (1234)　115. (123)　116. (123)　117. (124)　118. (1234)　119. (34)

( )120.有關前傾式送風機,下列敘述哪些正確? ①原則上以皮帶(belt)驅動 ②小型送風機可採用直結式 ③電動機之極數為 4 極以上時,可使用直結式 ④在廚房、浴室等之排氣用送風機的機殼上需具有防水功能。

解析 前傾離心風機:用途:排風、排熱、送風、通風、空調換氣、廚房排煙、空調冷暖送風;適用場所: 辦公室、會議室、倉庫、大空間建築物、冷暖房、大餐廳、中央廚房;特性:轉速低、噪音小、低壓、風量大

( )121.風管系統隔熱,其目的為 ①避免結露 ②減少風管內空氣溫升 ③減少溫度控制的影響因素 ④避免細菌滋生。

解析 風管型式:酚醛複合風管(PF 風管),聚胺脂風管(PU 風管),一體成型金屬保溫風管

( )122.有關冰水機組配電,下列敘述哪些正確? ①為避免冰水機組一直跳脫,應選用較大容量的電源開關或斷路器 ②裝置無熔線開關時,應將開關置於 OFF 位置 ③當線路配妥通電前,應檢查所接線路是否正確 ④電源開關除緊急事故或長期停機使用外,以控制盤面的按鈕開關為主。

( )123.有關空調箱安裝,下列敘述哪些正確? ①須預留適當取樣口,以供不定期量測 ②機身應保持水平,並注意排水斜度 ③保留維護空間 ④裝接排水管高於滴水盤位置。

( )124.下列哪些現象會對水泵造成損傷? ①水鎚 ②空蝕 ③空轉 ④湧浪。

解析 surge(沖擊;喘振; 湧浪)因高壓過高或低壓過低, 而產生巨大的震動,導致壓縮機內部機械元件磨損而故障

( )125.下列哪些為空調箱維護保養需檢查項目? ①過濾網 ②傳動皮帶 ③風扇軸承 ④排水管路。

( )126.下列哪些是風管的使用材質? ①金屬 ②塑膠類 ③紅銅 ④玻璃纖維。

( )127.空調箱之排水管裝置存水彎,其主要目的為 ①排水順暢 ②防止臭氣 ③防止蚊蟲 ④防止堵塞。

---

120. (124)　121. (123)　122. (234)　123. (123)　124. (1234)　125. (1234)　126. (124)
127. (23)

( )128.有關冷卻水塔安裝的位置，下列敘述哪些正確？　①選擇通風良好的場所　②避免裝於腐蝕性氣體發生的地方　③裝於油煙及粉塵多的地方　④靠近高溫或潮濕排氣的地方。

( )129.有關冷卻水塔，下列敘述哪些正確？　①多部並聯時，應裝設連通管作為水位平衡使用　②循環水泵安裝位置應高於水槽　③全年運轉之冷卻水塔需考慮冷卻水溫度控制　④一般冷卻水溫較所在環境濕球溫度高 3～5℃。

解析 以外氣濕球溫度 + 3℃ 來控制冷卻水塔運轉，每降低 1℃冷卻水溫度，則約可節省 3%冰機之運轉效率。

( )130.下列哪些會影響風管表面熱損失的因素？　①寬高比　②風速高低　③隔熱材質　④環境溫度。

解析 風管表面熱損失之影響因素：1.寬高比－寬高比較大熱損失大，2.風速高低：管徑較大之低速風管，熱損失大。3.隔熱材：熱阻值愈大，表面熱損失愈小

( )131.有關水泵安裝，下列敘述哪些正確？　①流體溫度超過 80℃時，需特別註明　②安裝完成後，未充滿水之前不可空轉　③安裝應注意其轉向　④水泵吐出處須裝設逆止閥。

解析 1.水泵投入運行前，應檢查水泵與電動機的固定是否牢靠。2.出水管路上有閘閥的離心泵，開機前要關閉閘閥，以降低啟動電流。3.在水泵運轉，應注意電流。4.運轉的聲音是否正常。5.長期不用，應將放水塞打開，把水放淨，以免生銹

( )132.應如何減少水泵空蝕現象的產生？　①選擇旋轉速度較快的泵浦　②系統水溫保持低溫　③縮短及加粗吸入管，減少吸入損失水頭　④不可超出設計操作範圍。

解析 孔蝕現象之防制方法：1.減少實際吸水揚程。2.減少吸水管管壁損失。3.加大濾網防止堵流。4.泵送水溫不宜過高。5.泵送流量不宜超出實際值太多。6.須有足夠之淨正吸水頭。

128. (12)　129. (134)　130. (123)　131. (1234)　132. (234)　133. (13)

( )133.風車皮帶輪與馬達皮帶輪不在同一直線上，將導致 ①噪音大 ②傳送較大之動力 ③皮帶較易磨損 ④防止機器震動。

解析 皮帶輪與馬達皮帶輪，其皮帶輪外緣端面對齊在同一水平面上，若不在同一水平面上應在運轉前校正至同一水平面上

( )134.開放式壓縮機在現場安裝後，通電試?前，應先校正及調整連軸器，其主要目的為 ①防止壓縮機軸封損壞 ②避免冷媒洩漏 ③降低機組震動 ④減少壓力損失。

解析 連軸器中心之校正並保持水準，以避免不正常之噪音及震動

( )135.離心式風機靜壓高於800Pa時，須使用下列哪些類型的葉片較為適宜？ ①前傾式 ②後傾式 ③翼截式 ④徑向式。

解析 離心式風機中靜壓在 800Pa 左右以下者使用前傾風機，超過 800Pa 者為後傾送風機〔包含翼截式風機〕

( )136.水泵比速度與下列哪些為正比關係？ ①流量 ②轉速 ③水頭 ④入口流體密度。

解析 $Ns = N\dfrac{Q^{1/2}}{H^{3/4}}$ Ns =比轉速 N =轉速(r.p.m) H =揚程(M) Q =流量(M³/MIN)

( )137.有關配管系統設計基本要點，下列敘述哪些正確？ ①天花板上層應保留管路配置空間 ②需考慮其配管及設備之經濟性 ③以適當的流速決定管徑 ④決定水配管路線時，應考慮維護保養空間。

解析 適當的流速決定管徑(避免產生渦流、噪音、侵蝕、腐蝕、空氣滯留)

( )138.有關冰水主機水配管，下列敘述哪些正確？ ①冰水及冷卻水配管的最低點裝設釋氣閥 ②與主機連接的配管須裝設防震接頭 ③蒸發器及冷凝器的出入口須裝設關斷閥 ④冰水及冷卻水泵出口處須裝設過濾網。

解析 水配管注意事項：1.水泵的位置，在設備點入口側。2.密閉迴路方式，需有膨脹水箱。3.循環水泵停止時配管等必須保持在滿水狀態。4.配管必須因應冷溫水之溫度，裝設伸縮管接頭。5.配管分歧點，原則上應裝設關斷閥。6.配管的最低點設排水閥，y 型過濾器。7. 預留管路清洗及測試孔

134. (123)　135. (234)　136. (12)　137. (1234)　138. (23)

(　)139.有關水配管，下列敘述哪些錯誤？　①提高流速，增加水泵揚程　②測試、調整及平衡(TAB)　③不考慮壓力損失　④增大管徑，提高流量。

(　)140.下列哪些是選用圓形風管較矩形風管佳的原因？　①阻力損失較低　②提供較好的氣體傳輸環境　③相較於相等面積的矩形風管，使用較少材料　④熱損失較小。

解析 同樣送風量圓形風管周長較矩形風管小，故其摩擦損失與熱損亦較小，但矩形風管較易與建築物天花板配合

(　)141.有關風管設計，下列敘述哪些正確？　①出、回風口選擇適當位置　②風口、風量正確之分布　③須規劃選擇與詳細計算通風壓損　④考量順暢性與容易施工。

解析 1.風管管線的配置，應考慮成本。2.應考慮維護管理。3.應預留風管裝設之空間。4.風管系統配置應注意風速不宜太快

(　)142.有關風機選用，下列敘述哪些正確？　①須考慮運轉噪音　②前傾式送風機大多以皮帶驅動，小型可採直結式　③不可選在會失速發生的區域　④前傾式風機建議使用較小一級之風機。

解析 風機選用主要為工作溫度、風量、全壓、效率、雜訊、電機功率、轉速及軸功率

(　)143.有關全熱交換器選用，下列敘述哪些正確？　①可使用廁所、茶水間、廚房等排氣　②外氣與排氣入口處加裝空氣過濾器　③進氣口處須防止雨水進入　④風速為 2.5m/s 以上時，使用靜止式。

解析 靜止型板式全熱交換器的顯熱效率和潛熱效率取決於材質的熱性質參數、隔板兩側的介面風速和風量比，與進風參數無關

(　)144.有關電磁閥安裝，下列敘述哪些正確？　①不需注意冷媒流向　②不需考慮安裝角度　③應注意絕緣及防水　④規格應配合系統大小。

解析 1.電磁閥應垂直安裝在水平管路上，流動的方向應與電磁閥外殼箭頭方向一致。2.閥前應該安裝乾燥過濾器，防止產生孔道堵塞現象。 3.閥所在的位置應選擇振動較小的地方。4.電源電壓應與電磁閥銘牌上規定的使用電壓相等。5.使用壓力應小於電磁閥所規定的使用壓力

139. (134)　140. (1234)　141. (1234)　142. (123)　143. (23)　144. (34)

歡迎加入

全華會員

如何加入會員

掃 QRcode 或填妥讀者回函卡直接傳真 (02) 2262-0900 或寄回，將由專人協助登入會員資料，待收到 E-MAIL 通知後即可成為會員。

會員獨享

會員享購書折扣、紅利積點、生日禮金、不定期優惠活動⋯等。

如何購買

全華書籍

1. 網路購書

全華網路書店「http://www.opentech.com.tw」，加入會員購書更便利，並享有紅利積點回饋等各式優惠。

2. 實體門市

歡迎至全華門市（新北市土城區忠義路 21 號）或各大書局選購。

3. 來電訂購

(1) 訂購專線：(02) 2262-5666 轉 321-324
(2) 傳真專線：(02) 6637-3696
(3) 郵局劃撥（帳號：0100836-1　戶名：全華圖書股份有限公司）
※ 購書未滿 990 元者，酌收運費 80 元。

OpenTech.com.tw 全華網路書店

全華網路書店 www.opentech.com.tw
E-mail: service@chwa.com.tw

※ 本會員制如有變更則以最新修訂制度為準，造成不便請見諒。

行銷企劃部　收

全華圖書股份有限公司

23671
新北市土城區忠義路21號

讀書回函卡

掃 QRcode 線上填寫 ▶▶

姓名：　　　　　　　　　　生日：西元　　　　年　　　月　　　日　　性別：□男 □女

電話：（　　）　　　　　　　　　　　　　　手機：

e-mail：（必填）

通訊處：□□□□□

學歷：□高中・職　□專科　□大學　□碩士　□博士

職業：□工程師　□教師　□學生　□軍・公　□其他

學校/公司：　　　　　　　　　　　科系/部門：

· 需求書類：

□ A. 電子 □ B. 電機 □ C. 資訊 □ D. 機械 □ E. 汽車 □ F. 工管 □ G. 土木 □ H. 化工 □ I. 設計

□ J. 商管 □ K. 日文 □ L. 美容 □ M. 休閒 □ N. 餐飲 □ O. 其他

· 本次購買圖書為：　　　　　　　　　　　　　　　　　　書號：

· 您對本書的評價：

封面設計：□非常滿意　□滿意　□尚可　□需改善，請說明

內容表達：□非常滿意　□滿意　□尚可　□需改善，請說明

版面編排：□非常滿意　□滿意　□尚可　□需改善，請說明

印刷品質：□非常滿意　□滿意　□尚可　□需改善，請說明

書籍定價：□非常滿意　□滿意　□尚可　□需改善，請說明

整體評價：請說明

· 您在何處購買本書？

□書局　□網路書店　□書展　□團購　□其他

· 您購買本書的原因？（可複選）

□個人需要　□公司採購　□親友推薦　□老師指定用書　□其他

· 您希望全華以何種方式提供出版訊息及特惠活動？

□電子報　□DM　□廣告（媒體名稱　　　　　　　　　　　　　　）

· 您是否上過全華網路書店？（www.opentech.com.tw）

□是　□否　您的建議

· 您希望全華出版哪些書籍？

· 您希望全華加強哪些服務？

感謝您提供寶貴意見，全華將秉持服務的熱忱，出版更多好書，以饗讀者。

填寫日期：　　　/　　　/

2020.09 修訂

親愛的讀者：

感謝您對全華圖書的支持與愛護，雖然我們很慎重的處理每一本書，但恐仍有疏漏之處，若您發現本書有任何錯誤，請填寫於勘誤表內寄回，我們將於再版時修正，您的批評與指教是我們進步的原動力，謝謝！

全華圖書　敬上

勘　誤　表

頁　數	行　數	書　名		作　者
		錯誤或不當之詞句	建議修改之詞句	

我有話要說：（其它之批評與建議，如封面、編排、內容、印刷品質等・・・）